青贮饲料利用及研究进展

以喀斯特山区为例

郝俊
陈超
程巍
等著

Utilization and Research Progress of Silage

Taking Karst Mountainous Areas As An Example

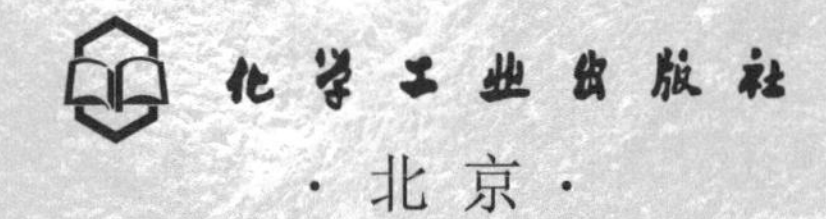

·北京·

内容简介

本书以喀斯特山区常见饲草料为主要研究对象，在该区域温暖湿润的气候背景下，从环境因子对饲草表面微生物群落结构的影响、本土优异乳酸菌资源的挖掘与利用、青贮添加剂使用效果、青贮开封后有氧暴露期间品质变化等方面开展了系列研究。本书注重理论与实践的结合，依托微生物分子鉴定、微生物组学和代谢组学技术，结合喀斯特区域常见牧草的生产及应用情况，重点围绕不同饲草在原料、青贮过程和开封利用期间的微生物多样性、发酵品质、饲喂价值等方面开展理论研究和工艺改进，并提出适用于生产的技术措施，旨在提升该区域饲草料利用效率及解决季节性供应不平衡问题。

本书不仅可供从事饲草料行业的技术人员和研究人员阅读，也可作为高等学校草学、畜牧学、农艺与种业等专业硕士研究生的教学参考用书。

图书在版编目（CIP）数据

青贮饲料利用及研究进展：以喀斯特山区为例 / 郝俊等著. —北京：化学工业出版社，2024.6

ISBN 978-7-122-45356-3

Ⅰ.①青… Ⅱ.①郝… Ⅲ.①喀斯特地区-山区-青贮饲料-饲料加工-研究 Ⅳ.①S816.5

中国国家版本馆CIP数据核字（2024）第068131号

责任编辑：卢萌萌　　文字编辑：郭丽芹
责任校对：刘　一　　装帧设计：史利平

出版发行：化学工业出版社
（北京市东城区青年湖南街13号　邮政编码100011）
印　　装：涿州市般润文化传播有限公司
787mm×1092mm　1/16　印张15¼　字数373千字
2024年7月北京第1版第1次印刷

购书咨询：010-64518888　　售后服务：010-64518899
网　　址：http://www.cip.com.cn
凡购买本书，如有缺损质量问题，本社销售中心负责调换。

定　　价：158.00元

《青贮饲料利用及研究进展：以喀斯特山区为例》

编委会

前言

青贮饲料以其良好的适口性和较少的营养损失成为世界范围内反刍动物的主要粗饲料来源，尤其是在饲草料短缺的冬春季节，青贮饲料对解决饲草料供应的季节性不平衡问题和保障家畜的正常生长具有十分重要的现实意义。根据我国“北牧南移”的生态布局，西南地区是我国未来发展畜牧业的重要区域之一。中国西南是全球三大岩溶集中分布区中连片裸露碳酸盐岩面积最大、岩溶发育最强烈的地区。该区域属于亚热带季风气候、热带季风气候和高原山地气候区，年降水量多，空气湿度高，牧草生产和调制加工与北方地区具有明显的区别。贵州地处西南喀斯特的核心区域，在“粮改饲”政策推动下，大力发展青贮玉米等饲草来替代原有的粮食作物用于草地生态畜牧业的发展，正着力打造千亿级生态畜牧业大省，针对青贮饲料的研究不仅可以丰富青贮理论知识，对草食畜牧业发展也具有重要的实践指导意义。

全书共 7 章，章节内容和撰写分工如下：第 1 章为喀斯特山区主要青贮原料种类及研究现状，由郝俊、陈超、程巍撰写；第 2 章为环境因子对牧草叶际微生物的影响及本土优异乳酸菌筛选利用，由程巍、朱欣、彭超、董祥、田兵、梁龙飞、卢小娜、李龙兴撰写；第 3 章为全株玉米青贮，由郝俊、谢艺潇、袁仕改、黄媛、张鸣珠、王松、田瑶撰写；第 4 章为木本饲料青贮，由陈超、孙红、代胜、孙文涛、王舍、刘克、王化秋撰写；第 5 章为豆科牧草青贮，由郑玉龙、陈光燕、王飞、申李、任晓慧撰写；第 6 章为禾本科牧草青贮，由郝俊、朱欣、张明均、杨丰、吴长荣撰写；第 7 章为展望，由郝俊、陈超撰写。全书图表由夏光浩、韩富荣、顾洋、杨园园、陈华亮编辑加工。

本书的研究成果是著者及其团队 10 多年来多项科研项目的结晶，包括：国家重点研发计划“木本源新型蛋白饲料加工与高效转化技术”（编号：2022YFD1300900）；贵州省科技计划项目“木本植物饲料化利用技术集成与示范”（黔科合服企［2018］4001 号）、“青贮玉米种质资源创新及青贮添加剂关键技术研究与示范 -2”（黔科合支撑 [2017]2504-2）、“青贮玉米饲料乳酸菌添加剂利用技术示范与推广”（黔科合成果 [2021] 一般 043）等。

本书的写作得到了贵州省农业农村厅科教处、贵州省牛羊产业发展工作专班、贵州省牧草产业技术体系、贵州省肉牛产业技术体系等有关机构和部门的大力支持。

由于著者科学研究水平和时间有限，书中不妥和疏漏之处在所难免，敬请广大读者批评指正。

著　者

目录

第1章

喀斯特山区主要青贮原料种类及研究现状

青贮饲料作为草食家畜粗饲料的重要组成部分，对促进畜牧业的科学发展具有重大的现实意义。随着畜牧业的快速发展，传统的饲喂方式已经不能满足畜牧业发展的需求。特别是西南地区，调制干草受气候条件影响大，利用厌氧微生物的发酵作用对青绿饲料作物、牧草等进行青贮，不仅能较好地保持原料的营养价值，还易于长期保存，有效解决饲草料供应的季节性制约问题。贵州省地处我国西南喀斯特地区的中心地带，海拔跨度由137～2900m，整片区域呈现出明显的立体气候特征。其西部与云南喀斯特地区接壤，属于温带-亚热带型气候，南部地区则呈现出与广西地区相同的热带型气候，针对贵州省内的研究亦可辐射至全西南岩溶地区。

据贵州省草地技术试验推广站统计，截至2018年8月，贵州省饲草主要有14种，人工草地总种植面积11.55万公顷。从饲草种植结构上看，包括豆科、禾本科、菊科和蓼科，禾本科牧草占绝对优势；从种植区域上看，毕节市种植面积最大，占全省总种植面积的40.39%，贵阳市占5.19%，黔西南布依族苗族自治州占3.98%，六盘水市仅占1.09%，其余各市州占比均在10%左右，如表1-1。贵州省常用牧草多花黑麦草、苇状羊茅、紫花苜蓿、鸭茅、白三叶、菊苣等进行草粉加工、青贮技术等工艺的研究，以解决青饲料生产受外界因素影响很大，遇上不良气候、计划不周或管理不善，可能造成青饲料缺口的问题。通过在产草旺季，搞好加工调制和贮存，实行以旺补淡，实现一年四季草料的均衡供应。青贮作为草食家畜粗饲料的重要来源，对促进畜牧业的科学发展具有重大的现实意义。通过青贮调制得到的饲料有以下几个特点：营养丰富、含水量充足、适口性好、消化率高等，并能长时间保存，少则数月，多则数年，可为家畜在缺乏青绿饲料的冬春季提供优良的多汁饲料，方便家畜的饲养。

表1-1 贵州省饲草种植区域分布

种植地区	种植品种
毕节市	菊苣、紫花苜蓿、黑麦草、羊茅、鸭茅、三叶草、皇竹草
六盘水市	菊苣、紫花苜蓿、黑麦草、鸭茅、三叶草

续表

种植地区	种植品种
安顺市	紫花苜蓿、黑麦草、鸭茅、三叶草、甜高粱、高丹草
遵义市	菊苣、紫花苜蓿、黑麦草、羊茅、鸭茅、三叶草、甜高粱
铜仁市	紫花苜蓿、黑麦草、羊茅、鸭茅、三叶草、高丹草、皇竹草、饲用玉米
贵阳市	菊苣、紫花苜蓿、黑麦草、鸭茅、三叶草、饲用玉米
黔西南布依族苗族自治州	菊苣、黑麦草、高丹草、皇竹草、饲用玉米
黔南布依族苗族自治州	紫花苜蓿、黑麦草、羊茅、鸭茅、三叶草、饲用玉米
黔东南苗族侗族自治州	菊苣、紫花苜蓿、黑麦草、鸭茅、皇竹草

1.1 全株玉米青贮研究现状

近几十年来，全株玉米青贮饲料已经成为全球乳制品行业的主要饲料。此外，全球超过1.33亿头奶牛每年消耗约6.65亿吨青贮饲料，全株玉米青贮饲料占奶牛养殖场饲料的40%以上。近年来，在“粮改饲”政策支持及贵州省大力发展牛产业的背景下，贵州省青贮玉米的种植面积一直维持在90万亩（1亩=666.67m^2）上下，且保持持续稳定的增长态势。全株玉米青贮的特点是发酵质量好、缓冲能量较低、收获成本低、生产风险小、单位面积产量高以及具有收获玉米的灵活性。这些特点使玉米具有理想的发酵特性：其含有的玉米籽粒破碎后糖分流出，为乳酸菌发酵提供了充足的能量，让青贮发酵能够完全进行。

但广大养殖人员在取用过程中管理粗放，意识淡薄，开窖后容易形成有氧腐败，造成发酵品质的下降和营养物质流失，饲喂发霉变质的青贮料严重者会导致动物的疾病甚至是死亡，危害畜牧业的发展。因此，有氧稳定性、发酵品质和营养水平是除产量外青贮玉米品种选择的重要考虑因素。2012年，国家对各地育成的250多个不同类型青贮玉米组合进行鉴定，有27个品种通过审定并陆续在生产上示范推广，但各品种特征、特性差异较大。李德锋等和文建国等进行了青贮玉米品种比较试验，结果表明包括营养品质在内的各项指标不同品种有明显差异。贵州喀斯特地区推广使用的青贮玉米品种较多，如何在众多品种中选出适合贵州地区种植的品种是当前“粮改饲”大背景下的一个重要课题。

青贮微生物在饲料发酵过程中起至关重要的作用，有益微生物和添加剂是影响青贮效果的重要因素。青贮发酵过程包括一系列微生物新陈代谢、生长繁殖的过程，所以青贮发酵实际上就是多种微生物活动的过程，是微生物之间彼此作用的结果。这些微生物主要有乳酸菌、梭菌、酵母菌、腐败菌等。在这些微生物中有的在青贮发酵过程中对营养物质的保存和提升发酵品质起着重要的作用，有的则产生有害物质，破坏青贮料的营养和品质。按其对青贮结果的影响可以分为两大类群：有益于青贮发酵的微生物类群，主要是乳酸菌（lactic acid bacteria, LAB）；不利于青贮发酵的微生物类群，主要是引起腐败的细菌和霉菌。过往研究中总是把目光聚焦到青贮的发酵过程中：Lin等研究表明玉米青贮早期的优势菌群是乳杆菌属；Zhou等的后续研究还证明，乳杆菌属在全株玉米青贮60d后依然占据主导地位；Hu等研究表明，全株玉米青贮饲料在暴露于空气中72h后，孢子乳杆菌的丰度急剧增加。然而，以往对青贮全株玉米真菌群落的动态变化研究较少，且对青贮饲料开封利用期间细菌和真菌群落动态变化的研究较为缺乏。同时我国大部分饲用草产品利用期间会遭受真菌毒素的污染，在干草和青贮饲料中占绝大比例，较少部分存在于成型饲草产品。饲草在收获前、青贮期间或开窖取用过程中都会遭受多种霉菌毒素的侵袭。特别是青贮饲料开封后表层接触到空气，将会导致饲料温度升高，不良发酵的程度进一步加深。饲料发生腐败变质还会降低青贮饲料的营养质量，导致家畜饲料摄入量降低、真菌毒素污染以及动物健康相关问题增加。家畜摄入霉菌毒素含量太高的饲用草产品可导致畜肉中积存霉菌毒素，对人体健康造成一定的危害。在实际生产过程中，由于设备和检测成本的限制，养殖场很难对青贮饲料的营养品质和饲料中霉菌毒素的含量水平进行监控。因此研究开封后有氧暴露期间贵州喀斯特地区全株玉米青贮饲料营养成分、发酵品质、霉菌毒素含量以及微生物菌群的变化情况，明晰青贮玉米饲料在有氧暴露期间微生物变化与其品质及霉菌毒素含量的相互影响，可进一步掌握青贮玉米饲料的质量和安全情况，有利于草食畜牧业的健康发展。

由于气候条件的差异，不同环境下生长的同种牧草其表面微生物存在明显差异。张红梅通过对不同海拔垂穗披碱草原料表面微生物研究发现，垂穗披碱草鲜草附着乳酸菌和霉菌数量与海拔呈正相关。保安安通过对青藏高原四个地区垂穗披碱草鲜样（FM）表面的细菌多样性进行研究并得出：天祝地区鲜样中的微生物主要为假单胞菌（*Pseudomonas* sp.）和泛菌（*Pantoea* sp.）；果洛地区鲜样中以乳杆菌（*Lactobacillus* sp.）和肠球菌（*Enterococcus* sp.）为主；当雄地区的鲜草中主要是食窦魏斯氏菌（*Weissella cibaria*）；那曲地区鲜样中的优势菌以肠膜明串珠菌（*Leuconostoc mesenteroides*）为主，且在低海拔地区的鲜草样中微生物种类较丰富，而海拔较高的地区微生物种类较单一。气候决定一个地区土、水、气、热等条件，进而影响植物表面微生物的生长，因此，不同温度、降水下的微生物可能会有一定的分布特征。利用高通量测序技术，通过对贵州温度、降水差异较大区域的全株玉米青贮前、青贮过程中及腐败后的细菌群落进行系统分析，探讨贵州温暖湿润环境下全株玉米青贮全过程的微生物动态变化以及贵州微生物的区系分布是否与温度和降水有关，同时将发酵品质及有氧稳定性与菌群动态变化相结合，可为贵州地区全株玉米青贮品质的优化提供理论参考。

玉米植株的营养成分主要受玉米植株的品种、成熟度和种植条件等因素影响，不同品种的青贮玉米其植株的营养水平有所不同，即使在相同的成熟期内，营养成分因其遗传特性的差异也可能存在较大差异。随着玉米的成熟，玉米植株的营养成分不断发生变化，因而同一时间刈割的不同品种玉米或者不同成熟期刈割的全株玉米的营养成分有所差异，进而影响其青贮的效果。在制作条件和存储条件一致的情况下，青贮原料的特性将对青贮发酵品质产生决定性影响。贵州目前所用的青贮玉米品种较多，对在贵州喀斯特地区推广的青贮玉米品种的发酵品质、营养水平和有氧稳定性进行比较，筛选出适宜在本区域推广种植的青贮玉米品种，并以此品种为研究对象，探索不同添加剂对全株玉米青贮饲料发酵品质及有氧稳定性的影响，同时采用模糊数学隶属函数法对青贮饲料营养水平进行评价，综合考虑发酵品质和有氧稳定性，筛选出温暖湿润气候环境下适宜全株青贮玉米使用的添加剂，具有重要意义。

1.2 木本饲料青贮研究现状

随着我国草食家畜业的快速发展，对饲料原料的需求日益增长，优质饲草原料的供应日趋紧张，价格不断上涨。然而我国目前可利用土地资源少，饲料产量低，人畜争粮的问题愈发明显，找到新的饲料资源已成为当前我国畜牧业发展中亟须解决的问题。因此多渠道、多途径开发营养丰富而且廉价的木本饲料，对于缓解我国当前优质饲草资源不足的局势具有重要意义。

构树 [*Broussonetia papyrifera* (L.)] 作为一种非常规木本饲料，目前其利用价值逐渐被人们发觉，在贵州和其他地区也已开始大规模种植和利用构树。加强对其的认识和开发其高效利用技术，将推动贵州畜牧业及其他产业的发展。构树为桑科构树属多年生落叶乔木或灌木，别名楮树等，茎叶有乳汁，嫩叶有柔毛，后脱落，雌雄异株，株高可达 20m。构树属全世界共有 5 种，分布于亚洲东部和太平洋岛屿，我国有 3 种，即构树、小构树、藤构，广泛分布于中国大部分地区，对环境适应能力极强。构树利用方式多，其叶片富含粗蛋白、氨基酸、维生素、矿质元素及微量元素等，其嫩叶中含有的植物蛋白为 20% 左右，可直接或加工后饲喂家畜，具有很好的饲用价值；从构树中还能分离得到大量黄酮类、萜类、生物碱等物质，具有极高的药用价值；另外构树根系浅，侧根发达，能大量地吸滞粉尘，对二氧化硫、氯化物、氮氧化物等有毒气体有较强的吸收能力，有保持水土、防止水土流失、阻止土地沙化的功能，可作为生态防护工程的主要栽培树种。

构树叶片粗蛋白含量可达 20%，高于紫花苜蓿，且价格低于紫花苜蓿等传统高蛋白植物饲料，亦可代替部分精饲料，用于降低养殖成本、提高畜禽品质。向凌云等在肉兔基础日粮中添加杂交构树饲料代替花生秧粉和花生壳粉，发现杂交构树饲料在不影响肉兔平均日采食量的情况下，对肉兔的平均日增重有着显著的提高，血清的免疫球蛋白 G、免疫球蛋白 M、免疫球蛋白 A 含量显著增加，发病率和死亡率显著降低。华金铃等通过研究指出：在青贮玉米中添加 25% 和 50% 的构树饲料可有效提高黄淮白山羊的平均日增重、胴体质量和屠宰率，其中，添加 25% 的构树饲料可以显著改善黄淮白山羊进食氮、可消化氮和沉积氮的含量，添加 50% 的构树饲料可显著提高黄淮白山羊的熟肉率，改善肉色和背最长肌亮度。构树存在纤维含量高、抗营养因子单宁含量高的特点，影响了构树在畜禽体内的消化利用。为解决这一问题，人们通常将构树进行青贮发酵处理。司丙文等在杜寒杂交肉羊的日粮中添加青贮构树饲料，发现青贮构树适口性好，提高了肉羊干物质采食量，平均日增重显著高于对照组，能够改善肉羊脂肪酸构成，提升羊肉风味，并且对于肉羊的免疫能力及抗氧化能力有显著促进作用；夏敏等使用青贮构树代替肉牛日粮中 30% 的酒糟，发现饲用构树青贮饲料的肉牛的平均日采食量与平均日增重显著增高，并且对肉品质无不良影响；Hao 等使用青贮构树饲喂荷斯坦奶牛，发现牛乳中尿素氮与体细胞数显著降低，奶牛血液中免疫球蛋白和超氧化物歧化酶含量显著增加，而产奶量与进食量并无显著差异，说明饲喂青贮构树可以增强奶牛机体抗病力与抗氧化力，改善牛乳品质。

但是由于构树纤维含量过高，直接青贮对纤维的降解程度远远不够，导致构树青贮的适口性差影响构树的饲喂效果。而且构树缓冲力高（pH 值下降的速度慢，导致霉菌、酵母菌等有害微生物大量滋生），含糖量低（乳酸发酵可利用的底物少，不利于青贮），直接青贮不利于乳酸菌发酵，往往容易导致青贮失败。另外青贮过程难免有蛋白质降解为非蛋白氮（NPN）和一些含氮化合物，蛋白质的大幅度分解成为影响青贮材料营养价值和利用价值的一个重要因素。此外，由于 NPN 不能被家畜有效的利用，导致过多的 NPN 被排出体外，还会引起更多的环境污染问题。所以研究添加剂对促进构树青贮和抑制构树蛋白的降解具有重要意义。目前添加剂青贮研究已取得一定成效，但其研究多集中于高产饲用草本及产量较大的秸秆类等方面，而关于添加剂青贮构树的研究报道较少。因此，研究不同水分条件下基础添加糖蜜后添加不同添加剂对构树青贮营养品质及有氧稳定性的影响，有利于提高构树饲料的利用率，挖掘其高蛋白优势，从而减少养殖中精饲料的投入，降低养殖成本，增加养殖经济效益，进一步推动和发挥构树产业在畜牧业中的作用，促进贵州省生态畜牧业的快速发展。

1.3 豆科牧草青贮研究现状

紫花苜蓿（*Medicago sativa* L.）是一种高产优质的豆科牧草，含有丰富的蛋白质、氨基酸、维生素和矿物质，且能值较高，具有良好的营养价值、饲用价值和药用价值，在世界范围内种植广泛。国外对青贮苜蓿的研究比较早，主要开展了苜蓿青贮剂的筛选、发酵效果及品质评价等方面的研究。大量研究表明，苜蓿青贮是解决干草调制过程中营养物质损失的有效措施，不仅可减少养分损失，而且能保持青绿饲料的营养成分、适口性好、消化率高、便于长期保存。然而，苜蓿蛋白质含量高，可溶性碳水化合物和干物质含量低，难以青贮成功。青贮添加剂可以有效解决此类问题，常用的青贮添加剂有发酵促进剂、发酵抑制剂和营养性添加剂等。

为了提高对紫花苜蓿的利用，国外对添加剂在青贮中的应用进行了大量的试验研究和探索，研究热点是发酵促进型添加剂，其中糖蜜在国外青贮中已广泛应用；在青贮苜蓿时添加生物菌剂可以显著改善青贮品质。青贮菌剂优于化学添加剂（如氨水、甲酸、丙酸等），因其为无污染、使用方便、对农用机械无腐蚀的天然产品。青贮原料中乳酸菌的种类、数量及活性是影响青贮饲料发酵品质的重要因素。目前，国内外在对牧草附着的乳酸菌以及青贮饲料中乳酸菌的收集、分离、鉴定和在青贮饲料生产中的研究报道较多，将青贮饲料中分离得到的优良乳酸菌添加到青贮饲料中可以有效改善青贮发酵品质。有研究发现，在西藏的青贮饲料生产中添加商品乳酸菌制剂未能有效地改善青贮饲料的发酵品质，其原因可能是受到区域性气候条件等限制，商品乳酸菌制剂未能有效厌氧发酵。因此筛选特定地区青贮用乳酸菌时，应该以当地青贮环境和青贮原料为基础，筛选出适应特定环境条件的优良乳酸菌。为了发挥本土乳酸菌适应性强的特性，贵州大学研究人员从贵州喀斯特地区收集青贮样品，对其中的乳酸菌分离纯化后，研究其本土乳酸菌生理生化特性，初步筛选出若干乳酸菌菌株，测其生长速度和产酸速率，对分离出的产酸高、生长快的菌株运用 16S rDNA 基因序列进行种属鉴定，筛选出作为特定地区添加剂的优良乳酸菌，并进行青贮发酵的验证和应用（图 1-1）。在此基础上，针对贵州的地理位置和生态条件，探讨本土筛选乳酸菌添加剂对紫花苜蓿青贮发酵品质的改善效果，为贵州优异乳酸菌资源的开发与利用提供科学依据，提高青贮饲料发酵品质，减少饲料营养损失，对促进本地区畜牧业的发展具有重要意义。

除了苜蓿青贮添加剂的研究外，苜蓿与其他饲草料的混合青贮也能更好地解决苜蓿青贮难以成功的问题，如混合禾本科植物、谷物、糖蜜、酒糟、甜菜渣、玉米粉等，可提高青贮饲料的可溶性碳水化合物含量，以满足乳酸菌繁殖的养分需要，并产生大量乳酸，快速降低 pH 值，进而提高青贮的发酵品质，同时还可解决玉米秸秆、酒糟及甜菜渣等直接利用营养价值较低的问题，提高青贮饲料的饲用价值。禾本科牧草 [如披碱草（*Elymus dahuricus* Turcz.）、老芒麦（*Elymus sibiricus* Linn.）] 水分含量偏低而糖分含量稍高，适口性好，各种家畜均喜食。豆科牧草（如苜蓿）水分含量稍高但含糖量低。若将二者混播，并同时进行刈

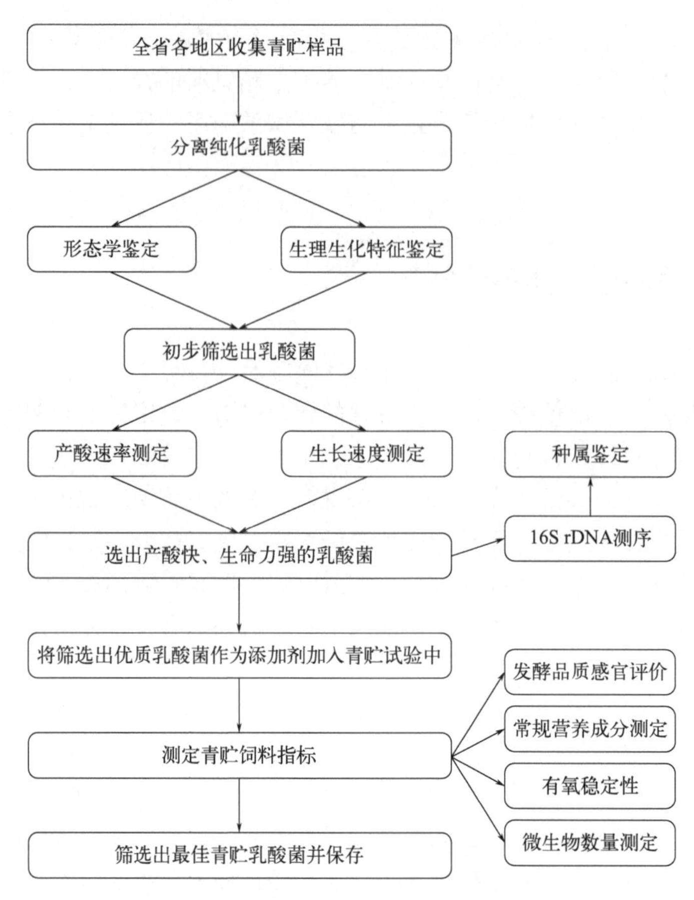

图 1-1　贵州喀斯特地区优良乳酸菌的筛选及应用技术路线图

割混贮，则含水量形成互补，既可以解决豆科牧草单独青贮难以成功的问题，还能提高禾本科作物青贮蛋白质的含量，使青贮饲料营养均衡。研究发现，将萎蔫的紫花苜蓿和高丹草进行混合青贮，最适宜的质量比为高丹草 : 紫花苜蓿＝ 7∶3，混贮饲料的酸度最低，pH 值达到 4.43，且添加 5% $CaCO_3$ 后混贮料粗灰分、矿物质（钙、磷）、粗脂肪含量最高，显著提高了青贮饲料的营养价值。将不同质量比（2∶8、3∶7、4∶6、5∶5）的紫花苜蓿与意大利黑麦草（*Lolium perenne* L.）进行混合青贮，各试验组均可获得乳酸含量高、发酵品质较好的青贮饲料，且以 3∶7 处理组青贮效果最适宜，pH 值为 4.11，乳酸含量较高，可溶糖残留最多，氨态氮含量最低。魏化敬将紫花苜蓿与多年生黑麦草及苇状羊茅（*Festuca arundinacea* Schreb.）分别按照不同比例进行混合青贮，当黑麦草（或苇状羊茅）与苜蓿质量比为 7∶3 时，混合青贮饲料的 pH 值达到最低，乙酸和总挥发性脂肪酸含量较低，乳酸、可溶性碳水化合物和干物质含量最高，青贮饲料的发酵品质和综合评价最好。在紫花苜蓿发酵全混合日粮（TMR）的研究中，通过对不同饲草全混合日粮发酵品质和有氧稳定性的研究，发现利用紫花苜蓿与其他的粗饲草在 TMR 发酵中，与其他试验组相比具有最好的稳定性，且该组有较高的粗蛋白含量，可利用于优质发酵 TMR 的实际生产中。

在我国“粮改饲”的背景下，贵州省畜牧业得到很大的发展，优质饲草料的种植面积越来越大，需要更好地发挥其在畜牧生产中的价值。在贵州喀斯特湿润温暖的环境下，制作青干草受到制约。TMR 青贮发酵是一个比较好的方案，通过 TMR 青贮发酵的饲料保存时间比较长，不容易变质，减少干物质和营养物质损失，而且具有更加优异的营养价值和饲喂价值，对于缓解贵州喀斯特地区生态畜牧业的饲料紧缺和发展贵州畜牧业是一种有效的途径。受限于豆科牧草的特性，不管是青饲或者是青贮，对于紫花苜蓿的利用都受到极大的限制。利用豆科牧草和禾本科牧草各自的特点，通过混合 TMR 发酵的方法，扩展青饲牧草的利用方式，能更好地提升饲草的品质，均衡家畜饲料的营养。TMR 技术在国内外大中型奶牛养殖场已得到成熟化发展，它不仅可以有效地提高饲料品质而且还能改善奶牛健康状况和生活环境。但在国内，受限于生产设备以及 TMR 保存运输性差的因素，很多小型养殖户和个体养殖户很难从中受益。发酵 TMR 技术的产生，不仅解决了普通 TMR 易腐败变质的问题，而且有效地保存了“时令”饲料，可极大地提高 TMR 中营养物质的含量，为小规模养殖户的使用带来极大便利，可减少饲料制作以及运输的成本投入，增加养殖经济效益。利用豆科牧草紫花苜蓿与禾本科的牧草进行 TMR 青贮发酵，可以有效地发挥苜蓿作为“牧草之王”的生产潜力，增加了粗饲牧草的利用方式。此外，TMR 发酵饲料的利用推广，不仅可以促进畜牧业规模化、集约化发展，还可以促进贵州省喀斯特地区小规模畜牧养殖的健康发展。

白三叶（*Trifolium repens* L.）又名白车轴草、荷兰三叶草等，是豆科车轴草属多年生牧草。三叶草生长速度快，分布广泛，春播当年或者秋播翌年就能形成较为密集的草层。白三叶喜温暖湿润的环境，适应性较强，耐酸性不耐盐碱，抗热抗寒性强，侵占力强，对土壤要求不高，具有较高的饲用价值。白三叶原产欧洲，是世界上分布最为广泛的一种豆科牧草，我国云南、贵州、四川、湖南、湖北、新疆等地都有野生分布，南方很多省份都有大面积种植。白三叶富含较高的蛋白质和较低的纤维组分，草质柔嫩、营养全面且丰富，各种家畜都比较喜欢食用白三叶。白三叶可以放牧或刈割后调制利用，但是贵州降雨量大，气候湿润，牧草中可溶性营养物质在遭到雨淋之后流失较多，且易被霉菌感染导致变质，产生许多有害物质，青贮调制可以在水分较高的状态下贮存，从而避免因降雨或者保存不当引起的损失。

朱琳在其研究中发现白三叶单独用于发酵品质较差，这主要是由于白三叶可溶性碳水化合物含量少，含水量较高，直接青贮很难获得质量较高的青贮饲料。研究发现，可采用添加剂青贮或者混合青贮来提高其发酵品质。邹成义通过对白三叶青贮饲料添加剂发酵 0d 和 9d 后分析两组数据发现，经过添加剂青贮处理之后粗蛋白和粗脂肪含量都有所提高，而粗纤维含量减少，酸香味明显，适口性提高。陶兴无对白三叶接种 5% 乳酸菌后青贮发酵展开研究，结果表明接种后白三叶的 pH 值迅速下降，青贮后期下降到 4.2 以下且营养品质优于对照组。贵州大学的研究人员利用生物工程和酶工程技术对白三叶进行发酵处理，调制后饲喂效果明显提高，畜禽吸收率高达 80%，青贮后的白三叶气味芳香、味美多汁、适口性好，营养价值明显提高。

1.4 禾本科牧草青贮研究现状

黑麦草（*Lolium multiflorum* L.）广泛分布于世界上的温带和亚热带地区。作为禾本科牧草，其在春冬两季生长良好，生产力较高，可溶性碳水化合物和蛋白质含量高，具有较高营养价值，已成为冬季食草动物的热门饲料来源。近年来，黑麦草更是作为中国南方“三叶草 / 一年生黑麦草 - 水稻轮作系统”的一部分在冬闲田种植，有效缓解了季节性饲料短缺问题，有助于克服一年内牲畜生产与有效饲料供应季节性失衡之间的差异。由于黑麦草生长速度快、生长周期短，可靠的饲草存储和高效加工方式不可或缺，而极端气候条件给饲草保存和生物转化方面造成相当大的挑战。简便而传统的方式是制作干草，刈割后田间自然枯萎散失水分，但由于碎片损失和呼吸消耗可能发生额外的损失。此外，该区域气候温暖湿润，空气湿度高，日照数少，在该地区制作干草显得不现实。与传统的干草制作相比，青贮是一种更适合保存新鲜饲料的技术，因为它不仅减少了营养损失，而且降低了生产成本，尤其是在雨季。利用青贮是维持饲料供应的理想方法。然而，南方地区多雨天气导致新鲜牧草含水量普遍较高，即使是青贮加工，在该地区也极具挑战性。例如，突然的降雨和高空气湿度可能导致枯萎期的延长，从而影响青贮材料的特性。况且，在集约化青贮生产区，可能不适合枯萎青贮制作。因此，特殊情况下高水分青贮不可避免。

目前对高水分青贮的研究主要处理方式为混合青贮。高水分牧草与干作物副产品或药用植物混合（例如玉米秸秆、黄梁木叶和辣木叶，有药用价值的紫荆花和大蒜皮）是解决高水分青贮问题的有效途径。将高干物质含量的玉米秸秆（干物质含量为 85.55%）与低干物质含量的黑麦草（干物质含量为 17.48%）混合后，能促进植物乳杆菌（*Lactobacillus plantarum*）、哈氏乳杆菌（*Lactobacillus hamsteri*）、短乳杆菌（*Lactobacillus brevis*）和棒状乳杆菌（*Lactobacillus coryniformis*）生长，增加乳酸产量。黄梁木叶不仅营养价值高，而且是一种天然抗菌剂的来源。Wang 等的研究显示，在高水分苜蓿（含水量 74%）添加黄梁木叶青贮饲料中有更低的 pH 值、氨态氮和更高的乳酸含量，有效抑制梭状芽孢杆菌和肠杆菌的生长。再如，He 等将具有抗菌活性和富含多种药效的紫荆花添加到高水分玉米茎（含水量 76%）中青贮，肠杆菌、梭菌芽孢杆菌等不良细菌的相对丰度降低，而 LAB、魏氏菌、肠球菌等产乳酸细菌的相对丰度增加，有效抑制不良发酵和蛋白质水解。

为了获得理想的青贮饲料，农民倾向于通过应用微生物添加剂来提高青贮饲料的质量和稳定性，而其有益影响会因不利的储存环境而降低。在青贮过程中持续的高温或多变温度也可能影响发酵的稳定性。再者，从不同环境下不同饲料作物和牧草中分离的 LAB 通常对青贮发酵有不同的影响，选择和应用 LAB 生产不同类型的青贮饲料具有重要意义。然而，有关贵州喀斯特地区本土优势 LAB 接种高水分黑麦草青贮的影响少见报道。因此，研究利用本土筛选的同型发酵鼠李糖乳杆菌（*Lactobacillus rhamnosus*）和异型发酵布氏乳杆菌（*Lactobacillus buchneri*）及其组合接种到高水分黑麦草中青贮，探索不同接种处理改变黑麦草青贮饲料细菌群落、真菌群落、代谢产物以及有氧稳定具有重要意义。

主要参考文献

[1] 保安安 . 青藏高原不同地区垂穗披碱草青贮饲料中乳酸菌多样性及优势菌种的发酵特性研究 [D]. 兰州 : 兰州大学 , 2016.

[2] 崔棹茗 , 郭刚 , 原现军 , 等 . 青稞秸秆青贮饲料中优良乳酸菌的筛选及鉴定 [J]. 草地学报 , 2015, 23(3): 607-615.

[3] 方华 , 肖春华 , 毛凤显 , 等 . 生态畜牧业在贵州高原山区的可持续发展性 [J]. 家畜生态学报 , 2008, 29(6): 139-143.

[4] 葛剑 , 刘贵河 , 杨翠军 , 等．紫花苜蓿混合青贮研究进展 [J]．河南农业科学 , 2014, 43(09): 6-10.

[5] 华金玲 , 从光雷 , 郭亮 , 等 . 构树对黄淮白山羊瘤胃发酵特性、消化代谢、生产性能及肉品质的影响 [J]. 南京农业大学学报 , 2019, 42(05): 924-931.

[6] 李德锋 , 姜义宝 , 付楠 , 等 . 青贮玉米品种比较试验 [J]. 草地学报 , 2013, 21(3): 612-617.

[7] 谭桂华 , 刘子琦 , 肖华 , 等 . 构树的饲用价值及应用 [J]. 中国饲料 , 2017(20):32-35.

[8] 司丙文，徐文财，郭江鹏，等. 杂交构树青贮对杜寒杂交肉羊生产性能、血清指标及背最长肌脂肪酸组成的影响[J]. 畜牧兽医学报，2019, 50(07): 1424-1432.

[9] 王亚楠，李光鹏，韩红燕. 苜蓿青贮技术研究进展[J]. 中国饲料，2016(23): 10-15.

[10] 王勇. 提高西藏饲草型全混合日粮发酵品质和有氧稳定性研究[D]. 南京：南京农业大学，2014.

[11] 夏敏，张勇，李建新，等. 构树发酵饲料对肉牛肥育性能、屠宰性能和肉品质的影响[J]. 中国草食动物科学，2020, 40(04): 32-35.

[12] 熊罗英. 白三叶饲料发酵技术及白三叶饲料营养价值评定[D]. 湛江：广东海洋大学，2010.

[13] 张红梅. 青藏高原不同海拔区垂穗披碱草发酵特性及耐低温乳酸菌筛选研究[D]. 兰州：兰州大学，2016.

[14] Agarussi M C N, Pereira O G, da Silva V P, et al. Fermentative profile and lactic acid bacterial dynamics in non-wilted and wilted alfalfa silage in tropical conditions[J]. Molecular biology reports, 2019, 46(1): 451-460.

[15] Ferraretto L, Shaver R, Luck B. Silage review: Recent advances and future technologies for whole-plant and fractionated corn silage harvesting[J]. Journal of Dairy Science, 2018, 101(05): 3937-3951.

[16] Gallo A, Giuberti G, Frisvad J C, et al. Review on mycotoxin issues in ruminants: Occurrence in forages, effects of mycotoxin ingestion on health status and animal performance and practical strategies to counteract their negative effects[J]. Toxins, 2015, 7(08): 3057-3111.

[17] Guan H, Yan Y, Li X, et al. Microbial communities and natural fermentation of corn silages prepared with farm bunker-silo in Southwest China [J]. Bioresource Technology, 2018, 265: 282-290.

[18] He L, Wang C, Xing Y, et al. Ensiling characteristics, proteolysis and bacterial community of high-moisture corn stalk and stylo silage prepared with *Bauhinia variegate* flower [J]. Bioresource Technology, 2020, 296: 122336.

[19] Hu Z, Chang J, Yu J, et al. Diversity of bacterial community during ensiling and subsequent exposure to air in whole-plant maize silage[J]. Asian Australas Journal of Animal Science, 2018, 31(09): 1464-1473.

[20] Jin L, Dunière L, Lynch J P, et al. Impact of ferulic acid esterase-producing lactobacilli and fibrolytic enzymes on ensiling and digestion kinetics of mixed small-grain silage[J]. Grass and Forage Science, 2016, 72(01):80-92.

[21] Jung J S, Ravindran B, Soundharrajan I, et al. Improved performance and microbial community dynamics in anaerobic fermentation of triticale silages at different stages[J]. Bioresource Technology, 2022, 345: 126485.

[22] Parvin S, Wang C, Li Y, et al. Effects of inoculation with lactic acid bacteria on the bacterial communities of Italian ryegrass, whole crop maize, guinea grass and rhodes grass silages[J]. Animal Feed Science and Technology, 2010, 160: 160-166.

[23] Peng C, Sun W, Dong X, et al. Isolation, identification and utilization of lactic acid bacteria from silage in a warm and humid climate area[J]. Scientific reports, 2021, 11(1): 12586.

[24] Shi H, Li S, Bai Y, et al. Mycotoxin contamination of food and feed in China: Occurrence, detection techniques, toxicological effects and advances in mitigation technologies[J]. Food Control, 2018, 9: 202-215.

[25] Sun L, Bai C, Xu H, et al. Succession of bacterial community during the initial aerobic, intense fermentation, and stable phases of whole-plant corn silages treated with lactic acid bacteria suspensions prepared from other silages[J]. Frontiers in Microbiology, 2021, 12: 655095.

[26] Wang Y, Wang C, Zhou W, et al. Effects of wilting and *Lactobacillus plantarum* addition on the fermentation quality and microbial community of *Moringa oleifera* leaf silage [J]. Frontiers in Microbiology, 2018, 9: 1817.

[27] Yan Y, Li X, Guan H, et al. Microbial community and fermentation characteristic of Italian ryegrass silage prepared with corn stover and lactic acid bacteria[J]. Bioresource Technology, 2019, 279: 166-173.

[28] Zhao S, Yang F, Wang Y, et al. Dynamics of fermentation parameters and bacterial community in high-

moisture alfalfa silage with or without lactic acid bacteria[J]. Microorganisms, 2021, 9(6): 1225.
[29] Zhou Y, Drouin P, Lafrenire C. Effect of temperature (5-25℃) on epiphytic lactic acid bacteria populations and fermentation of whole-plant corn silage[J]. Journal of Applied Microbiology, 2016, 121(03): 657-671.
[30] Lin C, Bolsen K K, Brent B E, et al. Epiphytic lactic acid bacteria succession during the pre-ensiling and ensiling periods of alfalfa and maize[J]. Journal of Applied Microbiology, 1992, 73: 375-387.
[31] 聂琳，彭杰，常军 . 白三叶研究现状及应用前景 [J]. 陕西农业科学，2013，59：397(02):124-126.
[32] 邹成义，王旭，余丹 . 发酵白三叶在养猪生产中的应用调查 [J]. 四川畜牧兽医，2014，10：31-32.
[33] 陶兴无 . 接种乳酸菌对白三叶青贮品质的影响 [J]. 饲料研究，2005 (12):25-27.
[34] 李平 . 添加乳酸菌对白三叶青贮饲料发酵品质的影响 [D]. 贵阳：贵州大学 ,2022.
[35] 向凌云 , 高正龙 , 胡虹 , 等 . 杂交构树饲料对肉兔生长性能、血清生化指标和健康状况的影响 [J]. 饲料研究 , 2020, 43 (09): 67-71.
[36] 华金玲 , 从光雷 , 郭亮 , 等 . 构树对黄淮白山羊瘤胃发酵特性、消化代谢、生产性能及肉品质的影响 [J]. 南京农业大学学报 , 2019, 42(05): 924-931.
[37] Hao Y, Huang S, Si J, et al. Effects of paper mulberry silage on the milk production, apparent digestibility, antioxidant capacity, and fecal bacteria composition in Holstein dairy cows [J]. Animals, 2020, 10(7): 1152.

第2章

环境因子对牧草叶际微生物的影响及本土优异乳酸菌筛选利用

牧草表面微生物菌群的组成对其发酵品质具有重要影响。参与青贮发酵过程的微生物种类非常多，如乳酸菌、大肠杆菌、霉菌和酵母等。乳酸菌产生的乳酸能迅速降低青贮pH值，对青贮饲料的发酵品质、有氧稳定性以及动物的生产性能都有显著的影响，在青贮过程中起决定性的作用；而霉菌、酵母、梭菌及其他腐败细菌对青贮发酵是有害的。为促进青贮过程中有益乳酸菌的生长，减少有害微生物对发酵的不利影响，必须了解各种微生物，尤其是乳酸菌的活动规律及对青贮的影响。牧草生长在自然环境中，随着季节的更替，环境因素（温度、相对湿度等）也随之变化，使牧草表面微生境也发生相应的变化，进而影响其表面微生物的组成和数量，反过来又可影响牧草自身的生长以及青贮发酵特性。因此，了解贵州主要饲草表面微生物的组成、数量和多样性，探讨微生物的丰度、组成及多样性的变化和分布是否与环境因子及饲草品种有关，在此基础上筛选适宜喀斯特环境气候的本土优异乳酸菌，对促进本区域饲草青贮品质提升具有重要的现实意义。

2.1 不同牧草表面细菌多样性动态变化及与环境因子的相关性分析

本章节主要对贵州不同季节牧草表面微生物群落情况进行分析，分析不同季节牧草表面细菌群落在门和属水平的群落构成及丰度情况，比较不同季节细菌群落在群落组成和丰度上的差异，然后进行相关性分析，明确季节变化与微生物的相关性。

2.1.1 不同季节紫花苜蓿表面微生物分析

2.1.1.1 材料与方法

（1）试验材料

试验材料为紫花苜蓿，品种为新疆大叶和阿尔冈金。

（2）研究区概况

在贵州选择两个地点开展试验，分别为：

贵州省贵阳市花溪区贵州大学试验地（106° 07′E，26° 11′N，海拔 1100m），试验点位于贵州高原中部。该区属于亚热带季风性湿润气候，具有明显的高原气候特点。年平均气温 14.8℃，年均降雨量 1302.3mm。2020 年最高温在 8 月出现，为 31.8℃，2020 年 12 月出现最低温，为 −3.8℃。

石阡县花桥镇北坪村（108° 20′14″E，27° 32′03″N），试验点位于贵州省东部铜仁市境内，海拔 614m。该区属于中亚热带季风性湿润气候，日照充足，雨量丰沛，年平均气温 17.24℃，年均降雨量 1410.05mm。2020 年最高温在 8 月出现，为 37.1℃，2020 年 12 月出现最低温，为 0.1℃。

采样地不同季节的气候条件如表 2-1 所列。

表 2-1 采样地不同季节的气候条件

项目	采样地	季节		
		夏	秋	冬
季度平均降雨量 /mm	花溪	551.7	400.71	134.4
	石阡	535.8	411.9	206.7
季度平均气温 /℃	花溪	22.3	14.7	6.13
	石阡	27.57	16.53	7.23
季度平均相对湿度 /%	花溪	79.6	83.8	85.77
	石阡	77.43	82.67	78.63
季度平均日照时间 /h	花溪	445.89	289.71	157.11
	石阡	491.01	206.31	102.3

（3）试验设计

分别在夏季、秋季和冬季使用棉拭子采样法采样。无菌棉拭子（贵州为莱科技有限责任公司）用灭菌的生理盐水（浓度为 0.9%）湿润后，擦拭牧草表面 10s，收集棉拭子头部，迅速将其放入灭菌的离心管中，液氮速冻，带回实验室 −80℃冰箱保存或干冰寄送。每个季节采样完成后将牧草刈割，待下个季节生长后采样。每个取样点设置 3 个重复，每个重复 3 ～ 5 个棉拭子。

（4）微生物多样性的分析

① DNA 的提取　采用 HiPure Soil DNA Kits（型号 D3141，广州美基生物科技有限公司，产地中国）进行样品 DNA 的提取。

② 聚合酶链式反应（PCR）扩增

主要仪器：PCR 仪（型号 ETC811，东胜兴业科学仪器有限公司，产地中国），Qubit 3.0（Thermo Fischer Scientific，产地美国）。主要试剂：PCR 相关试剂（TOYOBO，产地日本），回收纯化试剂：AMPure XP 磁珠（美国贝克曼库尔特公司，产地美国）。具体步骤如下。

模板：稀释过的基因组 DNA。

引物：16S rDNA 基因 V3 ～ V4 区引物：341F(CCTACGGGNGGCWGCAG) 和 806R(GGACTACHVGGGTWTCTAAT)。

PCR 反应体系和程序（30μL）

PCR 扩增体系：

KOD 酶扩增体系	50μL
10×KOD 缓冲液	5μL
2mmol/L 脱氧核糖核苷酸三磷酸	5μL
25mmol/L $MgSO_4$	3μL
底物 F (10μmol/L)	1.5μL
底物 R (10μmol/L)	1.5μL
KOD 酶	1μL
模板	XμL (100ng)
H_2O	最多 50μL

PCR 扩增程序：

94℃	2min	
98℃	10s	共 32 循环
65℃	30s	
68℃	30s	
68℃	5min	

文库定量及测序：

使用 AMPure XP Beads 对扩增产物进行纯化，用 ABI StepOnePlus Real-Time PCR System（Life Technologies，产地美国）进行定量，根据 Hiseq2500 的 PE250 模式混合样本上机测序。

③ 生物信息学和数据分析　对测序得到的原始数据过滤后，再进行序列拼接、序列过滤、序列去嵌合体等处理，得到优化序列（tags）。

用 Uparse 软件以 97% 的一致性对所有样品的优化序列聚类成为 OTUs（operational taxonomic units）结果，并计算出每个 OTU 在各个样品中的 Tags 绝对丰度和相对信息。根据 OTU 丰度信息开展韦恩图分析，从而了解不同样本或者分组之间的 OTU 的共有或者特有信息。

通过多次抽样 n 个 tags 来计算各指数的期望值，然后根据一组 n 值（即抽样次数，一般为一组小于总序列数的等差数列）与其相对应的指数期望值做出稀释曲线，当曲线趋于平缓或者达到平台期时，可以认为测序深度增加已经不影响物种多样性，说明测序量足够。同时通过曲线的高度比较，可以反映不同样本之间的群落 α 多样性结构差异。

用于度量微生物群落 α 多样性的指数有很多，常用的是 Sobs、Chao1、ACE、辛普森指数、香农指数。其中 Sobs、Chao1、ACE 指数主要关心样本的物种丰富程度；Chao1 和 ACE 表示预测的 OTU 个数；辛普森、香农综合体现物种的丰富度和均匀度。Chao1、ACE、辛普森、香农等指数计算方式如下：

$$S_1=S_{obs}+F_1(F_1-1)/2F_2(F_2+1)$$

式中，S_1 为 Chao1 指数；F_1 为样本中数量只为 1 的物种数；F_2 为样本中数量只为 2 的物种数；S_{obs} 为测序分析得到的物种数。

$$S_{ace}=S_{common}+S_{rare}/C_{ace}+F_1\gamma^2_{ace}/C_{ace}$$

式中，S_{ace} 为 ACE 指数；S_{common} 为样本中数量超过 10 的物种数；S_{rare} 为样本中数量不超过 10 的物种数；C_{ace} 为 S_{rare} 中丰度不为 1 的比例；γ^2_{ace} 为变异系数。

$$H=-\sum(P_i)(\log2P_i)$$

式中，H 为香农指数；P_i 为第 i 个物种的个体数占总个体数的比例。

$$D_s=\sum_{i=1}^{s}P_i^2$$

式中，D_s 为辛普森指数；P_i 为第 i 个物种的个体数占总个体数的比例。

文中用 1-D_s 表示，值越大，细菌群落多样性越高。

基于 OTU 分析结果，对样品在各个分类水平上进行分类学分析，获得各样品在门、纲、目、科、属、种分类学水平上的组成情况，并将所有样本中的丰度均值排名前 10 的物种用堆叠图的形式展现出来，图中其他已知物种归为其他，未知物种标记为未鉴定出。

对各处理组添加环境因子，利用皮尔逊相关性分析得到各处理组的微生物菌群与环境因子之间的相关性热图，相关性热图中横坐标代表不同环境因子，纵坐标排列不同分类等级下的物种。不同颜色表示不同的相关性系数 P 值，$r<0$ 表示负相关（蓝色），$r>0$ 表示正相关（红色）。方格上“*”表示 $P<0.05$，“**”表示 $P<0.01$。所有数据的分析及作图均采用 R 语言相关软件包进行。

④ 数据分析　基础数据使用 Microsoft Excel 2007 软件整理，采用 SPSS 20.0 进行单因素方差分析，结果用平均值 ± 标准差表示。

2.1.1.2　结果与分析

（1）紫花苜蓿表面细菌 α 多样性

由图 2-1 和表 2-2 可得，所有处理的覆盖度均大于 0.99，稀释曲线及香农曲线均显示曲线已经趋于平坦，表明样本测序量已经饱和，足够反映样本中绝大部分细菌物种的信息。总体来说，所有时期的 OTU 数目、Chao1 指数、ACE 指数等指标上均处在较高的水平，说明样本菌群丰度高。

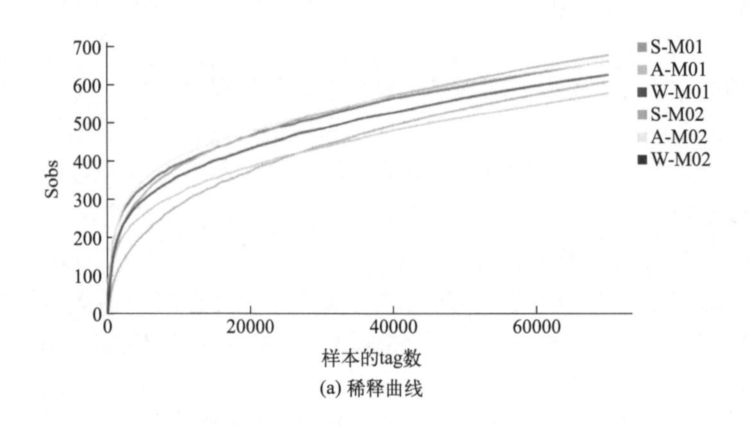

(a) 稀释曲线

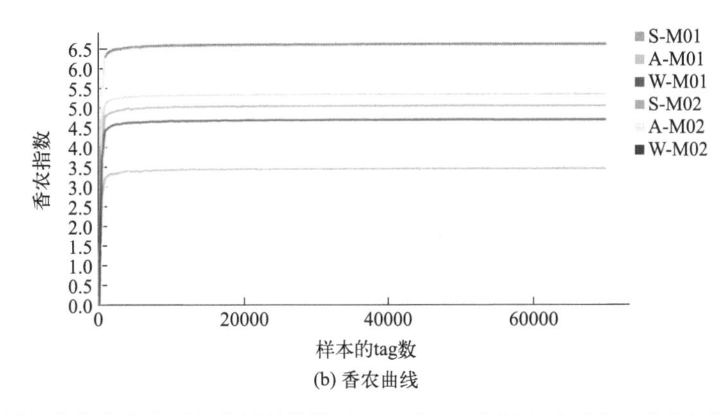

(b) 香农曲线

图 2-1　花溪组紫花苜蓿表面细菌稀释曲线（S、A 和 W 分别表示夏季、秋季和冬季，下同）

表 2-2　花溪组不同季节紫花苜蓿表面的细菌 α 多样性

项目	品种	处理		
		夏季	秋季	冬季
OTU	新疆大叶	695.67±62.98a	642.33±57.87a	731.33±163.46a
	阿尔冈金	724.67±234.81a	738.67±222.01a	691.33±117.86a
Chao1	新疆大叶	1017.47±26.39a	972.02±125.93a	1117.01±157.30a
	阿尔冈金	1038.08±313.74a	1047.86±290.60a	1040.06±97.99a
ACE	新疆大叶	1050.88±35.07a	1001.60±134.77a	1131.47±185.31a
	阿尔冈金	1073.648±309.52a	1101.78±306.82a	1051.17±66.24a
香农指数	新疆大叶	3.44±1.25a	5.33±1.99a	6.6±0.80a
	阿尔冈金	5.038±2.65a	6.55±0.92a	4.67±2.42a
辛普森指数	新疆大叶	0.73±0.21a	0.82±0.25a	0.96±0.02a
	阿尔冈金	0.778±0.33a	0.96±0.02a	0.72±0.23a

注：表中小写字母表示不同季节间的差异显著性（$P<0.05$）。

α 多样性分析表明，随着季节的变化，菌群数量及组成呈现一定的变化，M01 苜蓿样本中，相比秋季（A）处理组，夏季（S）和冬季（W）处理组的 OTU 数目、Chao1 指数、ACE 指数均高于 A 处理组，说明夏季和冬季的样本菌群数量高。而在 3 个时期中，冬季的 OTU 数目、Chao1 指数、ACE 指数均高于其他 2 个时期，说明冬季的菌群数量最高；而且冬季的香农指数也均高于其他 2 个季节，说明冬季的群落多样性高，群落结构复杂；其次是夏季，表明群落的多样性较低，菌群结构单一。M02 苜蓿样本，3 个季节中，秋季处理组的 OTU 数目、Chao1 指数和 ACE 指数均高于其他处理组，表明秋季的菌群数量较高。相比香农指数，秋季处理组高于其余两组，说明秋季处理群落多样性较高，物种组成结构复杂。

由图 2-2（a）可见，3 个时期的 1676 个 OTU 中，有 263 个核心序列，占比为 15.69%，说明 3 个时期核心序列占比很小；夏季和秋季 2 个时期的 1167 个 OTU 中，有 359 个核心序列，占比 30.76%，比例有所增加；秋季和冬季 2 个时期的 1404，有 363 个核心序列，占比 25.85%。表明 3 个季节菌群组成结构具有相似性和特异性，其中夏季和秋季的相似性较高。

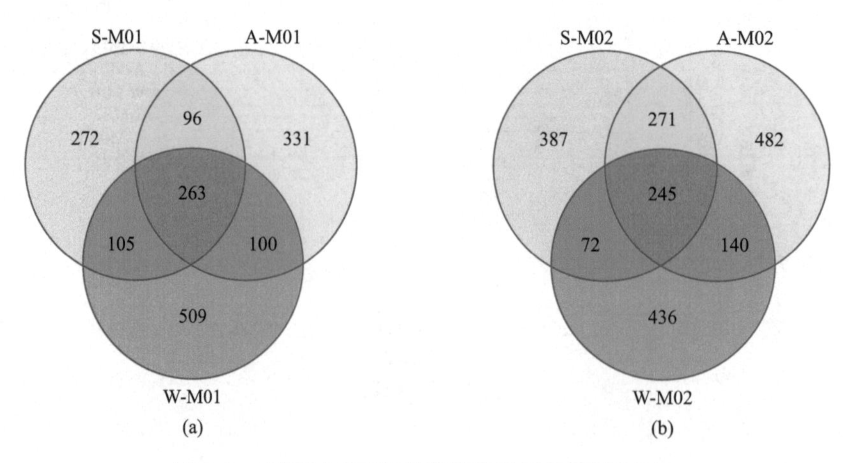

图 2-2　花溪组不同季节紫花苜蓿表面细菌维恩图

由图 2-2（b）可得，3 个样本的 2033 个 OTU 中，共有 245 个核心序列，占比 12.05%；夏季与秋季 2 个样本的 1597 个 OTU 中，有 516 个核心序列，占比 32.31%，比例增加；秋季和冬季 2 个样本的 1646 个 OTU 中，有 385 个核心序列，占比 23.39%。表明 3 个季节菌群组成结构具有相似性和特异性，其中夏季和秋季的相似性较高。

由表 2-3 和图 2-3 可得，所有处理的覆盖度均大于 0.99，稀释曲线及香农曲线均显示曲线已经趋于平坦，表明样本测序量已经饱和，足够反映样本中绝大部分细菌物种的信息。总体来说，所有处理组的 OTU 数目、Chao1 指数、ACE 指数等指标上均处在较高的水平，说明样本菌群丰度高，菌群结构复杂。

表 2-3　石阡组不同季节紫花苜蓿表面的细菌 α 多样性

项目	苜蓿品种	处理		
		夏季	秋季	冬季
OTU	新疆大叶	679.00±122.87a	678.00±121.15a	582.67±186.82ab
	阿尔冈金	553.33±87.95ab	695.67±22.68a	430.67±126.32b
Chao1	新疆大叶	991.06±137.12	956.31±194.92	813.467±275.04
	阿尔冈金	934.34±160.01ab	1053.64±158.42a	675.72±256.50c
ACE	新疆大叶	1020.01±133.42	970.92±217.52	814.39±332.23
	阿尔冈金	940.97±141.95	1078.01±152.25	699.64±263.53
香农指数	新疆大叶	4.83±0.55b	5.99±0.78a	5.83±0.05a
	阿尔冈金	4.26±0.11b	5.92±0.49a	1.46±0.20c
辛普森指数	新疆大叶	0.91±0.03	0.92±0.04	0.93±0.05
	阿尔冈金	0.87±0.04a	0.94±0.02a	0.31±0.04b

注：同行不同小写字母表示不同季节间的差异显著（$P<0.05$）。

由表 2-3 可知，M01 苜蓿样本的 OTU 数目、Chao1 指数、ACE 指数随着季节的变化呈现递减的变换趋势，夏季＞秋季＞冬季，说明夏季苜蓿表面附着的微生物菌群数量较多，而香农指数夏季处理组最低，表明夏季处理组群落多样性低，群落组成结构单一；反之，秋季和冬季的香农均处在较高的水平，表明两个季节苜蓿表面附着的微生物群落多样性较高，组成结构复杂。而 M02 苜蓿样本中，OTU 数目、Chao1 指数和 ACE 指数随着季节的变化呈

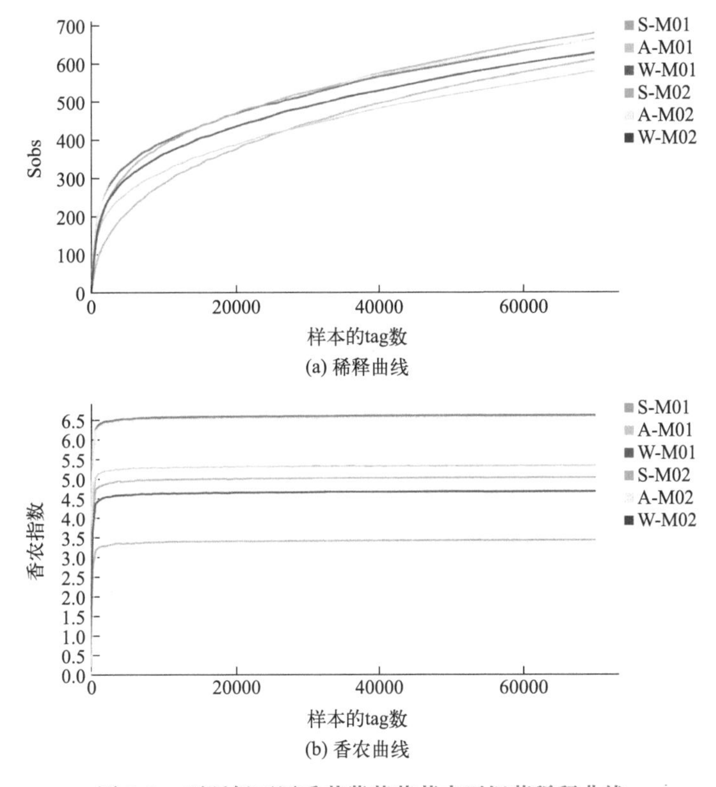

图 2-3　石阡组不同季节紫花苜蓿表面细菌稀释曲线

现不规则的变化趋势，秋季处理组 OTU 数目、Chao1 指数、ACE 指数均高于夏季处理组和冬季处理组，表明秋季苜蓿表面附着的菌群数量高于夏季和冬季，其次为夏季，最后是冬季。秋季的香农指数均高于其他两个季节，说明在秋季，附着在苜蓿表面的微生物群落多样性较高，结构复杂。冬季的香农指数的最低，表明此季节的群落多样性较低，群落组成结构单一。

由图 2-4（a）可得，3 个样本的 1623 个 OTU 中，有 229 个核心序列，占比 14.11%，说明 3 个时期核心序列占比很小；夏季和秋季 2 个样本的 1176 个 OTU 中，有 428 个核心序列，占比 36.39%，占比有上升趋势；秋季和冬季 2 个样本的 1384 个 OTU 中，共有 326 个核心序列，占比 23.55%。表明 3 个季节菌群组成结构具有相似性和特异性，其中夏季和秋季的相似性较高。

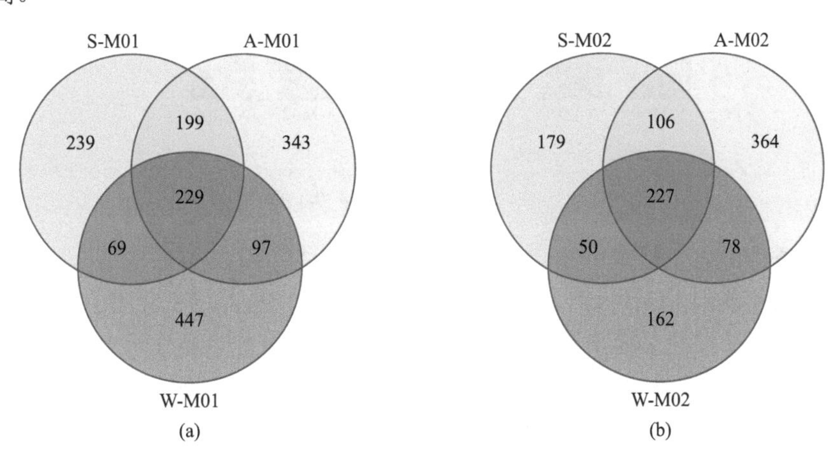

图 2-4　石阡组紫花苜蓿表面细菌维恩图

由图 2-4（b）可见，3 个样本的 1166 个 OTU 中，有 227 个核心序列，占比 19.47%，说明 3 个时期核心序列占比很小；夏季和秋季 2 个样本的 1004 个 OTU 中，有 333 个核心序列，占比 33.17%，占比有上升趋势；秋季和冬季 2 个样本的 987 个 OTU 中，共有 305 个核心序列，占比 30.90%。表明 3 个季节菌群组成结构具有相似性和特异性，其中夏季和秋季的相似性较高。

（2）紫花苜蓿门分类水平细菌群落组成

图 2-5 为选取相对丰度排名前 10 的门水平细菌群落。由图可得，M01 样本中，3 个季节苜蓿表面主要附着的细菌为变形菌门（Proteobacteria）和蓝藻门（Cyanophyta），而且它们也占了极大的比例。夏季（S）组中主要优势菌群为变形菌门和蓝藻门，相对丰度分别为 46.15% 和 44.16%，其次为放线菌门（Actinobacteria）、厚壁菌门（Firmicutes）和拟杆菌门（Bacteroidetes），其相对丰度分别为 3.49%、3.00% 和 1.60%，它们的总丰度达到 98.40%，剩余都是相对丰度小于 1% 的菌门。秋季（A）组中，相对丰度大于 1% 的门有 8 个，依次为蓝藻门、变形菌门、厚壁菌门、拟杆菌门、放线菌门、浮霉菌门（Planctomycetes）、酸杆菌门（Acidobacteria）和疣微菌门（Verrucomicrobia），其中优势菌群为蓝藻门和变形菌门，相对丰度分别为 37.79% 和 25.84%，其次为厚壁菌门和拟杆菌门，相对丰度分别为 12.50% 和 10.20%，余下的放线菌门，占 4.08%；浮霉菌门，占 2.44%；疣微菌门，占 2.33%；酸杆菌门，占 2.00%。冬季（W）组中，相对丰度大于 1% 的门有 9 个，依次为变形菌门、蓝藻门、厚壁菌门、拟杆菌门、放线菌门、浮霉菌门、酸杆菌门、疣微菌门和绿弯菌门（Chloroflexi），其中优势菌群为变形菌门，相对丰度为 44.15%，其次为蓝藻门和厚壁菌门，相对丰度分别为 12.31% 和 12.19%，余下的拟杆菌门、放线菌门、浮霉菌门、酸杆菌门、疣微菌门和绿弯菌门分别占 9.74%、8.49%、3.63%、2.76%、1.03% 和 1.67%。

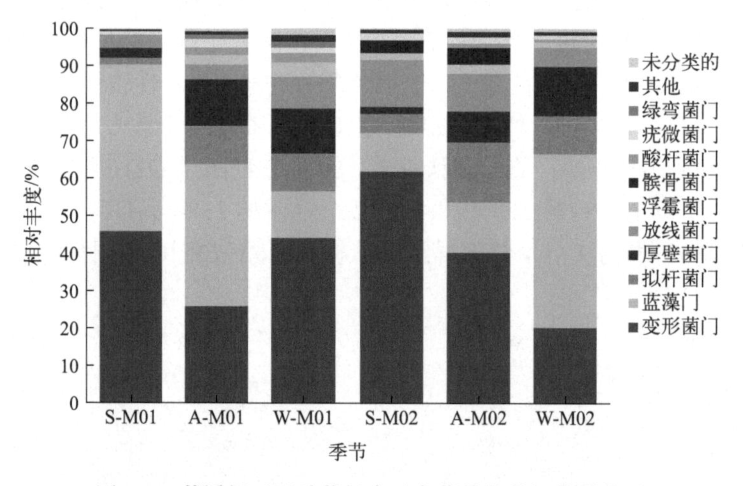

图 2-5　花溪组不同季节门水平上紫花苜蓿细菌群落图

比较不同季节的 3 个样本可知，优势菌门变形菌门呈现先减后增的变化趋势，其中夏季的丰度最高，而蓝藻门（Cyanophyta）随着季节的变化呈现递减的变化趋势，其中冬季最低。而酸杆菌门和浮霉菌门则呈递增变化，绿弯菌门只在冬季相对丰度大于 1%。

在 M02 样本中，夏季（S）组中优势菌群为变形菌门，其相对丰度高达 61.90%，其次为放线菌门和蓝藻门，其相对丰度分别为 12.61% 和 10.19%，余下的拟杆菌门、髌骨菌门（Patescibacteria）、厚壁菌门、浮霉菌门和疣微菌门，相对丰度分别占 4.98%、3.90%、

2.16%、1.40% 和 1.02%。秋季（A）组优势菌群为变形菌门，其相对丰度为 40.21%，其次为拟杆菌门和蓝藻门，其相对丰度分别为 16.49% 和 13.06%，余下的放线菌门占 9.55%；厚壁菌门占 8.54%；髌骨菌门占 4.98%；浮霉菌门占 2.50%。冬季（W）组中，相对丰度大于 1% 的门有 6 个门，依次为蓝藻门、变形菌门、厚壁菌门、拟杆菌门、放线菌门和浮霉菌门，其中优势菌群为蓝藻门和变形菌门，其相对丰度分别为 46.34% 和 20.08%，其次为厚壁菌门和拟杆菌门，其相对丰度分别为 13.15% 和 10.45%，余下的放线菌门和浮霉菌门分别占 5.14% 和 1.35%。

比较不同季节的 3 个样本，优势菌群变形菌门呈现递减的变化趋势，其中夏季丰度最高，而蓝藻门随季节的变化呈递增的变化趋势，在冬季丰度达到最大。余下的厚壁菌门呈递增趋势；放线菌门也随季节的变化呈现递减的变化趋势；拟杆菌门在秋季相对丰度达到最高；酸杆菌门呈现先增后减的变化，秋季丰度为最高。其中疣微菌门只在夏季的相对丰度大于 1%。

图 2-6 为选取相对丰度排名前 10 的门水平细菌群落。由图可得，M01 样本中，3 个季节苜蓿表面主要附着的细菌为变形菌门、蓝藻门和厚壁菌门，而且它们也占了极大的比例。夏季（S）组中，相对丰度大于 1% 的门有 6 个，依次为变形菌门、蓝藻门、放线菌门、厚壁菌门、拟杆菌门和浮霉菌门，其中夏季组中的优势菌群为变形菌门，相对丰度为 75.20%，其次是蓝藻门，相对丰度为 11.42%，然后是放线菌门和厚壁菌门，其相对丰度分别为 4.82% 和 4.27%，拟杆菌门和浮霉菌门分别占 1.18% 和 1.12%。秋季（A）组中，相对丰度大于 1% 的门有 8 个，依次为变形菌门、蓝藻门、拟杆菌门、放线菌门、厚壁菌门、浮霉菌门、酸杆菌门和绿弯菌门，其中优势菌群为变形菌门，相对丰度为 46.18%，其次为蓝藻门、拟杆菌门和放线菌门，相对丰度分别为 27.38%、7.37% 和 5.77%，余下的厚壁菌门、浮霉菌门、酸杆菌门和绿弯菌门，其相对丰度分别为 4.17%、3.82%、1.70% 和 1.44%。冬季（W）组中，相对丰度大于 1% 的门有厚壁菌门、变形菌门、蓝藻门、拟杆菌门、放线菌门、浮霉菌门、酸杆菌门和疣微菌门。其中优势菌群为厚壁菌门，其相对丰度分别为 39.50%，其次为变形菌门和蓝藻门，相对丰度分别为 24.49% 和 14.35%，剩余的菌门分别为拟杆菌门、放线菌门、浮霉菌门、酸杆菌门和疣微菌门，分别占 7.45%、6.00%、2.39%、1.57% 和 1.30%。

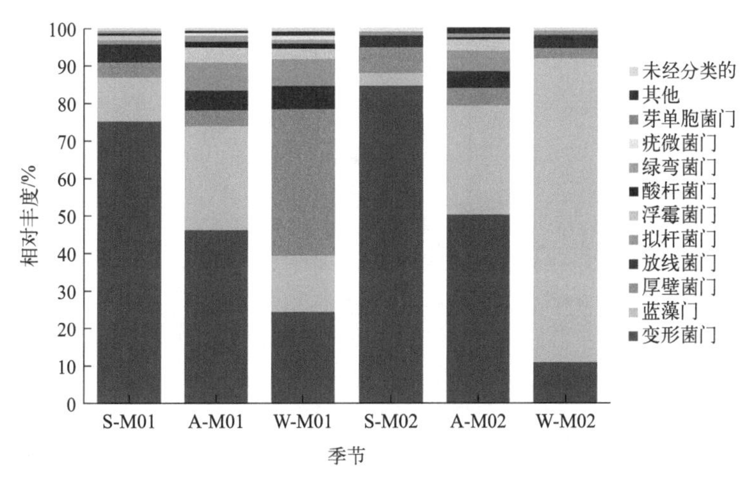

图 2-6　石阡组不同季节门水平上紫花苜蓿细菌群落图

比较不同季节的 3 个样本，随着季节的变化，优势菌群也随之变化。夏季优势菌群为变形菌门，冬季转变为厚壁菌门。变形菌门随着季节的变化呈递减趋势，厚壁菌门随着季节的变化先减后增，在冬季达到最高。余下的菌门随着季节的变化呈不规律演替，拟杆菌门和放线菌门递增，冬季丰度达到最高，疣微菌门相对丰度只在冬季组相对丰度大于 1%，而绿弯菌门只在秋季组相对丰度大于 1%。

对于 M02 样本中，相对丰度大于 1% 的门有 5 个，依次为变形菌门、蓝藻门、厚壁菌门、放线菌门和拟杆菌门。夏季（S）组中，优势菌群为变形菌门，相对丰度为 84.63%，其次为厚壁菌门，相对丰度为 7.00%，余下的放线菌门、蓝藻门和拟杆菌门分别占 3.20%、3.05% 和 1.03%。秋季（A）组中，优势菌群为变形菌门，相对丰度分别为 50.21%，其次为蓝藻门和拟杆菌门，相对丰度分别为 28.94% 和 5.76%，剩余的放线菌门占 4.89%，厚壁菌门占 4.24%。冬季（W）组中，优势菌门为蓝藻门，相对丰度为 80.23%，其次为变形菌门，相对丰度为 11.03%，余下的放线菌门和厚壁菌门相对丰度分别占 4.22% 和 2.67%。

比较不同季节的 3 个样本，随着季节的变化，优势菌群由变形菌门演替为蓝藻门。变形菌门随着季节变化相对丰度呈递减趋势，而蓝藻门呈递增趋势。其他余下的菌门也随季节的演替发生相应的演替，厚壁菌门在夏季相对丰度较高，而到冬季降低；放线菌门呈先增后减的趋势；拟杆菌门只在夏季和秋季组的相对丰度大于 1%。

（3）紫花苜蓿属分类水平细菌群落组成

图 2-7 为选取相对丰度排名前 10 的属水平细菌群落。由图可得，M01 样本中，夏季（S）组中相对丰度大于 1% 的菌属有 6 个，总丰度占到 27.89%，其中 *lzhakiella* 占优势地位，相对丰度为 9.57%，其次为鞘氨醇单胞菌属（*Sphingomonas*）和假单胞菌属（*Pseudomonas*），其相对丰度分别为 6.58% 和 6.03%，随后依次为泛菌属（*Pantoea*）（2.94%）、甲基杆菌属 (*Methylobacterium*)（1.76%）和马赛菌属（*Massilia*）（1.01%），可见其他菌属虽然丰度不高，但也具有一定的数量。秋季（A）组中，相对丰度大于 1% 的菌属有 3 个，其中柠檬酸杆菌属（*Citrobacter*）占优势地位，相对丰度为 1.56%，其次为乳杆菌属（*Lactobacillus*）和假单胞菌属，其相对丰度均为 1.41%，可见对于秋季组，苜蓿表面附着微生物多样性减小。冬季（W）组中，相对丰度大于 1% 的菌属有 5 个，其中甲基杆菌属占优势地位，相对丰度为 14.37%，其次为鞘氨醇单胞菌属和薄层菌属（*Hymenobacter*），相对丰度分别为 6.77% 和 4.25%，随后依次为乳杆菌属和柠檬酸杆菌属，相对丰度分别为 1.54% 和 1.26%。

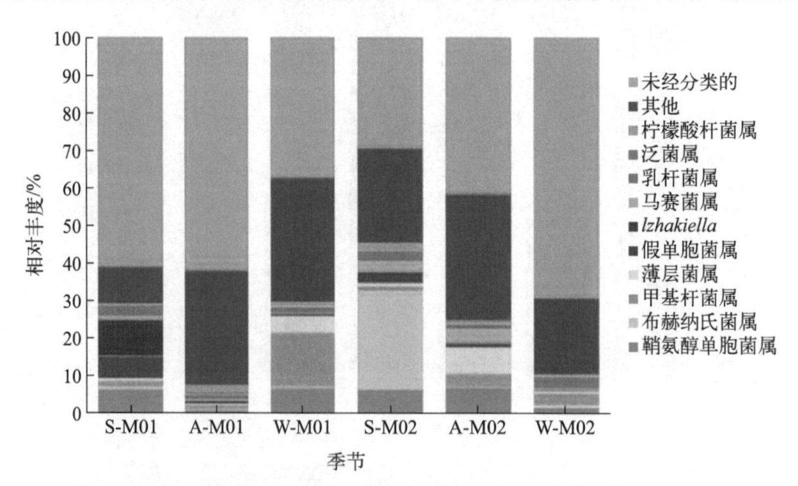

图 2-7　花溪组不同季节属水平上紫花苜蓿细菌群落图

比较不同季节 3 个样本菌属变化可得，随着季节的变化苜蓿表面附着的微生物也是不断变化的。相较于秋季和冬季组，夏季组苜蓿表面微生物构成更加丰富，且数量也相对较高；夏季组的优势菌群 *lzhakiella*，在秋冬两季的相对丰度为 0，所以 *lzhakiella* 是夏季组苜蓿表面特有的。甲基杆菌属随着季节的变换呈递增的趋势，且在冬季逐渐占据主导地位成为优势菌群。苜蓿表面附着的乳酸菌为乳杆菌属，随着季节的变换呈递增的变化趋势。

M02 样本中，夏季（S）组菌属相对丰度大于 1% 的有 7 个，其中优势菌属为布赫纳氏菌属（*Buchnera*），相对丰度为 26.06%，其次为鞘氨醇单胞菌属，相对丰度为 6.44%，随后依次为假单胞菌属（相对丰度为 3.13%）、泛菌属（3.00%）、马赛菌属（2.44%）、柠檬酸杆菌属（2.07%）和甲基杆菌属（1.34%）。秋季（A）组相对丰度大于 1% 的菌属有 6 个，其中优势菌群为鞘氨醇单胞菌属和薄层菌属，相对丰度分别为 7.06% 和 6.77%，其次为甲基杆菌属和马赛菌属，相对丰度分别为 3.66% 和 3.56%，随后依次为乳杆菌属和假单胞菌属，分别占 1.37% 和 1.28%。冬季（W）组相对丰度大于 1% 的菌属有 3 个，其中优势菌属为甲基杆菌属和乳杆菌属，相对丰度分别为 3.38% 和 3.10%，其次为鞘氨醇单胞菌属，相对丰度为 1.72%。此外，*lzhakiella* 几乎在三个季节都不能生存。

比较不同季节 3 个样本菌属变化可知，夏季组微生物菌群组成较复杂、多样性较高、菌属较多。对于夏季组的优势菌属布赫纳氏菌属，在秋冬两季几乎不存在。乳酸细菌中的乳杆菌属随着季节的转换呈递增的趋势，并在冬季生长为优势菌属；甲基杆菌属和鞘氨醇单胞菌属呈先增后减的生长趋势；泛菌属和柠檬酸杆菌属只在夏季丰度大于 1%，而薄层菌属只在秋季相对丰度大于 1%。

图 2-8 为选取相对丰度排名前 10 的属水平细菌群落。由图可得，M01 号苜蓿样本中，夏季（S）组相对丰度大于 1% 的菌属有 6 个，依次为鞘氨醇单胞菌属、泛菌属、假单胞菌属、甲基杆菌属、类芽孢杆菌属（*Paenibacillus*）和 *Aureimonas* 属，其中优势菌群为鞘氨醇单胞菌属，相对丰度为 30.14%，其次为泛菌属和假单胞菌属，相对丰度分别为 12.28% 和 10.98%，随后依次为甲基杆菌属、类芽孢杆菌属和 *Aureimonas* 属，分别占 7.33%、1.48% 和 1.27%。秋季（A）组相对丰度大于 1% 的菌属有 5 个，其中优势菌群为甲基杆菌属，相对丰度为 14.71%，其次为鞘氨醇单胞菌属，相对丰度为 9.23%，随后依次为薄层菌属（2.63%）、*Aureimonas* 属（1.92%）和芽孢杆菌属（*Bacillus*）（1.61%）。冬季（W）组

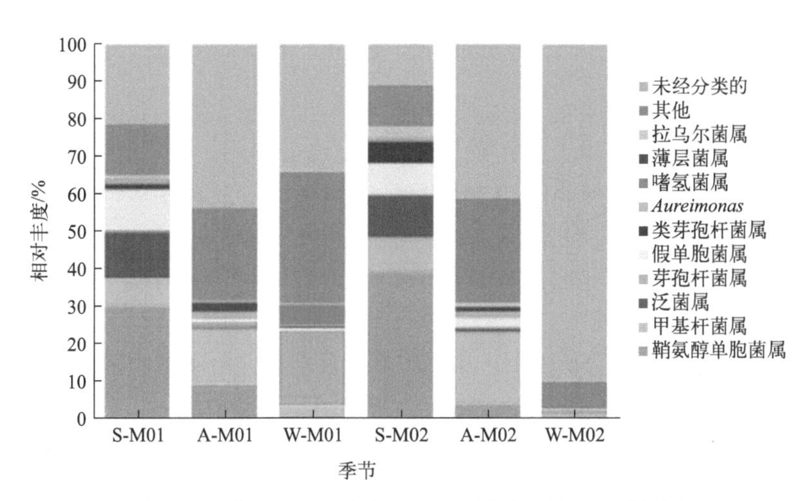

图 2-8　石阡组不同季节属水平上紫花苜蓿细菌群落图

中，相对丰度大于 1% 的菌属有 3 个，其中芽孢杆菌属为优势菌属，相对丰度为 20.11%，其次为嗜氢菌属（*Hydrogenophilus*），相对丰度为 5.47%，随后为甲基杆菌属，相对丰度为 2.73%。

比较不同季节 3 个样本可知，鞘氨醇单胞菌属相对丰度随着季节的变换呈递减趋势，而芽孢杆菌属则呈递增趋势，甲基杆菌属呈先增后减的趋势；泛菌属和假单胞菌属相对丰度只在夏季大于 1%。而对于嗜氢菌属，在夏秋两季相对丰度都小于 1%，几乎为 0，冬季组相对丰度较高，所以嗜氢菌属是冬季特有的。

M02 号苜蓿样本中，夏季（S）组相对丰度大于 1% 的菌属有 7 个，依次为鞘氨醇单胞菌属、泛菌属、甲基杆菌属、假单胞菌属、类芽孢杆菌属、拉乌尔菌属（*Raoultella*）和 *Aureimonas* 属，其中优势菌群为鞘氨醇单胞菌属，相对丰度为 39.18%，其次为泛菌属、甲基杆菌属和假单胞菌属，相对丰度分别为 11.35%、9.14% 和 8.44%，随后依次为类芽孢杆菌属（相对丰度为 5.79%）、拉乌尔菌属（2.35%）和 *Aureimonas* 属（1.43%）。秋季（A）组中，优势菌群为甲基杆菌属，相对丰度为 19.32%，其次为鞘氨醇单胞菌属，相对丰度为 3.91%，随后依次为假单胞杆菌属、*Aureimonas* 属和类芽孢杆菌属，相对丰度分别为 2.36%、1.59% 和 1.50%。冬季（W）组，在选取相对丰度排名前 10 的属水平细菌群落中，相对丰度大于 1% 的菌属仅有 1 个，为芽孢杆菌属，而且相对丰度也较低，为 1.12%。

比较不同季节 3 个样本可得，选取相对丰度排名前 10 的菌属中，在冬季除芽孢杆菌属外其他菌属相对丰度都低于 1%，说明冬季会抑制菌属的生长；夏季组中相对丰度大于 1% 的菌属有 7 个，表明此季节微生物多样性高，物种丰富。对于夏季中的优势菌群鞘氨醇单胞菌属，随着季节变换呈递减趋势；甲基杆菌属呈先增后减的变化趋势；假单胞菌属、拉乌尔菌属和类芽孢杆菌属均呈递减趋势。

（4）紫花苜蓿叶际细菌群落与环境因子相关性分析

图 2-9 为环境因子与紫花苜蓿叶际菌群的相关性热图。图 2-9（a）皮尔逊相关性分析表明，石阡组紫花苜蓿表面附着的鞘氨醇单胞菌属与温度（$r=0.91$）、降雨量（$r=0.84$）和日照时间（$r=0.95$）呈极显著正相关（$P<0.01$），与相对湿度（$r=-0.52$）呈显著负相关（$P<0.05$）；泛菌属与温度（$r=0.72$）、降雨量（$r=0.64$）和日照时间（$r=0.77$）呈极显著正相关（$P<0.01$），与相对湿度（$r=-0.51$）呈显著负相关（$P<0.05$）；假单胞菌属与温度（$r=0.77$）、降雨量（$r=0.70$）和日照时间（$r=0.82$）呈极显著正相关（$P<0.01$），与相对湿度（$r=-0.49$）呈显著负相关（$P<0.05$）；拉乌尔菌属与温度（$r=0.59$）和降雨量（$r=0.60$）呈极显著正相关（$P<0.01$），与日照时间（$r=0.56$）呈显著正相关（$P<0.05$）；甲基杆菌属与相对湿度（$r=0.64$）呈极显著正相关（$P<0.01$）；*Aureimonas* 与日照时间（$r=0.62$）呈极显著正相关（$P<0.01$），与温度（$r=0.52$）呈显著正相关（$P<0.05$）；薄层菌属与相对湿度（$r=0.69$）呈极显著正相关（$P<0.01$）；嗜氢菌属与温度（$r=-0.51$）和日照时间（$r=-0.56$）呈显著负相关（$P<0.05$）；芽孢杆菌属与温度（$r=-0.52$）和日照时间（$r=-0.56$）呈显著负相关（$P<0.05$）。

图 2-9（b）皮尔逊相关性分析表明，花溪组紫花苜蓿表面附着的泛菌属与温度（$r=0.66$）、降雨量（$r=0.62$）和日照时间（$r=0.68$）呈极显著正相关（$P<0.01$），与相对湿度（$r=-0.72$）呈极显著负相关（$P<0.01$）；假单胞菌属与温度（$r=0.47$）和日照时间（$r=0.49$）呈显著正相关，与相对湿度（$r=-0.52$）呈显著负相关（$P<0.05$）。

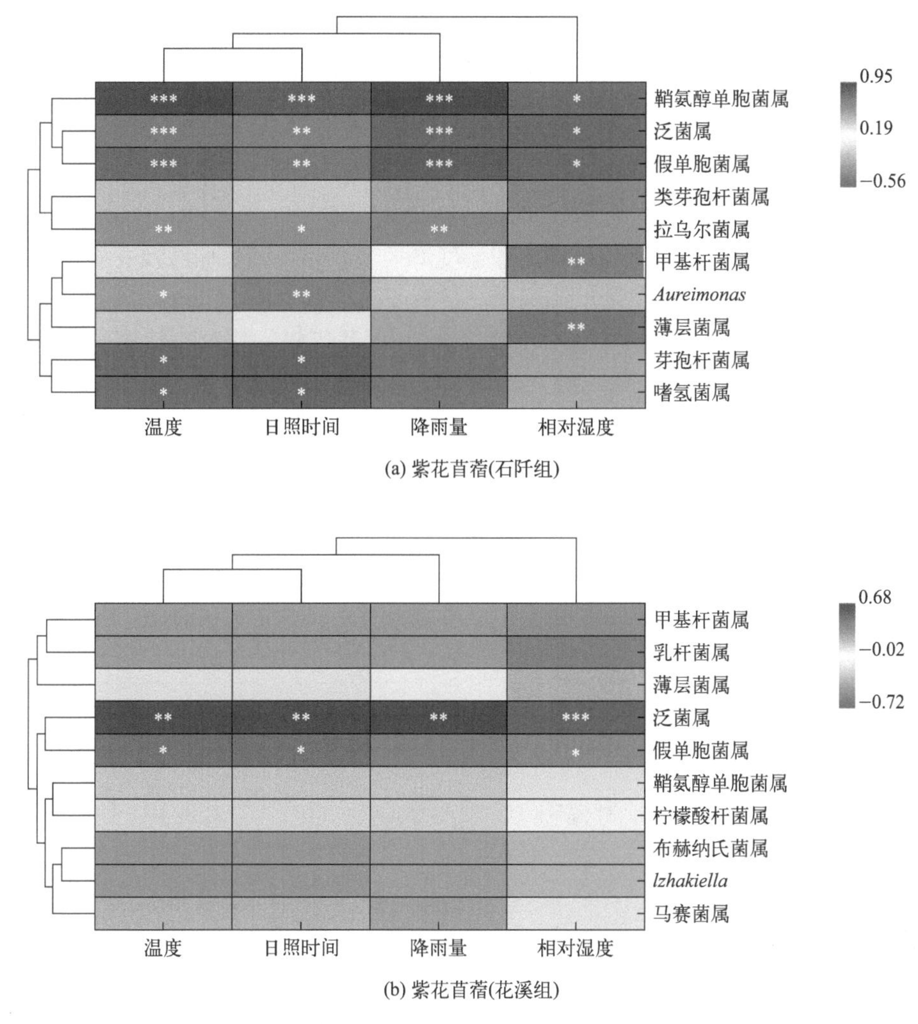

图 2-9　环境因子与紫花苜蓿叶际菌群的相关性热图

2.1.2　不同季节鸭茅表面微生物分析

2.1.2.1　材料与方法

（1）试验材料

试验材料为鸭茅，品种为安巴。

（2）研究区概况

贵州省贵阳市花溪区贵州大学试验地（106° 07′E，26° 11′N，海拔 1100m），试验点位于贵州高原中部。该区属于亚热带季风性湿润气候，具有明显的高原气候特点。年平均气温 14.8℃，年均降雨量 1302.3mm。2020 年最高温在 8 月出现，为 31.8℃，2020 年 12 月出现最低温，为 −3.8℃。

（3）试验设计

同本节不同季节紫花苜蓿表面微生物分析。

（4）微生物多样性的分析

同本节不同季节紫花苜蓿表面微生物分析。

（5）数据分析

同本节不同季节紫花苜蓿表面微生物分析。

2.1.2.2 结果与分析

（1）鸭茅表面细菌 α 多样性分析

由表 2-4 和图 2-10 可得，所有处理的覆盖度均大于 0.99，稀释曲线及香农曲线均显示曲线已经趋于平坦，表明样本测序量已经饱和，足够反映样本中绝大部分细菌物种的信息。总体来说，所有时期的 OTU 数目、Chao1 指数、ACE 指数等指标均处在较高的水平，说明样本菌群丰度高、菌群结构复杂。

表 2-4 不同季节鸭茅表面细菌 α 多样性

组别	α 多样性指数				
	OTU	Chao1	ACE	香农指数	辛普森指数
夏季	893.67±192.00a	1071.61±207.30a	1035.56±159.17a	7.18±0.62a	0.98±0.01a
秋季	856.67±233.18a	1220.289±333.16a	1258.20±305.81a	6.79±1.07a	0.98±0.01a
冬季	978.34±165.21a	1195.80±127.98a	1035.56±96.21a	7.55±0.18a	0.99±0.01a

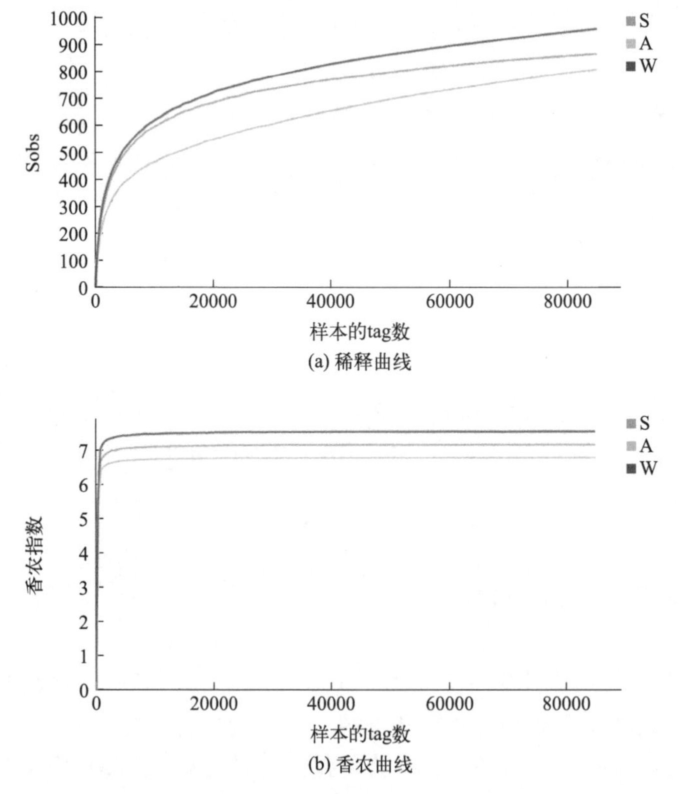

(a) 稀释曲线

(b) 香农曲线

图 2-10 鸭茅表面细菌稀释曲线

由表 2-4 可得，鸭茅在夏季和冬季的 Chao1 指数和 ACE 指数均低于秋季，表明秋季鸭茅表面附着的微生物丰度较高，夏季的 Chao1 指数和 ACE 指数最低，表明夏季鸭茅表面附着的微生物数量低。对比香农指数，夏季和秋季的香农指数均低于冬季，表明夏季和秋季鸭茅表面附着的微生物多样性较低，菌群结构单一，其中秋季最低。反之，冬季鸭茅的香农指数最高，表明冬季鸭茅表面微生物的多样性较高，菌群结构复杂。

由图 2-11 可得，3 个样本的 2687 个 OTU 中，有 380 个核心序列，占比 14.14%，说明 3 个时期核心序列占比很小；夏季和秋季 2 个样本的 2248 个中，共有 488 个核心序列，占比 21.71%；秋季和冬季 2 个样本的 2023 个中，共有 548 个核心序列，占比 27.09%。表明 3 个季节菌群组成结构具有相似性和特异性，其中秋季和冬季的相似性较高。

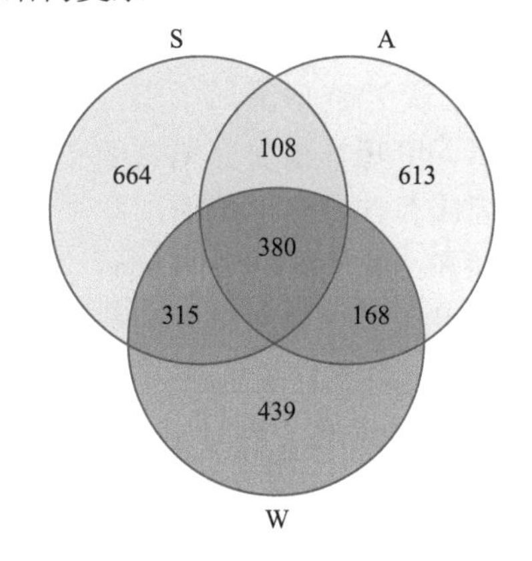

图 2-11　鸭茅表面细菌维恩图

（2）鸭茅门分类水平细菌群落组成

图 2-12 为选取相对丰度排名前 10 的门水平细菌群落。由图可得，3 个样本中相对丰度均大于 1% 的菌门有 6 个，依次为变形菌门、放线菌门、拟杆菌门、蓝藻门、厚壁菌门和浮霉菌门，它们都占有一定的比例。夏季（S）组中主要的优势菌群为变形菌门，相对丰度为 46.60%，其次为拟杆菌门和放线菌门，其相对丰度分别为 15.98% 和 13.89%，随后依次为厚壁菌门（相对丰度为 9.99%）、蓝藻门（相对丰度为 5.59%）和浮霉菌门（相对丰度为 2.37%）。图中相对丰度排名前十的菌门均出现在秋季（A）组中，并占有一定的比例，其中优势菌群为变形菌门，相对丰度为 39.75%，其次为厚壁菌门、放线菌门和蓝藻门，相对丰度分别为 13.13%、12.30% 和 11.80%，随后依次为拟杆菌门（相对丰度为 8.92%）、髌骨菌门（4.51%）、浮霉菌门（相对丰度为 4.22%）、酸杆菌门（相对丰度为 1.26%）、疣微菌门（相对丰度为 1.24%）和绿弯菌门（相对丰度为 1.01%）。冬季（W）组中，相对丰度大于 1% 的菌门有 7 个，依次为变形菌门、放线菌门、蓝藻门、拟杆菌门、厚壁菌门、浮霉菌门和绿弯菌门，其中优势菌群为变形菌门，相对丰度为 41.24%，其次为放线菌门、蓝藻门和拟杆菌门，相对丰度分别为 17.82%、14.11% 和 11.20%，随后依次为厚壁菌门（相对丰度为 4.42%）、浮霉菌门（相对丰度为 4.38%）和绿弯菌门（相对丰度为 2.31%）。

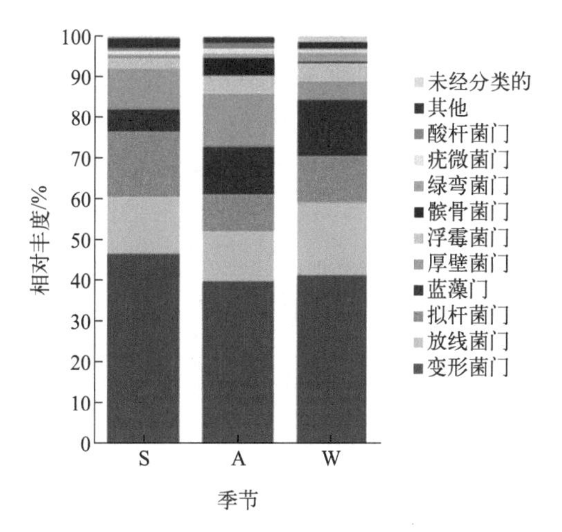

图 2-12　不同季节门水平上鸭茅细菌群落图

比较不同季节的 3 个样本可知，3 个季节的优势菌群均为变形菌门，并呈先减后增趋势，其中夏季组相对丰度最高。放线菌门和拟杆菌门均呈先减后增的趋势，放线菌门在冬季相对丰度达到最高，而拟杆菌门在夏季最高；蓝藻门和浮霉菌门均呈增长趋势，都在冬季相对丰度达到最高。髌骨菌门、疣微菌门和酸杆菌门只在秋季相对丰度大于 1%。

（3）鸭茅属分类水平细菌群落组成

图 2-13 为选取相对丰度排名前 10 的属水平细菌群落。由图可知，3 个季节鸭茅表面主要附着的菌群为甲基杆菌属和鞘氨醇单胞菌属。夏季（S）组中，相对丰度大于 1% 的菌群有 3 个，依次为甲基杆菌属、鞘氨醇单胞菌属和薄层菌属，其中优势菌群为甲基杆菌属，相

对丰度为 15.06%，其次为鞘氨醇单胞菌属和薄层菌属，相对丰度分别为 11.35% 和 2.27%。秋季（A）组中，相对丰度大于 1% 的菌群有 6 个，依次为链球菌属（*Streptococcus*）、乳杆菌属、甲基杆菌属、鞘氨醇单胞菌属、假单胞菌属和柠檬酸杆菌属，其中优势菌群为链球菌属，相对丰度为 3.94%，其次为乳杆菌属、甲基杆菌属和鞘氨醇单胞菌属，相对丰度分别为 3.59%、2.89% 和 2.08%，随后依次为假单胞菌属（相对丰度为 1.77%）和柠檬酸杆菌属（相对丰度为 1.64%）。冬季（W）组中，相对丰度大于 1% 的菌群有 6 个，依次为甲基杆菌属、薄层菌属、鞘氨醇单胞菌属、类诺卡氏菌属 (*Nocardioides*)、马赛菌属和 *Ellin6055* 属，其中优势菌属为甲基杆菌属，相对丰度为 8.75%，其次为薄层菌属和鞘氨醇单胞菌属，相对丰度分别为 5.66% 和 4.97%，随后依次为类诺卡氏菌属（相对丰度为 3.30%）、马赛菌属（相对丰度为 3.00%）和 *Ellin6055* 属（1.94%）。

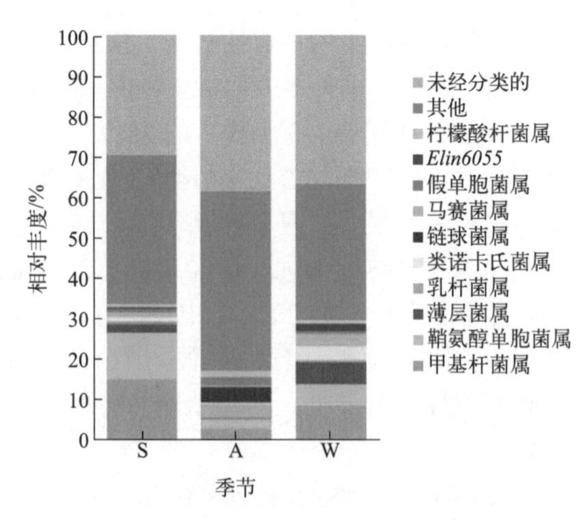

图 2-13　不同季节属水平上鸭茅细菌群落图

比较不同季节 3 个样本可得，鸭茅表面附着的微生物菌群数量较少，其中夏季微生物菌群多样性较低，秋冬两季微生物菌群多样性较高，表明夏季菌群组成结构单一，秋冬两季菌群组成结构复杂。鞘氨醇单胞菌属和甲基杆菌属均随着季节的变换呈先减后增的趋势，对于其他菌属，如 *Ellin6055* 属、马赛菌属和类诺卡氏菌属只在冬季出现。有益菌的乳杆菌属只在秋季出现。

（4）环境因子与鸭茅叶际菌群相关性分析

图 2-14 为环境因子与鸭茅叶际菌群的相关性热图。由图可得鸭茅表面附着的菌群与温度、降雨量、相对湿度和日照时间均差异不显著（$P>0.05$）。

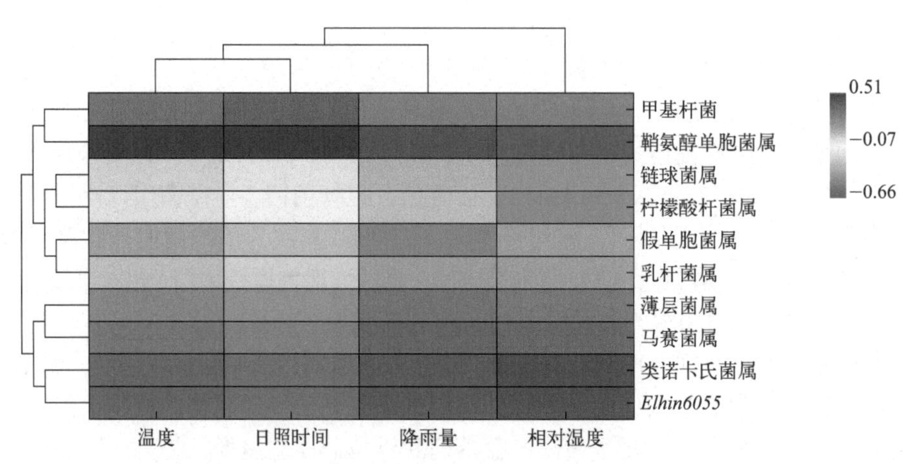

图 2-14　环境因子与鸭茅叶际菌群的相关性热图

2.1.3　讨论与结论

细菌和真菌都有季节性的动态变化。季节不同表面附着的细菌种类和数量也不同，每年最热和最干燥的几个月是细菌多样性最低的时候，而随着温度变凉和湿度增大，表面附着的细菌多样性指数也逐渐增大。从 α 多样性分析可得，石阡组 M02 样本的香农指数在夏秋两季较高，微生物菌群的多样性较低，鸭茅随着温度降低，Chao1 指数、ACE 指数均先升高后降低。附生细菌数量和种类因地理纬度、气候条件、植物种类和季节的不同而有明显差异。本试验中，从门分类水平上，3 个季节紫花苜蓿表面主要附着的细菌为变形菌门和蓝藻门，但其相对丰度在各个季节都不相同，如花溪组 M01 样本中，变形菌门相对丰度夏季 > 冬季 > 秋季，蓝藻门相对丰度则是夏季 > 秋季 > 冬季；鸭茅表面主要附着的细菌为变形菌门，相对丰度夏季最高，秋季最低。从属分类水平上，紫花苜蓿和鸭茅在 3 个季节组成结构具有差异性，如花溪组 M01 样本中，夏季的优势菌群为 *lzhakiella*，秋季为柠檬酸杆菌属，冬季为甲基杆菌属，而鸭茅则是夏季的优势菌群为甲基杆菌属和鞘氨醇单胞菌属，秋季为链球菌属和乳杆菌属，冬季为甲基杆菌属。本研究中菌群结构组成及分布随季节变化均有明显的差异，有研究表明不同季节地表植被的生长时期对于表面微生物的群落分布及生命活动也有着很大影响。也可看出紫花苜蓿和鸭茅各季节表面附着的菌群组成不同，许多学者认为植物是影响叶际微生物群组成的主要因素。叶际微生物和植物宿主之间有共生、寄生和互惠共生的关系，多数是共生的关系。叶际微生物与植物的关系十分复杂，既有固氮、促进植物生长、增强植物抗逆性、改变植物表面特性和降解残留农药等正面作用，也有引发植物病害等负面作用。1986 年 Kampfer 等首次证明叶际细菌能产生植物生长激素和细胞激动素，并且能通过固氮来使植物的根和茎生长发育，使许多农作物增产。有学者发现植物叶际上的葡萄球菌属 (*Staphylococcus*)、鞘氨醇单胞菌属和 *Ploaromonas* 等属的某些类群具有降解大气中有机污染物的能力。本研究从属分类水平上看，鸭茅和紫花苜蓿中含有一定量的鞘氨醇单胞菌属，鸭茅样本中有 11.35%，紫花苜蓿样本有 6%，而且鞘氨醇单胞菌属还被证明能够抵抗细菌病原体保护植物。Ursula 等发现叶际细菌假单胞菌属可以提高草莓叶片表皮的角质蒸腾作用，也可以改变叶片的表皮水分渗透力。Melotto 等发现假单胞菌能引起植物气孔关闭避免病原体进入植物质外体，对白粉菌有独特的杀灭能力，是一种很有用的防治植物致病性真菌的生物控制剂。本研究中，紫花苜蓿 2 个样本中夏季（S）组假单胞菌属的相对丰度分别为 6.03% 和 3.13%，这可大大降低植物的致病率。

有研究证实决定植物叶际群落组成的不是环境因素，而是植物本身的因素，不同植物种类上定殖着不同类型的微生物。从门分类水平看，芽单胞菌门 (Gemmatimonadetes) 是石阡紫花苜蓿样本中特有的。不同植物种类微生物菌群组成具有一定的相似性，但其丰富度不同，鸭茅跟紫花苜蓿主要菌群均有变形菌门和蓝藻门，且变形菌门的相对丰度均为夏季高于冬季，在 M02 样本中，变形菌门相对丰度随温度降低而降低，而蓝藻门相对丰度则随温度降低而升高。从属水平上，*lzhakiella* 属和芽孢杆菌属是紫花苜蓿中特有的。

2.1.4 小结

① 从 OTU 统计和 α 多样性指数来看，石阡组紫花苜蓿 M01 样本 3 个季节共有 229 个核心 OTU，M02 样本共有 227 个核心 OTU；花溪组 M01 样本共有 263 个核心 OTU，M02 样本共有 245 个核心 OTU，说明 3 个季节菌群结构具有相似性。花溪组和石阡组紫花苜蓿在夏季和秋季的菌群相似性最高。鸭茅在秋季和冬季的菌群相似性最高，秋季菌群的丰度高，冬季多样性最高。

② 从门分类水平上，变形菌门是紫花苜蓿和鸭茅表面附着的主导菌群。从属分类水平上，紫花苜蓿因区域和品种不同菌群组成也不同。在花溪组中，夏季 M01 样本中的优势菌属为鞘氨醇单胞菌属，M02 样本中的优势菌属为布赫纳氏菌属，鸭茅的优势菌属为甲基杆菌属；秋季 M01 样本中的优势菌属为柠檬酸杆菌属，M02 样本中的优势菌属为鞘氨醇单胞菌属，鸭茅的优势菌属为链球菌属；冬季 M01、M02 和鸭茅样本中的优势菌属均为甲基杆菌属。在石阡组中，M01、M02 样本夏季的优势菌属均为鞘氨醇单胞菌属，秋季均为甲基杆菌属，冬季均为芽孢杆菌属。

③ 相关性分析表明：紫花苜蓿样本中，石阡组中泛菌属与相对湿度呈显著负相关（$P<0.05$），花溪组中泛菌属与相对湿度呈极显著负相关（$P<0.01$）；石阡组中假单胞菌属与降雨量呈极显著正相关（$P<0.01$），花溪组中假单胞菌属与降雨量不相关（$P>0.05$）。鸭茅样本中，所有菌群与环境因子之间不具有相关性（$P>0.05$）。

2.2 贵州本土优势青贮用乳酸菌的分离、鉴定和筛选及运用

2.2.1 贵州地区青贮饲料的乳酸菌分离、鉴定和筛选

2.2.1.1 材料和方法

（1）试验地概况

贵州省位于中国西南部，属于云贵高原东部区，东经 103° 36′ ～ 109° 35′，北纬 24° 37′ ～ 29° 13′。贵州地貌属于中国西南部的高原山区。地势西高东低。自中部向北、东、南三面倾斜，平均海拔约 1100m。贵州气候温暖湿润，属亚热带季风性气候区。年平均气温 15℃，年降水量在 1100 ～ 1300mm 之间，但降水季节分配不均，80% 的雨水都集中在 5 ～ 10 月，常年相对湿度在 80% 以上。

（2）青贮样品采集

采用白色透明双面纹路青贮真空袋，双面厚度≥ 30 丝，材质为聚酰胺（PA）+ 聚乙烯（PE），规格为 28cm×30cm。选择生长良好的青贮植株，原地切碎装入青贮真空袋密封，按顺序编号并记录采集时间、地点、经纬度、海拔高度等内容，每个地点采样至少三袋，将采集样品保藏带回实验室备用。采集自然青贮样品时间段为 2018 年 4 月至 2019 年 1 月。

如表 2-5 所列，青贮饲料玉米、甜高粱、黑麦草、紫花苜蓿样品采集于贵州省 6 个地区，分别是花溪区、正安县、石阡县、纳雍县、大方县、独山县。在青贮 60d 后对其中的乳酸菌进行分离纯化。

表 2-5　采样地点与采样时间

编号	采集地点	青贮物种	经度	纬度	海拔 /m	采集时间
GHy1	贵阳市 • 花溪区	玉米	106° 39′ 29.51″	26° 27′ 15.13″	1153	2018.4.1
ZZt1	遵义市 • 正安县	甜高粱	107° 25′ 26.56″	28° 31′ 18.39″	716	2018.7.31
ZZy2	遵义市 • 正安县	玉米	107° 25′ 27.56″	28° 31′ 19.39″	716	2018.7.31
TSy1	铜仁市 • 石阡县	玉米	108° 16′ 11.81″	27° 37′ 37.19″	727	2018.8.11

续表

编号	采集地点	青贮物种	经度	纬度	海拔 /m	采集时间
BNy1	毕节市·纳雍县	玉米	105° 31′ 02.74″	26° 42′ 02.31″	1533	2018.8.15
BDy1	毕节市·大方县	玉米	105° 43′ 08.22″	27° 01′ 22.15″	1387	2018.8.21
BDy2	毕节市·大方县	玉米	105° 40′ 38.79″	27° 16′ 03.95″	1686	2018.8.21
BDy3	毕节市·大方县	玉米	105° 42′ 18.56″	27° 09′ 10.30″	1436	2018.8.21
QDh1	黔南布依族苗族自治州·独山县	黑麦草	107° 33′ 08.68″	25° 37′ 06.66″	958	2018.12.6
BDt4	毕节市·大方县	甜高粱	105° 43′ 51.81″	27° 13′ 15.37″	1838	2018.8.21
GHz2	贵阳市·花溪区	紫花苜蓿	106° 39′ 53.40″	26° 26′ 44.51″	1109	2019.1.28
GHh3	贵阳市·花溪区	黑麦草	106° 39′ 37.13″	26° 27′ 03.04″	1121	2019.1.28

（3）培养基配制

乳酸菌 MRS 培养基的配制：分别称取蛋白胨 10.0g，牛肉膏 10.0g，酵母膏 5.0g，柠檬酸氢二铵 2.0g，葡萄糖 20.0g，乙酸钠 5.0g，磷酸氢二钾 2.0g，七水硫酸镁 0.25g，硫酸锰 0.25g，移液器加入 1mL 吐温 -80，蒸馏水定容到 1000mL，调节 pH 值 6.2 ～ 6.5。培养菌体所用液体培养基不添加琼脂。分离纯化所用固体培养基另加入琼脂 18g。于 121℃高压蒸汽锅灭菌 19min（以下用到的生理盐水、培养基及相应的试验材料均是在此条件下灭菌）。

（4）乳酸菌的分离纯化

运用平板划线法分离培养：在无菌条件下称取青贮饲料样品 20g，分别置于装有 180mL 无菌生理盐水的锥形瓶中，150r/min 振荡 2h，即为稀释 10^{-1} 的样品悬液，然后取 1mL 加到装有 9mL 灭菌生理盐水的试管中，用枪头吹打 3 次混匀，即为稀释 10^{-2} 的样品悬液，依次稀释至 10^{-9}。选取合适稀释度，利用平板稀释法进行分离培养，取 10μL 加入预先灭菌的凝固 MRS 培养基表面，用涂布棒涂均匀，稍微干燥后于 37℃的二氧化碳培养箱中倒置培养 24 ～ 72h，待菌落长成，用接种环挑取典型菌落，接种在平板培养基中，继续划线 3 次，长出菌落后挑取单菌落进行革兰氏染色，镜检，若不纯，进一步纯化，直至获得纯化菌株，下一步进行过氧化氢酶试验。

（5）革兰氏染色鉴定步骤

乳酸菌为革兰氏阳性菌，配置革兰氏染色液试剂并染色分离纯化后的菌株，筛选出革兰氏染色反应呈紫色的纯化菌株。具体操作如下：

① 涂片：在玻片加一滴无菌水，从培养皿上挑取少许乳酸菌涂片，涂片一定要非常薄。

②干燥：让玻片自然干燥或将玻片置于酒精灯火焰上方烘干，但不要直接烘烤火焰以避免细菌变形。

③ 固定：握住玻片的一端，让细菌膜面朝上，迅速通过火焰 2 ～ 3 次，使细菌固定在载玻片上，在载玻片冷却后，加入草铵酸结晶紫染液。

④ 染色：将玻片置于废液烧杯上方，滴加草铵酸结晶紫染液染色 1 ～ 2min。

⑤ 水洗：倒去染色液并用水小心地冲洗。

⑥ 媒染：滴加碘液，媒染 1min。

⑦ 水洗：水洗碘液。

⑧ 脱色：倾斜玻片，滴加 95% 乙醇脱色，直到流出液刚刚不出现紫色时就停止，立即用水洗净乙醇，并轻轻吸干。

⑨ 复染：滴加番红染液复染 2min。

⑩ 水洗：用水洗去玻片上的番红染液。

⑪ 干燥：自然风干。

⑫ 镜检：先用低倍镜，再用高倍镜，最后用油镜观察，以分散开的细菌的革兰氏染色反应为准，染色为紫色的是阳性菌。

（6）过氧化氢酶反应检测步骤

取培养 1 ～ 3d 的乳酸菌，在其中加质量分数 3% ～ 15% 的 H_2O_2（现配现用），2 ～ 3min 后观察，有气泡产生的为阳性，无气泡产生为阴性，有气泡产生时向其中加入 100mg/kg 的叠氮化钠水溶液，观察 5 ～ 10min，不产生气泡的为过氧化氢酶反应阳性，继续产生气泡则为假阳性。或者将 H_2O_2 直接加到斜面的菌胎上，观察气泡的生成情况。

（7）菌株培养与保种

凡是革兰氏阳性，过氧化氢酶阴性菌株初步鉴定为乳酸菌株，编号后挑取单菌落接种于 10mL MRS 液体培养基中，37℃振荡培养 48 ～ 72h，待培养基浑浊之后，将其分为一式四份，一份用于菌株 16S rDNA 分子鉴定，另外三份用于菌株保种：将纯化好的 750μL 菌液与 750μL 甘油（50%，已灭菌）加入 2mL 的冻存管，并分别放置于 −20℃和 −80℃低温冰箱中保存备用。

（8）乳酸菌 16S rDNA 分子鉴定步骤

由于 16S rDNA 在细菌中相对稳定，且在所有生物体中含有高度保守的序列，因此本研究选择它用于菌株的分子鉴定。

基因组 DNA 提取：使用 Tsingke DNA 提取试剂盒（通用型），步骤如下：

① 将核酸纯化柱置于离心管中，加入 250μL BL 缓冲液，12000r/min 离心 1min 活化硅胶膜。

② 取待鉴定菌落，加入液氮充分研磨。研磨后置于 1.5mL 离心管中，加入 400μL GP1 溶液，涡旋振荡 1min，65℃水浴 10 ～ 30min，其间可取出颠倒混匀以充分裂解。

③ 加入 150μL GP2 溶液，涡旋振荡 1min，冰浴 5min。

④ 12000r/min 离心 5 min，将上清液转移至新的离心管中。

⑤ 加入与上清液等体积的无水乙醇，立即充分振荡混匀，液体全部转入核酸纯化柱中，12000r/min 离心 30s，弃废液。

⑥ 向核酸纯化柱中加入 500μL 漂洗液（使用前已加入无水乙醇），12000r/min 离心 30s，弃废液。

⑦向核酸纯化柱中加入 500μL 洗涤液（使用前已加入无水乙醇），12000r/min 离心 30s，弃废液。

⑧ 重复操作步骤⑦。

⑨ 将核酸纯化柱放回离心管中，12000r/min 离心 2min，开盖晾干 1min。

⑩ 取出核酸纯化柱，放入一个干净的离心管中，在吸附膜的中央处加 50 ～ 100μL TE 溶液（65℃预热 TE 溶液），20 ～ 25℃放置 2min，12000r/min 离心 2min。

选择一对 16S rDNA 通用引物 27F：5′-AGAGTTTGATCCTGGCTCAG-3′ 和 1492R：5′-TACGACTTAACCCCAATCGC-3′，长度 1500 bp（碱基对，可用来表示 DNA 分子片段长度）左右。先将提取得到的 DNA 进行 PCR 扩增，之后进行电泳检测扩增得到的 16S rDNA。

PCR 反应体系：

15Mix	25μL
PF（10P）	1μL
PR（10P）	1μL
gDNA	1μL
dH_2O	22μL

PCR 扩增条件：

98℃	2min	
98℃	10s	共 35 循环
……		
55℃	15s	
72℃	15s	
72℃	5min	
4℃	保持在此温度	

PCR 扩增反应终止后，16S rDNA 扩增产物在 1% 琼脂糖凝胶电泳，取 3μL 扩增产物，与 1μL 溴酚蓝上样缓冲液（0.25% 溴酚蓝与质量浓度为 40% 的蔗糖水溶液）混匀后，用微量移液器加入凝胶加样孔中，另取 3μL 分子量不同的 DNA 片段加入相邻孔中进行琼脂糖凝胶电泳，电泳结束后用溴化乙锭染色，用凝胶电泳成像系统紫外观察拍照。

PCR 扩增产物经凝胶电泳检测为特异性扩增的 1.5kb（DNA 的一个常用的长度单位）的片段长度后，使用生工生物工程（上海）股份有限公司的胶回收试剂盒，按说明书回收、纯化目的片段，委托北京擎科生物科技股份有限公司昆明分公司进行测序检验。

（9）乳酸菌产酸和生长速率的测定及筛选

将已分离纯化的菌株接种到 10mL 的 MRS 液体培养基中，置于 37℃恒温培养箱中培养 48h，按 3% 的接种量转入新的 10mL MRS 液体培养基中 37℃恒温培养箱中培养 48h，取 1mL 菌液加入装有 0.5mL 80% 甘油（无菌）的离心管中，混匀，−20℃保存。将剩余菌液按 3% 的接种量（1.2mL）分别转入装有新 MRS 液体培养基的 40mL 环氧树脂（EP）管中，置于 37℃恒温培养箱中培养，每隔 2h 在无菌操作台中取样，用 pH 计分别在 0h、2h、4h、6h、8h、10h、12h、14h、16h、18h、20h、22h、24h 测定 MRS 液体培养基的 pH 值，并以无菌 MRS 液体培养基为空白调零，在波长 600nm 下测定吸光度值。筛选出在 24h 内产酸速率最高（pH 值最低）和生长速率最高（OD_{600nm} 最大）的乳酸菌。

2.2.1.2 结果与分析

将测序结果用 Contig Express 软件进行拼接，除去两端不可信序列，利用 Nucleotide BLAST 进行序列比对，将所测菌株的 16S rDNA 序列与 NCBI 数据库中相关菌的 16S rDNA 序列进行对比，分析菌株与基因库中已知菌株的同源性，鉴定出菌株的种属。

（1）乳酸菌分离纯化

利用 MRS 平板分批接种采集到的青贮样品，37℃培养箱内恒温倒置培养 48 ～ 72h 后，先后有细菌菌落长出，观察并挑取直径达 2 ～ 5mm、具有典型乳酸菌菌落特征的单菌落，用新的 MRS 平板纯化菌株。筛选出纯化后的细菌用于分子生物学鉴定。分离和纯化的部分乳酸菌菌落特征见图 2-15。

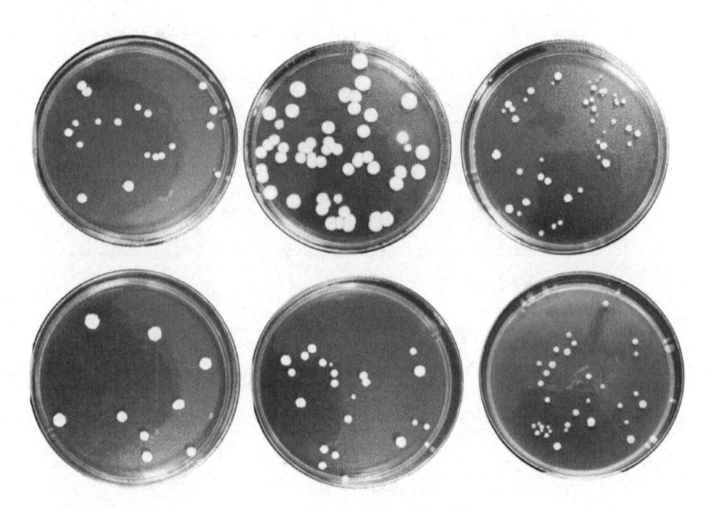

图 2-15　纯化好的乳酸菌单菌落

（2）革兰氏染色结果与过氧化氢酶反应结果

从采集的 12 份青贮样品中先后分离得到 298 株菌株，经革兰氏染色鉴定呈阳性反应的 G+ 菌 254 株，过氧化氢酶反应均为阴性。G+ 菌在显微镜下呈现紫色，形状多为杆状，少数为短杆状。部分菌株的革兰氏染色鉴定结果见图 2-16。

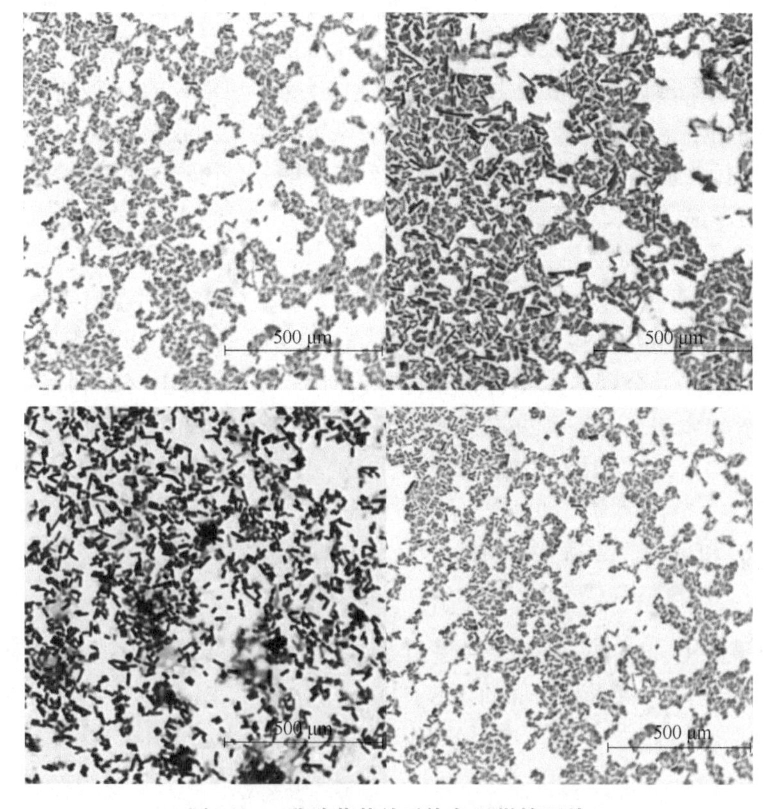

图 2-16　乳酸菌革兰氏染色显微镜照片

（3）乳酸菌 16S rDNA 测序鉴定结果

将乳酸菌测序序列利用 NCBI 中的 Blast 和已知模式菌株的 16S rDNA 序列进行比对，

以相似性最高的模式菌株来确定待测菌株的种属分类地位。结果显示所有序列与数据库中已知 16S rDNA 基因序列的相似性均在 97.0% ～ 100.0% 之间，测序菌株的分子鉴定结果具体见表 2-6。经过对已保存的乳酸菌进行分子鉴定，共鉴定出 10 种乳酸菌株，分别为：鼠李糖乳杆菌、植物乳杆菌、枯草芽孢杆菌 *Bacillus subtilis*、干酪乳杆菌 *Lactobacillus casei*、香肠乳杆菌 *Lactobacillus farciminis*、嗜酸乳杆菌 *Lactobacillus acidophilus*、副干酪乳杆菌 *Lactobacillus paracasei*、布氏乳杆菌、希氏乳杆菌 *Lactobacillus hilgardii*、短乳杆菌 *Lactobacillus brevis*。

表 2-6　乳酸菌株分子鉴定

编号	青贮品种	采样地	鉴定结果	对照菌株登录号
1	玉米	贵阳・花溪	布氏乳杆菌 GHy1-1	KT357640.1
2	玉米	贵阳・花溪	布氏乳杆菌 GHy1-2	MK605957.1
3	玉米	贵阳・花溪	布氏乳杆菌 GHy1-8	MG462232.1
4	玉米	贵阳・花溪	布氏乳杆菌 GHy1-10	MG646681.1
5	玉米	贵阳・花溪	鼠李糖乳杆菌 GHy1-11	MF348222.1
6	甜高粱	遵义・正安	植物乳杆菌 ZZt1-3	MK311258.1
7	甜高粱	遵义・正安	植物乳杆菌 ZZt1-5	AB830324.1
8	甜高粱	遵义・正安	鼠李糖乳杆菌 ZZt1-6	MF348222.1
9	甜高粱	遵义・正安	植物乳杆菌 ZZt1-7	CP035571.1
10	甜高粱	遵义・正安	植物乳杆菌 ZZt1-14	MF354176.1
11	甜高粱	遵义・正安	植物乳杆菌 ZZt1-16	MG646754.1
12	甜高粱	遵义・正安	鼠李糖乳杆菌 ZZt1-18	MF348222.1
13	甜高粱	遵义・正安	植物乳杆菌 ZZt1-20	KJ806294.1
14	甜高粱	遵义・正安	植物乳杆菌 ZZt1-21	MG646831.1
15	甜高粱	遵义・正安	植物乳杆菌 ZZt1-22	CP026505.1
16	玉米	铜仁・石阡	希氏乳杆菌 TSy1-1	KY287774.1
17	玉米	铜仁・石阡	布氏乳杆菌 TSy1-6	MG646732.1
18	玉米	铜仁・石阡	布氏乳杆菌 TSy1-7	KR055504.1
19	玉米	铜仁・石阡	干酪乳杆菌 TSy1-8	KP696456.1
20	玉米	铜仁・石阡	枯草芽孢杆菌 TSy1-9	KR780430.1
21	玉米	铜仁・石阡	枯草芽孢杆菌 TSy1-15	MK646010.1
22	玉米	铜仁・石阡	布氏乳杆菌 TSy1-10	MK605957.1
23	玉米	铜仁・石阡	副干酪乳杆菌 TSy1-16	MK026811.1
24	玉米	铜仁・石阡	布氏乳杆菌 TSy1-25	MK605957.1
25	玉米	铜仁・石阡	副干酪乳杆菌 TSy1-28	MK026811.1
26	玉米	铜仁・石阡	希氏乳杆菌 TSy1-30	KY287774.1
27	玉米	铜仁・石阡	布氏乳杆菌 TSy1-31	KP062948.1
28	玉米	铜仁・石阡	干酪乳杆菌 TSy1-33	AB921225.1
29	玉米	铜仁・石阡	布氏乳杆菌 TSy1-34-1	KF312681.1

续表

编号	青贮品种	采样地	鉴定结果	对照菌株登录号
30	玉米	铜仁·石阡	布氏乳杆菌 TSy1-34-2	MG646681.1
31	玉米	铜仁·石阡	布氏乳杆菌 TSy1-39	KP062948.1
32	玉米	铜仁·石阡	副干酪乳杆菌 TSy1-43	MK026811.1
33	玉米	铜仁·石阡	布氏乳杆菌 TSy1-44	KR055504.1
34	玉米	铜仁·石阡	布氏乳杆菌 TSy1-45	MG646732.1
35	玉米	铜仁·石阡	布氏乳杆菌 TSy1-46	MG646681.1
36	玉米	铜仁·石阡	希氏乳杆菌 TSy1-49	KF312688.1
37	玉米	铜仁·石阡	干酪乳杆菌 TSy1-66	MF108641.1
38	玉米	铜仁·石阡	布氏乳杆菌 TSy1-159	MK605957.1
39	玉米	毕节·纳雍	布氏乳杆菌 BNy1-1	MG646681.1
40	玉米	毕节·纳雍	鼠李糖乳杆菌 BNy1-2	MF348222.1
41	玉米	毕节·纳雍	短乳杆菌 BNy1-4	CP033885.1
42	玉米	毕节·纳雍	短乳杆菌 BNy1-6	MK332370.1
43	玉米	毕节·纳雍	布氏乳杆菌 BNy1-7	MG646681.1
44	玉米	毕节·纳雍	鼠李糖乳杆菌 BNy1-8	MF768256.1
45	玉米	毕节·纳雍	短乳杆菌 BNy1-12	MH191230.1
46	玉米	毕节·纳雍	布氏乳杆菌 BNy1-16	MG646681.1
47	玉米	毕节·大方	鼠李糖乳杆菌 BDy2-17	MF354531.1
48	玉米	毕节·大方	布氏乳杆菌 BDy2-19-1	MG646732.1
49	玉米	毕节·大方	干酪乳杆菌 BDy2-28	MF424634.1
50	玉米	毕节·大方	鼠李糖乳杆菌 BDy2-29	MF348222.1
51	玉米	毕节·大方	鼠李糖乳杆菌 BDy2-33	MF354531.1
52	玉米	毕节·大方	布氏乳杆菌 BDy2-35	MG646732.1
53	玉米	毕节·大方	鼠李糖乳杆菌 BDy2-46	KM350165.1
54	玉米	毕节·大方	布氏乳杆菌 BDy2-47	MG646732.1
55	玉米	毕节·大方	鼠李糖乳杆菌 BDy2-50	MF348222.1
56	玉米	毕节·大方	布氏乳杆菌 BDy2-62	MG646732.1
57	玉米	毕节·大方	布氏乳杆菌 BDy3-1	AB425940.1
58	玉米	毕节·大方	布氏乳杆菌 BDy3-4	KM005146.1
59	玉米	毕节·大方	布氏乳杆菌 BDy3-6	MG646873.1
60	玉米	毕节·大方	布氏乳杆菌 BDy3-7	KT363770.1
61	玉米	毕节·大方	鼠李糖乳杆菌 BDy3-10	LR134331.1
62	玉米	毕节·大方	布氏乳杆菌 BDy3-12	KR055490.1
63	玉米	毕节·大方	布氏乳杆菌 BDy3-14	KT363770.1
64	玉米	毕节·大方	鼠李糖乳杆菌 BDy3-16-2	KJ152776.1
65	玉米	毕节·大方	鼠李糖乳杆菌 BDy3-34	MG890627.1

续表

编号	青贮品种	采样地	鉴定结果	对照菌株登录号
66	玉米	毕节・大方	鼠李糖乳杆菌 BDy3-35	KJ152776.1
67	玉米	毕节・大方	布氏乳杆菌 BDy3-36	KT357640.1
68	玉米	毕节・大方	鼠李糖乳杆菌 BDy3-39	KM513645.1
69	玉米	毕节・大方	布氏乳杆菌 BDy3-40	KT363770.1
70	玉米	毕节・大方	鼠李糖乳杆菌 BDy3-41	MK537377.1
71	玉米	毕节・大方	布氏乳杆菌 BDy3-43	KT363770.1
72	甜高粱	毕节・大方	短乳杆菌 BDt4-2	HM162416.1
73	甜高粱	毕节・大方	副干酪乳杆菌 BDt4-5	AB921225.1
74	紫花苜蓿（鲜样）	贵阳・花溪	鼠李糖乳杆菌 GHz2-3	MF768256.1
75	紫花苜蓿（鲜样）	贵阳・花溪	植物乳杆菌 GHz2-5	KY584256.1
76	紫花苜蓿（鲜样）	贵阳・花溪	植物乳杆菌 GHz2-6	MG646872.1
77	紫花苜蓿（鲜样）	贵阳・花溪	鼠李糖乳杆菌 GHz2-7	MK656097.1
78	紫花苜蓿（鲜样）	贵阳・花溪	植物乳杆菌 GHz2-10	MG754574.1
79	紫花苜蓿（鲜样）	贵阳・花溪	干酪乳杆菌 GHz2-14	MF179540.1
80	紫花苜蓿（鲜样）	贵阳・花溪	鼠李糖乳杆菌 GHz2-17	MF348222.1
81	黑麦草（鲜样）	贵阳・花溪	鼠李糖乳杆菌 GHh3-1	KJ152776.1
82	黑麦草（鲜样）	贵阳・花溪	干酪乳杆菌 GHh3-4	MF179540.1

（4）产酸速率和生长速率

产酸速率和生长速率是筛选优良菌株的过程中评价优质乳酸菌的重要指标，通常，不同种属菌株之间存在的差异比较大，即使是同一种属，不同菌株也存在差异。本试验对所有分离纯化的菌株进行生长和产酸速率试验。所有乳酸菌菌株在发酵过程中没有明显的迟滞期，说明在 MRS 液体培养基中的代谢活动比较快，能很快进入乳酸菌的分裂期，使乳酸菌数量快速增多，进而产生大量乳酸，使得 pH 值快速降低。

部分乳酸菌菌株的生长和产酸速率如图 2-17 所示，在接种前期，鼠李糖乳杆菌 BDy3-10 生长速率较快，pH 值随着乳酸的大量生成而降低，24h 后其 pH 值为 3.75，但是在后期随着 pH 值降低，布氏乳杆菌 TSy1-6 的 OD_{600nm} 值呈逐渐上升的趋势，最终 OD_{600nm} 达到所有菌株中的最大值，为 3.015。

本试验以接种乳酸菌 24h 后 MRS 液体培养基的 pH 值最低和 OD_{600nm} 最高为筛选条件。通过数据对比所有菌株，筛选出生长和产酸速率最快的两株菌株，分别为布氏乳杆菌 TSy1-6、鼠李糖乳杆菌 BDy3-10。

2.2.1.3 讨论与结论

植物附生乳酸菌对植物材料本身具有较好适应性，因此筛选植物附生乳酸菌作为青贮添加剂在菌株定植、存活、生长等方面具有一定优势。乳酸菌作为青贮饲料发酵过程中的优势菌株，其生长、产酸特性对于青贮饲料的发酵品质及有氧稳定性发挥关键作用。

Woolford 等归纳总结了作为理想青贮接种菌必须满足以下条件：①生长旺盛，能够抑制霉菌和腐败微生物的生长；②为同型发酵乳酸菌，能迅速产生大量乳酸；③耐酸，能在 pH

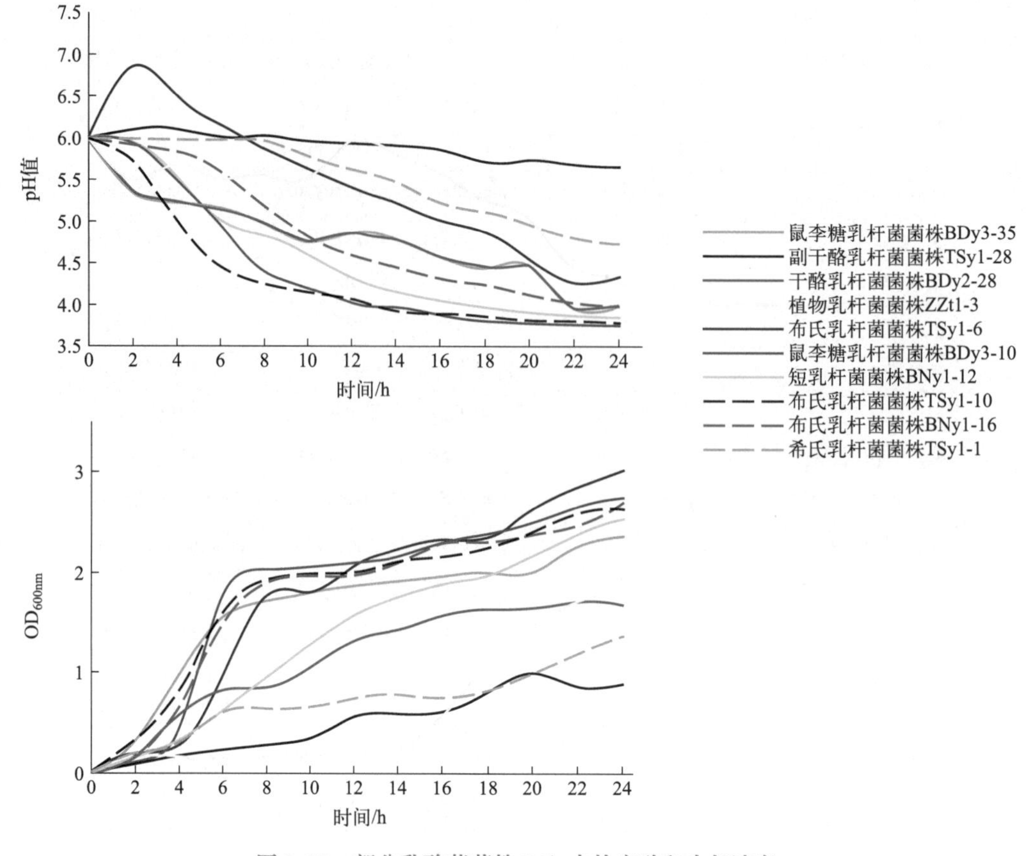

图 2-17　部分乳酸菌菌株 24h 内的产酸和生长速率

（$OD_{600\ nm}$ 为接种乳酸菌 MRS 液体培养基在波长 600 nm 的吸光度值）

值≤ 4.0 条件下生长；④能利用多种可溶性碳水化合物，如果糖、葡萄糖、果聚糖、蔗糖、戊糖等。在研制优质青贮乳酸菌接种剂方面，产酸速率和生长速率是评定乳酸菌活性与是否优良的重要指标，不同菌株间具有一定程度的差异。本试验中，从乳酸菌的产酸能力和生长速率来看，性能最突出的为：鼠李糖乳杆菌 BDy3-10 产酸速率最快，在接种培养 24h 后培养液的 pH 值达到 3.75；布氏乳杆菌 TSy1-6 生长速率最快，在接种培养 24h 后 OD_{600nm} 值达到 3.015，并且在整个培养过程中均保持较强的生长产酸能力，表明这 2 株菌生长迅速，代谢旺盛，产酸能力强，具备用作乳酸菌添加剂的特性，在后期的研究中需重点关注。

本研究中的布氏乳杆菌 TSy1-10 为同型发酵乳酸菌，生长速度快、产酸能力强，能迅速降低 pH 值，具有较强的耐酸特性，为了提升青贮饲料中的乳酸（LA）含量对于青贮饲料的作用效果，选择产酸速率最快的鼠李糖乳杆菌 BDy3-10 用作贵州地区青贮用乳酸菌添加剂。除此之外，布氏乳杆菌 TSy1-10 菌株，培养 24h 后培养液 pH 值降至 3.77，OD_{600nm} 值达到 2.67，同样具备制作乳酸菌添加剂的潜质。

异型发酵乳酸菌在青贮饲料发酵过程中有重要作用，除了产生乳酸外，还会产生乙酸。Grazia 等研究表明，在青贮饲料发酵后期主要存在的菌株均为异型发酵乳酸菌，因此，选择生长速率最快的异型发酵菌株布氏乳杆菌 TSy1-6，以期能够在青贮饲料发酵后期占据数量优势，发酵完成后提升其有氧稳定性。

2.2.2 乳酸菌制剂及其在紫花苜蓿青贮饲料中的运用

2.2.2.1 材料与方法

（1）试验材料

本试验采用紫花苜蓿作为青贮原料，于2019年1月25日采自贵州大学西校区试验地（北纬26° 11′～26° 34′，东经106° 27′～106° 52′），刈割完成后，紫花苜蓿的含水量较高，不利于青贮发酵的进行，因此将紫花苜蓿送至实验室凋萎处理48 h，以便进行下一步操作，凋萎后的营养成分见表2-7。

表2-7 紫花苜蓿凋萎后的营养成分和微生物数量

指标	含量
干物质量 /%	35.72
粗蛋白 /%	23.16
中性洗涤纤维 /%	37.97
酸性洗涤纤维 /%	24.83
可溶性碳水化合物 /%	7.51
粗纤维 /%	29.64
粗灰分 /%	11.15
粗脂肪 /%	9.93
乳酸菌数 /(log cfu/g)	3.01

（2）乳酸菌活化及添加剂制作

本试验的乳酸菌制剂是采用传统培养及分子鉴定筛选出的两种本土优质乳酸菌，将冷冻保存的鼠李糖乳杆菌BDy3-10和布氏乳杆菌TSy1-6快速解冻，在无菌条件下置于MRS液体培养基中活化培养（37℃，12h），传代培养2次，将最后一次富集的培养物4℃保存备用，此时鼠李糖乳杆菌BDy3-10的浓度为8.95log cfu/mL、布氏乳杆菌TSy1-6的浓度为9.57log cfu/mL。

（3）试验设计及青贮制作

试验设计为4个处理组：LR、LB、LR+LB、CK。每个处理组紫花苜蓿质量分别为3.2kg，分别与100mL的菌液混合，详见表2-8。

表2-8 紫花苜蓿青贮处理设计

处理组组别	添加剂
LR	100mL 鼠李糖乳杆菌 BDy3-10 菌液
LB	100mL 布氏乳杆菌 TSy1-6 菌液
LR+LB	50mL 鼠李糖乳杆菌 BDy3-10 + 50mL 布氏乳杆菌 TSy1-6 混合菌液
CK	100mL 无菌空白蒸馏水

调制紫花苜蓿青贮，采用白色透明双面纹路真空密封袋，双面厚度≥30丝，材质为PA+PE，规格为16cm×25cm。刈割紫花苜蓿凋萎处理48h后，收获的紫花苜蓿调节至合适水分（65%～75%），切碎至1～2cm，下一步分别制作紫花苜蓿添加剂青贮和单贮，将乳酸菌菌液和混合菌液作为添加剂均匀喷洒在切割好的青贮料中，将每个处理组3.2kg青贮料分

成16个青贮样品分装到青贮密封袋中，每袋200g±5g，压实，真空封口机抽出空气、密封后避光保存，置于室温培养发酵，定期检查袋口封闭状态，如有裂开及时重新封口。

分别在发酵的1d、6d、10d、20d、40d取其中的3份作为3次重复试验的原料，烘干法测定其干物质（dry matter, DM）含量，再用粉碎机粉碎干样，过1 mm筛，存放于自封袋中保存，用于测定青贮中可溶性碳水化合物（water soluble carbohydrates, WSC）、粗蛋白（crude protein，CP）、粗纤维（crude fiber, CF）、粗脂肪（ether extract, EE）、酸性洗涤纤维（acid detergent fiber, ADF）、中性洗涤纤维（neutral detergent fiber, NDF）、粗灰分（crude ash, CA）等的含量。制作青贮浸提液用于测定pH值、有机酸等指标。取10g青贮料加入90mL灭菌生理盐水充分振荡使其混匀，将混匀后的材料进行10倍梯度稀释，稀释度为10^{-2}、10^{-3}、10^{-4}、10^{-5}、10^{-6}、10^{-7}、10^{-8}、10^{-9}作为微生物与计数的试验材料。发酵40d后打开青贮料，在进行感官评定、营养成分分析、发酵品质分析的同时评测其有氧稳定性。

（4）感官品质指标评定

感官评定按德国农业协会青贮感官评分标准及等级评定方法，根据色泽、气味、质地三项进行感官综合评价，分为优等、良等、中等、腐败4个等级进行评价，具体标准如表2-9。

表2-9　青贮饲料感官评分标准

项目	评分标准			分数
色泽	与原料相似、烘干后呈淡褐色			2
	略有变色，呈淡黄色或带褐色			1
	变色严重、墨绿色或褪色呈黄色，有较强的霉味			0
气味	无丁酸臭味，有芳香果味			14
	有微弱的丁酸臭味，或较强的酸味、芳香味弱			10
	丁酸味颇重，或有刺鼻的焦糊臭味或霉味			4
	有较强的丁酸臭味或氨味			2
质地	茎叶结构保持良好			4
	茎叶结构保持较差			2
	茎叶有轻度霉菌或轻度污染			1
	茎叶腐烂或污染严重			0
总分	16～20	10～15	5～9	0～4
等级	1级（优等）	2级（良等）	3级（中等）	4级（腐败）

（5）青贮饲料的营养成分指标测定

DM含量的测定：将青贮料放入洁净的已编号档案袋，置于105℃的恒温干燥箱中杀青15min，之后65℃烘干48h，取出置于干燥器冷却后称重，计算得出DM含量。

CP含量的测定：凯氏定氮法测定CP含量，所需试剂为浓硫酸、硫酸铜、硫酸钾、氢氧化钠、硼酸、甲基红、溴甲酚绿、硫酸铵、蔗糖。

NDF、ADF、CF、EE、CA含量采用张丽英的方法测定：

① CF、NDF、ADF含量的测定：酸碱洗涤法。所需试剂为CF：（0.13±0.005）mol/L硫酸溶液、（0.23±0.005）mol/L氢氧化钾溶液、丙酮。NDF：十二烷基硫酸钠溶液、α-淀粉酶、无水硫酸钠、丙酮。ADF：十六烷基三甲基溴化胺（CTAB）、0.50mol/L硫酸溶液、丙酮。

② EE 含量的测定：称取试样 1 ～ 5g，于滤纸筒中，编号，放入 105℃烘箱中烘干 2h 后放入抽提管中，在管中加入无水乙醚 60 ～ 100mL，于 60 ～ 70℃水浴锅中加热乙醚回流 50 次，检查抽提管流出的乙醚挥发后不留下油迹为终点。取出试样，蒸去残留乙醚，烘干后称重。

③CA 含量的测定：称取 1 ～ 2g 风干样品，于（550±20）℃下灼烧 30min 后，冷却、称重；再同样灼烧 30min，冷却、称重，直到前后两次质量之差小于 0.005g 时为恒重，分别设三个重复。

WSC 含量的测定：采用北京索莱宝科技有限公司的植物可溶性碳水化合物含量测定试剂盒，测定原理为蒽酮比色法。

所需设备：Ankom 纤维分析仪、滤袋、封口机、干燥器、分析天平、电热鼓风干燥箱、铅笔、粉碎机、研钵、消煮炉、FOSS 凯式定氮仪、酶标仪、250mL 锥形瓶、容量瓶、电热恒温水浴锅、索式脂肪提取器、滤纸筒、高温电炉、坩埚。

（6）青贮饲料的发酵品质指标测定

“雷磁”PHS-3C 实验室 pH 计（上海仪电科学仪器股份有限公司）测定 pH 值：称取 10g 样品放入 250 mL 锥形瓶中，加入灭菌水 90 mL 浸泡，用无菌封口膜封口，4℃浸提过夜，用 9cm 定量滤纸进行过滤后检测。

高效液相色谱仪测定乳酸（lactic acide, LA）含量：Agilent 1260LC 高效液相色谱分析仪（配在线空气脱气机、柱温箱、紫外检测器、四元泵、100 位全自动进样器），分析天平，超纯水处理机，pH 计，真空泵，溶剂过滤器，超声波清洗器，色谱柱：Agilent TC-C_{18}（250mm×4.6mm×5μm）。参考柳俊超的色谱条件：柱温 50℃，甲醇为流动相 A，0.01mol/L 的 KH_2PO_4 水溶液（用磷酸调 pH 值到 2.70）为流动相 B，流速 0.7mL/min，进样量 10μL，紫外检测波长为 210nm。色谱标准品：色谱纯 LA（Aladdin L118492）。准确配制一定浓度的标准 LA 溶液，经 0.22μm 水系针式膜过滤后上机检测，以标准 LA 浓度为横坐标，峰面积为纵坐标，绘制标准曲线，建立回归方程。用无菌注射针管抽取中青贮样品浸提过滤液 1mL，经 0.22μm 的水系针式膜过滤后，加到液相色谱进样瓶中检测。根据标准曲线方程，将所测得 LA 的峰面积计算出待测液中 LA 浓度，最后将浓度单位换算成 mmol/L。

气相色谱仪测定乙酸（acetic acid, AA）、丙酸（propionic, PA）、丁酸（butyric acid, BA）含量：气相色谱仪（型号 SP-3420，北京分析仪器厂），配置 ϕ6mm×2m 石英玻璃填充柱（固定相 15% FFAP，担体 80 ～ 100 目 Chromosorb）。N-2000 色谱工作站：10μL 尖头微量进样器（上海安亭仪器厂）。色谱标准品：AA（SigmaA6283）、PA（SigmaP1386）、BA（Adlrich B103500）。偏磷酸为市售分析纯产品。气相色谱仪色谱条件如下：ϕ6mm×2m 石英玻璃填充柱（固定相 15% FFAP，担体 80 ～ 100 目 Chromosorb），柱温 150℃，进样口温度 220℃；进样量 1μL；FID 检测器温度 280℃；载气为高纯 N_2，流量 30mL/min，压力 200kPa；燃气为 H_2，流量 30mL/min；助燃气为空气，流量 300mL/min。

有氧稳定性指标测定：青贮发酵进行到 40d 时，取 1 袋青贮料，袋子半开口，在青贮袋的中心插入一个温度计探头自动测定温度变化，同时 4 个探头监测室温（取平均值），从样品接触空气到样品温度高于室温 2℃的时间（h）即有氧稳定持续的时间。

（7）数据统计分析

试验数据采用 Microsoft Excel 2007 软件记录和统计数据，用 SPSS 20.0 对数据进行单因素方差分析和 Duncan 多重比较，不同添加剂的青贮样品分别与空白对照组进行单因素方差分析，以 $P<0.05$ 作为差异显著性判断标准，结果以“平均值 ± 标准差（X±SD）”形式表示。用 SigmaPlot 10.0 作图。微生物数量用 Adobe Photoshop CC 2015 的计数工具进行统计。

2.2.2.2 结果与分析

（1）青贮 40d 后的感官品质

感官评价结果见表 2-10，青贮完成后颜色呈现黄绿色，有酸香味，芳香味较弱，茎叶结构保持较差，紫花苜蓿青贮 4 个处理的感官评价总分分别为 14、14、15 和 9。得分最高的是 LR+LB 处理组，得分最低的是 CK 处理组。紫花苜蓿青贮 3 个乳酸菌添加剂处理组都为 2 级良等，CK 处理组等级为 3 级中等。

表 2-10 紫花苜蓿青贮饲料感官评价结果

处理	色泽评分	气味评分	质地评分	总分	等级
LR	1	11	2	14	2 级（良等）
LB	1	11	2	14	2 级（良等）
LR+LB	1	12	2	15	2 级（良等）
CK	1	7	1	9	3 级（中等）

（2）青贮饲料的营养成分测定结果

如表 2-11 所列，青贮完成后试验结果表明，乳酸菌添加剂显著影响紫花苜蓿 DM 含量（$P<0.05$），DM 含量以 LB 处理组为最高，为 34.31%，显著高于 LR、LR+LB 和 CK 处理组。与原料相比，4 个处理组在青贮发酵完成后 CP、EE 含量有不同程度下降，虽然乳酸菌添加剂处理下紫花苜蓿青贮饲料的 CP 和 EE 含量与 CK 组差异不显著（$P>0.05$），但能够有效减少青贮过程中 CP 的损失。各处理间 CF 含量差异不显著（$P>0.05$）。LB 处理组 NDF 和 ADF 含量显著低于其他处理组（$P<0.05$）。LB 处理组 WSC 含量高于其他处理组，其次是 CK，含量最低的是 LR+LB 和 LR 处理组（$P<0.05$）。表明添加布氏乳杆菌 TSy1-6 可以保留更多的 WSC 含量，减缓青贮过程中的 WSC 消耗量。

表 2-11 青贮紫花苜蓿营养成分（干物质基础）

项目	LR	LB	LR+LB	CK
干物质（鲜物质基础）/%	32.24±0.25d	34.31±0.31a	33.04±0.15c	33.49±0.01b
粗蛋白 /%	22.92±0.94	22.16±0.54	21.51±4.14	20.00±0.55
粗脂肪 /%	9.34±0.24	9.26±0.35	9.81±1.53	9.01±0.57
粗纤维 /%	27.45±1.19	27.16±1.23	25.69±1.52	26.21±5.68
中性洗涤纤维 /%	33.84±0.95a	28.81±1.23b	32.93±1.87a	32.14±0.88a
酸性洗涤纤维 /%	21.14±0.31a	17.90±0.88b	21.14±0.60a	20.26±0.94a
可溶性碳水化合物 /%	0.99±0.02c	1.94±0.05a	1.06±0.03c	1.47±0.07b
粗灰分 /%	11.20±0.55	10.61±0.57	10.55±0.13	10.85±0.81

注：同列数据不同小写字母表示差异显著（$P<0.05$）。

（3）添加乳酸菌对紫花苜蓿青贮过程中发酵品质的影响

如图 2-18 所示，随着发酵时间的推移，紫花苜蓿青贮中 CK 处理组的 pH 值随着青贮时间的延长，呈现逐渐下降的趋势，在青贮开始直至青贮完成 pH 值都保持缓慢下降的态势。

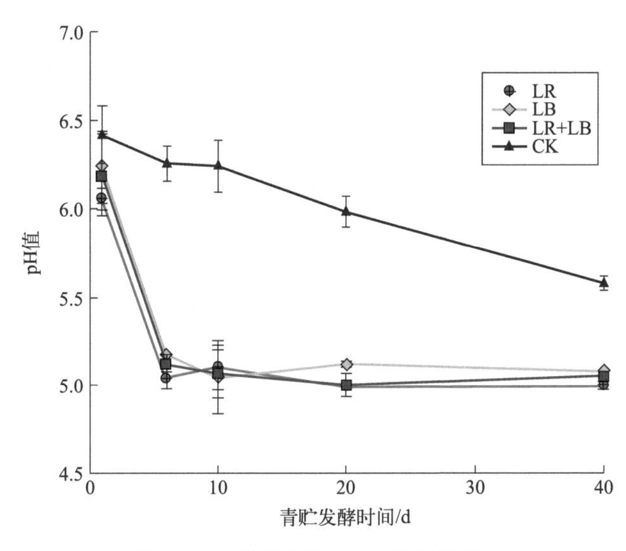

图 2-18　青贮过程中 pH 值变化动态

LR、LB、LR+LB 各处理的 pH 值总体变化趋势趋于一致，均呈现前期迅速下降、中期缓慢降低、后期几乎平稳的变化趋势；青贮前 6d pH 值下降速度最快，LR、LB、LR+LB 从 pH 值 6.06、6.24、6.19 分别降低到 5.04、5.16、5.12；青贮到 10 d 后，pH 值降低到 5.05 ～ 5.10 之间，且接下来的 10 ～ 40d 之间 pH 值维持在一个相对稳定的范围。

青贮发酵 40d 后，各处理组间差异显著（$P<0.05$），其中，3 个乳酸菌添加组的 pH 值为 5.0 左右，按大小排序为 LB > LR+LB>LR，而 CK 的 pH 值为 5.58 显著高于其他 3 组，这表明添加乳酸菌具有降低青贮 pH 值的效果，单独添加鼠李糖乳杆菌 BDy3-10 对青贮 pH 值的下降更有利。

由表 2-12 可知，各个处理组的 LA 含量在随着发酵的进行均呈先上升后下降的趋势，LA 含量增幅最明显的时间集中在发酵前期的 1 ～ 10d。LR 处理组的 LA 含量生产速率最大，到第 10d 时到达最大，为 57.03mmol/L。LR、LB、LR+LB 3 个处理组添加乳酸菌对于紫花苜蓿青贮 1 ～ 20d 的 LA 含量影响显著（$P<0.05$）。其中 LR 处理组的 LA 含量在 1 ～ 20d 里均大于其他处理组。

表 2-12　青贮过程中乳酸含量的变化动态

单位：mmol/L

处理	青贮发酵天数				
	1d	6d	10d	20d	40d
LR	1.7032±0.10Da	45.7473±0.86B	57.0313±0.09Aa	47.1754±3.26Ba	42.8789±0.35C
LB	1.2868±0.38Bab	44.2061±1.61A	47.1474±1.35Ab	42.4311±0.56Aab	42.9820±5.53A
LR+LB	1.3192±0.20Cab	44.8419±4.11A	46.0853±0.75Ab	37.3147±1.29Bb	38.9769±2.67B
CK	1.0477±1.05Bb	39.7042±7.79A	40.8446±3.38Ac	39.5376±6.83Ab	40.2677±4.23A

注：表中同行不同大写字母表示各处理在不同发酵天数差异显著（$P<0.05$）；同列不同小写字母表示各处理在相同发酵天数差异显著（$P<0.05$），下同。

由表 2-13 可知，在发酵的 40d 内，LR、LB 和 LR+LB 处理组的 AA 含量呈持续增加的趋势（$P<0.05$），均在第 40d 达到最大值。在青贮 1 ～ 10d 内，CK 处理组的 AA 含量显著高

于 LR、LB 和 LR+LB 处理组（$P<0.05$），青贮结束时，LR 和 LR+LB 的 AA 含量差异不显著，但显著低于 LB 组和 CK 组（$P<0.05$）。

表 2-13　青贮过程中乙酸含量的变化动态

单位：mmol/L

处理	青贮发酵天数				
	1d	6d	10d	20d	40d
LR	1.1600±0.03Db	2.9300±0.03Cb	6.0450±0.29Bb	7.2200±1.73AB	8.5400±0.22Ac
LB	1.5033±0.05Eb	3.5800±0.14Db	6.5550±0.16Cb	8.5900±0.26B	11.1100±0.01Ab
LR+LB	1.9000±0.04Cb	3.395±0.33Cb	7.4300±1.30Bb	8.3000±0.49AB	9.9500±1.78Abc
CK	3.6100±1.30Da	9.7750±1.11BCa	10.9500±1.54ABa	8.1200±1.59C	13.1000±0.99Aa

由表 2-14 可知，随着发酵的进行，1 ～ 10d 时 LR、LB 和 LR+LB 处理组 PA 含量显著增加（$P<0.05$），10 ～ 40d 里的 PA 含量除 LR+LB 组显著降低外，其他处理组无显著变化。CK 处理组在青贮发酵 1d、20d 的 PA 含量与其他处理组差异不显著，6 ～ 10d 范围内的 PA 含量显著高于 LR、LB 和 LR+LB 处理组，在 40d 显著低于其他 3 个处理组。

表 2-14　青贮过程中丙酸含量的变化动态

单位：mmol/L

处理	青贮发酵天数				
	1d	6d	10d	20d	40d
LR	0.1067±0.02B	0.1100±0.05Bb	0.3350±0.05Ab	0.3250±0.06A	0.3400±0.10Aa
LB	0.1133±0.03B	0.1500±0.01Bb	0.2900±0.06Ab	0.3000±0.06A	0.3150±0.07Aab
LR+LB	0.1267±0.02C	0.1050±0.01Cb	0.4000±0.09Ab	0.3300±0.00AB	0.2650±0.02Bab
CK	0.1433±0.04	0.5950±0.43a	0.5467±0.30a	0.2900±0.05	0.2067±0.03b

本试验中的紫花苜蓿青贮在整个发酵过程中都没有 BA 产生。

如表 2-15 所列，各处理之间有氧稳定性差异较大，最好的是 LB，为 173h，显著高于 LR、LR+LB、CK（$P<0.05$）。CK 的有氧稳定性最差，为 121h，显著低于 3 个乳酸菌添加处理组（$P<0.05$）。

表 2-15　青贮紫花苜蓿有氧稳定性

处理组	有氧稳定性 /h
LR	129±0.59c
LB	173±0.42a
LR+LB	144±0.43b
CK	121±0.87d

注：同列不同字母表示差异显著（$P<0.05$）。

2.2.2.3　讨论与结论

（1）添加乳酸菌对紫花苜蓿青贮感观评分的影响

青贮料的优劣和发酵品质的好坏能够影响家畜的生理功能和生产性能，因此正确评价青贮料的质量十分重要。从感官评定结果来看 LR、LB、LR+LB 混合青贮效果均优于 CK 对照组，据整体感官评价得出添加 LR+LB 的青贮饲料发酵品质最好，因为乳酸菌的添加，改善了青贮原样乳酸菌数量，一定程度上提高了青贮的成功性，为青贮发酵提供了前提条件，说明 LR、LB、LR+LB 三种添加剂都适宜紫花苜蓿青贮且能提高其青贮品质。

（2）添加乳酸菌对紫花苜蓿青贮饲料营养成分的影响

营养成分含量是评价饲料最为直接的指标，发酵品质优良的青贮饲料能贮存更多的营养物质。其中 DM 含量直接反映了底物营养成分的浓度。本研究中 LB 处理的 DM 含量显著高于 LR、LR+LB、CK 处理，原因可能是添加布氏乳杆菌 TSy1-6 生长快速促进了青贮前期 LA 发酵，加速了青贮内环境的酸化，进而抑制了有害微生物的活性，从而减少了 DM 损失。

CP 含量的高低是决定饲料品质好坏的重要指标，也是判断青贮饲料饲用价值的重要依据。闫得朋等研究表明紫花苜蓿的 CP 含量为 23.31% ～ 24.93%。原料中的蛋白质被青贮前期微生物活动消耗，青贮一段时间后，乳酸菌大量繁殖导致 pH 值下降，可以抑制有害微生物的活动，从而减缓了蛋白质的降解。随着青贮的完成，各处理间 CP 含量较青贮前有所降低，是由于青贮中腐败微生物梭菌会分解青贮原料中的氨基酸、含氮盐类等产生氨态氮，这些生物活动都会降低青贮蛋白质的含量。但是各处理组之间的 CP 含量差异并不显著，这与贾婷婷等研究结果表现相同。但是，本试验中乳酸菌添加剂处理的青贮饲料 CP 含量比 CK 组高 1 ～ 2 个百分点，从生产的角度讲，明显提高了饲料的饲喂价值。

EE 是紫花苜蓿重要的储能物质以及热能的主要原料，由于具有芳香气味，能够吸引家畜采食，一定程度上影响牧草的适口性，在牧草被家畜采食后，EE 随即进入家畜体内，可以为家畜提供能量和脂溶性维生素的载体，是动物生长发育不可缺少的营养成分，也是评价牧草营养品质的重要指标之一。本试验各处理组之间的 EE 含量差异并不显著，这与司华哲研究结果表现相同。

NDF 含量可以作为估测奶牛日粮精粗比是否合适的重要指标，是目前反映纤维质量好坏的最有效的指标，可用 NDF 来估计饲料的能量价值，并且将其作为评价饲料的堆积密度和填充价值的指标。大量的试验证明，NDF 水平影响着反刍动物的采食量、泌乳牛的奶产量和乳脂率。ADF 包括纤维素、木质素与酸不溶灰分，其中后两者都是不易被反刍动物吸收利用的部分。ADF 含量越低，饲草的消化率越高，饲用价值越大，代表着饲草能量的关键。从本试验的结果来看，紫花苜蓿青贮料的 NDF 和 ADF 含量都有不同程度的降解，与 Hu 等的研究相似，LB 处理组的下降程度最高，提高了采食量和消化率。

WSC 是乳酸菌发酵的主要底物，是青贮发酵的能量来源，原料中须有一定量的 WSC 才有利于青贮成功。青贮过程就是一个不断消化 WSC 的过程，所以 WSC 的消耗量是乳酸菌生长情况的间接反映。Ward 等对比不同作物制作青贮时指出，适合制作青贮的原料应达到一定的 WSC 含量（约占干重的 8% ～ 10% 或占鲜重的 3% 以上）。研究发现原料的 WSC 含量应超过 6% 方可制成优质青贮饲料，当含量低于 2% 时不易制成优质青贮饲料。本试验中，LB 处理组保留的 WSC 含量较高，这可能是因为布氏乳杆菌 TSy1-6 的添加能在发酵初期迅速降低青贮饲料的 pH 值，从而减少不良微生物对 WSC 的消耗；LR 处理组的 WSC 含量较低，可能的原因是鼠李糖乳杆菌 BDy3-10 在青贮前期生长中消耗了较多的 WCS。本试验中 WSC 占紫花苜蓿原料干重为 7.51%，是适宜青贮的。在青贮完成后，各个处理组 WSC 含量较原料都明显下降，这与 Wang 等的研究结果相似。

（3）添加乳酸菌对紫花苜蓿青贮过程中发酵品质的影响

青贮初期pH值快速下降有利于抑制腐败菌的繁殖，并为乳酸发酵提供适宜的环境。pH值在青贮饲料品质好坏评价中是最简单直观有效的指标之一，青贮发酵饲料的pH值越低，青贮饲料越容易保存。pH值也反映青贮饲料是否保存较好和青贮饲料被腐败菌分解的程度，pH值在3.8～4.5的青贮饲料品质较好。本研究中紫花苜蓿青贮pH值不在该范围之内，这是由于苜蓿缓冲能值高，属于不易青贮的牧草作物。在苜蓿表面则多以片球菌属和肠球菌属为主，这些菌的生长能力较弱，产酸能力不强，往往导致苜蓿青贮pH值较大，青贮较易失败。本试验中的青贮发酵前期，第6 d时LR、LB、LR+LB的pH值均显著下降。因为在LR、LB、LR+LB处理组中，乳酸菌添加剂的使用可增加青贮初期发酵时的乳酸菌数量，对保证青贮饲料尽快进入乳酸发酵阶段非常有效，随着发酵时间的延长，乳酸菌利用青贮原料的糖分，消耗了充足的WSC快速生长繁殖产生大量的LA降低了pH值。CK处理组的pH值随着发酵时间的延长缓慢下降。青贮发酵40 d后，添加乳酸菌青贮LR、LB、LR+LB处理组的pH值为5.00、5.08、5.04。CK处理组的pH值下降的速率较慢，且在青贮40d后pH值为5.58，与其他乳酸菌添加剂的pH值差异显著，从试验结果可以看出添加乳酸菌对紫花苜蓿的pH值影响较大。

各种有机酸含量是饲料青贮质量的一个重要指标，其含量大小可以直接反映青贮过程中微生物数量以及活动状况。青贮过程中产生的LA、AA和BA含量对发酵品质影响最大。乳酸菌的作用决定青贮品质的优劣，而乳酸菌主要的代谢产物是LA，丰富的LA含量可以降低pH值，提供酸性环境，从而抑制有害微生物的繁殖。因此，LA生成量是反映青贮品质的最重要指标，也是影响pH值的最主要因素。一般情况下，LA含量越高，BA含量越低，青贮发酵品质越好。本试验中，添加布氏乳杆菌TSy1-6和鼠李糖乳杆菌BDy3-10均能加快产生乳酸菌的产酸，但是LR处理组的LA含量较LB、LR+LB组高，且LR处理组的pH值也较低。这是因为布氏乳杆菌TSy1-6和鼠李糖乳杆菌BDy3-10是两种不同类型的乳酸菌，鼠李糖乳杆菌BDy3-10作为同型发酵乳酸菌，在适宜条件下消耗WSC产生大量LA，抑制其他有害菌生长；而布氏乳杆菌TSy1-6是异型乳酸菌，在产生LA的同时，也在产生AA，故其发酵的青贮饲料LA含量较低。在青贮后期20～40d，一般是异型乳酸菌占据主导地位，其产酸数量较少；另外同型乳酸菌的活力和数量在发酵前期达到最高值后期开始衰落，最终导致LA含量下降。

AA在青贮饲料中是除LA外对pH值影响最大的挥发性脂肪酸，青贮饲料中的AA主要由乙酸菌、异型发酵乳酸菌和某些同型发酵乳酸菌产生，AA含量高低对有氧稳定性有影响。AA的生成与产乙酸菌的种类和数目有关，这些乙酸菌在发酵初期有氧气存在的条件下可以产生大量的AA。Danner等研究发现，青贮饲料中AA含量主要反映青贮饲料有氧稳定性和保存性能，AA含量越高，青贮饲料有氧稳定性越好，AA是可以稳定提高青贮有氧稳定性的青贮发酵产物，其次是BA。乙酸菌属好气性细菌，青贮初期，在尚有空气存在的情况下，青贮饲料中的乙醇会被乙酸菌转化为AA降低其品质。本试验中4个处理组AA含量在6～10d显著（$P<0.05$）增加，CK处理组在10～40d之间的AA含量是先下降再上升的。3个乳酸菌添加组10～40d增加缓慢，没有下降的趋势。说明乙酸菌在青贮前期活动较强烈，青贮稳定后，pH值较低，同样抑制乙酸菌及异型乳酸菌的活动。

PA是由丙酸菌与酪酸菌产生的，酵母菌也能产生一部分PA。PA的作用是抗真菌，抑制酵母菌、霉菌等好氧微生物，促进乳酸菌发酵，能提升青贮饲料的有氧稳定性，防止二次发酵，但其有效作用浓度相对来说较大。PA 能有效控制青贮发酵过程，减少氨态氮含量和降低青贮饲料的温度，能够促进乳酸菌的生长，改善动物对青贮玉米的采食量，作为发酵抑制剂，PA 的效果不如甲酸。BA 是由丁酸菌、梭状菌、腐败菌和酪酸菌降解蛋白质、葡萄糖、碳水化合物和 LA 在无氧条件生成的，同时生成二氧化碳和氢气使饲料发臭，BA 发酵程度即为青贮饲料的腐败程度，是鉴定青贮饲料好坏的重要指标，BA 含量的多少直接影响青贮饲料优劣，青贮饲料不含 BA 或含少量 BA，青贮饲料的品质较好；青贮饲料中 BA 含量过多，酸味减少且有明显的臭味，会严重影响饲料的适口性，降低青贮料发酵品质。一般认为优质青贮饲料的 BA 含量应低于 1%。在本试验整个发酵过程中青贮饲料产生的 PA 与 BA 含量很少或者未被检测到，属于较为成功的青贮，说明发酵过程保存性能较好，没有发生腐败变质现象。原因是青贮过程中乳酸菌快速繁殖生长，LA 大量产生，致使 pH 值较低，从而抑制了有害微生物的生长，减少了有害微生物对营养物质的消耗。

张涛等将布氏乳杆菌、植物乳杆菌及两者的复合菌剂加入苜蓿青贮中发现，与未添加组相比显著提高苜蓿青贮的发酵品质，延长了有氧稳定的时间。异型发酵乳酸菌可分解利用 LA 生成乙醇和 AA，前者有一定的杀菌作用，后者可抑制真菌繁殖，这对青贮过程中有害细菌的减少，以及开窖后青贮饲料有氧稳定性的提高有积极作用。本试验中，在相同条件下发酵的紫花苜蓿青贮饲料中添加乳酸菌，均能提高发酵饲料的有氧稳定性，LR 处理组选择使用的鼠李糖乳杆菌 BDy3-10 是一种用于提高青贮品质的乳酸菌添加剂，属于同型发酵乳酸菌，其主要发酵产生 LA，而 LA 抗真菌能力不强，因此有氧稳定性差，紫花苜蓿青贮饲料发生腐败。而 LB 处理组的有氧稳定性较好，是因为布氏乳杆菌 TSy1-6 作为异型发酵乳酸菌能将青贮过程中产生的 LA 分解为 AA，AA 具有较强的真菌抑制能力，能防止青贮饲料有氧腐败。

在青贮完成后，从感官评定结果得知：添加乳酸菌的 LR、LB 和 LR+LB 处理组的感官品质评定属于 2 级良等，均优于 CK 组（3 级中等），乳酸菌添加剂对青贮饲料的感官评分有明显的改善作用。

添加乳酸菌的 LR、LB 和 LR+LB 处理组对紫花苜蓿青贮发酵后的 CP、EE、CF、CA 含量影响不大。

由 pH 值测定结果可知 CK 处理组 pH 值较高，CK 对照组青贮品质较添加乳酸菌的处理组差。

添加布氏乳杆菌 TSy1-6 显著影响了紫花苜蓿青贮饲料的 NDF 与 ADF 含量、保留住较多的青贮紫花苜蓿 WSC 含量，且抑制二次发酵、提高了有氧稳定性。

添加鼠李糖乳杆菌 BDy3-10 能够在青贮前期迅速生长，产生大量 LA 降低青贮料的 pH 值，所以 LR、LR+LB 处理组较其他处理组的 pH 值较低。

综上所述，本试验所使用的 3 种乳酸菌添加方式均能显著改善紫花苜蓿青贮饲料的发酵品质。紫花苜蓿单独青贮品质较差，不宜单独青贮。

主要参考文献

[1] 蔡义民 . 乳酸菌剂对青贮饲料发酵品质的改善效果 [J]. 中国农业科学 , 1995, 28(02): 73-82.

[2] 崔棹茗 , 郭刚 , 原现军 , 等 . 青稞秸秆青贮饲料中优良乳酸菌的筛选及鉴定 [J]. 草地学报 , 2015, 23(3): 607-615.

[3] 邓艳芳 . 添加不同生物制剂对苜蓿青贮品质的影响 [D]. 西宁 : 青海大学 , 2008.

[4] 董振玲，李艳．乳制品中乳酸菌分子鉴定技术进展 [J]. 中国酿造，2012, 31(06): 9-14.

[5] 郭旭生，丁武蓉，玉柱．青贮饲料发酵品质评定体系及其新进展 [J]. 中国草地学报，2008, 30(4): 100-106.

[6] 郭艳萍，玉柱，顾雪莹，等．不同添加剂对高粱青贮质量的影响 [J]. 草地学报，2010, 18(6): 875-879.

[7] 韩冰．硒、钴肥对紫花苜蓿生长及品质的影响 [D]. 兰州：甘肃农业大学，2016.

[8] 何慧英．乳酸菌的筛选及其对青贮饲料有氧稳定性的研究 [D]. 济南：山东大学，2018.

[9] 侯美玲．草甸草原天然牧草青贮乳酸菌筛选及品质调控研究 [D]. 呼和浩特：内蒙古农业大学，2017.

[10] 贾婷婷，吴哲，玉柱．不同类型乳酸菌添加剂对燕麦青贮品质和有氧稳定性的影响 [J]. 草业科学，2018, 35(05): 1266-1272.

[11] 李雁冰，玉柱，孙娟娟．不同乳酸菌添加剂对青贮黑麦草和青贮玉米微生物群集的影响 [J]. 草地学报，2015, 1(02): 387-393.

[12] 刘桂要．玉米秸秆青贮过程中微生物，营养成分及有机酸变化规律的研究 [D]. 咸阳：西北农林科技大学，2009.

[13] 刘辉，卜登攀，吕中旺，等．乳酸菌和化学保存剂对窖贮紫花苜蓿青贮品质和有氧稳定性的影响 [J]. 畜牧兽医学报，2014, 46(5): 784-791.

[14] 苗芳．同 / 异质型乳酸菌对玉米青贮品质及有氧稳定性的影响 [D]. 石河子：石河子大学，2017.

[15] 倪奎奎．全株水稻青贮饲料中微生物菌群以及发酵品质分析 [D]. 郑州：郑州大学，2016.

[16] 司华哲．不同乳酸菌对紫花苜蓿青贮发酵品质及菌群动态变化的影响研究 [D]. 长春：吉林农业大学，2016.

[17] 司华哲，刘晗璐，南韦肖，等．不同发酵类型乳酸菌对低水分粳稻秸秆青贮发酵品质及有氧稳定性的影响 [J]. 草地学报，2017, 25(06): 1294-1299.

[18] 王红梅，孙启忠，屠焰，等．呼伦贝尔草原野生牧草青贮中优良乳酸菌的分离及鉴定 [J]. 草业学报，2016, 25(8): 189-196.

[19] 王芸芸，杨引福，蔺崇明，等．糯玉米全株青贮饲料特性及综合品质的研究 [J]. 西北农林科技大学学报 (自然科学版), 2019, 1(1): 4.

[20] 魏日华．禾本科牧草异型发酵乳酸菌的分离鉴定及对青贮发酵品质和有氧稳定性的影响 [D]. 呼和浩特：内蒙古农业大学，2010.

[21] 闫得朋，巩林，袁玉莹，等．不同时期喷施叶面肥对紫花苜蓿生长和产草量营养品质的影响 [J]. 草地学报，2018, 26(05): 1255-1261.

[22] 杨雪霞，陈洪章，李佐虎．添加纤维素酶的青贮研究进展 [J]. 生物技术通报，2001, 1(0): 37-41.

[23] 玉柱．饲草青贮技术 [M]. 北京：中国农业大学出版社，2011.

[24] 张磊．添加剂对象草和意大利黑麦草青贮发酵品质及有氧稳定性影响的研究 [D]. 南京：南京农业大学，2010.

[25] 张丽英．饲料分析及饲料质量检测技术 [M]. 4 版．北京：中国农业大学出版社，2016.

[26] 张晴晴，梁庆伟，杨秀芳，等．添加有机酸对燕麦青贮发酵和营养品质的影响 [J]. 饲料研究，2019, 42(04): 84-86.

[27] Altembur G, Shirley N, Luzzard I, et al. The important role of biodiversity in organic soil quality in agricultural production systems: An approach for microbiology edaphic as bioindicators[J]. Caderno De Pesquisa Serie Biologia, 2010(2): 18-36.

[28] Bálint M, Tiffin P, Hallström B, et al. Host genotype shapes the foliar fungal microbiome of balsam poplar (*Populus balsamifera*) [J]. Plos One, 2013, 8(1): e5 3987.

[29] Balint-Kurti P, Simmons S J, Blum J E, et al. Maize leaf epiphytic bacteria diversity patterns are genetically correlated with resistance to fungal pathogen infection[J]. Molecular Plant Microbe Interactions, 2010, 23(4): 473-484.

[30] Buée M, Boer W D, Martin F, et al. The rhizosphere zoo: An overview of plant-associated communities of

microorganisms, including phages, bacteria, archaea, and fungi, and of some of their structuring factors[J]. Plant & Soil, 2009, 321(1/2): 189-212.

[31] Cai Y, Kumai S, Ogawa M, et al. Characterization and identification of pediococcus species isolated from forage crops and their application for silage preparation[J]. Applied & Environmental Microbiology, 1999, 65(7): 2901-2906.

[32] Ding T, Palmer M W, Melcher U. Community terminal restriction fragment length polymorphisms reveal insight into the diversity and dynamics of leaf endophytic bacterial [J]. BMC Microbiology, 2013, 13: 1.

[33] Faith J J, Guruge J L, Mark C, et al. The long-term stability of the human gut microbiota[J]. Science, 2013, 341(6141): 1237439.

[34] Fierer N, Mccain C M, Meir P, et al. Microbes do not follow the elevational diversity patterns of plants and animals [J]. Ecology, 2011, 92(4): 797-804.

[35] Finkel O M, Burch A Y, Lindow S E, et al. Geographical location determines the population structure in phyllosphere microbial communities of a salt-excreting desert tree[J]. Apply Environmental Microbiology, 2011, 77: 7647-7655.

[36] Finkel O M, Burch A Y, Elad T, et al. Distance-decay relationships partially determine diversity patterns of phyllosphere bacteria on *Tamarix* trees across the Sonoran desert[J]. Apply Environmental Microbiology, 2012, 78: 6187-6193.

[37] Hart A L, Stagg A J, Frame M, et al. The role of the gut flora in health and disease, and its modification as therapy[J]. Alimentary pharmacology & therapeutics, 2002, 16(8): 1383-1393.

[38] Hunter P J, Hand P, Pink D, et al. Both leaf properties and microbe-microbe interactions influence within-species variationin bacterial population diversity and structure in the lettuce (*Lactuca species*) phyllosphere[J]. Apply Environmental Microbiology, 2010, 76: 8117-8125.

[39] Innerebner G, Knief C, Vorholt J A. Protection of *Arabidopsis thaliana* against leaf-pathogenic *Pseudomonas syringae* by *Sphingomonas* strains in a controlled model system[J]. Apply Environmental Microbiology, 2011, 77: 3202-3210.

[40] Jackson C R, Denney W C. Annual and seasonal variation in the phyllosphere bacterial community associated with leaves of the southern Magnolia (*Magnolia grandiflora*) [J]. Microbial Ecology, 2011, 61(1): 113-122.

[41] Jumpponen A, Jones K L. Massively parallel 54 sequencing indicates hyperdiverse fungal communities in temperate *Quercus macrocarpa* phyllosphere[J]. New Phytologist, 2009, 184: 438-448.

[42] Jumpponen A, Jones K L. Seasonally dynamic fungal communities in the *Quercus macrocarpa* phyllosphere differ between urban and nonurban environments[J]. New Phytologist, 2010, 186(2): 496-513.

[43] Kampfer P, Ruppel S, Remus R. *Enterobacter radicincitans* sp. nov., a plant growth promoting species of the family *Enterobacteriaceae*[J]. Systematic and Applied Microbiology, 2005, 28 (3): 213-221.

[44] Mallick S, Dutta T K. Kinetics of phenanthrene degradation by *Staphylococcus* sp.strain PN/Y involving 2-hydroxy-1-naphthoic acid in a novel metabolic pathway[J]. Process Biochemistry, 2008, 43: 1004-1008.

[45] Mccracken V J, Gaskins H R, Tannock G W. Probiotics and the immune system[M]. Wymondham: Horizon Scientific Press, 1999.

[46] Melotto M, Underwood W, Koczan J, et al. Plant stomata function in innate immunity against bacterial invasion[J]. Cell, 2006, 126(5): 969-980.

[47] Naveed M, Mitter B, Reichenauer T G, et al. Increased drought stress resilience of maize through endophytic colonization by *Burkholderia phytofirmans* PsJN and *Enterobacter* sp. FD17[J]. Environmental & experimental botany, 2014, 97(97): 30-39.

[48] Néziha B, Nadia M, Hajer O, et al. Role of intestinal flora in inflammatory bowel disease and probiotics place

in their management[J]. La Tunisie Médicale, 2005, 83(3): 132-136.
[49] Penuelas J, Terradas J. The foliar microbiome[J]. Trends in Plant Science, 2014, 19(5): 278-280.
[50] Puglisi E, Pascazio S, Spaccini R, et al. Influence of humic substances on plant-microbes interactions in the rhizosphere[C]. EGU General Assembly Conference Abstracts, 2013.
[51] Rastogi G, Sbodio A, Tech J J, et al. Leaf microbiota in an agroecosystem: Spationtemporal variation in bacterial community composition on field-grown lettuce [J]. ISME Journal, 2012, 6(10):1812-1822.
[52] Redford A J, Bowers R M, Knight R, et al. The ecology of the phyllosphere: Geographic and phylogenetic variability in the distribution of bacteria on tree leaves[J]. Environmental Microbiology, 2010, 12: 2885-2893.
[53] Redford A J, Fierer N. Bacterial succession on the leaf surface: A novel system for studying successional dynamics[J]. Microbiology Ecology, 2009, 58: 189-198.
[54] Snel J, Harmsen H J M, Wielen P W J J, et al. Dietary strategies to influence the gastro-intestinal microflora of young animals, and its potential to improve intestinal health[J]. Journal of Chemical Physics, 2002, 65(12): 5083-5092.
[55] Ursula K, Daniel A N, Wilfried S, et al. Epiphytic microorganisms on strawberry plants (*Fragaria ananassa* cv. Elsanta): Identification of bacteria isolates and analysis of their interaction with leaf surfaces[J]. FEMS Microbiology Ecology, 2005, 53(3): 483-492.
[56] Vokou D, Vareli K, Zarali E, et al. Exploring biodiversity in the bacterial community of the Mediterranean phyllosphere and its relationship with airborne bacterial [J]. Microbial Ecology, 2012, 64(3): 714-724.
[57] Vorholt J A. Microbial life in the phyllosphere[J]. Nature Reviews Microbiology, 2012, 10(12): 828-840.
[58] Wang C, Nishino Naoki. Effects of storage temperature and ensiling period on fermentation products, aerobic stability and microbial communities of total mixed ration silage[J]. Journal of Applied Microbiology, 2013, 114(6): 1687-1695.
[59] Wang H I, Ning T T, Hao W, et al. Dynamics associated with prolonged ensiling and aerobic deterioration of total mixed ration silage containing whole crop corn[J]. Asian-Australasian Journal of Animal Sciences, 2016, 29(1): 62.
[60] Wang M, Yang C H, Jia L J, et al. Effect of *Lactobacillus buchneri* and *Lactobacillus plantarum* on the fermentation characteristics and aerobic stability of whipgrass silage in laboratory silos[J]. Grassland Science, 2014, 60(4): 233-239.
[61] Ward J D, Readfern D D, Mccormick M E, et al. Chemical composition, ensiling characteristics, and apparent digestibility of summer annual forages in a subtropical double-cropping system with annual ryegrass[J]. Journal of Dairy Science, 2001, 84(1): 177-182.
[62] Whipps J M, Hand P, Pink D, et al. Phyllosphere microbiology with special reference to diversity and plant genotype[J]. Apply Microbiology, 2008, 105, 1744-1755.
[63] Wilson M, Hirano S S, Lindow S E. Location and survival of leaf-associated bacteria in relation to pathogenicity and potential for growth within the leaf [J]. Apply Environmental Microbiology, 1999, 65: 1435-1443.
[64] Zhu B, Wang X, Li L. Human gut microbiome: The second genome of human body[J]. Protein & Cell, 2010, 1(8): 718-725.
[65] Woolford M K, Sawczyc M K. An investigation into the effect of cultures of lactic acid bacteria on fermentation in silage: 1. Strain selection[J]. Grass and Forage Science, 1984, 39(2): 139-148.
[66] Grazia L, Suzzi Giovanna. A survey of lactic acid bacteria in Italian silage[J]. Journal of Applied Bacteriology, 1984, 56(3): 373-379.
[67] Hu W, Schmidt R J, Mcdonell E E, et al. The effect of *Lactobacillus buchneri* 40788 or *Lactobacillus*

plantarum MTD-1 on the fermentation and aerobic stability of corn silages ensiled at two dry matter contents[J]. Journal of Dairy Science, 2009, 92(8): 3907-3914.

[68] Danner H, Holzer Mayrhuber, Mayrhuber E, et al. Acetic acid increases stability of silage under aerobic conditions[J]. Appl. Environ. Microbiol., 2003, 69(1): 562-567.

[69] 张涛 , 李蕾 , 张燕忠 , 等 . 青贮菌剂在苜蓿裹包青贮中的应用效果 [J]. 草业学报 , 2007, 1(01): 100-104.

第3章 全株玉米青贮

3.1 不同添加剂对青贮玉米发酵品质及其有氧稳定性的影响

3.1.1 贵州喀斯特地区不同品种的全株玉米发酵品质

3.1.1.1 材料与方法

（1）试验材料

试验材料为蜡熟期各品种全株玉米，取自贵州省草地技术试验推广站，共6个品种，品种名分别为武青1号、曲晨9号、桂青1号、黔6784、雅玉26号和德江本地。

（2）试验设计

每个品种为一个试验组，共6个试验组，每个试验组5个重复，每个重复约1kg。

（3）青贮制作

将收获的全株玉米调节至合适水分（65%～75%），用粉碎机将其粉碎至1～2cm，混合均匀后分别装入青贮袋（28cm×40cm），抽真空机抽真空、密封，室内避光保存60天后打开，进行感官评定和化学成分分析，同时评测有氧稳定性。

（4）测定指标及方法

测定指标包括感官评价、pH值、常规营养成分、钙、磷、有机酸和有氧稳定性。常规营养成分按张丽英编著的《饲料分析及饲料质量检测技术》测定，钙按GB/T 6436—2018测定，磷按GB/T 6437—2018测定。

① 感官评定　按德国农业协会青贮感官评分标准及等级评定方法，根据气味、质地、色泽三项进行评分：气味分4个等级，为2～14分；质地分4个等级，为0～4分；色泽分3个等级，为0～2分。然后综合三项得分给出评定结果：优等（16～20）、良等（10～15）、中等（5～9）、腐败（0～4）4个等级。

② pH 值测定

a. 浸提液的制备。取新鲜的青贮饲料 25g 于具塞三角瓶中，加入 225mL 去离子水，4℃冰箱中浸提 24h，用快速定量滤纸过滤，所得液体为浸提液，−20℃保存待测。

b. 测定浸提液 pH 值。用 PHS-3C 酸度计测定浸提液，读数即为青贮饲料 pH 值。

③ 有机酸的测定　乳酸用液相色谱法测定。挥发性脂肪酸（乙酸、丙酸和丁酸）含量用气相色谱法测定。色谱条件：色谱柱为 DM-FFAP 型毛细管柱。色谱柱规格，0.32mm 直径、0.5μm 膜厚、30m 长。利用青津 GC-9A 进行挥发性脂肪酸的色谱分析，每次进样 1μL。载气为氮气。流速 30mL/min。进样口温度，220℃，检测器温度，250℃，柱温设定为数温，180℃。

（5）营养水平综合评定

运用模糊数学隶属函数法对青贮饲料营养水平进行综合评价。如果测定的指标与青贮饲料的营养水平呈正相关，则用式（3-1）计算；如测定指标在某一最适值时，其营养水平最高，则该指标以最适值为标准，先计算测定值与标准值之间的绝对值，再求其倒数后用式（3-1）计算，本研究中，ADF 和 NDF 依据最适值 20.0% 和 27.5% 计算；如果是负相关，则用式（3-2）进行计算。计算公式为：

$$R(X_i)=(X_i-X_{\min})/(X_{\max}-X_{\min})\text{；} \tag{3-1}$$

$$R(X_i)=1-(X_i-X_{\min})/(X_{\max}-X_{\min})\text{。} \tag{3-2}$$

式中，$R(X_i)$ 为某指标隶属函数值；X_i 为该指标的测定值；$X_{\max}$ 为该指标最大值；$X_{\min}$ 为该指标最小值。

然后对所有指标隶属函数值进行相加，求其均值，以均值大小进行排名。

（6）有氧稳定性测定

青贮发酵进行到 60d 时，取 150g 青贮料置于 500mL 干净的广口瓶中，广口瓶放置到绝缘隔热的地方。在青贮料的中心插入一个灵敏水银温度计测定温度变化，同时监测室温，从样品接触空气到样品温度高于室温 2℃的时间（h）即有氧稳定持续的时间。

（7）数据处理与统计分析

使用 Microsoft Excel 2010 软件对基础数据进行分析整理，结果用平均值 ± 标准差表示，采用 SPSS 22.0 进行单因素方差分析，并用 Duncan 法对各组进行多重比较，$P<0.05$ 为差异显著。

3.1.1.2　结果与分析

（1）发酵品质

由表 3-1 可知，感官评价得分最高的为武青 1 号（18 分），最低的为黔 6784（15 分），曲晨 9 号、桂青 1 号、德江本地和雅玉 26 号这 4 个品种的感官评价总分分别为 17、17、16 和 16。除黔 6784 感官评价为二级（良等）外，其余 5 个品种皆为一级（优等）。

表 3-1　青贮玉米感官评价

品种	气味	色泽	质地	总分	等级
武青 1 号	12	2	4	18	优等
德江本地	10	2	4	16	优等
雅玉 26 号	10	2	4	16	优等

续表

品种	气味	色泽	质地	总分	等级
黔 6784	10	1	4	15	良等
曲晨 9 号	14	1	2	17	优等
桂青 1 号	14	1	2	17	优等

注：表格内数值表示所得分值。

由表 3-2 可知，pH 值最高的是武青 1 号，为 3.67，显著高于除雅玉 26 号外其余 4 个品种（$P<0.05$），最低的是黔 6784，为 3.57，显著低于武青 1 号、雅玉 26 号两个品种（$P<0.05$）。所有品种 pH 值均低于 4.0，符合优质青贮饲料的标准，与感官评价结果相一致。

表 3-2 青贮玉米 pH 值

品种	武青 1 号	德江本地	雅玉 26 号	黔 6784	曲晨 9 号	桂青 1 号
pH 值	3.67±0.05a	3.6±0.08b	3.65±0.12a	3.57±0.11b	3.58±0.08b	3.6±0.13b

注：同行数据不同字母表示差异显著（$P<0.05$）。

有机酸含量如表 3-3 所列。青贮料中乳酸含量最高的是德江本地，为 21.99mmol/L，显著高于黔 6784、曲晨 9 号和桂青 1 号（$P<0.05$），最低的是黔 6784，为 12.02mmol/L，显著低于其余 5 个品种（$P<0.05$），但黔 6784 乙酸含量最高，为 4.88mmol/L，显著高于除曲晨 9 号外其余 4 个品种（$P<0.05$），乙酸含量最低的是武青 1 号，为 3.33mmol/L，显著低于其余 5 个品种（$P<0.05$），所有品种均未检测出丁酸。根据青贮饲料有机酸含量及评分标准，对各品种有机酸进行打分，所有品种有机酸评分等级均为很好，符合优质青贮饲料的标准，与感官评价及 pH 值测定结果相一致。

表 3-3 青贮玉米有机酸含量及评分

品种	乳酸 / (mmol/L)	乙酸 / (mmol/L)	丁酸 / (mmol/L)	丙酸 / (mmol/L)	等级（总分）
武青 1 号	19.8±1.32abc（25）	3.33±0.18c（25）	0（50）	0.28±0.03a	很好（100）
德江本地	21.99±2.05a（25）	4.31±0.22b（25）	0（50）	0.07±0.01c	很好（100）
雅玉 26 号	21.12±1.66ab（25）	4.13±0.24b（25）	0（50）	0.12±0.05b	很好（100）
黔 6784	12.02±1.03d（25）	4.88±0.27a（22）	0（50）	0.05±0.01c	很好（97）
曲晨 9 号	17.81±1.79c（25）	4.64±0.15a（24）	0（50）	0.11±0.03b	很好（99）
桂青 1 号	18.31±2.12bc（25）	4.29±0.23b（25）	0（50）	0.07±0.02c	很好（100）

注：括号内为根据评分标准而得出的分数，同列数据不同字母表示差异显著（$P<0.05$）。

（2）营养水平

如表 3-4 所列，干物质含量以雅玉 26 号为最高，为 26.34%，显著高于其余 5 个品种（$P<0.05$），武青 1 号干物质含量最低，为 17.78%，显著低于除曲晨 9 号外其余 4 个品种（$P<0.05$）。粗蛋白含量范围在 8.97% ～ 10.68%，其中曲晨 9 号和德江本地含量最高，分别为 10.68%、10.49%，显著高于其余 4 个品种（$P<0.05$），最低的是雅玉 26 号，为 8.97%，显著低于其余 5 个品种（$P<0.05$）。粗脂肪含量最高的是桂青 1 号，为 2.43%，显著高于德江本地（$P<0.05$），德江本地粗脂肪含量最低，为 1.56%，显著低于其余 5 个品种（$P<0.05$），其余各品种之间差异不显著（$P>0.05$）。粗纤维含量最高的是武青 1 号，为 35.73%，显著高于其余 5 个品种（$P<0.05$），最低的是雅玉 26 号，为 27.65%，显著低于其余 5 个品种（$P<0.05$）。粗灰分含量以德江本地最高，为 5.49%，显著高于除曲晨 9 号外其余 4 个品种（$P<0.05$）；雅玉 26 号粗灰分含量最低，为 3.65%，显著低于其他 5 个品种（$P<0.05$）。

表 3-4 青贮玉米营养成分（干物质基础，%）

品种	干物质（鲜物质基础）/%	粗蛋白	粗脂肪	粗纤维	可溶性碳水化合物	粗灰分	钙	磷
武青 1 号	17.78±1.45e	9.98±0.38b	2.22±0.07a	35.73±1.13a	1.68±0.34b	5.13±0.07b	0.32±0.03bc	0.23±0.01a
德江本地	22.13±2.31b	10.49±0.16a	1.56±0.13b	31.29±1.21b	1.59±0.23b	5.49±0.11a	0.42±0.01a	0.24±0.03a
雅玉 26 号	26.34±1.98a	8.97±0.11d	2.16±0.05ab	27.65±1.36d	2.67±0.38a	3.65±0.31e	0.26±0.04d	0.19±0.03b
黔 6784	20.21±1.22c	9.46±0.14c	2±0.08ab	33.51±1.54b	1.3±0.13c	4.9±0.08c	0.21±0.02cd	0.23±0.03a
曲晨 9 号	18.46±0.78de	10.68±0.23a	2.1±0.11ab	31.97±1.89b	1.98±0.16b	5.48±0.04a	0.37±0.04ab	0.23±0.02a
桂青 1 号	21.56±0.67bc	9.51±0.34c	2.43±0.16a	29.08±2.13c	1.09±0.11c	4.51±0.12d	0.25±0.08ab	0.21±0.06b

注：同列数据不同字母表示差异显著（$P<0.05$）。

采用模糊数学隶属函数法对不同品种的青贮料营养水平进行综合评价（表 3-5），由表 3-5 可知，营养水平最好的是德江本地，最差的是黔 6784，各品种优劣表现情况为：德江本地 > 曲晨 9 号 > 武青 1 号 > 雅玉 26 号 > 桂青 1 号 > 黔 6784。其中德江本地、曲晨 9 号和武青 1 号这 3 个品种的营养水平函数值非常接近。

表 3-5 青贮玉米营养水平评价

项目	品种					
	武青 1 号	德江本地	雅玉 26 号	黔 6784	曲晨 9 号	桂青 1 号
营养水平函数均值	0.5303	0.5453	0.5072	0.3256	0.5370	0.4629
营养水平排名	3	1	4	6	2	5

（3）有氧稳定性

如表 3-6 所列，各品种之间有氧稳定性差异较大，最好的是雅玉 26 号，为 122h，显著高于除曲晨 9 号外其余 4 个品种（$P < 0.05$）。德江本地的有氧稳定性最差，为 36h，显著低于其余 5 个品种（$P < 0.05$）。

表 3-6 青贮玉米有氧稳定性

品种	武青 1 号	德江本地	雅玉 26 号	黔 6784	曲晨 9 号	桂青 1 号
有氧稳定性 /h	90±3.29c	36±4.39e	122±8.45a	102±7.75b	118±6.06a	52±5.06d

注：同行数据不同字母表示差异显著（$P < 0.05$）。

3.1.1.3 讨论

（1）青贮玉米发酵品质比较

感官评价能直观地反映出青贮饲料的优劣程度，感官好的青贮饲料不仅能够提高适口性，还能较好地保存饲料的营养物质。优质的青贮料应该颜色与原料相似，烘干后呈淡褐色，有芳香果味或明显的面包香味，茎叶结构保持良好。本次试验中，按照评分标准对各品种的青贮料进行打分，除黔 6784 感官评价为二级良等外，其余 5 个品种均为一级优等，这表明 6 个品种进行全株玉米青贮时，均能得到感官较好的青贮饲料。赵丽华等对 4 个不同品种的高油玉米进行了青贮发酵试验，其感官评分等级都在良以上，彼此之间没有显著差异，与本试验结果一致。pH 值是评测青贮饲料质量的重要指标。优质青贮的 pH 值在 4.0 以下，良好青贮 pH 值在 4.1 ～ 4.3，一般青贮 pH 值在 4.4 ～ 5.0，劣质青贮饲料 pH 值在 5.0 以上，一般 pH 值超过 4.4 时说明在青贮发酵过程中，青贮料酸浓度不够，乳酸菌发酵少，酪酸菌等有害菌活动强烈。本次试验中，所有品种 pH 值均低于 4.0，达到优质青贮料标准，与感官评价结果一致，这是由于全株玉米本身 WSC 含量较高，可以为乳酸菌提供充足的发酵底物，使乳酸菌能较快地成为优势菌种，从而获得品质较好的青贮料，许庆方等和兴丽等在其研究中也有相同报道。有机酸总量及其构成可以反映青贮发酵过程的好坏，其中乳酸、乙酸和丁酸是评判的关键指标。本次试验中，所有品种均不含丁酸，有机酸评分等级均为很好，与郭艳萍等研究结果一致，这表明本次试验中的 6 个青贮玉米品种进行青贮发酵后，青贮料的发酵品质均较好，与感官评价、pH 值测定结果相一致。

（2）青贮玉米营养水平比较

除了生物学产量，较好的营养水平也是青贮玉米品种的育种目标。全株玉米青贮的发酵品质和营养水平受玉米品种和成熟期的影响，营养水平会随品种不同而有所不同。陈培义等和吴端钦等比较了不同品种青贮玉米的营养水平，发现不同品种青贮玉米，其营养水平有较大差异。除了品种本身的特性外，青贮玉米的收获时期对品质也有较大影响，收获过早则青贮时水分过大，而干物质积累没有达到最大量，影响收获产量和青贮品质；推迟收获则营养物质转移，枯叶增多，穗轴和秸秆木质化程度偏高，茎叶老化而导致生物学产量损失。因此，玉米要在合适的时期收获。张亚军等的试验指出，玉米全株青贮时应在蜡熟期收获。文亦芾等也报道玉米产量以蜡熟期最高，品质较好。本试验所有品种的收获期均为蜡熟期，排除了收获期对结果的影响，青贮后测定营养成分，采用模糊数学隶属函数法对营养水平进行综合评价，发现表现最好的是德江本地，但函数值与曲晨 9 号和武青 1 号相差不大，表明 3 者营养水平很接近，就营养水平而言，3 个品种都可以推广应用。

（3）青贮玉米有氧稳定性比较

本试验所研究的对象为青贮玉米，是专门用于制作青贮饲料的玉米品种，青贮饲料面临的一个重要问题是有氧腐败，玉米可溶性碳水化合物含量高，很容易造成有氧腐败，所以在考虑选用何种品种时有氧稳定性也应成为考虑的重要因素。本试验 6 个青贮玉米品种的有氧稳定持续时间在 36 ～ 122h 之间，表明不同品种有氧稳定性差异较大。赵子夫等在其研究中报道，全株玉米青贮饲料有氧稳定持续了 72h，王保平等报道持续了 112h，张新慧等的研究中则是 118h，这可能与所使用的青贮玉米品种和环境气候有关。温度和湿度是影响霉菌生长的关键因子，而霉菌是导致有氧腐败的重要原因，所以气候环境会对青贮饲料的有氧稳定性产生重要影响，当温度和湿度适宜霉菌生长繁殖时，会使得青贮饲料容易发生有氧腐败。贮藏温度对饲料的发酵程度及发酵品质也会产生重要影响，温度过低乳酸菌活性通常不强，而温度过高则会减少青贮饲料乳酸含量，增加 pH 值和干物质损失，降低有氧稳定性，使青贮料的饲用价值降低。刘文娟曾报道：湿玉米纤维饲料在 5℃条件下贮存可达 20 天，而在 20℃以上的条件下，2 天内即发生霉变。贵州气候温和，雨量充沛，这种温暖潮湿的环境适宜各类霉菌生长，青贮料暴露于空气中更容易遭到破坏，进而加剧青贮饲料的有氧腐败进程。本试验中，德江本地虽然营养水平最好，但其有氧稳定性表现最差，仅为 36h，显著低于其他品种，雅玉 26 号有氧稳定持续时间最长，为 122h，达到 5 天，但其营养水平排名仅为第四。曲晨 9 号和武青 1 号的有氧稳定性分别达到了 118h 和 90h，均能很好地满足生产实际中的要求。曲晨 9 号营养水平排名第二，与德江本地营养函数值相差不大，且其有氧稳定性显著高于除武青 1 号外其他品种，综合考虑营养水平和有氧稳定性，推荐使用曲晨 9 号作为贵州地区的青贮玉米品种。

3.1.1.4 小结

① 本试验中所用的 6 个青贮玉米品种进行全株青贮时，均能得到品质较好的青贮料。

② 不同品种青贮玉米饲料之间有氧稳定性差异较大，各品种有氧稳定性排名为：雅玉 26 号 > 曲晨 9 号 > 黔 6784> 武青 1 号 > 桂青 1 号 > 德江本地。

③ 6 个青贮玉米品种发酵后营养水平排名为：德江本地 > 曲晨 9 号 > 武青 1 号 > 雅玉 26 号 > 桂青 1 号 > 黔 6784。

④ 综合考虑发酵品质、营养水平和有氧稳定性，推荐使用曲晨 9 号作为贵州地区的青贮玉米品种。

3.1.2 添加剂对优质玉米品种青贮发酵品质及有氧稳定性的影响

为探讨不同添加剂在贵州温暖湿润气候环境下对全株玉米青贮饲料发酵品质及有氧稳定性的影响，试验选用本节中筛选出来的品种（曲晨 9 号）进行全株青贮，设计对照组和添加剂组（乳酸菌制剂、食盐、丙酸）。青贮 60 天后开封，测定青贮饲料的发酵品质、化学成分和有氧稳定性。采用模糊数学隶属函数法对营养水平进行评价，综合考虑发酵品质、营养水平和有氧稳定性，筛选出合适的添加剂。

3.1.2.1 材料与方法

（1）试验设计

试验采用单因素试验设计，设 4 个试验组：CK 组（不加任何添加剂）；LAB 组 [乳酸菌制剂（按照说明添加）]；NaCl 组（0.8% 食盐）；PA 组（0.5% 丙酸）。每个试验组设置 5 个重复，每个重复约 1kg，添加量以原料鲜重为基础，根据鲜重计算出所需添加剂的质量，将添加剂溶于少量蒸馏水中，均匀喷洒于 1kg 青贮料，青贮时间为 60 天。

（2）试验材料

青贮原料为蜡熟期全株玉米（成分见表 3-7），取自贵州省草地技术推广站，品种名为曲晨 9 号。添加剂为 NaCl（云南省盐业有限公司，NaCl ≥ 98.5%）、PA（成都市科龙化工试剂厂，CH_3CH_2COOH，含量≥ 99.5%）、LAB（郑州乐贝丰生物科技有限公司，布氏乳杆菌、植物乳杆菌为主，活菌数≥ 10^8cfu/g）。

表 3-7 青贮玉米原料特性（干物质基础，%）

项目	粗蛋白	粗脂肪	粗纤维	粗灰分	水溶性碳水化合物	干物质（鲜物质基础）/%
含量	9.56±0.37	3.87±0.15	31.23±1.83	5.33±0.38	16.67±1.05	28.43±1.14

（3）青贮制作

试验在贵州省草地技术推广站进行，收获蜡熟期全株玉米，用粉碎机将其粉碎至 1 ～ 2cm，不同处理组依照试验设计使用不同添加剂，其中对照组喷洒等量蒸馏水，搅拌均匀后装入青贮袋（28cm×40cm），每袋装料为 1kg 左右，用抽真空机抽真空、密封，室内保存 60 天后打开，进行感官评定和化学成分分析，同时评测有氧稳定性。

（4）测定指标及方法

同本节贵州喀斯特地区不同品种的全株玉米发酵品质。

（5）营养水平综合评定

同本节贵州喀斯特地区不同品种的全株玉米发酵品质。

（6）有氧稳定性

同本节贵州喀斯特地区不同品种的全株玉米发酵品质。

（7）数据处理与统计分析

同本节贵州喀斯特地区不同品种的全株玉米发酵品质。

3.1.2.2 结果

（1）发酵品质

感官评价结果见表 3-8。由表 3-8 可知，感官评价得分最高的为 LAB 组（18 分），其余各组评价得分均为 17 分，不管是哪个处理组，其气味、色泽和质地都表现较好，感官评价均为一级（优等）。

表 3-8 青贮玉米感官评价

处理	气味	色泽	质地	总分	等级
CK	13	1	3	17	一级（优等）
LAB	13	2	3	18	一级（优等）
NaCl	13	1	3	17	一级（优等）
PA	13	1	3	17	一级（优等）

注：表格内数值表示所得分值。

优质青贮饲料 pH 值应当低于 4.0，由表 3-9 可知，所有处理组均低于 4.0，达到优质青贮饲料的标准，与感官评价结果相一致。

表 3-9 青贮玉米 pH 值

处理	LAB	NaCl	PA	CK
pH 值	3.59±0.05a	3.52±0.12b	3.53±0.11b	3.60±0.15a

注：同行数据不同字母表示差异显著（$P<0.05$）。

如表 3-10 所列，所有处理组均未检测出丁酸，乳酸含量最高的是 LAB 组，为 21.77mmol/L，但各处理组之间差异不显著（$P>0.05$），丙酸最高的是 PA 组，为 2.55mmol/L，显著高于其他处理组（$P<0.05$）。根据青贮饲料有机酸含量及评分标准进行打分，所有处理组有机酸评分均为满分，与感官评定及 pH 值情况一致。

表 3-10 青贮玉米有机酸含量及评分

处理	乳酸 /（mmol/L）	乙酸 /（mmol/L）	丁酸 /（mmol/L）	丙酸 /（mmol/L）	总分
LAB	21.77±2.35b（25）	5.13±0.35a（25）	0（50）	0.06±0.01b	100
NaCl	20.85±1.23b（25）	4.84±0.32b（25）	0（50）	0.07±0.01b	100
PA	20.94±2.21b（25）	4.94±0.21a（25）	0（50）	2.55±0.37a	100
CK	20.99±1.45b（25）	4.31±0.36b（25）	0（50）	0.07±0.02b	100

注：括号内为根据评分标准而得出的分数，同列数据不同字母表示差异显著（$P<0.05$）。

（2）营养水平

由表 3-11 可知，经不同添加剂处理后，与对照处理组相比，全株玉米青贮饲料 CP 含量有所降低，其中 PA 组和 LAB 组显著低于对照组（$P<0.05$）。但 PA 组 EE 含量最高，显著高于其他处理组（$P<0.05$）。NDF 和 ADF 均以 LAB 组为最高，显著高于其他处理组（$P<0.05$），WSC 最高的是 NaCl 组，显著高于除 PA 组外其他组（$P<0.05$），CA 含量最高的是 NaCl 组，显著高于其他组（$P<0.05$），添加丙酸提高了 Ca 含量，显著高于其余各组（$P<0.05$），各组的 P 含量差异不显著（$P>0.05$）。

表 3-11　青贮玉米营养水平

处理	粗蛋白 /%	粗脂肪 /%	中性洗涤纤维 /%	酸性洗涤纤维 /%	可溶性碳水化合物 /%	粗灰分 /%	钙 /%	磷 /%
LAB	8.61±0.38b	1.34±0.07b	48.06±1.13a	31.23±0.98a	1.49±0.06bc	5.48±0.07b	0.27±0.03b	0.24±0.01a
NaCl	9.09±0.11a	1.53±0.05b	43.46±1.36b	27.24±0.54b	3.44±0.26a	8.67±0.31a	0.21±0.04c	0.22±0.03a
PA	8.30±0.14b	2.87±0.08a	41.21±1.54b	29.67±0.47b	2.83±0.14ab	5.64±0.08b	0.31±0.02a	0.22±0.03a
CK	9.49±0.23a	1.56±0.11b	43.49±1.89b	28.78±0.64b	1.59±0.21bc	5.49±0.04b	0.21±0.04c	0.23±0.02a

注：同列数据不同字母表示差异显著（$P<0.05$）。

采用模糊数学隶属函数法对不同处理组营养水平进行综合评价，由表 3-12 可知，营养水平最好的是 PA 组，最差的是 CK 组，各组排名情况为：PA>LAB>NaCl>CK。其中 LAB 组和 NaCl 组营养水平均值非常接近，两者差异可以忽略不计。

表 3-12　青贮玉米营养水平评价

项目	处理			
	LAB	NaCl	PA	CK
营养水平函数均值	0.4128	0.4125	0.6197	0.2893
营养水平排名	2	3	1	4

（3）有氧稳定性

各处理组有氧稳定性如表 3-13 所列。CK 组有氧稳定性最差，为 24.5h，显著低于其他处理组（$P<0.05$），最好的是 PA 组，为 110.5h，显著高于除 NaCl 组之外其他组（$P<0.05$）。各处理组有氧稳定性优劣排名情况为：PA>NaCl>LAB>CK。

表 3-13　青贮玉米有氧稳定性

处理	LAB	NaCl	PA	CK
有氧稳定性 /h	36.5±3.29b	108.5±8.45a	110.5±7.75a	24.5±3.06c

注：同行数据不同字母表示差异显著（$P<0.05$）。

3.1.2.3　讨论

（1）添加剂对青贮玉米发酵品质的影响

本试验中，LAB 组感官评分最高，但不管是哪个试验组，感官评价均为一级优等，这表明全株玉米青贮时，不使用添加剂也能得到感官较好的青贮料，与许庆方等研究结果一致，和立文在其研究中也报道添加不同类型青贮添加剂的全株玉米青贮的感官评价基本没有区别，而在发酵参数上存在一定差异。本试验中，所有处理组 pH 值均低于 4.0，较为理想。

添加乳酸菌制剂对于pH值的影响不明显，与钟书等研究结果不完全一致，这是由于全株玉米本身WSC含量较高，可以为乳酸菌提供充足的发酵底物，使乳酸菌能迅速增殖，成为优势菌种，产生大量乳酸，所以不使用添加剂发酵品质也较好。本试验中，乙酸含量最高的是LAB组，和张相伦等研究结果相类似，这是由于本试验所用的菌剂含有布氏乳杆菌，布氏乳杆菌在发酵过程中能将乳酸分解成乙酸和丙二醇。Kung将3种剂量的布氏乳杆菌接种于紫花苜蓿中发酵56d，结果表明乳酸含量不同程度降低，乙酸含量升高。吕文龙等将布氏乳杆菌接种于青玉米秸进行发酵，发现低剂量布氏乳杆菌可以一定程度上提高乳酸生成量，但随着储存时间的延长及剂量的提高，乳酸含量显著降低，乙酸含量显著升高。本试验中，LAB组乳酸含量最高，与刘贤等研究结果相类似，刘贤在全株玉米和玉米稻秆中添加乳酸菌，结果使乳酸含量分别提高了39%和23%。但本试验中LAB组乳酸含量与其他试验组差异不显著，分析其原因为乳酸菌能提高乳酸含量，但本试验所用混合菌剂中含有植物乳杆菌，主要产生乳酸，而布氏乳杆菌在发酵过程中能将乳酸分解成乙酸和丙二醇，所以LAB组乳酸含量与其他组乳酸含量差异不显著。根据有机酸评分标准对各处理组进行打分，所有处理组均为满分，表明各组发酵品质均较好。

（2）添加剂对青贮玉米营养水平的影响

使用添加剂可以改善青贮饲料的发酵品质或营养水平。通过采用模糊数学隶属函数法对各组进行排名，各添加剂处理组营养水平均优于对照组，表明使用添加剂能提高全株玉米青贮料的营养水平，以PA组为最优。乳酸在本次试验中提升效果不如丙酸，这是因为全株玉米青贮时不使用添加剂发酵品质已经较好，而丙酸是一种高效抗真菌挥发性脂肪酸，能够有效抑制青贮饲料中真菌对可溶性碳水化合物和乳酸分解吸收，从而更好保存青贮饲料的营养成分。且本试验所用乳酸菌制剂为同型和异型混合菌剂，异型乳酸菌对于提升营养水平效果不如同型乳酸菌，所以提升效果不显著。牧草的青贮特性、青贮饲料保存的环境条件和添加用乳酸菌的特性等是影响乳酸菌添加剂使用效果的主要因素，杨晓丹在西藏地区制作苇状羊茅青贮饲料时添加商品乳酸菌和本地分离得到的乳酸菌，发现本地分离得到的乳酸菌改善效果优于商品乳酸菌。

不同牧草附着的乳酸菌种类和数量不同，不同乳酸菌在不同的牧草青贮中的表现也不一样，因此牧草专用的乳酸菌添加剂将越来越多。单个菌株的添加效果通常不能令人满意，在长期的试验和生产实践中，人们更多地依靠两种或者两种以上的乳酸菌同时添加进行青贮，同型发酵乳酸菌和异型发酵乳酸菌混合添加更有利于青贮料在厌氧条件下营养成分的保存和在有氧条件下品质的稳定。所以未来研究的重点应放在如何从贵州本土材料中筛选合适的乳酸菌及研究混合乳酸菌制剂。

食盐不仅可以促进乳酸发酵，而且还可以改善饲料的适口性，提高动物食欲，在青贮原料水分较低的情况下添加食盐，可提高原料细胞的渗透压，从而加快细胞液的渗出，促进乳酸发酵，提高青贮的成功率。本试验中，采用模糊隶属函数法对营养水平进行排名，NaCl组排名第三，高于CK组，表明添加食盐提高了青贮饲料的营养水平，与冀旋等的试验结果相一致。薛祝林等也曾报道加入一定量的食盐可改善青贮饲料的品质，这是因为适量添加食盐能够有效地抑制有害微生物如酵母菌、霉菌及酪酸菌的活性，减少它们对水溶性碳水化合物的消耗，为乳酸菌提供更多的发酵底物，促进乳酸发酵，从而提升了青贮饲料的营养水平。

（3）添加剂对青贮玉米有氧稳定性的影响

青贮饲料较高的有氧稳定性有利于降低二次发酵的概率，减少饲料损失和家畜因采食发霉饲料而患病的风险。本试验中，所有添加剂处理组均不同程度提高了青贮料的有氧稳定性，以PA组最好，为110.5h，比CK组高出86h，与Kung和陈雷等研究报道相一致，这是因为丙酸是一种有效的抗真菌剂，对引起青贮饲料有氧腐败的酵母菌和霉菌生长均有抑制作用。乳酸菌制剂是一种常见的微生物添加剂，其对青贮饲料有氧稳定性的影响结果不一致，Kung在大麦青贮中添加乳酸菌后，有效改善了大麦青贮饲料的有氧稳定性，但马迪等报道，在黑麦草青贮过程中添加鼠李糖乳杆菌会使青贮饲料倾向于好氧性变质。出现这种差异的原因可能与接种的乳酸菌类型有关，乳酸菌可分为同型发酵乳酸菌和异型发酵乳酸菌，同型发酵乳酸菌可有效改善青贮饲料的发酵品质，而一些异型发酵乳酸菌可明显改善青贮饲料暴露于空气后的有氧稳定性。本次试验中，LAB组的有氧稳定性比CK组高12h，表明添加乳酸菌会增强青贮饲料的有氧稳定性，与司华哲等研究结果相类似，但效果不显著，其可能原因是青贮原材料或环境温度的改变会影响乳酸菌的活性，故没有完全发挥作用，且本试验所使用的乳酸菌制剂是混合菌剂，对青贮饲料的有氧腐败抑制作用没有单独使用布氏乳杆菌强。塔娜等研究报道布氏乳杆菌单独或与同型发酵乳酸菌蒙氏肠球菌和植物乳杆菌联合接种可有效抑制无芒雀麦青贮料的有氧腐败，但单独添加布氏乳杆菌更有效。食盐一般被归类为发酵抑制型添加剂，李大鹏报道加入一定的食盐可改善青贮饲料的品质，起到一定的防腐作用。本试验中，NaCl组显著提高了青贮饲料的有氧稳定性，相对于CK组，添加食盐使有氧腐败延迟了84h，与玛里兰·毕克塔依尔等的研究结果相类似。霉菌是导致青贮饲料有氧腐败的主要有害微生物，青贮饲料中的霉菌数量越少越好，消失的时间越早越好。贵州气候温和，雨量充沛，这种温暖潮湿的环境对各类霉菌生长繁殖非常有利，青贮料暴露于空气中更容易遭到破坏，进而加剧青贮饲料的二次发酵进程。由于添加剂受环境、原料、剂量影响较大，所以导致一些研究结果有所差异，所以将来的研究重点应该放在根据不同的环境、气候、青贮原料来研发不同的添加剂。

3.1.2.4 小结

① 全株玉米青贮时不使用添加剂也能获得发酵品质较好的青贮料。

② 各处理组中营养水平以丙酸处理组为最优，采用模糊数学隶属函数法对营养水平进行评价排名，结果为：丙酸组 > 乳酸菌组 > 食盐组 > 对照组。

③ 在贵州温暖湿润的气候环境下，丙酸处理组有氧稳定性最好，优劣排名为：PA组 >NaCl组 >LAB组 >CK组。

④ 综合考虑发酵品质、营养水平和有氧稳定性，推荐使用丙酸用作全株玉米青贮添加剂。

3.2 贵州不同区域全株玉米青贮过程中的菌群动态变化研究

3.2.1 全株玉米青贮过程中的菌群动态变化研究

主要对贵州不同区域全株玉米原料表面微生物群落情况进行分析，通过对贵州不同区域采集的全株玉米原料表面细菌检测，分析各区域的全株玉米原料表面细菌群落在门和属水平的群落构成及丰度情况，比较不同区域细菌群落在群落组成和丰度上的差异，然后结合环境因子（温度和降水）进行相关性分析，明确气候条件与微生物的相关性。

3.2.1.1 材料与方法

（1）试验材料

试验材料为来源于贵州温度、降水差异较大区域的全株玉米，玉米品种为青丰 4 号，原料于蜡熟期进行刈割。试验采样点分别选取了紫云县火花乡纳容村、关岭布依族苗族自治县沙营镇养牛村、威宁县五里岗街道骑龙村，采样时间及采样点气候条件见表 3-14。

表 3-14 不同采样点采样时间及气候条件

项目	采样点		
	Z	G	W
采样时间	2019.7.31	2019.9.12	2019.9.18
海拔 /m	840	1350	2230
经度	106° 10′ 34″	105° 24′ 13″	104° 16′ 57″
纬度	25° 37′ 26″	25° 57′ 26″	26° 55′ 44″
生育期平均气温 /℃	19.45	21.35	17.32
生育期降水 /mm	992.3	859.4	752.5

注：Z、G 和 W 分别表示紫云、关岭和威宁 3 个取样点，下同。

（2）试验设计

在选择的 3 个取样点，将刈割的全株玉米（包括茎、叶、果实）各部位剪切成 2cm 左右，然后将剪切后的茎、叶、果实混合均匀后迅速装入 50 mL 灭菌离心管中，放入冰盒倒入液氮速冻，带回实验室置于 −80℃超低温冰箱保存用于微生物检测，每个取样点设 4 个重复。

（3）青贮饲料微生物多样性的分析

① 试验流程　采用 HiPure Soil DNA Kits 进行样品 DNA 的提取，利用琼脂糖凝胶电泳检测 DNA 的纯度和浓度，对细菌 16S rDNA 基因 V5 ～ V7 区引物 799F（AACMGGATTAGATACCCKG）及 1193R（ACGTCATCCCCACCTTCC）进行序列扩增。使用 AMPure XP Beads 对扩增产物进行纯化，用 ABI StepOnePlus Real-Time PCR System（Life Technologies，产地美国）进行定量，根据 Hiseq2500 的 PE250 模式混合样本上机测序。

② 生物信息学和数据分析　详见本书 2.1.1.1 部分的③生物信息学和数据分析。

（4）数据分析

基础数据使用 Microsoft Excel 2007 软件整理，采用 SPSS 20.0 进行单因素方差分析、一般线性模型分析和配对样本 t-test 检验分析。结果用平均值 ± 标准差表示。

3.2.1.2 结果与分析

（1）细菌 α 多样性分析

由表 3-15 可知，威宁组全株玉米原料的 OTU 数量最高，关岭组全株玉米原料的 OTU 数量最低，且 3 个组之间的 OTU 数量均差异显著（$P<0.05$）。由图 3-1 及图 3-2 可知，各组稀释曲线趋于平缓，说明测序量足够，测序深度基本可以反映样品中绝大多数的微生物信息。紫云组、关岭组及威宁组共有 OTU 为 169，说明 3 组之间菌群构成有一定相似性，其中关岭组和紫云组、关岭组和威宁组共有 OTU 较少，分别为 30 和 83，紫云组和威宁组共有 OTU 较多，为 295，说明紫云组和威宁组菌群构成相似性更大。威宁组的 Chao1 指数、

ACE 指数、香农指数及辛普森指数均处于较高水平，说明威宁组细菌物种丰富度和细菌群落多样性均较高，而关岭组 Chao1 指数、ACE 指数最低，香农指数及辛普森指数最高，说明其细菌群落多样性高。

表 3-15　不同区域全株玉米原料表面的细菌 α 多样性

项目	采样点		
	Z	G	W
OTU	817.75±58.43B	573.75±23.56C	998.00±62.79A
ACE	1327.00±85.15B	952.19±68.60C	1515.32±113.56A
Chao1	1337.26±97.12B	901.03±64.11C	1515.04±115.17A
香农指数	3.42±0.45B	4.43±0.51A	4.41±0.30A
辛普森指数	0.71±0.09B	0.88±0.05A	0.83±0.04A

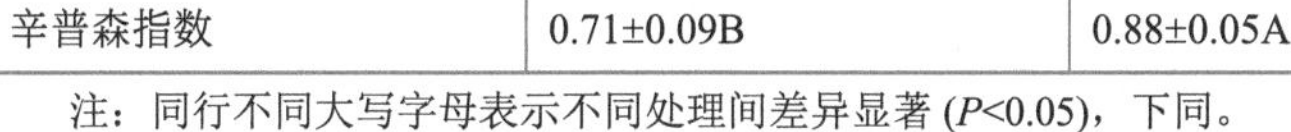

注：同行不同大写字母表示不同处理间差异显著 ($P<0.05$)，下同。

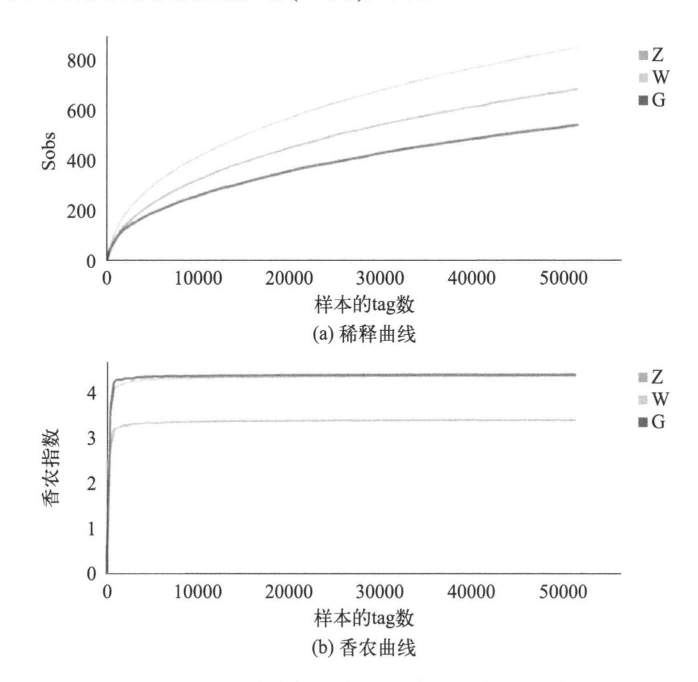

(a) 稀释曲线

(b) 香农曲线

图 3-1　不同区域全株玉米原料表面细菌稀释曲线图

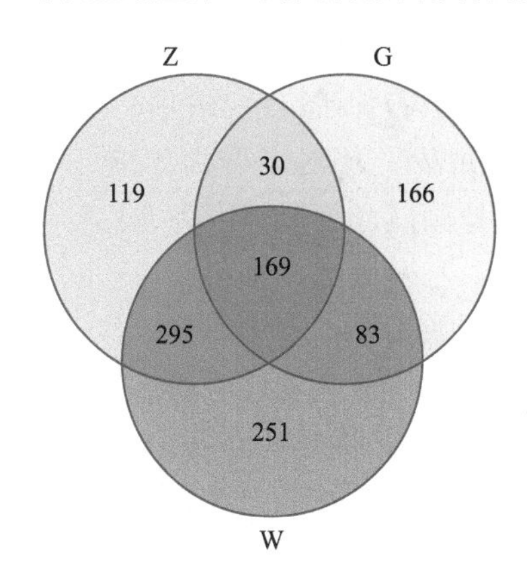

图 3-2　不同区域全株玉米原料表面细菌维恩图

（2）门分类水平细菌群落组成

图 3-3 为选取相对丰度排名前 10 的门水平细菌群落图。由图 3-3 可以看出，3 个区域全株玉米原料表面主要附着的门水平细菌均为厚壁菌门和变形菌门。紫云组和威宁组全株玉米原料表面附着的门水平优势菌为厚壁菌门，相对丰度分别为 90.55% 和 71.70%，其次是变形菌门，相对丰度分别为 9.22% 和 27.04%。此外威宁组相对丰度高于 0.1% 的门还有拟杆菌门和放线菌门，相对丰度为 0.58% 和 0.54%。关岭组全株玉米原料表面附着的细菌主要为变形菌门，其相对丰度高达到 95.57%，其次是厚壁菌门，相对丰度为 4.40%，这两个门菌群的总丰度达到 99.97%。在相对丰度排名前 10 的门水平细菌中，厚壁菌门、变形菌门、拟杆菌门、放线菌门、装甲菌门（Armatimonadetes）和绿弯菌门细菌是 3 个区域全株玉米原料表面共有的，芽单胞菌门（Gemmatimonadetes）和蓝藻门细菌是威宁组全株玉米原料表面特有的。

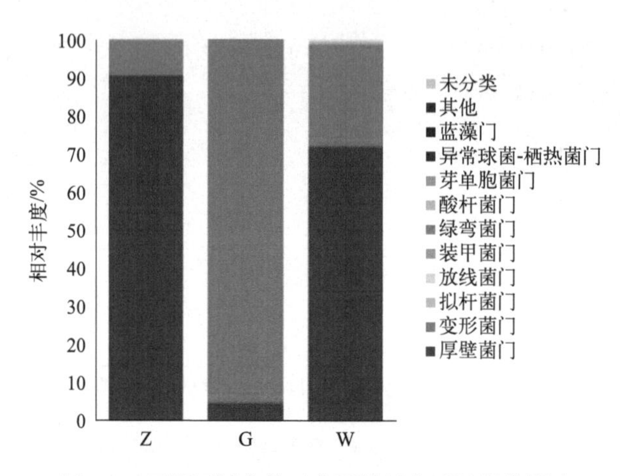

图 3-3　不同区域全株玉米原料门水平细菌群落图

（3）属分类水平细菌群落组成

如图 3-4 所示，在相对丰度排名前 10 的属水平细菌中，3 个区域全株玉米原料表面附着的乳酸细菌均为魏斯氏菌属和乳杆菌属，其中紫云组和威宁组全株玉米原料中的魏斯氏菌属相对丰度较大，分别为 84.73% 和 63.77%，乳杆菌属相对丰度分别为 5.42% 和 6.88%；而关岭组全株玉米原料中的魏斯氏菌属和乳杆菌属相对丰度均较低，分别为 1.52% 和 2.75%。紫云组全株玉米原料中相对丰度大于 1% 的非乳酸细菌有葡糖杆菌属（*Gluconobacter*，相对丰度为 3.55%）、醋酸杆菌属（*Acetobacter*，相对丰度为 3.36%）；关岭组全株玉米原料中相对丰度大于 1% 的非乳酸细菌有葡糖杆菌属（相对丰度为 6.23%）、醋酸杆菌属（相对丰度为 2.11%）、泛菌属（相对丰度为 5.93%）、*Asaia*（相对丰度为 6.01%）、假单胞菌属（相对丰度为 5.18%）、拉恩氏菌属（*Rahnella*，相对丰度为 2.38%）；威宁组全株玉米原料中相对丰度大于 1% 的非乳酸细菌有醋酸杆菌属（相对丰度为 2.13%）、泛菌属（相对丰度为 2.33%）、拉恩氏菌属（相对丰度为 3.40%）和鞘氨醇单胞菌属（相对丰度为 1.57%）。

（4）环境因子与微生物的相关性分析

表 3-16 为细菌 α 多样性与环境因子相关性分析表，由表可知，Chao1 指数与温度（$r=-0.92$）呈极显著负相关（$P<0.01$）；ACE 指数与温度（$r=-0.92$）呈极显著负相关（$P<0.01$）；香农指数与降水（$r=-0.70$）呈极显著负相关（$P<0.01$）；辛普森指数与降水（$r=-0.71$）呈极显著负相关（$P<0.01$）。

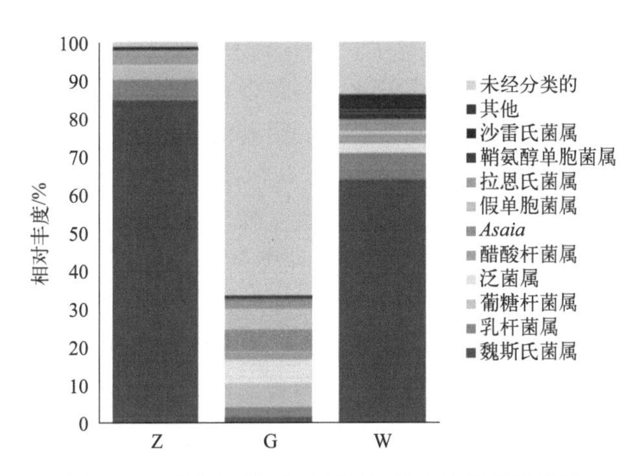

图 3-4 不同区域全株玉米原料属水平细菌群落图

表 3-16 环境因子与细菌 α 多样性相关分析表

项目	环境因子	
	温度	降水
Chao1	−0.92**	−0.21
ACE	−0.92**	−0.26
香农指数	−0.01	−0.70**
辛普森指数	−0.25	−0.71**

注：** 表示极显著相关（$P<0.01$）。

图 3-5 为属水平细菌与温度和降水等环境因子的相关性热图。皮尔逊相关性分析表明，乳杆菌属与温度（$r=-0.73$）呈显著负相关（$P<0.05$）；拉恩氏菌属与降水（$r=-0.82$）呈极显著负相关（$P<0.01$）；沙雷氏菌属（*Serratia*）与降水（$r=-0.89$）呈极显著负相关（$P<0.01$）。

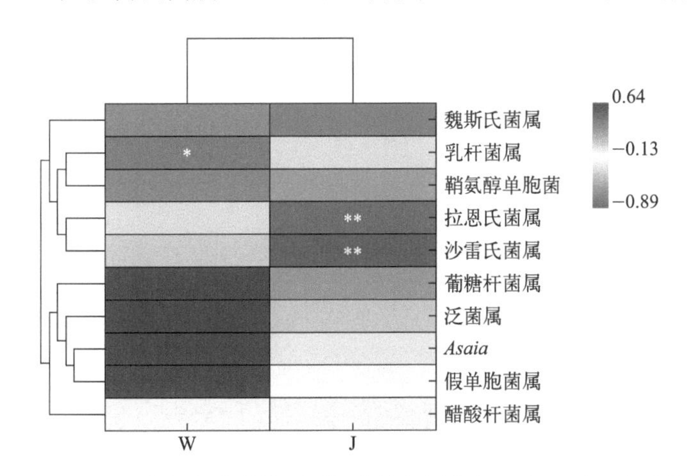

图 3-5 环境因子与属水平细菌的相关性热图（相关性热图横坐标中 W 和 J 分别代表温度和降水）

3.2.1.3 讨论

青贮原料上附着的微生物包括有利于青贮饲料发酵的微生物以及引起青贮腐败变质的微生物等两类。由于植物表面环境的特殊性，使得植物表面环境对微生物生长具有很大影响，不同牧草生长在同一环境以及同种牧草生长在不同环境中其表面微生物存在很大差异。Cai等对同一地点采集的玉米、高粱、苜蓿及意大利黑麦草表面附着的微生物进行研究，发现高粱和黑麦草表面附着的片球菌极少，而苜蓿表面附着的乳杆菌极少；玉米表面附着的乳酸菌总数是高粱和苜蓿的2倍，是黑麦草的20倍。花梅研究发现，不同地区种植的同一品种青贮玉米原料表面附着的乳酸菌数量均低于其他微生物，由于受不同地区全株玉米生育期气候条件的影响，其原料表面附着的微生物数量和种类有很大差异。本研究中，从门水平来看，3个区域全株玉米原料表面主要附着的门水平细菌均为厚壁菌门和变形菌门，但关岭组与其他两组所占比例截然相反。3个区域全株玉米原料表面附着的乳酸细菌均为魏斯氏菌属和乳杆菌属，其中紫云组和威宁组全株玉米原料中的魏斯氏菌属相对丰度较大，乳杆菌属相对丰度较小；关岭组全株玉米原料中的魏斯氏菌属和乳杆菌属相对丰度均较低，而相对丰度大于1%的非乳酸细菌较紫云组和威宁组多。保安安研究发现随着海拔升高，鲜草中微生物种类减少，但乳酸菌比例增加。张红梅的研究也发现垂穗披碱草附着乳酸菌数量随海拔升高而升高。本试验中全株玉米原料附着的乳酸菌随海拔的升高并未出现相同结论，产生结果不同的原因可能与3个区域全株玉米生育期的温度和降水有关。通过对3个区域全株玉米生育期的温度、降水调查发现，海拔居中的关岭组温度最高，乳酸菌相对丰度最低，但温度最低的威宁组，乳酸菌相对丰度居中，由此推断乳酸菌相对丰度除了与温度有关，还受降水的影响。关岭组温度最高，所附着的乳杆菌属细菌相对丰度最低，威宁组温度最低，所附着的乳杆菌属细菌相对丰度最高，说明全株玉米原料附着的乳杆菌属细菌与温度相关性较大，通过相关分析结果表明，乳杆菌属细菌相对丰度与温度呈负相关。关岭组全株玉米原料中的非乳酸细菌较多，可能是关岭组的温度较高且降水适中，更适合杂菌的生长。相关分析结果表明细菌物种丰富度与温度呈极显著负相关，细菌群落的多样性与降水呈显著负相关，因此威宁组细菌物种丰富度和细菌群落多样性均较高。

3.2.1.4 小结

① 不同生长环境下的全株玉米表面微生物群落构成有较大差异。威宁组细菌物种丰富度和细菌群落多样性均较高，而关岭组细菌群落多样性最高。3个不同区域全株玉米原料表面主要附着的门水平细菌均为厚壁菌门和变形菌门，3个区域全株玉米原料表面附着的乳酸细菌均为魏斯氏菌属和乳杆菌属，其中紫云组和威宁组全株玉米原料中的魏斯氏菌属细菌相对丰度较高，乳杆菌属细菌相对丰度较低，而关岭组全株玉米原料中的魏斯氏菌属和乳杆菌属细菌相对丰度均较低，非乳酸细菌相对丰度较高。

② 相关分析结果表明，细菌物种丰富度与温度呈极显著负相关（$P<0.01$），细菌群落多样性与降水呈极显著负相关（$P<0.01$），乳杆菌属细菌相对丰度与温度呈显著负相关（$P<0.05$）。

3.2.2 不同区域全株玉米青贮过程中的青贮品质及微生物分析

青贮饲料发酵品质与微生物的变化密不可分，通过对采集于贵州不同区域的全株玉米青贮过程中的营养成分、发酵特性及微生物进行测定，分析各区域的全株玉米青贮过程中的微生物在门和属水平的群落构成及丰度变化，并将发酵品质动态变化与微生物动态变化结合进行相关性分析，了解发酵品质与菌群的相关性，对有目的地调控青贮发酵具有重要的现实意义。

3.2.2.1 材料与方法

（1）试验设计

在种植青贮玉米的地区，将收获的全株玉米（茎、叶、果实）切短至 1 ～ 2cm，调节至合适水分（65% ～ 75%），混合均匀后将样品装入双层聚乙烯青贮袋（28cm×40cm），每袋装料为 500g 左右，真空机抽真空、密封，带回贵州大学崇学楼 520 实验室，室温条件下避光贮藏 45d。取样时打开袋，上层弃用，取袋中间位置的样品。

分别取青贮第 0d，2d，5d，10d，20d，45d 的样品，一部分装入 50mL 离心管中速冻后置于 −80℃超低温冰箱保存用于微生物检测；一部分立即烘干，用于营养成分的测定；另一部分制成浸提液，保存于 −20℃冰箱，用于青贮发酵品质及 pH 值的测定。每个时间点用于微生物检测、营养成分及发酵品质测定的样品各 4 个重复。

（2）测定项目及方法

① 营养成分测定　取待分析样品约 200g，置于信封袋，于 105℃鼓风干燥箱中杀青 20min，然后在烘箱中用 65℃烘干，用于营养成分的测定。营养成分包括 DM、CP、NDF、ADF、WSC、淀粉（starch, ST）。

其中，DM 采用烘干法测定；CP 采用 KjeltecTM8100 型凯氏定氮仪测定；NDF、ADF 应用滤袋技术，采用 Ankom220 型纤维分析仪测定；WSC 含量采用蒽酮 - 硫酸比色法测定；ST 采用酸水解 - 蒽酮比色法测定。

② pH 值及发酵品质测定　浸提液制备：取待分析样品 10g，加入 90mL 蒸馏水，搅拌均匀，4℃下浸提 24h，再用 4 层纱布和定性滤纸过滤，滤出草渣制得样品的浸提液。将制得的浸提液立即进行 pH 值测定后置于 −20℃条件保存备用，用于氨态氮（ammoniacal nitrogen, AN）、LA、AA、PA 和 BA 的测定。其中：pH 值采用上海佑科 PHS-3C 酸度计测定；AN 采用 KjeltecTM8100 型凯氏定氮仪测定；LA、AA、PA 和 BA 测定采用高效液相色谱法。

（3）青贮饲料微生物多样性的分析

见本节 3.2.1.1 材料与方法中的（3）部分。

3.2.2.2 结果与分析

（1）不同区域全株玉米青贮营养物质动态分析

不同区域全株玉米青贮过程中的营养成分变化如表 3-17 所列。发酵时间、取样点及其交互作用对青贮饲料 DM、WSC、CP、ST、NDF、ADF 含量有极显著影响（$P<0.01$）。

表 3-17　不同区域全株玉米青贮过程中的营养成分（干物质基础，%）

项目	青贮时间 /d	处理			平均值	*P* 值		
		Z	G	W		D	T	D×T
干物质（鲜物质基础）/%	0	27.41±0.23Ba	26.86±0.12Ca	30.33±0.34Aa	28.20a	<0.01	<0.01	<0.01
	2	26.86±0.16Bb	26.17±0.07Cb	29.36±0.25Ab	27.46b			
	5	26.20±0.10Bc	25.45±0.29Cc	29.21±0.18Ac	26.95c			
	10	25.49±0.11Bd	25.26±0.08Cd	27.48±0.21Ad	26.08d			
	20	25.44±0.21Bd	25.07±0.15Ce	26.47±0.32Ae	25.66e			
	45	25.09±0.15Be	24.86±0.17Cf	26.06±0.09Af	25.34f			
平均值		26.08B	25.61C	28.15A				

续表

项目	青贮时间 /d	处理			平均值	*P* 值		
		Z	G	W		D	T	D×T
可溶性碳水化合物	0	8.69±0.09Aa	7.89±0.04Ba	7.20±0.06Ca	7.93a	<0.01	<0.01	<0.01
	2	6.60±0.16Ab	5.84±0.11Bb	5.14±0.04Cb	5.86b			
	5	5.9±0.04Ac	4.87±0.04Bc	3.97±0.07Cc	4.91c			
	10	4.26±0.06Ad	4.01±0.07Bd	3.54±0.10Cd	3.94d			
	20	3.29±0.03Ae	3.33±0.04Ae	3.15±0.04Be	3.26e			
	45	2.52±0.05Af	2.26±0.06Bf	2.13±0.10Bf	2.30f			
平均值		5.21A	4.70B	4.19C				
粗蛋白	0	7.43±0.08Cb	8.45±0.06Aa	7.84±0.12Bc	7.91c	<0.01	<0.01	<0.01
	2	7.13±0.41Bb	8.18±0.06Ab	7.37±0.12Bd	7.56d			
	5	7.40±0.12Cb	7.85±0.04Bc	8.30±0.05Ab	7.85c			
	10	8.31±0.08Ba	7.66±0.17Cd	9.01±0.13Aa	8.33a			
	20	7.29±0.06Cb	7.91±0.02Bc	8.90±0.08Aa	8.03b			
	45	7.25±0.03Cb	7.87±0.04Ac	7.42±0.05Bd	7.51d			
平均值		7.47C	7.99B	8.14A				
淀粉	0	26.79±0.29Ca	27.50±0.16Ba	29.62±0.35Aa	27.97a	<0.01	<0.01	<0.01
	2	26.20±0.07Ab	25.20±0.37Bbc	26.08±0.36Ac	25.83c			
	5	25.94±0.46Bc	25.29±0.07Cb	27.24±0.28Ab	26.16b			
	10	25.87±0.08Bc	25.06±0.39Ccd	27.53±0.44Ab	26.15b			
	20	25.56±0.29Bd	24.87±0.11Cd	27.61±0.26Ab	26.01bc			
	45	24.08±0.05Be	24.41±0.23Be	27.51±0.39Ab	25.33d			
平均值		25.74B	25.39C	27.60A				
中性洗涤纤维	0	52.71±0.13Aa	50.41±0.35Ba	47.73±0.08Ca	50.28a	<0.01	<0.01	<0.01
	2	52.57±0.13Aa	49.65±0.30Bb	46.15±0.13Cb	49.46b			
	5	52.24±0.49Aa	49.50±0.17Bb	45.78±0.23Cb	49.17c			
	10	51.58±0.32Ab	48.85±0.50Bc	44.40±0.28Cc	48.28d			
	20	51.10±0.66Ab	47.60±0.27Bd	43.97±0.26Cd	47.56e			
	45	47.50±0.73Ac	45.62±0.11Be	43.71±0.35Cd	45.61f			
平均值		51.28A	48.61B	45.29C				
酸性洗涤纤维	0	25.79±0.08Aa	25.07±0.15Ba	24.43±0.13Ca	25.10a	<0.01	<0.01	<0.01
	2	25.54±0.06Ab	24.43±0.19Bb	23.74±0.06Cb	24.57b			
	5	25.29±0.09Ac	23.64±0.24Bc	23.24±0.13Cc	24.06c			
	10	25.02±0.54Ad	22.66±0.11Cd	22.95±0.26Bd	23.54d			
	20	24.86±0.14Ae	22.24±0.10Ce	22.74±0.16Be	23.28e			
	45	24.69±0.06Af	20.73±0.15Cf	22.54±0.07Bf	22.65f			
平均值		25.20A	23.13C	23.27B				

注：同行不同大写字母表示不同处理同一发酵天数之间差异显著（$P<0.05$），同列不同小写字母表示同一处理不同发酵天数之间差异显著（$P<0.05$）。D 表示青贮时间；T 表示处理；D×T 表示青贮时间与处理的交互作用。下同。

随发酵时间的延长，各组 DM 含量均呈下降趋势（$P<0.05$）。除紫云组发酵第 10d 与第 20d 的 DM 含量无显著差异外（$P>0.05$），各组不同发酵时间的 DM 含量差异显著（$P<0.05$）。整个青贮发酵过程中，同一发酵时间内的 3 组 DM 含量差异显著（$P<0.05$），且威宁组的 DM 含量最高，关岭组 DM 含量最低。

随发酵时间的延长，各组不同发酵时间之间的 WSC 含量显著降低（$P<0.05$），发酵 0d 时，紫云、关岭、威宁组的 WSC 含量分别为 8.69%、7.89% 和 7.20%，发酵 45d 后，WSC 含量分别为 2.52%、2.26% 和 2.13%，青贮前后损失率分别为 71.00%、71.36% 和 70.42%。紫云组 WSC 含量除了在发酵第 20 d 时略低于关岭组外，在整个发酵过程中的 WSC 含量均显著高于关岭和威宁两组（$P<0.05$）。

CP 含量随发酵时间的延长呈先减小后增加再减小的趋势，紫云组 CP 含量在第 5d、第 10d 有所增加而后减小，关岭组 CP 含量在 20d 时有所增加而后减低，威宁组在发酵 5d、10d 时增加，在发酵 20d 时减小。发酵 0d 时，关岭组 CP 含量最高，紫云组 CP 含量最低，3 组间 CP 含量差异达显著水平（$P<0.05$）。发酵 45d 后，紫云、关岭和威宁组的 CP 含量与 0d 时相比有一定程度降低，分别降低了 0.18、0.58 和 0.42 个百分点，此时，表现为关岭组 CP 含量最高，紫云组 CP 含量最低，且 3 组间 CP 含量差异显著（$P<0.05$）。

随发酵时间的延长，紫云组和关岭组 ST 含量逐渐降低，威宁组在发酵第 5d 时较第 2d 有所提高，发酵第 5d、10d、20d 和 45d 时的 ST 含量无显著差异（$P>0.05$）。各组 ST 含量均在发酵第 2d 时显著下降（$P<0.05$），分别较 0d 时下降了 0.59、2.30 和 3.54 个百分点，到 45d 时，分别较 0d 时下降了 2.71、3.09 和 2.11 个百分点。威宁组 ST 含量除在第 2d 时略低于紫云组外，在其余发酵时间均显著高于紫云组、关岭组（$P<0.05$）。

各组 NDF 含量和 ADF 含量随发酵时间的延长逐渐降低，且在整个发酵过程中的不同发酵时间表现为紫云组 NDF 和 ADF 含量显著高于其余两组（$P<0.05$）。

（2）不同区域全株玉米青贮发酵品质动态分析

不同区域全株玉米青贮过程中的发酵品质如表 3-18 所列。发酵时间、取样点及其交互作用对青贮饲料 pH 值、LA、AA、PA 含量和 AN/TN 有极显著影响（$P<0.01$）。紫云组和关岭组 pH 值呈先下降后上升的趋势，威宁组 pH 值呈逐渐下降趋势，与青贮原料相比，各组 pH 值在发酵第 2d 时显著下降（$P<0.05$），均下降到 4.2 以下，整个发酵期间，关岭组的 pH 值始终显著高于紫云组、威宁组（$P<0.05$）；发酵 45d 时，紫云组和关岭组 pH 值均较发酵 20d 时有所提高，而威宁组 pH 值降至 3.52，显著低于紫云组、关岭组（$P<0.05$）。

表 3-18　不同区域全株玉米青贮过程中的发酵品质（干物质基础，%）

项目	青贮时间 /d	处理			平均值	P 值		
		Z	G	W		D	T	D×T
pH 值	0	5.60±0.06Aa	5.59±0.07Aa	5.56±0.03Aa	5.58a			
	2	3.76±0.01Cc	4.03±0.01Ab	3.91±0.02Bb	3.90b			
	5	3.72±0.01Bc	3.87±0.02Ac	3.73±0.02Bc	3.77c			
	10	3.67±0.01Bd	3.83±0.01Ac	3.67±0.02Bd	3.72d	<0.01	<0.01	<0.01
	20	3.62±0.02Ce	3.78±0.01Ad	3.66±0.01Bd	3.69e			
	45	3.80±0.05Bb	3.88±0.02Ac	3.52±0.01Ce	3.73d			
平均值		4.03B	4.16A	4.01B				

续表

项目	青贮时间 /d	处理			平均值	*P* 值		
		Z	G	W		D	T	D×T
乳酸	0	—	—	—	—			
	2	3.15±0.01Ad	2.25±0.01Ce	2.49±0.02Bd	2.63e			
	5	3.33±0.02Ac	2.60±0.01Bc	3.32±0.03Ac	3.08c			
	10	3.44±0.06Ab	2.77±0.02Bb	3.43±0.03Ab	3.21b	<0.01	<0.01	<0.01
	20	3.60±0.05Aa	3.02±0.05Ca	3.48±0.02Bb	3.37a			
	45	2.92±0.15Be	2.35±0.10Cd	3.61±0.04Aa	2.96d			
平均值		3.29A	2.60B	3.27A				
乙酸	0	—	—	—	—			
	2	0.16±0.01Ae	0.13±0.02Be	0.17±0.01Ad	0.15e			
	5	0.24±0.01Ad	0.19±0.02Bd	0.24±0.01Ac	0.22d			
	10	0.27±0.01Ac	0.23±0.01Bc	0.26±0.01Ac	0.25c	<0.01	<0.01	<0.01
	20	0.34±0.02Ab	0.29±0.01Bb	0.37±0.02Ab	0.33b			
	45	0.45±0.01Ca	0.55±0.01Aa	0.49±0.03Ba	0.50a			
平均值		0.29B	0.28C	0.31A				
丙酸	0	—	—	—	—			
	2	0.08±0.01Cd	0.11±0.02Bd	0.14±0.05Ae	0.11e			
	5	0.11±0.02Bc	0.19±0.01Ac	0.17±0.01Ad	0.16d			
	10	0.14±0.01Bb	0.21±0.02Ac	0.19±0.01Ac	0.18c	<0.01	<0.01	<0.01
	20	0.16±0.01Bb	0.23±0.01Ab	0.22±0.01Ab	0.20b			
	45	0.19±0.03Ba	0.27±0.01Aa	0.25±0.03Aa	0.24a			
平均值		0.14C	0.20A	0.19B				
丁酸	0	ND	ND	ND	—			
	2	ND	ND	ND	—			
	5	ND	ND	ND	—			
	10	ND	ND	ND	—	—	—	—
	20	ND	ND	ND	—			
	45	ND	ND	ND	—			
平均值		—	—	—				
氨态氮 / 总氮（AN/TN）	0	1.59±0.02Be	1.55±0.10Bf	2.01±0.03Ae	1.72f			
	2	1.95±0.11Bd	2.25±0.09Ae	2.30±0.07Ad	2.17e			
	5	2.30±0.08Bc	2.51±0.01Ad	2.39±0.04Bcd	2.40d			
	10	2.37±0.03Bc	3.09±0.07Ac	2.48±0.09Bc	2.65c	<0.01	<0.01	<0.01
	20	2.70±0.03Bb	3.48±0.08Ab	2.65±0.03Bb	2.94b			
	45	3.44±0.12Ba	4.17±0.09Aa	3.19±0.02Ca	3.60a			
平均值		2.39C	2.84A	2.50B				

注：ND 表示没有检测到，下同。

随发酵时间的延长，紫云组和关岭组 LA 含量呈先上升后下降的趋势，威宁组 LA 含量则逐渐升高。发酵第 2d、5d、10d 和 20d 时，紫云组 LA 含量始终高于关岭组和威宁组，发酵 45d 时，威宁组 LA 含量显著高于其余两组（$P<0.05$），整个发酵期间，关岭组 LA 含量始终显著低于紫云组和威宁组（$P<0.05$）。

随发酵时间的延长，各组 AA 含量逐渐升高。发酵第 2d、5d、10d 和 20d 时关岭组 AA 含量均显著低于其余两组（$P<0.05$），发酵 45 d 时 AA 含量显著高于其余两组（$P<0.05$），此时紫云组 AA 含量最低。

随发酵时间的延长，各组 PA 含量逐渐升高。发酵第 2d 时威宁组 PA 含量最高，发酵第 5d、10d、20d 和 45d 时，关岭组 PA 含量均最高，与威宁组 PA 含量无显著差异（$P>0.05$），且均显著高于紫云组（$P<0.05$）。

随发酵时间的延长，各组 AN/TN 逐渐增加。发酵第 2d 时，各组 AN/TN 较 0d 时显著增加（$P<0.05$），其中关岭组增加幅度最大，且在发酵 5d、10d、20d 和 45d 时的 AN/TN 显著高于紫云组和威宁组（$P<0.05$）。在整个发酵过程中，各组均未检测到 BA 存在。

（3）不同区域全株玉米青贮微生物动态分析

如表 3-19 所列，发酵时间、取样点及其交互作用对 OTU 数量、Chao1、ACE、香农和辛普森指数有极显著影响（$P<0.01$）。随发酵时间的延长，紫云组和威宁组采样区域 OTU 数量呈先增加后减少的趋势，关岭组呈先增加后减少再增加的趋势。发酵 0d 时威宁组 OTU 数量最高。发酵第 2d 时，关岭组 OTU 数量变为最高。发酵第 5d、10d、20d 时，威宁组的 OTU 数量最高。发酵 45d 时，关岭组 OTU 数量最高。

表 3-19　不同区域全株玉米青贮过程中的细菌 α 多样性

项目	青贮时间 /d	处理			平均值	*P* 值		
		Z	G	W		D	T	D×T
OTU	0	817.75±58.43Bd	573.75±23.56Ce	998.00±62.79Ac	796.50e	<0.01	<0.01	<0.01
	2	1020.33±122.61Bab	1321.33±38.21Aa	1289.00±77.00Aa	1210.22a			
	5	1074.50±39.67Ba	959.50±45.05Cd	1146.00±8.00Ab	1060.00c			
	10	1051.75±34.21Bab	1017.50±37.63Bc	1116.50±16.50Ab	1061.92bc			
	20	1014.00±62.12Bbc	1099.25±85.69Ab	1102.75±46.25Ab	1072.00b			
	45	962.00±29.54Bc	1079.25±40.52Ab	945.50±50.27Bc	995.58d			
平均值		990.06C	1008.43B	1099.63A				
Chao1	0	1337.26±97.12Bc	901.03±64.11Cd	1515.05±115.17Ad	1251.11d	<0.01	<0.01	<0.01
	2	1653.38±109.46Bab	2085.04±161.76Aa	2114.22±131.39Aa	1950.88a			
	5	1738.20±128.20Ba	1545.92±15.65Cc	1842.20±62.76Ab	1708.77b			
	10	1736.15±138.91Aa	1662.48±72.99Abc	1723.94±101.03Abc	1707.52b			
	20	1679.31±161.09Bab	1710.85±136.08ABb	1773.89±146.20Ab	1721.35b			
	45	1612.19±51.52ABb	1634.53±82.04Abc	1538.12±153.04Bcd	1594.95c			
平均值		1626.08B	1589.97B	1751.24A				
ACE	0	1327.00±85.15Bd	952.19±68.60Cd	1515.33±113.56Ac	1264.84d	<0.01	<0.01	<0.01
	2	1674.10±200.31Bbc	2104.12±47.72Aa	2175.02±143.25Aa	1984.41a			

续表

项目	青贮时间 /d	处理			平均值	P 值		
		Z	G	W		D	T	D×T
ACE	5	1778.08±115.50Ba	1564.70±40.86Cc	1851.12±64.59Ab	1731.30b	<0.01	<0.01	<0.01
	10	1746.34±97.67Aab	1662.55±45.86Abc	1732.03±84.05Ab	1713.64b			
	20	1689.13±112.62Abc	1734.57±123.10Ab	1758.91±89.17Ab	1727.54b			
	45	1638.02±16.44Ac	1656.18±60.13Abc	1548.22±104.71Bc	1614.14c			
平均值		1642.11B	1612.39B	1763.44A				
香农指数	0	3.42±0.45Bb	4.43±0.51Ac	4.41±0.3Abc	4.09d	<0.01	<0.01	<0.01
	2	4.35±0.34Ca	6.01±0.05Aa	5.58±0.27Ba	5.31a			
	5	4.28±0.26Ba	4.27±0.44Bc	5.23±0.16Aa	4.59bc			
	10	4.55±0.23Aa	4.89±0.59Abc	4.48±0.45Abc	4.64bc			
	20	4.56±0.44Ba	5.51±0.16Aab	4.57±0.38Bb	4.88b			
	45	4.41±0.06Ba	5.49±0.42Aab	3.82±0.13Cc	4.57bc			
平均值		4.26C	5.10A	4.68B				
辛普森指数	0	0.71±0.09Bb	0.88±0.05Abc	0.83±0.04Ac	0.81c	<0.01	<0.01	<0.01
	2	0.84±0.03Ca	0.96±0.00Aa	0.92±0.05Ba	0.91a			
	5	0.85±0.04Ba	0.85±0.05Bc	0.91±0.01Aab	0.87ab			
	10	0.89±0.01Aa	0.90±0.06Abc	0.83±0.04Ac	0.87ab			
	20	0.89±0.03Ba	0.94±0.01Aab	0.87±0.02Bbc	0.90a			
	45	0.89±0.01Ba	0.93±0.02Aab	0.83±0.02Cc	0.88ab			
平均值		0.85B	0.91A	0.87B				

从 Chao1 指数和 ACE 指数来看，随发酵时间的延长，紫云组和威宁组采样区域细菌群落物种丰富度大致呈先增加后减小的变化趋势，关岭组细菌群落物种丰富度呈先增加后减少再增加的趋势。紫云组细菌群落物种丰富度在发酵第 5d 时最高，关岭组和威宁组细菌群落物种丰富度在发酵第 2d 时显著高于其余发酵时间（$P<0.05$）。发酵第 0d、2d 和第 5d 时，威宁组细菌群落物种丰富度均高于其余两组，发酵第 10d 时 3 组间的细菌群落物种丰富度无显著差异（$P>0.05$）。威宁组细菌群落物种丰富度在发酵 20d 时高于其余两组，发酵 45d 时低于其余两组。整个发酵期间，威宁组细菌群落物种丰富度较高。

从香农指数和辛普森指数来看，紫云组除原料中的细菌群落多样性显著低于各发酵时间（$P<0.05$），其余各发酵时间的细菌群落多样性无显著差异（$P>0.05$）；关岭组和威宁组的细菌群落多样性均在发酵第 2d 时较其余发酵时间丰富。整个发酵期间，关岭组细菌群落多样性较高，其细菌群落多样性除了在发酵第 5d 时较紫云组、威宁组低，其余各发酵时间的细菌群落多样性均高于紫云组、威宁组。

图 3-6 为不同区域全株玉米青贮过程中的细菌稀释曲线图。如图 3-6 所示，各组稀释曲线趋于平缓，说明测序量足够，测序深度基本可以反映样品中绝大多数的微生物信息。

图 3-7 为不同区域全株玉米青贮过程中的细菌维恩图。如图 3-7 所示，在整个发酵期间，紫云组各发酵时间的共有 OTU 数量为 241，在发酵 2d 时特有 OTU 数量最高，而后随发酵时间的延长逐渐降低，发酵 45d 时特有 OTU 数量最低。关岭组各发酵时间的共有 OTU 数

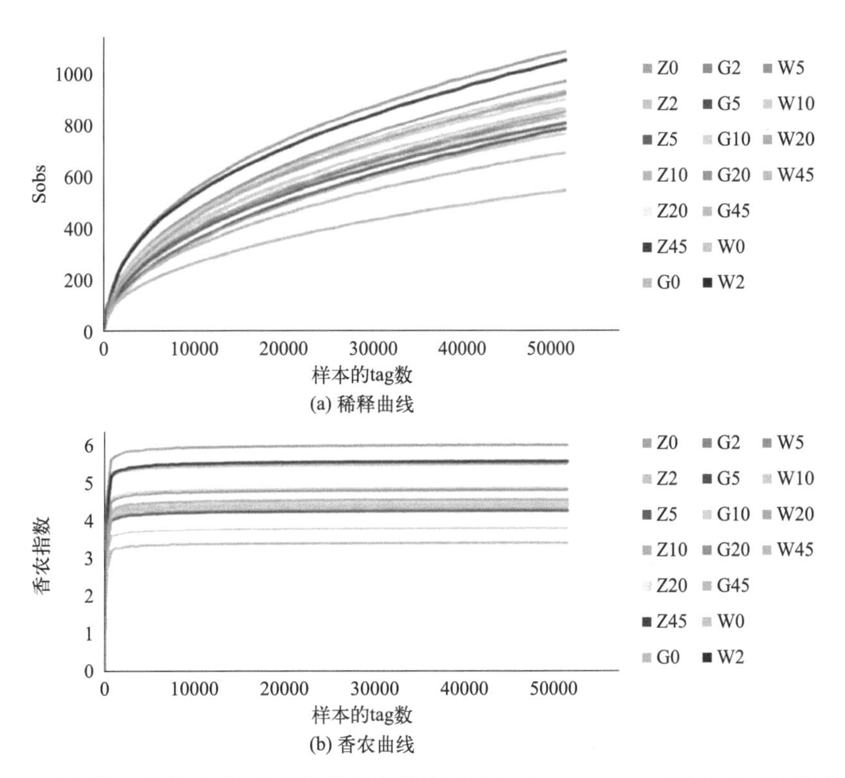

(a) 稀释曲线

(b) 香农曲线

图 3-6　不同区域全株玉米青贮过程中的细菌稀释曲线图（字母 Z、G、W 后数字表示发酵天数，下同）

目为 194，在发酵第 2d 时特有 OTU 数目最高，而后随发酵时间的延长逐渐降低，发酵 20d 时特有 OTU 数量有所升高，发酵 45d 时特有 OTU 数量降低。威宁组在各发酵时间的共有 OTU 数目为 314，在发酵第 2d 时特有 OTU 数目最高，而后随发酵时间的延长逐渐降低，发酵 10d 时特有 OTU 数目有所升高，发酵 45d 时的特有 OTU 数目最低。在整个发酵期间，威宁组各发酵时间的共有 OTU 数量最高，关岭组各发酵时间的共有 OTU 数量最低，说明威宁组在青贮发酵过程中，其菌落构成相似性更大。

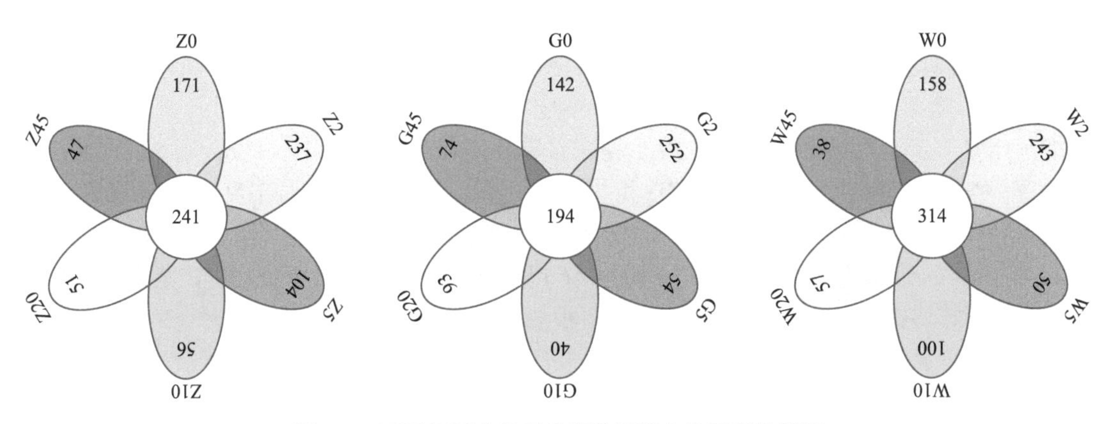

图 3-7　不同区域全株玉米青贮过程中的细菌维恩图

原料中紫云、关岭、威宁 3 组共有 OTU 数量为 169，威宁组特有 OTU 数量最高；发酵第 2d 时，3 组共有 OTU 数量及特有 OTU 数量均较原料中升高，说明发酵第 2d 时，3 个组的细菌多样性均较原料中升高。发酵第 5d 时，3 组共有 OTU 数量较发酵第 2d 时降低，此时紫云组特有 OTU 数量较高，说明紫云组的细菌群落多样性较其他两组丰富。发酵第 10d

时，3 组共有 OTU 数量较发酵第 5d 时增加，此时威宁组特有 OTU 数量最高，说明威宁组的细菌群落多样性较其他两组丰富。发酵第 20d 时，3 组共有 OTU 数量较发酵第 10d 时增加，关岭组特有 OTU 数量高于其余两组。发酵第 45d 时，紫云、关岭、威宁 3 组共有 OTU 数量较发酵第 20d 时降低，说明在发酵 45d 时 3 组菌群构成相似性较发酵 20d 时降低，同时关岭组特有 OTU 数量最高，说明发酵 45d 时，关岭组细菌群落多样性较其余两组丰富。

图 3-8 为选取相对丰度排名前 10 的门水平细菌群落图。3 个区域的全株玉米在整个青贮发酵期间，主要的门水平细菌群落均为厚壁菌门和变形菌门，随发酵时间的延长，紫云组和威宁组厚壁菌门细菌相对丰度呈先降后升的趋势，而关岭组厚壁菌门细菌相对丰度逐渐升高，变形菌门细菌的变化趋势与厚壁菌门细菌变化趋势相反。

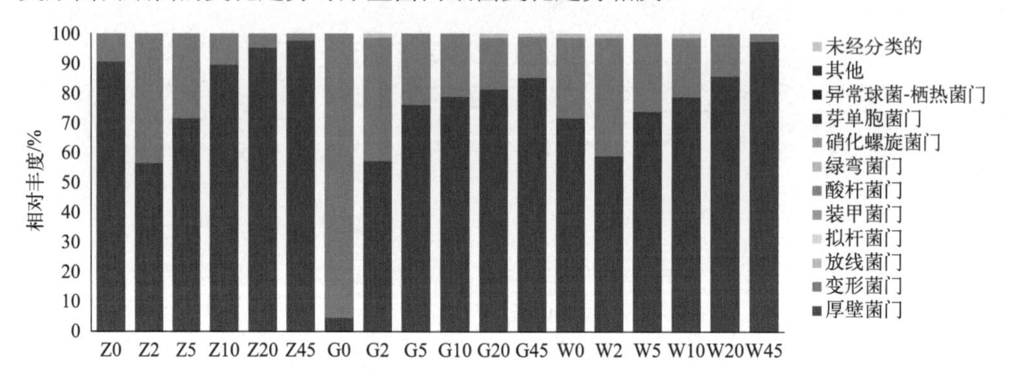

图 3-8　不同区域全株玉米青贮过程中门水平细菌群落图

发酵初始，紫云组和威宁组原料中的优势菌门为厚壁菌门，而关岭组原料中的优势菌门为变形菌门。到发酵第 2d 时，紫云组和威宁组厚壁菌门细菌相对丰度均有一定下降，其中紫云组厚壁菌门细菌相对丰度由原料中的 90.55% 降为 56.46%，相应的变形菌门细菌相对丰度由原料中的 9.22% 升为 43.22%，威宁组厚壁菌门细菌相对丰度由原料中的 71.70% 降为 58.74%，变形菌门细菌相对丰度则由原料中的 27.04% 升为 39.55%；关岭组优势菌门由原料中的变形菌门变为厚壁菌门和变形菌门，厚壁菌门细菌相对丰度由原料中的 4.40% 上升为 57.03%，而变形菌门细菌相对丰度由原料中的 95.57% 下降为 41.53%。发酵 5d 时，3 个组的优势菌门均为厚壁菌门，其中关岭组厚壁菌门细菌相对丰度最高，为 76.37%，紫云组和威宁组厚壁菌门细菌相对丰度分别为 71.58% 和 73.75%。发酵第 10d 时，紫云组厚壁菌门细菌相对丰度最高，为 89.72%，变形菌门细菌相对丰度最低为 10.11%，关岭组和威宁组厚壁菌门细菌相对丰度分别为 78.61% 和 78.88%，变形菌门细菌相对丰度分别为 20.97% 和 19.83%。发酵 20d 时，紫云、关岭和威宁组厚壁菌门细菌相对丰度分别为 95.22%、81.42% 和 85.97%，变形菌门细菌相对丰度分别为 4.60%、17.21% 和 13.77%，此时，紫云组厚壁菌门细菌相对丰度最高，关岭组厚壁菌门细菌相对丰度最低。当发酵到 45d 时，3 个区域青贮全株玉米厚壁菌门细菌相对丰度均较高，其中紫云组和威宁组厚壁菌门细菌相对丰度均达到了 97.00% 以上，关岭组厚壁菌门细菌相对丰度为 85.09%。

除了厚壁菌门和变形菌门，3 个组发酵期间相对丰度大于 0.1% 的门水平细菌菌群还有放线菌门和拟杆菌门。发酵 0d 时，威宁组放线菌门和拟杆菌门细菌相对丰度大于 0.1%。发酵第 2d 时，3 个组的放线菌门细菌及关岭、威宁组拟杆菌门细菌相对丰度大于 0.1%，此时，关岭组拟杆菌门细菌相对丰度最大，威宁组放线菌门细菌相对丰度最大。发酵第 5d 时，3 个组放线菌门和拟杆菌门细菌相对丰度均大于 0.1%。发酵第 10d 时关岭和威宁组的放线菌门和拟杆菌门细菌相对丰度均大于 0.1%，威宁组放线菌门和拟杆菌门细菌相对丰度均高于其余两组。发酵 20d 和 45d 时，关岭组放线菌门和拟杆菌门及威宁组放线菌门细菌相对丰度均大于 0.1%，且关岭组放线菌门和拟杆菌门细菌相对丰度均高于其余两组。另外，酸杆菌门和装甲菌门细菌在 3 个组的所有发酵时期均有检测到，但相对丰度极低。

如图 3-9 所示。在相对丰度排名前 10 的属水平细菌群落中，3 个组的全株玉米青贮发酵 45d 期间主要的乳酸细菌均为乳杆菌属和魏斯氏菌属，且在整个发酵过程中的属水平优势细菌均为乳杆菌属。随发酵时间的延长，3 个组的乳杆菌属细菌相对丰度大致呈升高的趋势，紫云组和威宁组魏斯氏菌属细菌相对丰度呈先降后升再降的趋势，关岭组魏斯氏菌属细菌相对丰度呈先升后降再升的变化趋势。

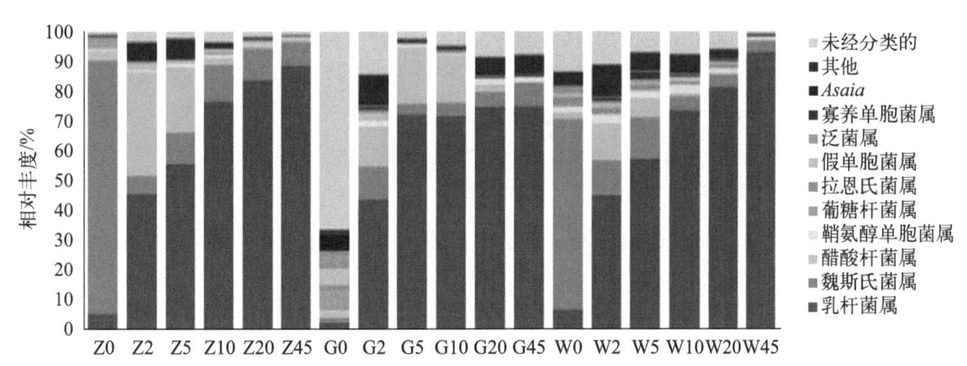

图 3-9　不同区域全株玉米青贮过程中属水平细菌群落图

发酵初始，紫云组和威宁组全株玉米原料中的魏斯氏菌属相对丰度较高，乳杆菌属相对丰度较低；而关岭组全株玉米原料中的魏斯氏菌属和乳杆菌属相对丰度均较低。发酵第 2d 时，紫云、关岭和威宁 3 个组的属水平优势细菌均变为乳杆菌属细菌，其相对丰度分别由原料中的 5.42%、2.75%、6.88% 升高至 45.60%、43.46%、45.15%；而魏斯氏菌属细菌相对丰度则由原料中的 84.73%、1.52% 和 63.77% 变为 6.03%、11.03% 和 11.33%。发酵第 5d 时，关岭组乳杆菌属细菌相对丰度最高，而紫云组乳杆菌属细菌相对丰度最低。相比第 2d 时，关岭组乳杆菌属细菌相对丰度升高幅度最大，由发酵第 2d 时的 43.46% 升为 71.92%，而紫云组和威宁组上升幅度较小，分别由发酵第 2d 的 45.60% 和 45.15% 上升为 55.60% 和 57.01%；此时紫云组和威宁组魏斯氏菌属细菌相对丰度有所升高，关岭组魏斯氏菌属细菌相对丰度降低，分别由第 2d 的 6.03%、11.33% 和 11.03% 变为 10.49%、14.15% 和 3.87%。发酵 10d 时，紫云组和威宁组乳杆菌属细菌相对丰度较发酵第 5d 时升高，关岭组乳杆菌属细菌相对丰度较发酵 5d 时有所降低，紫云组乳杆菌属细菌相对丰度最高为 76.38%，而关岭组乳杆菌属细菌相对丰度最低为 71.74%；此时紫云、关岭、威宁组魏斯氏菌属细菌相对丰度分别为 12.13%、4.39% 和 4.96%。发酵第 20d 时，紫云、关岭和威宁组乳杆菌属细菌相对丰度均较发酵 10d 时升高，分别由发酵第 10d 时的 76.38%、71.74% 和 73.33% 上升为 83.46%、74.74% 和 80.99%，此时紫云和威宁组魏斯氏菌属细菌相对丰度较发酵 10d 时下降，关岭组魏斯氏菌属细菌相对丰度较发酵 10d 时上升，但变化幅度均很小。发酵 45d 时，紫云、关岭和威宁组乳杆菌属细菌相对丰度均较发酵 20d 时上升，威宁组上升幅度最大，关岭组上升幅度最小，3 个组分别由发酵 20d 时的 83.46%、74.74% 和 80.99% 上升为 88.34%、74.85% 和 92.84%；此时魏斯氏菌属细菌相对丰度分别为 8.00%、7.69% 和 3.86%。总的来说，经过 45d 青贮发酵后，3 个区域的青贮全株玉米中乳杆菌属细菌相对丰度均增加，紫云、威宁区域的青贮全株玉米中魏斯氏菌属细菌相对丰度减少，关岭区域的青贮全株玉米中魏斯氏菌属细菌相对丰度有所升高，但相对丰度均较低。

在整个青贮发酵期间，相对丰度排名前 10 的属水平细菌除了乳杆菌属和魏斯氏菌属外，醋酸杆菌属、鞘氨醇单胞菌属、葡糖杆菌属、拉恩氏菌属、假单胞菌属、泛菌属、寡养单胞菌属和 *Asaia* 等非乳酸细菌在 3 个区域全株玉米各发酵时间段均存在。其中，紫云组原料中的葡糖杆菌属细菌、关岭组原料中葡糖杆菌属、拉恩氏菌属、假单胞菌属和泛菌属细菌及威宁组原料中的泛菌属细菌相对丰度大于 1%，随发酵时间的延长，均下降到 1% 以下。各组醋酸杆菌属细菌相对丰度在发酵前期均较高，紫云组和威宁组醋酸杆菌属细菌在发酵第 2d 时相对丰度最高，关岭组醋酸杆菌属细菌在发酵第 5d 时的相对丰度最高，而后随发酵时间的延长逐渐降低，威宁组在发酵 10d 时的醋酸杆菌属细菌相对丰度便降到 1% 以下，到 45d 时，各组醋酸杆菌属细菌相对丰度均下降到 1% 以下。此外，威宁组鞘氨醇单胞菌属和拉恩氏菌属细菌在发酵前 20d 的相对丰度均高于 1%，到发酵 45d 时相对丰度降到 1% 以下。

（4）全株玉米青贮营养物质、发酵品质与微生物相关性分析

图 3-10 为全株玉米青贮营养物质与细菌菌群的相关性热图。皮尔逊相关性分析表明，乳杆菌属与 WSC（$r=-0.88$）、ST（$r=-0.44$）、DM（$r=-0.53$）、NDF（$r=-0.44$）和 ADF（$r=-0.49$）含量呈极显著负相关（$P<0.01$），魏斯氏菌属与 WSC（$r=0.63$）、ST（$r=0.39$）、DM（$r=0.49$）及 ADF（$r=0.40$）含量呈极显著正相关（$P<0.01$），与 NDF 含量（$r=0.32$）也呈显著正相关（$P<0.05$）；醋酸杆菌属与 NDF 含量（$r=0.34$）呈显著正相关（$P<0.05$）；鞘氨醇单胞菌属与 ST 含量（$r=0.34$）呈显著正相关（$P<0.05$），与 CP（$r=0.44$）、DM（$r=0.51$）含量呈极显著正相关（$P<0.01$），与 NDF 含量（$r=-0.43$）呈极显著负相关（$P<0.01$）；寡养单胞菌属与 ADF 含量（$r=-0.29$）呈显著负相关（$P<0.05$），拉恩氏菌属与 ST（$r=0.64$）、CP（$r=0.40$）及 DM（$r=0.69$）含量均呈极显著正相关（$P<0.01$），与 NDF 含量（$r=-0.30$）呈显著负相关（$P<0.05$）；葡糖杆菌属与 WSC 含量（$r=0.44$）呈极显著正相关（$P<0.01$），与 NDF（$r=0.30$）及 ADF（$r=0.35$）含量呈显著正相关（$P<0.05$）；泛菌属与 WSC（$r=0.49$）和 ST（$r=0.43$）含量呈极显著正相关（$P<0.01$），与 CP（$r=0.35$）及 DM（$r=0.31$）含量呈显著正相关（$P<0.05$）；*Asaia* 与 WSC 含量（$r=0.38$）呈显著正相关（$P<0.05$）。

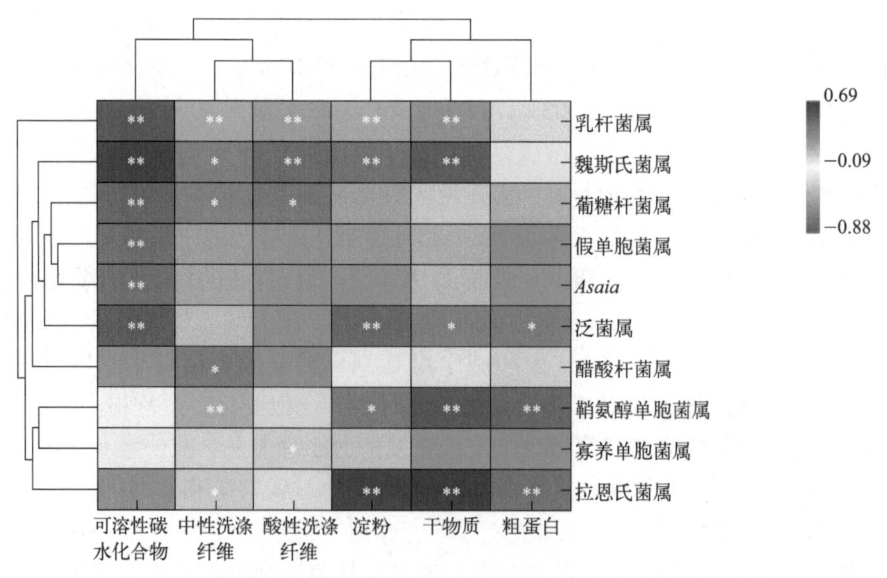

图 3-10　发酵 45d 期间属水平细菌与营养成分之间的相关性热图

图 3-11 为全株玉米青贮发酵品质与细菌菌群的相关性热图。皮尔逊相关性分析表明，乳杆菌属与 pH 值（$r=-0.80$）呈极显著负相关（$P<0.01$），与 LA 含量（$r=0.79$）、AA 含量（$r=0.80$）、PA 含量（$r=0.84$）及 AN/TN（$r=0.70$）呈极显著正相关（$P<0.01$）；魏斯氏菌属与 pH 值（$r=0.70$）呈极显著正相关（$P<0.01$），与 LA 含量（$r=-0.68$）、AA 含量（$r=-0.55$）、PA 含量（$r=-0.63$）及 AN/TN（$r=-0.45$）呈极显著负相关（$P<0.01$）；泛菌属与 pH 值（$r=0.64$）呈极显著正相关（$P<0.01$），与 LA 含量（$r=-0.61$）、AA 含量（$r=-0.51$）、PA 含量（$r=-0.55$）及 AN/TN（$r=-0.48$）呈极显著负相关（$P<0.01$）；葡糖杆菌属与 pH 值（$r=0.50$）呈极显著正相关（$P<0.01$），与 LA 含量（$r=-0.44$）、AA 含量（$r=-0.37$）、PA 含量（$r=-0.45$）及 AN/TN（$r=-0.41$）呈极显著负相关（$P<0.01$）；*Asaia* 与 pH 值（$r=0.47$）呈极显著正相关（$P<0.01$），与 AA 含量（$r=-0.35$）呈显著负相关（$P<0.05$），与 LA 含量（$r=-0.44$）、PA 含量（$r=-0.39$）及 AN/TN（$r=-0.37$）呈极显著负相关（$P<0.01$）；拉恩氏菌属与 pH 值（$r=0.33$）呈显著正相关（$P<0.05$），与 LA（$r=-0.32$）与 PA（$r=-0.33$）含量呈显著负相关（$P<0.05$），与 AA 含量（$r=-0.36$）及 AN/TN（$r=-0.37$）呈极显著负相关（$P<0.01$）；假单胞菌属与 pH 值（$r=0.43$）呈极显著正相关（$P<0.01$），与 LA 含量（$r=-0.41$）、AA 含量（$r=-0.40$）、PA 含量（$r=-0.41$）及 AN/TN（$r=-0.38$）呈极显著负相关（$P<0.01$）。

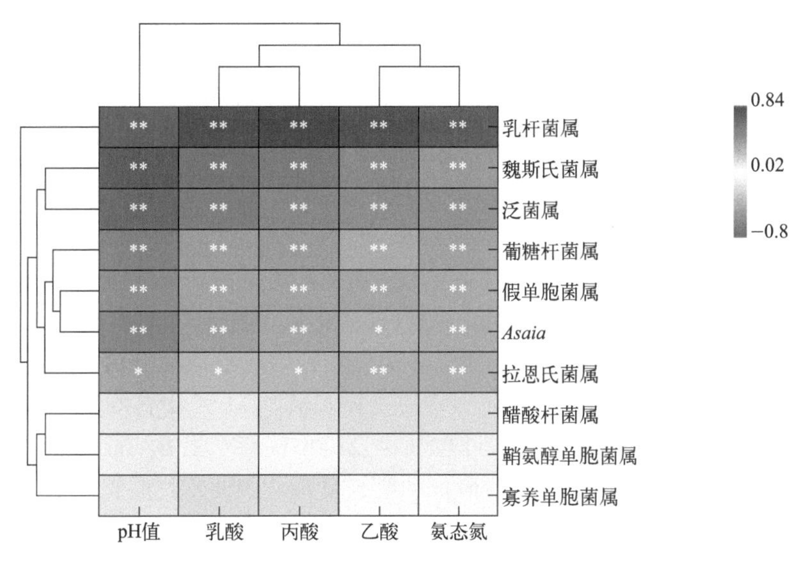

图 3-11　发酵 45 d 期间属水平细菌与发酵指标之间的相关性热图

3.2.2.3　讨论

（1）不同区域全株玉米青贮营养物质动态分析

随发酵时间的延长，各组 DM 含量有一定程度降低，可能是因为 WSC 被乳酸菌等微生物用来青贮发酵而消耗，导致 DM 下降。紫云组和关岭组 CP 含量分别在第 10d 和第 20d 有所增加，威宁组在发酵 5d 和 10d 时增加，这可能是因为 DM 含量的降低使其含量相对增加。此外，当发酵系统中 pH 值较低时，一些由蛋白质构成的细菌在发酵过程中不能生长繁殖，变成了饲料的一部分，也增加了 CP 的含量。总的来说，发酵 45d 后，紫云、关岭和威宁组的 CP 含量均较发酵 0d 时有一定程度降低，分别降低了 0.18、0.58 和 0.42 个百分点，各组 CP 含量下降较小，说明整个发酵过程中粗蛋白得到良好的保存。青贮过程中，WSC 含量是青贮饲料的营养物质中损失率最高的，WSC含量在整个发酵过程中显著降低，各组损失率均达70%，这是由于WSC作为青贮发酵的底物，可以被乳酸菌分解产生乳酸，降低青贮发酵体系中的pH值，从而达到长期保存的目的，这与公美玲对玉米秸秆青贮过程中营养成分的动态变化研究结果一致。ST也是青贮发酵过程中重要的碳源，其在淀粉酶的作用下可产生葡萄糖，而这部分糖能够对青贮发酵起到一定的作用。本试验中，紫云、关岭和威宁组ST含量均在发酵第2d时显著下降，分别较0d时下降了0.59、2.30和3.54个百分点，其中关岭和威宁组下降相对较多，可能是这两组发酵初期pH值下降较紫云组慢，造成ST的分解，到45d时，3组分别较0d时下降了2.71、3.09和2.11个百分点，说明发酵后期威宁组发酵较其余两组好，ST得到良好保存。NDF和ADF是评定家畜日粮精粗比例是否对家畜起到最佳效果的重要指标，尤其ADF与动物消化率呈负相关。本试验中，随发酵时间的延长，各组NDF与ADF含量均有一定降低，说明青贮发酵对全株玉米的纤维成分有一定降解作用，从而提高了青贮饲料的消化率。

（2）不同区域全株玉米青贮发酵品质动态分析

pH值的高低是青贮饲料是否发酵成功的重要指标，韩立英和玉柱认为优良青贮发酵过程中的pH值应处于3.8～4.2范围，pH值越低，说明青贮过程中乳酸菌等有益菌发挥主要作用，而其他有害菌被抑制，饲料保存越好。本试验中，各组pH值在发酵第2d时较原料显著下降，且均下降到4.2以下，其中关岭组pH值较紫云和威宁组下降慢，结合乳酸细菌的变化及原料表面附着乳酸菌发现，各组发酵0d到发酵第2d时的乳杆菌属细菌相对丰度变化相差不大，紫云和威宁组原料表面魏斯氏菌属细菌相对丰度较高，而关岭组原料表面乳酸菌相对丰度较低。杨杨等研究提到，魏斯氏菌在青贮饲料发酵初期起重要作用。从本研究结果来看，原料表面附着的魏斯氏菌属细菌对青贮发酵的进程有促进作用，使得紫云和威宁组pH值迅速降低，关岭组原料表面附着乳酸菌相对丰度少，影响了乳酸发酵的进程，使pH值的降低变慢。发酵45d时，紫云和关岭组pH值虽较发酵20d时有所提高，但仍符合青贮饲料质量优等（pH值在4.0以下）的标准。有机酸含量是评价青贮质量好坏的重要指标，LA是保证青贮饲料长期保存的最主要有机酸，AA、PA则均有较强的抗真菌能力，能通过改变微生物细胞的渗透性从而抑制真菌等微生物的生长繁殖，BA是由腐败菌和酪酸菌分别分解蛋白质、葡萄糖和乳酸而生成的产物，丁酸梭菌发酵不仅会产生BA影响奶牛健康，还会产生有毒有味物质，影响饲料的适口性，降低动物采食量。因此，优质青贮饲料LA比例应较高，BA比例应较低。本试验中，各组LA含量在发酵前10d显著增加，但紫云和关岭组LA含量在发酵45d时较20d时显著降低，柳俊超在对笋壳和麦麸青贮研究中也有类似情况，其原因是在发酵前期乳酸菌快速生长繁殖，产生了足够的乳酸，抑制了有害微生物的生长繁殖，随着乳酸含量的增加，同型乳酸菌受到一定的抑制，而对乙酸及pH值有更强耐受力的异型乳酸菌开始占据主导地位，发酵由同型乳酸菌发酵逐步转变为异型乳酸菌发酵。此外，当青贮发酵到一定程度，pH值较低时会抑制乳酸菌本身的发酵，同时青贮饲料中可能存在的某些厌氧微生物开始对乳酸进行分解而产生其他如乙酸、丙酸之类的有机酸，导致乳酸含量下降。各组AA含量随发酵时间的延长逐渐升高，说明随发酵时间的延长，各组发酵类型由同型发酵逐渐转变为异型发酵。在整个发酵过程中，各组均未检测到BA存在，表明各组在整个青贮发酵过程中丁酸梭菌受到有效抑制，发酵良好。青贮饲料中氨态氮主要由植物酶对蛋白质的降解和微生物分解利用蛋白质和氨基酸产生，总氮中氨态氮含量反映了青贮饲料蛋白质降解的程度，一般认为，优质青贮饲料的氨态氮占总氮的比例应低于10%。在整个发酵过程中，各组 AN/TN 均低于 10%，说明有害菌得到有效抑制。其中关岭组在发酵 2d、5d、10d、20d 和 45d 时显著高于紫云和威宁组，可能是因为该组在整个发酵过程中 pH 值较紫云和威宁组高，有害微生物的抑制效果不如紫云和威宁组。

（3）不同区域全株玉米青贮微生物动态分析

青贮饲料发酵品质的变化本质是由微生物的演替引起的，具体表现在物种组成及丰度的变化。细菌是青贮发酵期间的关键菌群之一，深入研究全株玉米青贮过程中各类细菌的多样性变化，可找到青贮品质变化的根本原因，进而为玉米青贮菌剂的优化和有害菌的抑制提供理论参考，在青贮过程中发酵品质的调控方面起到重要作用。

从 OTU 统计和 α 多样性指数来看，在整个发酵期间，威宁组细菌群落物种丰富度较高，而关岭组细菌群落多样性最丰富。威宁组各发酵时间的菌群构成相似性最高，关岭组各发酵时间的菌群构成相似性最低，说明威宁组在整个发酵过程中的菌群变化最小，关岭组在整个发酵过程中的菌群变化最大。3 个组在发酵第 2d 时的共有和特有 OTU 数目升高，说明发酵第 2d 时菌群多样性增加，到第 45d 时，共有和特有 OTU 降低，说明经过 45d 青贮发酵降低了全株玉米菌群多样性。从门分类水平来看，3 个区域的全株玉米在整个青贮发酵期间，主要的门水平细菌群落均为厚壁菌门和变形菌门，发酵初始，紫云组和威宁组原料中的优势菌门为厚壁菌门，而关岭组原料中的优势菌门为变形菌门，发酵第 5d 起，各组门水平优势菌均为厚壁菌门，这与任海伟等的研究结果一致。

乳酸细菌是青贮发酵过程中的有益菌，其群落构成及丰度的变化与青贮品质的高低有极大相关性。Ni 等发现大豆青贮过程中主要的乳酸细菌有肠球菌属、片球菌属、乳杆菌属、魏斯氏菌属等。Tohno 等研究发现，与青贮有关的乳酸菌属主要有乳杆菌属、片球菌属、明串珠菌属（*Leuconostoc*）和肠球菌属，Ogunade 等发现玉米青贮中添加丙酸后的乳酸细菌主要有乳杆菌属、魏斯氏菌属等。本研究表明，3 个区域全株玉米在青贮过程中相对丰度排名前 10 的乳酸细菌均只有乳杆菌属和魏斯氏菌属，与 Ogunade 等研究结果一致，与 Ni 等及 Tohno 等的研究有差别的原因可能与研究材料及研究地点等有关。从属水平细菌群落图可看出，3 个区域全株玉米发酵后期乳酸菌的数量相对高于发酵前期，在整个发酵过程中的属水平优势细菌均为乳杆菌属，随发酵时间的延长，乳杆菌属细菌相对丰度逐渐升高。Ennahar 等研究发现，青贮饲料发酵初期，最先进行发酵的是粪链球菌（*Streptococcus faecalis*）和肠膜明串珠菌（*Leuconostoc mesenteroides*），随着发酵时间的延长，被更耐酸的菌株，如植物乳杆菌、短乳杆菌和布氏乳杆菌等取代。詹发强等将植物乳杆菌、枯草芽孢杆菌和产朊假丝酵母（*Candida utilis-3*）等质量混合后添加到青贮玉米中发现，乳杆菌属和片球菌属均是青贮玉米发酵的启动菌之一，乳杆菌属是玉米青贮发酵后期乳酸菌的主要菌群。Bao 等研究发现苜蓿青贮前巨大芽孢杆菌（*Bacillus megaterium*）占绝对优势，而青贮后乳酸片球菌（*Pediococcus acidilactici*）和植物乳杆菌占优势。本研究发现，发酵第 2d 时，紫云、关岭和威宁 3 个组的乳杆菌属细菌相对丰度分别由原料中的 5.42%、2.75%、6.88% 升高至 45.60%、43.46%、45.15%，且到发酵 45d 时，3 个组乳杆菌属细菌相对丰度分别为 88.34%、74.85% 和 92.84%，这说明乳杆菌属细菌对全株玉米的发酵发挥着主导作用，而魏斯氏菌属菌群相对丰度在原料中较高，青贮第 2 d 相对丰度大幅下降，且在整个发酵期间的相对丰度均处于较低水平，说明其在全株玉米青贮后期发挥作用较小。关于魏斯氏菌属在青贮后期发挥作用较小的原因还未曾报道，其可能与魏斯氏菌属的生长特性有关，魏斯氏菌属是选择性厌氧菌，在微需氧培养条件下生长迅速，随着发酵的进行，青贮系统中的严格厌氧环境不利于其生长繁殖。

本研究发现，各组醋酸杆菌属细菌相对丰度在发酵前期均较高，紫云和威宁组醋酸杆菌属细菌在发酵第2d时相对丰度最高，关岭组醋酸杆菌属细菌在发酵第5d时的相对丰度最高，而后随发酵时间的延长逐渐降低，这可能是由于发酵初期，青贮系统中存留有氧气，部分乳酸菌利用可溶性碳水化合物产生一定乳酸供醋酸杆菌属细菌生长繁殖，随发酵时间的延长氧气逐渐被耗尽，此时醋酸杆菌属细菌的活动被抑制，因此相对丰度逐渐降低。青贮过程中醋酸杆菌属细菌的活动是有害的，它可以利用乳酸，导致青贮饲料pH值升高，从而降低发酵品质。与发酵第2d时相比，发酵第5d时关岭组乳杆菌属细菌相对丰度大幅上升，紫云和威宁组乳杆菌属细菌相对丰度上升幅度较小，但结合发酵指标发现，与发酵2d时相比，发酵第5d时威宁组乳酸含量增加幅度最大，紫云组乳酸含量增加幅度最小。通过微生物分析发现，紫云和关岭组醋酸杆菌属细菌相对丰度较大，威宁组醋酸杆菌属细菌相对丰度较小，由此说明发酵过程中除了乳酸细菌起主导作用外，还受到了醋酸杆菌属细菌的影响，醋酸杆菌属细菌活动消耗了一定的乳酸使pH值的降低变缓慢。此外，与发酵20d相比，发酵45d时各组乳酸菌相对丰度均增加，除关岭组个别非乳酸细菌相对丰度增加外，大多数非乳酸细菌相对丰度减小，因此，说明紫云组和关岭组在发酵45d时pH值的升高一部分是由非乳酸菌的活动引起，但主要是同型乳酸发酵向异型乳酸发酵的转变导致的。大量研究报道，芽孢杆菌属、类芽孢杆菌属、肠杆菌属、肠球菌属、梭菌属（*Clostridium*）等是分解蛋白质的主要微生物，其可以将蛋白质分解为氨态氮，造成蛋白的损失。本研究中，在相对丰度前10的细菌中均未发现这几种菌的存在，这与前文AN/TN含量较低的结果一致，关岭组在发酵第2d时的AN/TN含量增加最多，主要是由于发酵初始，pH值未能迅速降低从而不能有效抑制植物酶对蛋白质的降解。另外，买尔哈巴・艾合买提等的研究表明，假单胞菌、寡养单胞菌（*Stenotrophomonas*）等细菌具有分解纤维素能力，相关分析结果显示，鞘氨醇单胞菌属及拉恩氏菌属（*Rahnella*）与NDF含量呈负相关，寡养单胞菌属与ADF含量呈负相关，说明这些细菌对玉米青贮过程中纤维组分的降解起到一定作用。

3.2.2.4 小结

① 发酵时间、取样点及其交互作用对青贮饲料营养物质各指标含量均有极显著影响（$P<0.01$）。随发酵时间的延长，各组DM、WSC、NDF、ADF含量均呈下降趋势；CP含量呈先减少后增加再减少的趋势；紫云和关岭组ST含量逐渐减少，威宁组ST含量先显著减少（$P<0.05$）后显著增加。

② 发酵时间、取样点及其交互作用对青贮饲料pH值、LA、AA、PA含量和AN/TN有极显著影响（$P<0.01$）。紫云和关岭组pH值呈先下降后上升的趋势，LA含量呈先上升后下降的趋势，威宁组pH值呈逐渐下降趋势，LA含量则逐渐升高，整个发酵期间，关岭组的pH值始终显著高于紫云、威宁组（$P<0.05$），LA含量始终显著低于紫云和威宁组（$P<0.05$）；随发酵时间的延长，各组AA、PA含量和AN/TN逐渐升高；在整个发酵过程中，各组均未检测到丁酸（BA）存在。

③ 从OTU统计和α多样性指数来看，威宁组各发酵时间的菌群相似性最高，关岭组各发酵时间的菌群相似性最低，整个发酵期间，威宁组细菌群落物种丰富度较高、关岭组细菌群落多样性较高。3个区域的全株玉米在整个青贮发酵期间，主要的门水平细菌群落均为厚壁菌门和变形菌门，发酵后期（青贮第5d起）的门水平优势菌为厚壁菌门。3个区域的全株玉米在整个青贮发酵过程中的乳酸细菌主要有乳杆菌属和魏斯氏菌属，且在整个发酵过程中的属水平优势细菌均为乳杆菌属。原料表面附着的魏斯氏菌属细菌对青贮发酵的启动有促

进作用，醋酸杆菌属细菌对发酵品质有影响。

④ 相关性分析表明，青贮发酵期间，WSC 含量及 pH 值与乳杆菌属细菌相对丰度变化呈负相关；pH 值、WSC、ST、DM 及 ADF 含量与魏斯氏菌属细菌相对丰度变化呈正相关，LA、AA、PA 含量及 AN/TN 与乳杆菌属细菌相对丰度变化呈正相关；NDF 含量与鞘氨醇单胞菌属及拉恩氏菌属细菌相对丰度变化呈负相关；ADF 含量与寡养单胞菌属细菌相对丰度变化呈负相关。

3.2.3 不同区域青贮全株玉米有氧稳定性及微生物分析

主要研究全株玉米青贮饲料有氧稳定性、有氧腐败前后的发酵品质及菌群变化。对发酵 45d 后的青贮全株玉米有氧稳定性、发酵品质及微生物进行检测，分析全株玉米在开袋时及有氧腐败后的细菌菌群在门和属水平的群落构成及丰度变化，将有氧稳定性与微生物动态变化结合进行相关性分析，探讨与有氧腐败有关的微生物。

3.2.3.1 材料与方法

（1）试验材料

见本节不同区域全株玉米青贮过程中的青贮品质及微生物分析。

（2）试验设计

发酵 45d 后，将全株玉米青贮饲料装入 10L 的敞口聚乙烯塑料桶中，桶口用纱布覆盖，防止果蝇等其他杂质污染和水分散失，空气可自由进入桶中，置于室温条件下保存。将多通道温度记录仪的多个探头置于饲料中心，同时在环境中放置 6 个探头，用于监测环境温度，每隔 30min 记录一次温度。如果样品温度高于环境温度 2℃，说明发酵饲料开始腐败变质，记录时间。

取开袋时和有氧腐败后的青贮饲料样品，一部分装入 50mL 灭菌离心管中速冻后置于 -80℃超低温冰箱保存用于微生物检测；另取一部分制成浸提液，保存于 -20℃冰箱，用于青贮发酵品质及 pH 值的测定。每个时间点的样品 4 个重复。

（3）测定项目及方法

① pH 值及发酵品质测定。

见本节不同区域全株玉米青贮过程中的青贮品质及微生物分析。

② 青贮饲料微生物多样性分析。

见本节不同区域全株玉米青贮过程中的青贮品质及微生物分析。

3.2.3.2 结果与分析

（1）不同区域青贮全株玉米有氧稳定性分析

如表 3-20 所列，3 个区域青贮全株玉米的有氧稳定性存在显著差异（$P<0.05$），其中关岭区域青贮全株玉米的有氧稳定性最高，为 130.5h，紫云区域青贮全株玉米有氧稳定性最低，为 16.67h。

表 3-20 不同区域青贮全株玉米有氧稳定性分析

项目	处理		
	Z	G	W
有氧稳定性 /h	16.67±3.79C	130.50±4.92A	61.83±4.25B

（2）不同区域青贮全株玉米有氧暴露后发酵品质分析

由表 3-21 可知，各组有氧腐败后的 pH 值、PA 含量和 AN/TN 较开袋时显著升高（$P<0.05$），LA、AA 含量较开袋时显著降低（$P<0.05$）。开袋时，威宁组 pH 值显著低于紫云组和关岭组（$P<0.05$），有氧腐败后，威宁组 pH 值仍为最低，但 3 组间无显著差异（$P>0.05$）。开袋时威宁组 LA 含量显著高于其余两组（$P<0.05$），有氧腐败后，3 组间 LA 含量无显著差异（$P>0.05$）。开袋时，关岭组 AA 和 PA 含量均显著高于其余两组（$P<0.05$），紫云组 AA 和 PA 含量均最低，有氧腐败后，紫云组 AA 含量最高，关岭组 PA 含量最高。3 组 AN/TN 在开袋时与腐败后均表现为威宁组最低，关岭组最高，且 3 组间达显著水平（$P<0.05$）。无论在开袋时还是腐败后，各组均未检测到 BA 存在。

表 3-21　不同区域青贮全株玉米有氧暴露前后发酵品质变化（鲜物质基础，%）

项目	时间	处理		
		Z	G	W
pH 值	开袋时	3.80±0.05Bb	3.88±0.02Ab	3.52±0.01Cb
	有氧腐败后	4.44±0.09Aa	4.40±0.11Aa	4.38±0.10Aa
乳酸	开袋时	2.92±0.15Ba	2.35±0.10Ca	3.61±0.04Aa
	有氧腐败后	1.30±0.27Ab	1.47±0.03Ab	1.37±0.24Ab
乙酸	开袋时	0.45±0.02Ca	0.55±0.01Aa	0.49±0.03Ba
	有氧腐败后	0.44±0.01Ab	0.36±0.03Bb	0.31±0.01Cb
丙酸	开袋时	0.19±0.03Cb	0.27±0.01Ab	0.25±0.03Bb
	有氧腐败后	0.29±0.01Ba	0.33±0.03Aa	0.28±0.01Ba
丁酸	开袋时	ND	ND	ND
	有氧腐败后	ND	ND	ND
氨态氮 / 总氮	开袋时	3.44±0.12Bb	4.17±0.09Ab	3.19±0.02Cb
	有氧腐败后	4.10±0.16Ba	5.04±0.06Aa	3.77±0.11Ca

（3）不同区域青贮全株玉米有氧暴露后微生物分析

由表 3-22 可知，开袋时，关岭组的 OTU 数量显著高于紫云和威宁组（$P<0.05$），有氧腐败后，3 个组的 OTU 数量均显著降低（$P<0.05$），但 3 组之间 OTU 数量无显著差异（$P>0.05$）。3 个组在相同 tags 下的 OTU 数量均较开袋时下降，说明有氧腐败后细菌群落多样性降低。开袋时关岭组特有 OTU 数量最高，相同 tags 下，关岭组的 OTU 数量最高，有氧腐败后关岭组特有 OTU 数量最低，相同 tags 下，关岭组的 OTU 数量最低，说明有氧腐败后其细菌群落多样性降低。而威宁组腐败后的特有 OTU 数量最高，相同 tags 下的 OTU 数量最高，说明其细菌群落多样性较其他两组丰富。开袋时，紫云组和关岭组的 Chao1 指数和 ACE 指数显著高于威宁组（$P<0.05$），腐败后，3 个组的 Chao1 指数和 ACE 指数均显著降低（$P<0.05$），威宁组 Chao1 指数和 ACE 指数显著高于紫云组和关岭组（$P<0.05$）。开袋时，关岭组的香农指数和辛普森指数最高，腐败后，3 组的香农指数和辛普森指数均下降，且威宁组的香农指数和辛普森指数变为最高，说明腐败后细菌物种丰富度和细菌群落多样性均降低，威宁组的细菌物种丰富度和细菌群落多样性高于其余两组。

表 3-22 不同区域青贮全株玉米有氧腐败前后的细菌 α 多样性

项目	时间	处理		
		Z	G	W
OTU	开袋时	962.00±29.54Ba	1079.25±40.52Aa	945.50±50.27Ba
	有氧腐败后	715.00±70.64Ab	658.75±131.51Ab	768.25±41.01Ab
Chao1	开袋时	1612.19±51.52Aa	1634.53±82.04Aa	1538.12±153.04Ba
	有氧腐败后	1131.35±183.13ABb	1020.67±51.67Bb	1265.99±177.06Ab
ACE	开袋时	1638.02±16.44Aa	1656.18±60.13Aa	1548.22±104.715Ba
	有氧腐败后	1185.33±159.72ABb	1056.40±93.66Bb	1299.89±147.61Ab
香农指数	开袋时	4.41±0.06Ba	5.49±0.42Aa	3.82±0.13Ca
	有氧腐败后	2.61±0.54Ab	2.13±0.11Ab	3.21±1.08Ab
辛普森指数	开袋时	0.89±0.01Ba	0.93±0.02Aa	0.83±0.02Ca
	有氧腐败后	0.65±0.11Ab	0.56±0.04Ab	0.68±0.16Ab

图 3-12 为选取相对丰度排名前 10 的门水平细菌群落图。由图 3-12 可知，3 个区域青贮全株玉米开袋时的门水平优势菌群均为厚壁菌门。有氧腐败后，紫云、关岭和威宁 3 个组青贮全株玉米的优势菌群均变为以变形菌门为主，其相对丰度分别由开袋时的 2.48%、14.10% 和 2.60% 上升为 95.74%、94.35% 和 87.07%，而开袋时占主要地位的厚壁菌门由 97.37%、85.09% 和 97.16% 下降至 4.24%、5.60% 和 12.72%。开袋时，紫云组厚壁菌门细菌相对丰度最高，变形菌门细菌相对丰度最低，有氧腐败后厚壁菌门细菌相对丰度较其余两组低，而变形菌门细菌相对丰度较其余两组最高。与开袋时相比，相对丰度排名前十的其他门水平细菌，其相对丰度在有氧腐败后均下降或检测不到。

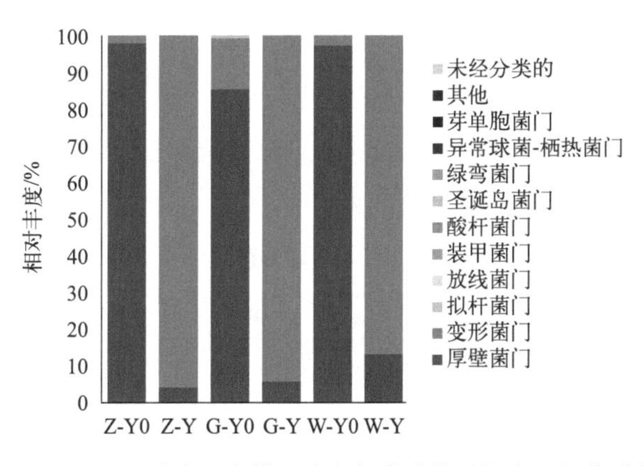

图 3-12 不同区域青贮全株玉米有氧腐败前后门水平细菌群落图

如图 3-13 所示，3 个区域青贮全株玉米开袋时的属水平优势菌群均为乳杆菌属。此外，3 个区域青贮全株玉米开袋时的属水平细菌中相对丰度均大于 1% 的还有魏斯氏菌属。有氧腐败后，紫云、关岭和威宁组的属水平优势菌群均变为以非乳酸细菌中的醋酸杆菌属为主，其相对丰度由开袋时的 0.81%、0.38% 和 0.34% 上升至 94.04%、93.83% 和 72.26%，而乳酸细菌中的乳杆菌属由开袋时的 88.34%、74.85% 和 92.84% 降至 2.65%、1.53% 和 3.72%，魏斯氏菌属则由开袋时的 8.00%、7.69% 和 3.86% 降至 1.12%、0.23% 和 0.38%。除此之外，3 个组的葡糖杆菌属、赖氨酸芽孢杆菌属（*Lysinibacillus*）、类芽孢杆菌属和芽孢杆菌属细菌在有氧腐败后相对丰度较开袋时升高，各组鞘氨醇单胞菌属细菌相对丰度均较开袋时降低。

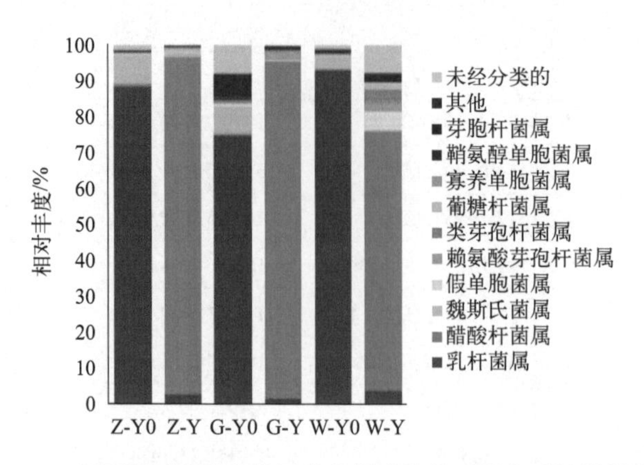

图 3-13　不同区域青贮全株玉米有氧腐败前后属水平细菌群落图

图 3-14 为青贮全株玉米发酵品质及有氧稳定性与细菌菌群的相关性热图。皮尔逊相关性分析表明，醋酸杆菌属与 pH 值（$r=0.92$）、PA 含量（$r=0.71$）及 AN/TN（$r=0.64$）呈极显著正相关（$P<0.01$），与 LA（$r=-0.87$）、AA（$r=-0.70$）含量及有氧稳定性（$r=-0.70$）呈极显著负相关（$P<0.01$）；乳杆菌属与 pH 值（$r=-0.98$）、PA 含量（$r=-0.72$）及 AN/TN（$r=-0.66$）呈极显著负相关（$P<0.01$），与 LA（$r=0.95$）、AA 含量（$r=0.76$）及有氧稳定性（$r=0.63$）呈极显著正相关（$P<0.01$）；魏斯氏菌属与 pH 值（$r=-0.57$）呈显著负相关（$P<0.05$），与 PA 含量（$r=-0.59$）呈极显著负相关（$P<0.01$），与 LA 含量（$r=0.51$）呈显著正相关（$P<0.05$），与 AA 含量（$r=0.66$）及有氧稳定性（$r=0.60$）呈极显著正相关（$P<0.01$）；鞘氨醇单胞菌属与 pH 值（$r=-0.54$）呈显著负相关（$P<0.05$），与 AA 含量（$r=0.77$）及有氧稳定性（$r=0.95$）呈极显著正相关（$P<0.01$）；寡养单胞菌属与有氧稳定性（$r=0.61$）呈极显著正相关（$P<0.01$）；赖氨酸芽孢杆菌属与 AA 含量（$r=-0.60$）呈极显著负相关（$P<0.01$）；类芽孢杆菌属与 AA 含量（$r=-0.51$）呈显著负相关（$P<0.05$）；芽孢杆菌属细菌与 AA 含量（$r=-0.56$）呈显著负相关（$P<0.05$）。

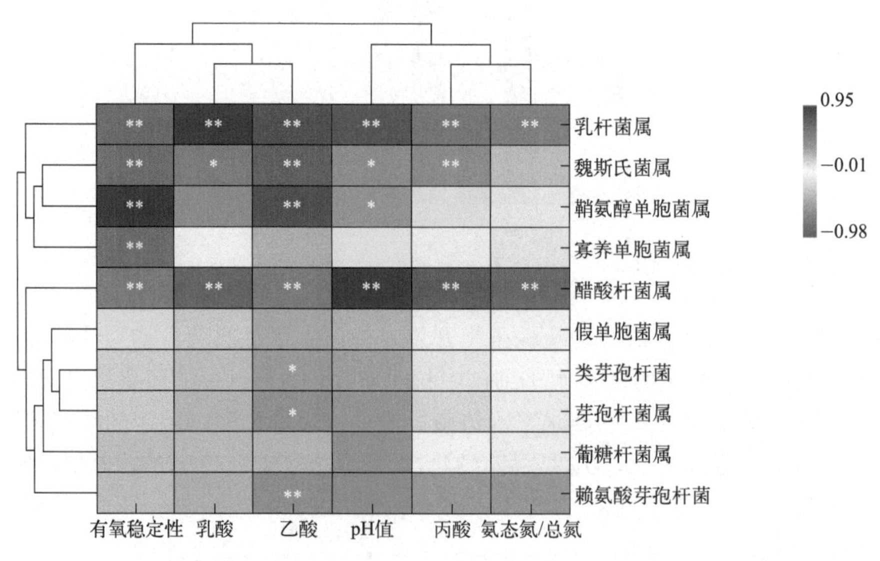

图 3-14　有氧腐败前后属水平细菌与发酵指标之间的相关性热图

3.2.3.3 讨论

（1）不同区域青贮全株玉米有氧稳定性分析

有氧稳定性定义为青贮饲料暴露在空气中后其核心温度比外界温度高出2℃所需的时间，时间越短，青贮有氧稳定性越差。3个区域的全株玉米在青贮发酵45d后开袋暴露于空气中，结果表明，紫云组在有氧暴露16.67h温度即高于环境温度2℃，关岭组在有氧暴露130.5h温度高于环境温度2℃，威宁组在有氧暴露61.83h温度高于环境温度2℃，说明紫云组有氧稳定性最差，关岭组有氧稳定性最高。

（2）不同区域青贮全株玉米有氧腐败后发酵品质分析

青贮饲料开窖后，由于表面与空气接触，大量好氧微生物的活动变得活跃，青贮饲料的好氧变质启动，腐败进程开始。有氧暴露阶段pH值的变化能直观反映出青贮饲料的腐败程度，较低的pH值能够有效抑制蛋白质的降解。LA、AA是好氧变质过程中微生物生长的主要能量来源，有氧环境下，好氧微生物大量繁殖，利用LA、AA、WSC和CP，导致LA、AA等含量下降，pH值和氨态氮含量升高。本研究中，各组有氧腐败后的pH值、PA含量和AN/TN较开袋时显著升高，LA、AA含量较开袋时显著降低，在有氧腐败前后，威宁组pH值及AN/TN均较其余两组低，说明威宁组在腐败过程中，较低pH值的环境抑制了微生物对蛋白的降解。

（3）不同区域青贮全株玉米有氧腐败后微生物分析

当青贮饲料开封后暴露于空气中，氧气进入，厌氧环境被破坏，好气微生物开始活动，对全株玉米青贮饲料微生物群落组成影响较大。从OTU统计结果及α多样性指数来看，3个组腐败前后共有OTU数量较低，特有OTU数量较高，腐败后共有OTU较开袋时有所降低，且3个组两两之间共有和特有OTU数量变化较大，说明有氧腐败后改变了菌群组成，使3个组之间的群落构成相似性发生变化。厚壁菌门是原核生物系统进化树低G-C含量的革兰氏阳性菌，主要有产芽孢、非产芽孢和支原体菌群，很多芽孢杆菌可以降解多种大分子化合物，如纤维素、淀粉、蛋白质等。变形菌门是革兰氏阴性细菌，是细菌中最大的一门，包括很多病原菌，如大肠杆菌、沙门氏菌、弧菌和螺杆菌等种类。3个区域青贮全株玉米开袋时的门水平优势菌群均为厚壁菌门，有氧腐败后优势菌群均变为变形菌门，说明厌氧环境被破坏后，有害菌数量增加。本研究表明，开封到有氧腐败后的乳杆菌属细菌相对丰度下降幅度较大，由开袋时的88.34%（紫云组）、74.85%（关岭组）和92.84%（威宁组）降至2.65%、1.53%和3.72%，这是由于开袋后氧气含量增加，乳酸菌的生长繁殖受到抑制，而一些好氧或兼性好氧菌得到了繁殖。

目前在对引起青贮饲料有氧腐败的微生物研究中关于真菌的研究较多，大量研究结果表明酵母菌是引起青贮饲料好氧变质的主要微生物。有研究发现假丝酵母属（*Candida*）、拟内孢霉属（*Endomycopsis*）、汉逊酵母属（*Hansenula*）、毕赤酵母属（*Pichia*）和球拟酵母属（*Torulopsis*）等均会导致青贮饲料的有氧腐败。Carvalho等研究发现降低甘蔗尾青贮饲料有氧稳定性的主要真菌有假丝酵母属、粟酒裂殖酵母菌（*Schizosaccharomyces pombe*）和拜氏接合酵母（*Zygosaccharomyces bailii*）。Hao等和Wang等研究结果均表明拜氏接合酵母是引起全混合日粮青贮饲料有氧腐败的主要酵母菌。除此之外，霉菌也是导致青贮有氧腐败的一个重要因子，Cavallarin等通过对青贮饲料有氧暴露后的微生物检测发现青贮开窖15d有霉菌存在。Orsi等研究发现青贮玉米中存在最多的真菌为镰刀菌属（*Fusarium*），并提出镰刀菌属、曲霉属（*Aspergillus*）、青霉属（*Penicillium*）、枝孢霉菌属（*Cladosporium*）等均会降低青贮饲料的有氧稳定性，导致青贮饲料的腐败变质。王彦苏等通过研究发现导致稻草青饲料腐败的细菌主要是芽孢杆菌，腐败真菌主要是青霉属。但也有研究表明在全株青贮玉米中醋酸菌单独引发好氧酸败。本研究中，开袋后的醋酸杆菌属细菌快速增加并成为优势菌属，有氧腐败时，其相对丰度由开袋时的 0.81%（紫云组）、0.38%（关岭组）和 0.34%（威宁组）上升至 94.04%、93.83% 和 72.26%，因此推断本试验中青贮全株玉米的有氧腐败与醋酸杆菌属有关。醋酸杆菌属细菌可以氧化乳酸生成 CO_2 和水，导致青贮饲料中的 pH 值升高，从而直接导致饲料有氧腐败，或因其消耗乳酸导致 pH 值升高，给不耐酸的有害微生物如酵母菌等提供了良好的生长繁殖条件，间接导致饲料的腐败变质。结合环境因子相关分析结果可知，醋酸杆菌属细菌与 LA 含量及有氧稳定性呈负相关，因此，在开袋时醋酸杆菌属细菌相对丰度越大、乳酸含量较高的紫云组，有氧稳定性最差。

3.2.3.4 小结

① 3 个区域青贮全株玉米开袋后，其有氧稳定性：关岭组＞威宁组＞紫云组。

② 各组有氧腐败后的 pH 值、PA 含量和 AN/TN 较开袋时显著升高（P<0.05），LA、AA 含量较开袋时显著降低（P<0.05）。开袋时紫云组 AA 含量最低，腐败后 AA 含量最高。关岭组在开袋时与腐败后的 PA 含量及 AN/TN 均显著高于其余两组（P<0.05）。无论在开袋时还是腐败后，各组均未检测到 BA 存在。

③ 有氧腐败改变了菌群组成，3 组全株玉米青贮饲料在有氧腐败后的细菌物种丰富度和细菌群落多样性均降低。3 个区域青贮全株玉米腐败后的门水平优势菌群由开袋时的厚壁菌门变为变形菌门，属水平优势菌由开袋时的乳杆菌属细菌变为非乳酸细菌中的醋酸杆菌属细菌。

④ 相关性分析表明：有氧稳定性与乳杆菌属、魏斯氏菌属细菌相对丰度变化呈正相关，与醋酸杆菌属细菌相对丰度变化呈负相关；青贮饲料开袋到腐败期间的 LA、AA 含量与乳杆菌属和魏斯氏菌属细菌相对丰度变化呈正相关，与醋酸杆菌属细菌相对丰度变化呈负相关；pH 值、PA 含量及 AN/TN 与醋酸杆菌属细菌相对丰度变化呈正相关，与乳杆菌属细菌相对丰度变化呈负相关。

3.3 青贮方式对全株玉米饲料品质、微生物多样性及霉菌毒素的影响

3.3.1 不同青贮方式对有氧暴露阶段全株玉米饲料品质的影响

青贮发酵是一个复杂的微生物发酵过程，特别是饲料开封后由厌氧环境转变为非厌氧环境，青贮饲料的营养价值也随之发生相应变化。以贵州地区同一养殖场不同青贮方式的发酵良好的全株玉米青贮饲料为研究对象，对其营养成分和发酵指标进行测定，探讨饲料开封后有氧暴露期间青贮饲料的营养品质变化规律。

3.3.1.1 材料与方法

（1）试验材料

以全株玉米（品种：青丰四号）为青贮材料，原料在蜡熟期进行刈割。青贮方式为窖

式青贮（J）：收获的全株玉米在切短后投入青贮窖中，青贮厚度每上升 30cm 左右时进行压实，填装好后覆盖上塑料薄膜，四周用土和砖压实，压实密度大约为 500kg/m³。圆捆裹包青贮（Y）：全株玉米切碎后，用打捆机进行高密度压实打捆，然后通过裹包机用青贮塑料拉伸膜裹包，平均打捆密度 600kg/m³。方捆袋装青贮（F）：切碎的全株玉米原料通过袋式青贮饲料灌装机制作，贮藏于抽真空密封的黑色塑料袋中，外层再套一层编织袋，密度为 650g/m³。青贮时间 90d。青贮 90d 到期后，青贮窖取样前先揭开覆盖在窖表面的塑料薄膜，取料端按照水平垂直切成一个剖面，将这个剖面从左至右分成 4 部分，并按上、中和下分别取样。裹包和袋装青贮选取未破损的开封取样，开袋后分上、中、下三层取混合样，每层取样不低于 1kg。所有样品立即抽真空封口，带回实验室分析。

（2）试验设计

本试验研究不同青贮方式下全株玉米青贮饲料在有氧暴露期间营养价值和发酵品质的变化规律。全程动态监测各处理饲料温度和环境温度变化，记录时间。在有氧暴露 0d，1d，3d，5d，7d，9d 时采样，每个时间点在各处理组取 3 个重复，对其营养成分、发酵品质及有氧稳定性进行分析。

（3）测定项目及方法

① 营养成分测定　取待分析样品约 200g，置于信封袋，于 105℃鼓风干燥箱中杀青 20min，然后在烘箱中用 65℃烘干，用于营养成分的测定。其中，DM 采用烘干法测定；CP 采用 KjeltecTM8100 型凯氏定氮仪测定；NDF 和 ADF 应用滤袋技术，采用 Ankom220 型纤维分析仪测定；WSC 含量采用蒽酮 - 硫酸比色法测定。

② pH 值及发酵品质测定　浸提液制备：取待分析样品 20g，加入 180mL 蒸馏水，搅拌均匀，4℃下浸提 24h，再用 4 层纱布和定性滤纸过滤，滤出草渣制得样品的浸提液。将制得的浸提液立即进行 pH 值测定后置于 −20℃条件保藏备用，用于 AN、LA、AA、PA、BA 的测定。其中：pH 值采用上海佑科 PHS-3C 酸度计测定；AN 采用苯酚 - 次氯酸钠比色法测定；LA、AA、PA 和 BA 测定采用高效液相色谱法。

③ 有氧稳定性的测定　有氧稳定性采用多点式温度记录仪动态监测不同处理温度，取样品 300g 左右于 1.5L 敞口塑料桶内，纱布封口防止外界微生物污染，温度记录仪测量时间，间隔设置为 5min，每个处理放置 3 个温度探头插入饲料中心，同时以 3 个温度探头测定环境温度，有氧腐败时间为饲料温度超过环境温度 2℃所用的时间。

（4）数据处理与分析

采用 Microsoft Excel 2010 进行数据的基本处理，采用 SPSS 20.0 进行双因素方差分析，通过 Duncan 法对各处理间的差异进行比较。

3.3.1.2　结果与分析

（1）不同青贮方式全株玉米饲料有氧暴露期间营养成分变化分析

由表 3-23 可知，处理方式、有氧暴露时间及其交互作用对全株玉米青贮饲料的 DM、CP、ADF、NDF 含量有极显著的影响（$P<0.001$）。随着有氧暴露时间的延长，各组的 DM 含量呈现先增加后降低的趋势，在有氧暴露第 1d 时 DM 缓慢上升，在第 3d 后又迅速下降。同一有氧暴露时间内 3 组的 DM 含量差异显著（$P<0.05$），且 F 组的 DM 含量最高，J 组的最低。

表 3-23　不同青贮方式全株玉米饲料有氧暴露过程中营养成分（干物质基础，%）

项目	处理	有氧暴露时间						SEM	P 值		
		0d	1d	3d	5d	7d	9d		T	D	T×D
干物质（鲜物质基础）/%	J	20.90Ccd	21.15Cbc	21.83Ca	21.48Cab	20.45Cd	18.39Ce				
	Y	23.26Bbc	23.72Bab	23.87Ba	23.10Bcd	22.53Bd	21.06Be	1.61	***	***	***
	F	24.54Ac	24.66Abc	24.95Aab	25.26Aa	24.14Ad	23.13Ae				
可溶性碳水化合物	J	1.50Ca	1.36Cb	1.30Cb	1.32Bb	1.16Cc	1.12Bc				
	Y	1.70Ba	1.54Bab	1.45Babc	1.25Bc	1.32Bc	1.27ABc	0.616	***	***	NS
	F	2.23Aa	2.14Aab	2.04Ab	1.82Ac	1.75Ac	1.65Ac				
粗蛋白	J	7.56Aa	7.48Aab	7.31Ab	6.77Ac	6.04Bd	4.44Be				
	Y	7.61Aa	7.37Bb	7.35Ab	6.72Ac	6.53Ac	5.99Ad	0.626	***	***	***
	F	7.54Aa	7.11Cb	6.93Bc	6.69Ad	6.46Ae	6.38Ae				
酸性洗涤纤维	J	18.31Bd	19.76Ac	20.59Ac	23.63Ab	23.96Ab	25.04Aa				
	Y	19.27Ad	20.31Ac	20.65Abc	20.95Bb	22.55Ba	22.85Ba	2.306	***	***	***
	F	17.24Cc	18.27Bb	18.59Bb	20.14Ca	20.65Ca	20.78Ca				
中性洗涤纤维	J	41.17Af	43.19Ae	44.18Ad	46.2Ac	47.48Ab	51.04Aa				
	Y	41.56Ac	41.64Bc	43.16Bbc	43.41Cbc	45.07Cb	49.03Ba	4.093	***	***	***
	F	39.20Ad	41.59Bc	42.11Cc	45.51Bb	46.65Ba	47.11Ca				

注：同列不同大写字母表示不同处理同一有氧暴露时间内差异显著 ($P<0.05$)，同行不同小写字母表示同一处理不同有氧暴露时间内差异显著 ($P<0.05$)。D 表示有氧暴露时间；T 表示处理；D×T 表示有氧暴露时间与处理的交互作用；NS 表示无显著差异；SEM 表示平均值标准误；*** 表示差异极显著水平 $P<0.001$。下同。

随着有氧暴露时间的延长，各组的 WSC 含量都呈现下降趋势。在开封时，J 组、Y 组、F 组的 WSC 含量分别为 1.5%、1.70% 和 2.23%，在有氧暴露第 9d 时分别降低到 1.12%、1.27% 和 1.65%，F 组的 WSC 含量在有氧暴露过程中始终显著高于其余两组（$P<0.05$）。各组 CP 的含量随着有氧暴露时间的延长呈现降低的趋势。各组有氧暴露 9d 时 CP 含量均较开封当天分别减少 3.12%（J 组）、1.62%（Y 组）和 1.16%（F 组）。此时表现为 F 组 CP 含量最高，J 组的 CP 含量最低，F 组和 Y 组的 CP 含量差异显著（$P<0.05$）高于 J 组。

随着有氧暴露时间的推移，各组 ADF 含量呈现上升的趋势。F 组开封时 ADF 含量显著低于其余两组（$P<0.05$），1 ～ 3d 时 J 组与 Y 组之间差异不显著（$P>0.05$）。到有氧暴露第 9d 时各组间 ADF 差异显著，表现为 J 组 >Y 组 >F 组（$P<0.05$）。随着有氧暴露时间的延长，各组的 NDF 含量均逐渐增加。刚开封时各组间差异不显著（$P>0.05$），在有氧暴露第 1d 时 J 组的 NDF 含量显著高于其余两组（$P<0.05$），其余两组间差异不显著。有氧暴露 3 ～ 9d 时各组间差异显著，J 组的含量显著高于其余两组（$P<0.05$）。在有氧暴露第 9d 时各组 NDF 含量较开封时分别上升 9.87%（J 组）、7.47%（Y 组）和 7.91%（F 组）。

（2）不同青贮方式全株玉米饲料有氧暴露期间发酵品质的影响

不同青贮方式全株玉米青贮饲料有氧暴露过程中发酵品质如表 3-24 所列。处理方式、有氧暴露时间对全株玉米青贮饲料的 pH 值、LA、AA 和 AN/TN 含量变化有极显著的影响（$P<0.001$）。但有氧暴露时间与处理的交互作用仅对 AA 和 AN/TN 这 2 项指标产生影响，对

pH 值、LA、PA 和 BA 均未产生显著影响（*P*>0.05）。在整个有氧暴露过程中，J 组的 pH 值始终显著高于其余两组（*P*<0.05）。在有氧暴露第 1d 各组 pH 值有显著降低后，随后的有氧暴露过程中各组的 pH 值均逐步上升。直至有氧暴露第 9d 时，各组的 pH 值均未超过劣质青贮的规定值 4.80。

表 3-24　不同青贮方式全株玉米饲料有氧暴露过程中发酵品质（干物质基础，%）

项目	处理	有氧暴露时间						SEM	*P* 值		
		0 d	1 d	3 d	5 d	7 d	9 d		T	D	T×D
pH 值	J	4.21Ac	3.90Ad	4.31Ac	4.37Abc	4.52Aab	4.58Aa	0.033	***	***	NS
	Y	4.10Bc	3.79Bd	4.19Bb	4.21Bb	4.25Ba	4.27Ba				
	F	3.78Cc	3.49Cd	3.91Cb	3.94Cb	3.96Cab	4.01Ca				
乳酸	J	2.30Ba	2.09Cb	1.89Cc	1.75Bcd	1.62Bd	1.41Be	0.524	***	***	NS
	Y	2.22Bb	2.45Ba	2.13Bb	1.81Bc	1.75Bc	1.59Bd				
	F	3.10Aa	2.93Ab	2.90Ab	2.71Ac	2.60Acd	2.45Ad				
乙酸	J	1.25Ba	1.33Ba	1.00Bb	0.86Bc	0.79Bcd	0.74Bd	0.431	***	***	*
	Y	1.90Aa	1.92Aa	1.72Aa	1.40Ab	1.44Ab	1.30Ab				
	F	1.15Bb	1.32Ba	1.08Bb	0.98Bc	0.88Bd	0.66Be				
丙酸	J	0.48Aa	0.37Ac	0.39Abc	0.42Aabc	0.41Bbc	0.43Aab	ND	ND	ND	ND
	Y	0.33Bc	0.33Ac	0.38Ab	0.35Bbc	0.45Aa	0.44Aa				
	F	ND	ND	ND	ND	0.02Cb	0.03Ba				
丁酸	J	0.08c	0.15ab	0.17ab	0.18ab	0.19ab	0.21a	ND	ND	ND	ND
	Y	ND	ND	ND	ND	ND	ND				
	F	ND	ND	ND	ND	ND	ND				
氨态氮 / 总氮	J	2.47Ad	2.77Ac	2.79Bc	3.15Ab	3.11Ab	3.56Aa	0.166	***	***	***
	Y	2.33Be	2.60Bd	2.92Ac	2.90Bc	3.14Ab	3.34Ba				
	F	2.10Cd	2.27Cc	2.76Bb	2.78Cb	2.81Bb	3.08Ca				

注：ND 表示没有检测到。

随着有氧暴露过程的延长，各组玉米青贮饲料 LA 含量出现降低的趋势，有氧暴露第 9d 时较开封分别减少 0.89%（J 组）、0.63%（Y 组）、0.65%（F 组）。J 组 LA 含量在有氧暴露第 1 ～ 3d 显著低于其余两组（*P*<0.05）。在有氧暴露 5 ～ 9d 时，J 组和 Y 组的 LA 含量差异不显著（*P*>0.05），但显著低于 F 组（*P*<0.05）。

开封时 J 组的 PA 含量最高，在有氧暴露 0 ～ 5d 的 PA 含量较其余两组都处于较高的水平，F 组的 PA 含量处于较低水平，在有氧暴露前 5d 低于最低检出限，在有氧暴露第 9d 时也显著低于其余两组（*P*<0.05）。在整个有氧暴露过程中，除了 J 组有少量 BA 的产生，并随着有氧暴露时间的延长呈现缓慢上升的趋势，其余两组均未检测到 BA 的存在。

随着有氧暴露过程的延长，各组的 AN/TN 含量均缓慢上升。在有氧暴露第 1d，各组 AN/TN 较开封时显著增加（*P*<0.05），至有氧暴露第 9d 时各组的 AN/TN 含量均处于较高水平，且 J 组的 AN/TN 含量显著高于其余两组（*P*<0.05）。

（3）不同青贮方式全株玉米饲料有氧稳定性分析

如表 3-25 所列，3 种青贮方式的全株玉米青贮饲料有氧稳定性存在显著差异（$P<0.05$）。其中 J 组的有氧稳定时间最短，为 173.94h，Y 组的有氧稳定时间为 182.14h，F 组的有氧稳定时间最长为 201.89h。

表 3-25　不同青贮方式全株玉米饲料有氧稳定性分析

处理	J	Y	F
有氧稳定性 /h	173.94±2.69A	182.14±0.92B	201.89±1.90C

注：同行不同大写字母表示不同处理之间差异显著 ($P<0.05$)。

3.3.1.3　讨论

（1）不同青贮方式全株玉米饲料有氧暴露期间营养成分动态分析

青贮饲料开封后，饲料表面接触到氧气并通过青贮面渗透至饲料内部，有氧腐败过程被开启，大量的好氧微生物开始繁殖，消耗营养物质。本研究中随着有氧暴露时间的延长，各组的 DM 含量呈现先增加后降低的趋势。DM 含量的短暂增加可能是由饲料开封后水分的散失造成的。随着有氧暴露时间的延长，DM 含量的降低则是由于饲料暴露在有氧环境中后微生物利用 LA 和 WSC，随后蛋白质被分解，导致 DM 损失。F 组 DM 的减少量最低并在有氧暴露第 9d 维持在一个较高含量水平，可见方捆袋装青贮的方式 DM 含量损失相对较低。

CP 是青贮饲料的主要营养成分之一，蛋白质的降解会影响牧草的营养价值。损失的氮只能通过在饮食中补充蛋白质饲料来满足牲畜的营养需求，从而增加了养殖成本。随着有氧暴露时间的延长，各组 CP 含量均呈现降低的趋势。主要是在这期间空气不断地侵入青贮饲料，导致植物酶对蛋白质降解。各组 WSC 含量随着有氧暴露时间的延长也出现不同程度的下降，原因在于开封后的环境促进了好氧微生物的迅速增殖，分解了大量的 WSC 含量。其中 J 组 WSC 含量下降可能是由窖式青贮原料压实程度不高，氧气渗入较多，好氧微生物更加广泛地繁殖导致。

ADF 和 NDF 的含量影响反刍动物的咀嚼时间，并间接影响家畜的饲料消化时间，饲料内部温度的升高促进酶的水解，可使 CP 和 WSC 被分解损失，从而造成不消化成分浓度的相对增加。

（2）不同青贮方式全株玉米饲料有氧稳定期间发酵品质动态分析

饲料 pH 值是检验青贮饲料是否变质的直观参数。pH 较高会打破青贮发酵稳定的环境，腐败菌迅速生长繁殖，使有氧稳定时间降低，同时酵母菌利用 LA 产生乙醇，会发生有氧变质现象。在本试验中，刚开封时 Y 组和 F 组的 pH 值分别为 4.10 和 3.78，表明不管是否有霉菌毒素感染，青贮饲料的发酵质量都是令人满意的。随着有氧暴露时间的延长，J 组 pH 值上升速度较快，说明好氧的霉菌和酵母菌开始快速繁殖。由于窖式青贮填装存在一定的疏松现象，在一定程度上增强了氧气的穿透能力，加速推动了好氧微生物的大量繁殖。

AA、PA 在提高青贮饲料有氧稳定性方面均具有良好的效果，可有效抑制有氧暴露在空气中的青贮饲料中好氧菌、酵母菌及其他致病性微生物的增殖，提高青贮饲料在储存和饲喂过程中的稳定性，从而减少营养物质的损失，保障青贮饲料品质处于良好水平。在本研究中各组的 LA 和 AA 随着有氧暴露时间的延长被大量消耗，其原因在于有氧暴露后大量好氧微生物不断生长繁殖。Liu 等人观察到，大麦青贮饲料中的 LA 含量随着有氧暴露时间的延长而降低与本研究结果一致。LA 含量的降低可能是由梭菌等有害细菌引发的。BA 是一种不受欢迎的梭菌发酵产物，会导致 DM 的损失和饲料摄入量的减少。

在整个有氧暴露过程中，除了 J 组有少量 BA 的产生，并随着有氧暴露时间的延长呈现缓慢上升的趋势，其余两组均未检测到 BA 的存在，表明 J 组的全株玉米青贮饲料发酵效果较其他两组有一定差距。

青贮饲料中的 AN 含量也是评价青贮饲料发酵质量的重要标准，其由梭菌属细菌产生，是蛋白质降解的副产品。AN 浓度变化可能会受到梭菌发酵水平或植物蛋白酶相关的活性的影响，可以反映青贮饲料的质量。AN/TN 越大，说明较多的蛋白质和氨基酸被分解，引起梭菌发酵，意味着青贮饲料品质不佳。在本研究中各组 AN/TN 含量随有氧暴露时间延长而增加。青贮饲料开封后 pH 值（pH>4.2）上升的同时伴随着腐败微生物快速繁殖，导致氨基酸被分解，AN 含量相应增加。其中 J 组的 AN/TN 在有氧暴露第 9d 时最高，F 组的含量则在较低的水平。各组在有氧暴露第 9d 时 LA、AA 含量较开封时降低，pH 值及 AN/TN 含量较开封时增加，其中 F 组的 PA 及 AN/TN 含量在较低水平，说明 F 组在有氧暴露过程中，较低的 pH 值环境抑制了微生物对蛋白质的降解。

（3）不同青贮方式全株玉米饲料有氧稳定性分析

青贮饲料好氧稳定性是指青贮饲料暴露在空气当中，即青贮饲料温度超过环境温度 2℃时的状况，反映了青贮容器开封后的稳定程度。青贮饲料的有氧变质导致饲料营养物质的流失、毒素的积累以及产生霉变。本试验中不同青贮方式下的饲料的有氧稳定性存在显著差异。F 组的有氧稳定性最高，J 组的有氧稳定性最差。有研究表明，紧实度较高的青贮饲料暴露在空气中的有氧稳定性较低紧实度的青贮饲料高。圆捆裹包和方捆裹包的方式压实的密度更大，在内部空气残留较少会抑制腐败菌的增殖，饲料的品质就相对较好。开封暴露在空气当中能保持较长时间的有氧稳定性。F 组借助其较为稳定的 pH 值环境，更好地抑制了好氧微生物的生长。

3.3.1.4 小结

① 处理方式、有氧暴露时间及其交互作用对全株玉米青贮饲料 DM、CP、ADF、NDF 含量有极显著的影响。随着有氧暴露时间的延长，各组的 DM 含量呈现先增加后降低的趋势，同一有氧暴露时间内 3 组的 DM 含量差异显著，且 F 组的 DM 含量最高，J 组的最低。WSC、CP 含量随着有氧暴露时间的延长呈下降趋势，F 组的 WSC 含量在有氧暴露过程中始终高于其余两组。各组有氧暴露 9d 的 CP 含量均较开封当天分别减少 3.12%（J 组）、1.62%（Y 组）和 1.16%（F 组）。ADF 和 NDF 含量呈上升趋势，有氧暴露第 9d 时 F 组的 ADF、NDF 含量显著低于其余两组。

② 随着有氧暴露时间的延长（从第 1d 开始），各组 pH 值逐渐升高，但未超过劣质青贮的规定值 4.80。各组 LA、AA 含量呈现降低的趋势，Y 组的 AA 含量在整个有氧暴露期间显著高于其余两组。而各组 AN/TN 含量随着有氧暴露时间的延长缓慢上升。除了 J 组有少量 BA 的产生，并随着有氧暴露时间的延长呈现缓慢上升的趋势，其余两组均未检测到 BA 的存在。

③ 3 种青贮方式的有氧稳定性表现为：F 组 >Y 组 >J 组。

3.3.2 不同青贮方式对有氧暴露阶段全株玉米饲料微生物多样性影响

青贮是一个涉及多种微生物的复杂过程，青贮饲料的质量取决于微生物群落丰度及其演替变化。更好地了解有氧暴露时的微生物群落，可为改善全株玉米青贮的保存方法提供更多的见解。因此，本试验研究和分析不同青贮方式下全株玉米青贮饲料暴露空气后微生物丰度及其变化规律，为全面了解青贮玉米有氧暴露阶段微生物组成及变化、寻找适宜青贮方式来提高青贮饲料营养价值和发酵品质。青贮饲料品质与微生物的变化密切相关，探讨营养品质、发酵质量与细菌之间的效应关系，可为玉米青贮饲料的保存提供更多的理论支持。

3.3.2.1 材料与方法

（1）试验材料

见本节不同青贮方式对有氧暴露阶段全株玉米饲料品质的影响。

（2）试验设计

本试验研究 3 种青贮方式全株玉米青贮饲料在开封后有氧稳定期间细菌和真菌多样性的动态变化规律。分别取在有氧暴露 0d，1d，3d，5d，7d，9d 时的青贮样品，装入 50mL 离心管中液氮速冻置于 −80℃超低温冰箱保存，用于微生物检测，各时间点在不同处理组分别取 3 个重复。采用皮尔逊分析方法，将有氧暴露阶段的发酵品质、营养品质与细菌群落进行相关性分析。

（3）测定项目与方法

① 微生物多样性的测定

a. DNA 提取及 PCR 扩增：微生物 DNA 的提取使用 HiPure Soil DNA 提取试剂盒（或 HiPure Stool DNA 提取试剂盒）（美基，广州，中国）按照操作指南进行。16S rRNA 基因的 V5 ～ V7 区 PCR 扩增条件：94℃ 2 min，然后 98℃ 10s，62℃ 30s，68℃ 30s 进行 30 个循环，最后 68℃ 5min。引物序列为 799F: AACMGGATTAGATACCCKG; 1193R: ACGTCATCCCCACCTTCC。ITS 引物序列为 ITS1-F: CTTGGTCATTTAGAGGAAGTAA; ITS2: GCTGCGTTCTTCATCGATGC。PCR 反应进行一式三份。扩增体系：50μL 混合物，包含 5μL 10×KOD 缓冲液，5μL 2mmol/L dNTPs，3μL 25mmol/L $MgSO_4$，1.5μL 上下游引物 (10μmol/L), 1μL KOD 聚合酶，100ng 模板 DNA。PCR 相关试剂（TOYOBO，日本）。从 2% 琼脂糖凝胶中搜集扩增子，使用 AxyPrep DNA 凝胶提取试剂盒（Axygen Biosciences,Union City, CA, USA）按照制造商的说明进行纯化，并使用 ABI StepOnePlus 实时 PCR 系统（Life Technologies, Foster City, USA）进行定量。纯化后的扩增子根据标准操作在 Illumina 平台上进行双端测序（PE250）。

b. 生物信息学及数据分析：对 Illumina 平台的原始数据进行过滤，过滤后获得的 clean reads（序列后得到的待分析数据）用于组装分析。将 clean reads 按最小重叠为 10bp，错配率最高 2% 的阈值合并为 tag（16S rDNA 的测序片段）。对低质量 tag 进行过滤、过滤嵌合体后得到的 clean tag（对原始序列经过严格的过滤处理得到高质量的序列数据）进行后续分析。将 clean tag 按≥ 97% 相似度聚类为 OTUs，选取丰度最高的 tag 序列作为每个 OTU 的代表序列。组间共有特有 OTU 分别使用 R 语言 VennDiagram 包和 UpSetR 包进行 Venn 分析、upset 图分析。使用 R 语言 Vegan 包基于 OTU 丰度表进行主成分分析（PCA，principal components analysis）。物种丰度堆叠图使用 R 语言 ggplot 2 包展示。使用 R 语言 pheatmap 包绘制物种丰度热图。物种的 Pearson 相关分析使用 psych 包计算。使用 Omicsmart 动态实时交互在线数据分析平台生成物种相关性网络图。Chao1、辛普森指数等 α 多样性指数在 QIIME 中计算。

② 营养成分、发酵品质的测定　同本节不同青贮方式对有氧暴露阶段全株玉米饲料品质的影响。

3.3.2.2 结果与分析

（1）不同青贮方式全株玉米饲料细菌群落动态变化分析

表 3-26 中为不同青贮方式全株玉米青贮饲料有氧暴露过程中的细菌 α 多样性指数。α 多样性分析包含群落物种多样性和丰富度的分析。α 多样性分析表明，菌群数量及组成呈现一定的变化。所有的处理覆盖度指数均大于 0.99，表明测序深度已经鉴定出大多数细菌。总体来说，Chao1 指数、ACE 指数等指标均处在很高的水平，表明样本菌群包含的物种较为丰富，菌群的丰富度和均匀度也相对较高。

表 3-26 不同青贮方式全株玉米饲料有氧暴露过程中的细菌 α 多样性

处理	有氧暴露时间 /d	多样性					
		物种数	香农指数	辛普森指数	Chao1	ACE	覆盖度
J	0	475.000	4.256	0.844	562.800	552.277	0.999
	1	508.333	4.064	0.853	588.247	599.558	0.999
	3	506.000	4.165	0.849	578.719	593.341	0.999
	5	501.000	3.599	0.716	601.268	592.997	0.999
	7	494.667	3.568	0.747	569.007	591.490	0.999
	9	506.333	3.952	0.819	597.613	610.848	0.999
Y	0	359.667	2.977	0.681	454.906	465.453	0.999
	1	300.667	2.569	0.572	354.827	361.329	0.999
	3	313.000	2.595	0.628	414.436	390.684	0.999
	5	276.667	2.322	0.586	333.991	342.677	0.999
	7	320.000	3.207	0.739	445.836	421.885	0.999
	9	319.667	2.364	0.586	421.068	429.573	0.999
F	0	387.667	3.795	0.837	466.045	475.065	0.999
	1	390.667	3.971	0.838	456.318	458.605	0.999
	3	397.333	3.887	0.840	473.677	480.367	0.999
	5	381.000	3.961	0.838	468.779	474.839	0.999
	7	359.333	4.093	0.840	426.520	423.435	0.999
	9	343.333	3.998	0.862	398.467	393.040	0.999

从 Chao1 指数、ACE 指数来看，J 组的细菌群落丰富度在有氧暴露第 5d 的 Chao1 指数最高。Y 组在开封时细菌群落的丰富度最高。F 组呈现的趋势与 Y 组相似，在有氧暴露第 3d 的细菌群落丰富度最高。在整个有氧暴露期间，J 组细菌群落物种丰富度较高，均高于其余两组。从香农指数和辛普森指数来看，J 组的细菌多样性在开封时最高，Y 组则是在开封第 7d 时最高，F 组香农指数 7d 最高，辛普森指数 9d 最高。在整个有氧暴露时间，Y 组细菌多样性较低，均低于其余两组，在有氧暴露 0 ～ 5d 时，J 组较细菌多样性高，7 ～ 9d 时，F 组较高。

不同青贮方式全株玉米有氧暴露后细菌群落在门水平的变化如图 3-15 所示。总的来说，有氧暴露期间变形菌门和厚壁菌门是所有样品中的优势菌门，覆盖了观察到的总序列的 80% 以上。随着有氧暴露时间的延长，J 组的青贮饲料厚壁菌门的相对丰度呈现下降趋势，在有氧暴露第7d有少量幅度的上升，随即又下降，有氧暴露第5d最低为25.20%。Y组的厚壁菌门细菌相对丰度随着有氧暴露时间的延长先降低后增加再降低，在有氧暴露第1d达到最低29.63%。F组的厚壁菌门相对丰度随着有氧暴露时间的推移都处于较高丰度，在有氧暴露第3d达到最低61.04%。变形菌门与厚壁菌门的变化趋势相反。

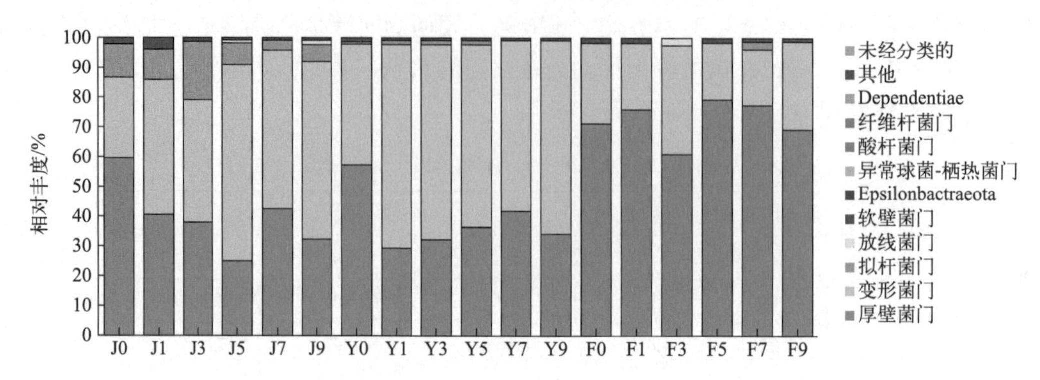

图3-15 不同青贮方式全株玉米饲料有氧暴露期间门水平细菌群落

有氧暴露初期，3种青贮方式的优势菌门均为厚壁菌门。在有氧暴露第1d，J和Y方式的青贮饲料厚壁菌门细菌相对丰度均有一定下降，其中J组从59.78%降到40.86%，相应变形菌门细菌的相对丰度从26.83%升至45.09%；Y组厚壁菌门相对丰度从开封时的57.26%降为29.63%，变形菌门的相对丰度则由40.87%升至68.21%。F组青贮饲料的变形菌门相对丰度开封到有氧暴露第1d从71.22%升至75.95%。有氧暴露1～5d，J组厚壁菌门相对丰度从40.86%降到25.02%，变形菌门相对丰度从45.09%升至66.07%；Y组的厚壁菌门相对丰度从29.63%升至36.37%，变形菌门相对丰度从68.21%降至61.72%；F组的厚壁菌门相对丰度从75.95%降至61.04%又升至79.27%，变形菌门相对丰度变化趋势相反。在有氧暴露第7d，3个组的优势菌门均为厚壁菌门，其中F组厚壁菌门的相对丰度最高为77.49%，J组和Y组的厚壁菌门的相对丰度分别为42.59%和42.12%。当有氧暴露第9d时与开封时相比3种青贮方式的厚壁菌门的相对丰度都降低，分别为32.57%、34.22%和69.59%。

除了厚壁菌门和变形菌门，3个组在有氧暴露期间相对丰度大于0.1%的门水平细菌菌群还有拟杆菌门、放线菌门和软壁菌门（Tenericutes）。在开封时，3个组拟杆菌门丰度均相对较高，其中J组最高为11.17%、Y组相对丰度为0.96%、F组相对丰度为0.60%。在有氧暴露第1d，3个组的拟杆菌门、放线菌门和软壁菌门的相对丰度都大于0.1%。在有氧暴露第9d，J组拟杆菌门、放线菌门和软壁菌门相对丰度高于其余两组。

如图3-16所示，3个组在有氧暴露期间的主要菌属均为乳杆菌属、醋酸杆菌属和魏斯氏菌属，且在整个有氧暴露过程中的优势菌属是乳杆菌属。随着发酵时间的延长，J组乳杆菌属的相对丰度呈现降低的趋势，在有氧暴露第7d有少量上升随即又下降，与开封时相比，乳杆菌属相对丰度从48.20%降至26.67%。Y组乳杆菌属相对丰度随着有氧暴露时间的延长呈现降低又上升的趋势，在有氧暴露第5d后又缓慢下降，与开封时相比，相对丰度从46.80%降至30.23%。F组乳杆菌属相对丰度较其他两组处于较高丰度，变化趋势与Y组相似，与开封时相比，乳杆菌属相对丰度从64.72%降至59.80%。开封时，F组青贮饲料中乳杆菌属的相对丰度相对较高为64.72%，J和Y组的乳杆菌属相对丰度较低，分为48.20%和46.80%，而Y组的醋酸杆菌属相对丰度较高为32.19%，其余两组相对丰度均较低。在有氧暴露第1d，3个组的优势菌属依旧是乳杆菌属和醋酸杆菌属，J组和Y组乳杆菌属含量较于开封时降低，分别降至33.78%和23.11%，而醋酸杆菌属的相对丰度分别升至26.63%和60.37%。在有氧暴露第3d，F组乳杆菌属的相对丰度较高（53.93%），而Y组乳杆菌属相对丰度较低（25.61%），此时醋酸杆菌属相对丰度Y组较高（57.37%）。相比有氧暴露第1d的情况，J组和F组的乳杆菌属的相对丰度降低，F组降低的幅度较大，从67.34%到53.93%，而Y组乳杆菌属相对丰度小幅度升至25.61%。在有氧暴露第5d，J组乳杆菌属的相对丰度较第3d时降低，而Y组和F组则升高，其中F组乳杆菌属的相对丰度达到70.36%；此时J组、Y组和F组的醋酸杆菌属的相对丰度分别为51.38%、49.49%和7.20%。在有氧暴露第7d，J组乳杆菌属相对丰度较第5d时的19.44%升至31.46%；Y组和F组的乳杆菌属相对丰度较第5d时有小幅度降低，其中F组乳杆菌属的相对丰度达到68.16%。此时3个组的醋酸杆菌属相对丰度都较第5d时降低。在有氧暴露第9d，3个组的乳杆菌相对丰度均较第7d时下降，F组下降的幅度较大，Y组下降的幅度较小。3个组分别由第7d的31.46%、33.83%、68.16%降低为26.67%、30.23%、59.80%，此时的醋酸杆菌属相对丰度分别为35.45%、60.41%、12.47%。总的来说，乳杆菌属相对丰度3个组从开封到有氧暴露9d后均降低，F组较其他两组一直处于较高的水平。

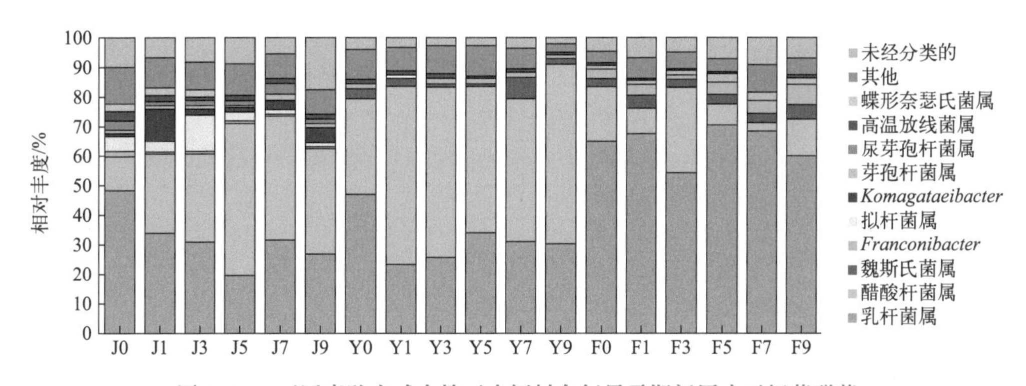

图3-16 不同青贮方式全株玉米饲料有氧暴露期间属水平细菌群落

除了乳杆菌属和醋酸杆菌属外，魏斯氏菌属、拟杆菌属、*Franconibacter*、*Komagataeibacter*等在有氧暴露的各个阶段均存在。此时J组和Y组魏斯氏菌属相对丰度在有氧暴露第9d均较开封时降低，而F组魏斯氏菌属的相对丰度则有小幅度上升。3个组拟杆菌属相对丰度均呈现降低趋势，在有氧暴露第9d时J组、Y组、F组的拟杆菌属相对丰度分别达到1.74%、0.06%、0.03%。

（2）不同青贮方式全株玉米饲料真菌群落动态变化分析

表3-27中为不同青贮方式全株玉米青贮饲料有氧暴露过程中的真菌α多样性指数。所有的处理覆盖度指数均大于0.99，测序深度基本全面覆盖微生物的核心组成。随着有氧暴露时间的延长，从Chao1指数、ACE指数来看，J组在开封时真菌群落丰富度最低、有氧暴露第7d的真菌群落丰富度最高。Y组呈现先增加后减少的趋势，在有氧暴露第1d时真菌群落的丰富度最高、有氧暴露第9d时真菌的群落丰富度最低。F组在有氧暴露第3d的真菌群落丰富度最高、有氧暴露第9d时真菌群落的丰富度最低。在整个有氧暴露期间，J组真菌群落物种丰富度较高，均高于其余两组。

从香农指数和辛普森指数来看，J组和F组的真菌多样性在有氧暴露第5d较其余时间点丰富，Y 组的真菌多样性在有氧暴露第 3d 较丰富。在整个有氧暴露时间，J 组真菌多样性较高，均高于其余两组。

表 3-27　不同青贮方式全株玉米饲料有氧暴露过程中的真菌 α 多样性

处理	有氧暴露时间 /d	多样性					
		物种数	香农指数	辛普森指数	Chao1	ACE	覆盖度
J	0	141.000	3.063	0.725	168.631	174.393	1.000
	1	188.667	3.736	0.863	229.422	234.680	0.999
	3	183.333	2.720	0.687	210.148	215.899	0.999
	5	222.000	4.411	0.880	242.905	245.516	0.999
	7	216.667	4.256	0.881	258.281	264.684	0.996
	9	166.333	3.751	0.842	212.890	206.431	0.998
Y	0	132.000	2.400	0.674	165.007	172.128	0.999
	1	202.333	2.435	0.681	250.519	248.292	1.000
	3	176.667	2.746	0.742	213.019	213.479	0.999
	5	147.333	2.378	0.700	188.982	196.886	0.999
	7	149.333	1.860	0.564	188.430	190.243	0.999
	9	121.667	1.255	0.383	158.001	166.615	0.999
F	0	120.667	2.088	0.535	161.639	164.040	0.999
	1	116.000	1.647	0.407	142.501	147.053	0.999
	3	134.667	2.188	0.587	192.846	190.805	0.999
	5	135.667	2.337	0.606	172.807	180.302	0.999
	7	119.333	1.900	0.505	167.402	172.566	0.999
	9	95.667	2.189	0.595	111.405	118.202	0.999

图 3-17 为选取相对丰度排名前 10 的门水平真菌群落物种组成丰度图。3 种青贮方式的全株玉米青贮饲料在有氧稳定期间的主要门水平真菌群落均为子囊菌门（Ascomycota）和担子菌门（Basidiomycota）。在整个有氧稳定期间子囊菌门的相对丰度都处于较高水平，覆盖了观察到的总序列的85% 以上。Y 组呈现下降又上升的趋势，Y 组和 F 组都在 9d 时达到最高，J 组在第 3d 时达到最高。

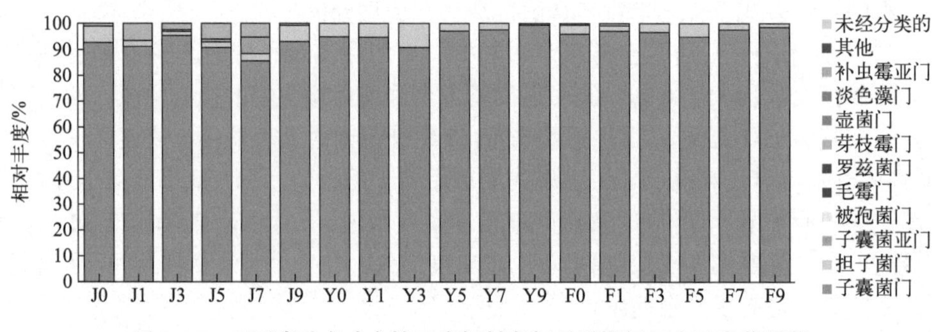

图 3-17　不同青贮方式全株玉米饲料有氧暴露期间门水平真菌群落

在刚开封时，3 种青贮方式的优势菌门均为子囊菌门，相对丰度分别为 92.34%（J 组）、94.83%（Y 组）和 95.98%（F 组），均处于较高丰度水平。在有氧暴露第 9d 后，3 个组的子囊菌门的相对丰度均较高，其中 Y 组和 F 组子囊菌门的相对丰度分别为 99.34% 和 98.40%，J 组的子囊菌门相对丰度为 93.05%，相应的担子菌门的相对丰度分别为 0.57%、1.22% 和 5.88%。

如图 3-18 所示。在相对丰度排名前十的属水平真菌群落中，3 个组的全株玉米青贮饲料在有氧暴露期间的主要菌属为哈萨克斯坦酵母属（*Kazachstania*）、毕赤酵母属、假丝酵母属、镰刀菌属（*Fusarium*）、伊萨酵母属（*Issatchenkia*）和足放线病菌属（*Scedosporium*）。3 个组的优势菌属均以哈萨克斯坦酵母属为主，随着有氧暴露时间的延长，J 组哈萨克斯坦酵母属呈现先降后升再降再升的趋势，Y 组呈现先升后降，F 组呈现先升后降再升再降的趋势。

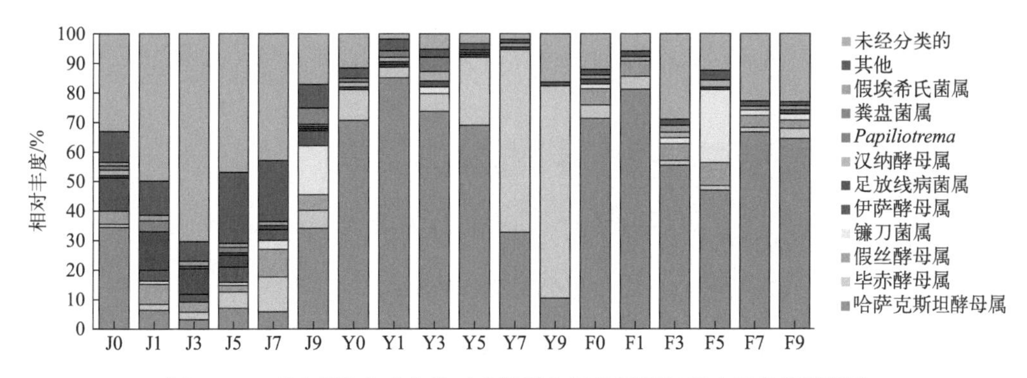

图 3-18　不同青贮方式全株玉米饲料有氧暴露期间属水平真菌群落图

在刚开封时，Y 组和 F 组的哈萨克斯坦酵母属的相对丰度较高，分别达到 70.52% 和 71.40%，J 组的哈萨克斯坦酵母属的相对丰度较低，达到 34.66%。在有氧暴露第 1d，Y 组和 F 组的优势菌属依旧是哈萨克斯坦酵母属，与开封时相比相对丰度分别升高至 84.95% 和 81.14%，J 组的优势菌属变为足放线病菌属，相对丰度为 12.99%，哈萨克斯坦酵母属的相对丰度降至 6.27%。在有氧暴露第 3d，J 组的优势菌属依旧是足放线病菌属，相对丰度为 8.89%，哈萨克斯坦酵母属相对丰度降至 3.20%。Y 组和 F 组中哈萨克斯坦酵母属依旧是优势菌属，占据较高的丰度，相比有氧暴露第 1d 均降低，分别为 73.69% 和 55.58%。在有氧暴露第 5d，J 组哈萨克斯坦酵母属相对丰度升高至 6.97%，同时毕赤酵母属的相对丰度 5.74%，伊萨酵母属的相对丰度 5.20%；Y 组和 F 组哈萨克斯坦酵母属相对丰度与第 3d 相比均降低，相对丰度为 68.88% 和 46.74%。同时 Y 组毕赤酵母属相对丰度升至 22.95%，F 组镰刀菌属的相对丰度升至 24.86%。在有氧暴露第 7d，J 组的优势菌属变为毕赤酵母属和假丝酵母属，相对丰度分别为 11.69% 和 9.20%，同时哈萨克斯坦酵母属相对丰度降至 5.83%。Y 组的优势菌属变为毕赤酵母属，相对丰度为 61.96%，同时哈萨克斯坦酵母属相对丰度降至 32.58%；F 组哈萨克斯坦酵母属相对丰度升至 66.72%，毕赤酵母属相对丰度为 1.55%，镰刀菌属相对丰度为 4.11%。在有氧暴露第 9d，J 组的哈萨克斯坦酵母属又变为优势菌属，相对丰度为 33.89%，其次是镰刀菌属，相对丰度为 16.72%。Y 组的优势菌属依旧为毕赤酵母属，相对丰度为 71.66%，哈萨克斯坦酵母属相对丰度降至 10.60%；F 组哈萨克斯坦酵母属相对丰度降至 64.35%，毕赤酵母属相对丰度为 3.35%，镰刀菌属相对丰度为 2.75%。

图 3-19 为在属水平上细菌和真菌斯皮尔曼相关性热图，用于阐明在不同青贮方式下有氧暴露期间的细菌和真菌之间的关系。皮尔逊相关系数取值范围为 -1 ～ 1，可用来衡量两个变量的关系，正相关时 r 值大于零，为负相关时 r 值小于零。哈萨克斯坦酵母属与乳杆菌属（$r=0.60$，$P<0.001$）、魏斯氏菌属（$r=0.70$，$P<0.001$）、*Franconibacter*（$r=0.63$，$P<0.001$）、假单胞菌属（$r=0.60$，$P<0.001$）、窄食单胞菌属（$r=0.52$，$P<0.001$）、梭菌属（$r=0.65$，$P<0.001$）呈正相关。毕赤酵母属与醋酸杆菌属（$r=0.64$，$P<0.001$）、乳杆菌属（$r=0.22$）、魏斯氏菌属（$r=0.41$，$P<0.001$）、*Franconibacter* 氏菌属（$r=0.24$，$P<0.05$）、短波单胞菌属（$r=0.40$，$P<0.001$）、假单胞菌属（$r=0.30$，$P<0.001$）均呈正相关。假丝酵母属与醋酸杆菌属（$r=-0.66$，$P<0.001$）、假单胞菌属（$r=-0.24$）呈负相关，与乳杆菌属（$r=0.21$，$P<0.05$）呈正相关。

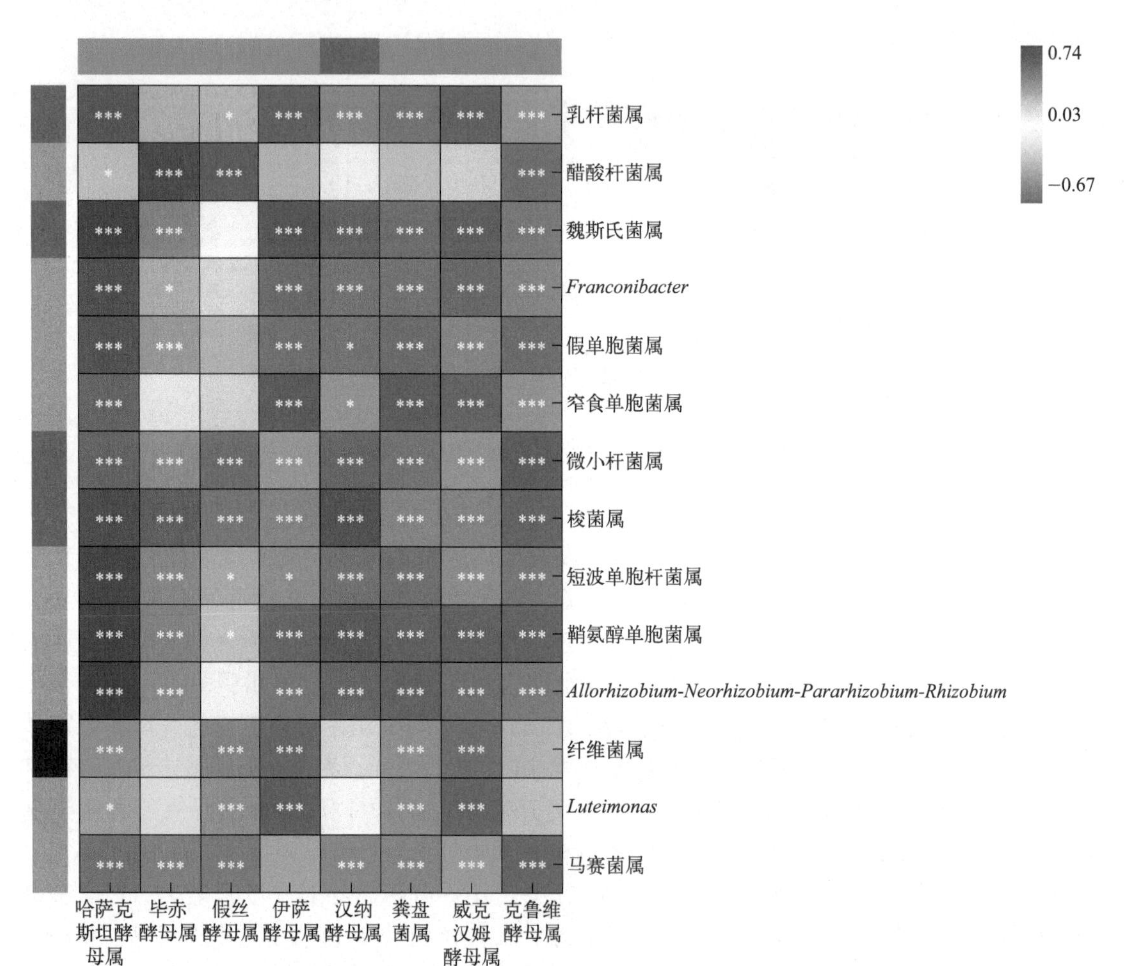

图 3-19 细菌群落与真菌群落的相关性热图

（正相关用红色表示，负相关用蓝色表示。“*、**、***”分别表示 $P<0.05$、$P<0.01$ 和 $P<0.001$，下同）

图 3-20 为细菌群落与营养品质的相关性热图。乳杆菌属与 DM（$r=0.55$）、WSC（$r=0.72$）含量呈极显著正相关（$P<0.001$），与 ADF（$r=-0.54$）含量呈极显著负相关（$P<0.001$）。醋酸杆菌属与 WSC（$r=-0.48$）含量呈极显著负相关（$P<0.001$），与 ADF（$r=0.44$）含量呈极显著正相关（$P<0.001$）。魏斯氏菌属与 DM 含量（$r=0.44$，$P<0.001$）、WSC 含量（$r=0.39$，

P<0.01）呈正相关。*Franconibacter* 与 DM 含量（r = 0.37，P<0.01）、WSC 含量（r = 0.31，P<0.05）呈正相关，与 ADF 含量呈负相关（P<0.05）。DM 与拟杆菌属（r = −0.29）、驹形杆菌属（r = −0.34）、尿素芽孢杆菌属（r = −0.49）、高温放线菌属（r = −0.45）、蝶形奈瑟氏菌属（r = −0.29）含量均呈负相关。

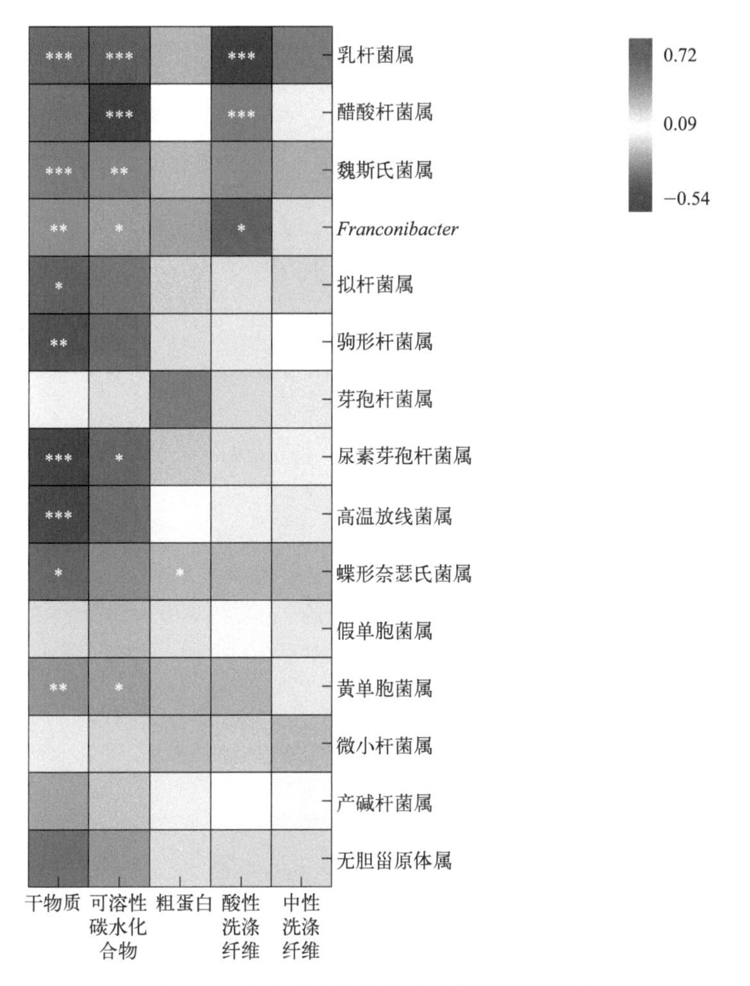

图 3-20 细菌群落与营养品质的相关性热图

细菌群落与发酵品质的关联热图如图 3-21 所示。具体而言，pH 值与乳杆菌属（P<0.001）、*Franconibacter*（P<0.05）、魏斯氏菌属（P<0.01）呈负相关，与醋酸杆菌属（P<0.01）、尿素芽孢杆菌属（P<0.01）、高温放线菌属（P<0.05）呈正相关。LA 含量与乳杆菌属（P<0.001）、魏斯氏菌属（P<0.05）、*Franconibacter*（P<0.01）的相对丰度呈正相关，而与醋酸杆菌属呈负相关（P<0.001）。AA 含量与乳杆菌属相对丰度增加有关（P<0.001），而与醋酸杆菌属相对丰度呈负相关（P<0.001）。PA 含量与醋酸杆菌属呈正相关（P<0.001），而与乳酸杆菌属（P<0.001）、魏斯氏菌属（P<0.01）和 *Franconibacter*（P<0.001）相对丰度降低有关。BA 含量与乳酸杆菌属（P<0.001）、魏斯氏菌属（P<0.001）和 *Franconibacter*（P<0.01）相对丰度呈负相关，与拟杆菌属相对丰度呈正相关（P<0.001）。最后，观察到 AN 含量与乳杆菌属相对丰度呈负相关（P<0.001），而与醋酸杆菌属的相对丰度升高有关（P<0.01）。

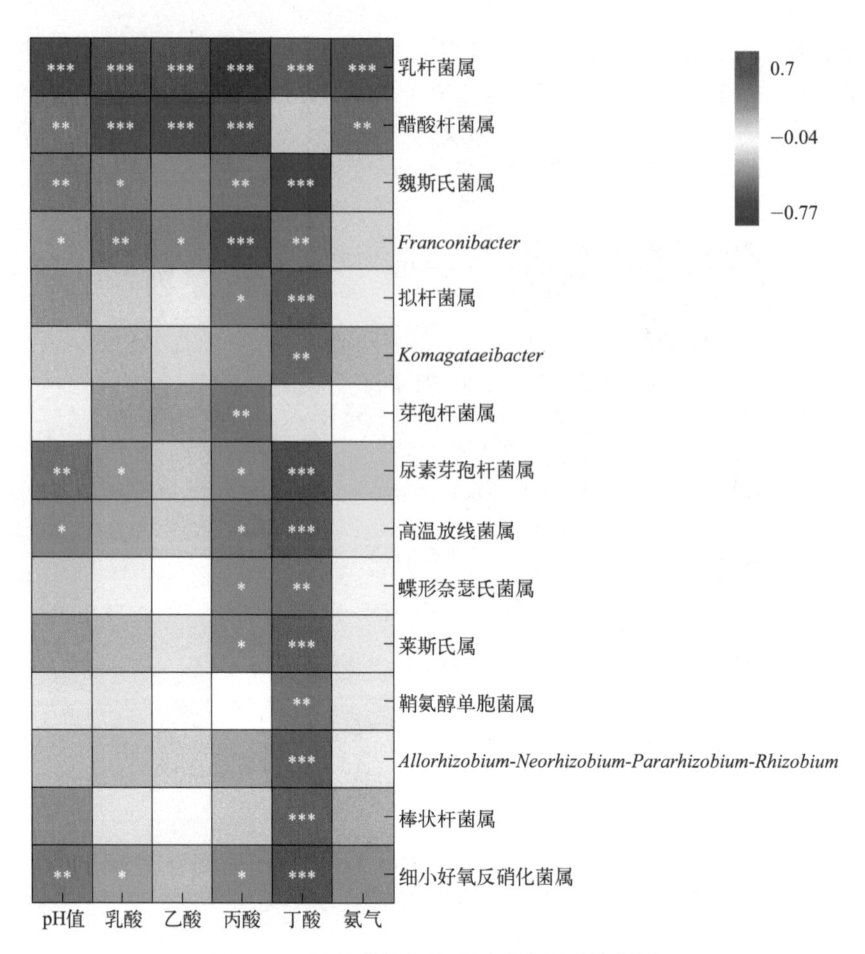

图 3-21　细菌群落与发酵品质的相关性热图

3.3.2.3　讨论

（1）不同青贮方式全株玉米饲料细菌群落动态变化分析

有氧暴露期间变形菌门和厚壁菌门是所有样品中的优势菌门。厚壁菌门的丰度随着变形菌门的变化而呈现相反的变化趋势。Romero 等报告说，变形菌门是新鲜玉米中的主要菌门（84.0%），而厚壁菌门成为青贮后的整株玉米中最丰富的菌门（86.0%）。McGarvey 等曾报道过苜蓿青贮饲料在有氧暴露过程中细菌种群结构发生一定的变化，厚壁菌门和放线菌门的丰度增加，而变形菌门的数量减少。本研究中 3 种青贮方式在开封时的门水平优势菌群为厚壁菌门，随着有氧暴露时间的延长，J 组和 Y 组的优势菌门变为变形菌门为主，说明厌氧环境破坏之后，有害细菌的数量会上升。

有氧暴露对细菌群落的结构有明显的影响。在本研究中显著的变化是乳杆菌属的减少，乳杆菌属是厚壁菌门主要的菌属之一。Liu 等发现，大麦青贮饲料暴露于空气中 5d 至 7d 时，乳杆菌属和醋酸杆菌属为优势菌。也有研究表明暴露氧气 7d 后的全株玉米青贮饲料中，醋酸杆菌属和乳杆菌属的含量占比相对较高，同时作者注意到醋酸杆菌属是玉米青贮饲料中特有的存在。本研究结果表明有氧暴露会导致青贮饲料中乳杆菌属相对丰度的降低。这是由于开袋后氧气含量增加，抑制了 LAB 的繁殖生长，而一些好氧菌或兼性好氧菌得到了发展。如醋酸杆菌属，随着乳杆菌属的相对丰度降低而升高。醋酸杆菌属取代乳杆菌属成为优势菌群。醋酸杆菌属借助乳酸菌利用可溶性碳水化合物产生的乳酸进行生长繁殖，最终会使得青贮饲料的 pH 值升高，从而使饲料的品质降低。随着乳杆菌属在 J 组和 Y 组青贮饲料中不再占优势，pH 值的增加抑制了乳酸菌的增殖，促进了青贮饲料的变质。醋酸杆菌属在植物中普遍存在，主要通过氧化乳酸和醋酸盐而导致有氧腐败，这种菌群也是导致青贮有氧腐败的起始菌群之一，通常在青贮玉米及禾本科牧草中发现。Guan 等在高温环境下对玉米青贮饲料微生物群落和发酵质量进行研究，发现在密封良好的青贮饲料中也可以发现醋酸杆菌，其存在与饲料高温有关。本研究中，开封后的 J 组和 Y 组的醋酸杆菌属随着有氧暴露时间的延长逐渐成为优势菌属，分别从开封时的 11.04%（J 组）、32.19%（Y 组）上升至有氧暴露第 9d 的 35.45% 和 60.41%。随着有氧暴露时间的延长，饲料温度上升。推断醋酸杆菌属是玉米青贮饲料腐败的其中一个影响因素。

除了乳杆菌属和醋酸杆菌属外，魏斯氏菌属、拟杆菌属在有氧暴露的各个阶段均少量存在。魏斯氏菌属是一种选择性厌氧菌，在青贮发酵的早期阶段将可溶性碳水化合物转化为 LA 和 AA，在发酵的早期阶段发挥主要作用。此外，丁酸产生菌（芽孢杆菌属）在青贮饲料有氧暴露过程中存在。它会促进耐酸性较差的腐败微生物的生长，已经成为牛奶和奶制品的污染源。但在本研究中各组在有氧暴露期间芽孢杆菌属均占有少量丰度。

（2）不同青贮方式全株玉米饲料真菌群落动态变化分析

虽然青贮饲料的发酵在很大程度上是细菌驱动的过程，但一旦暴露在空气中，真菌可能会主导微生物群落。在有氧暴露期间，青贮饲料中的真菌变得活跃，并在有氧条件下产生热量，导致有氧腐败和有氧稳定性降低。尽管人们已经广泛研究了产霉菌毒素真菌的存在和生长，但关于青贮饲料中真菌群落的信息相对较少。Liu 等发现子囊菌门是大麦青贮饲料有氧暴露后的主要真菌属（丰度为 99%）。Romero 等此前研究表明子囊菌门占总 ITS 序列的 88.70%，其次是担子菌门。有氧暴露后，子囊菌门的相对丰度都处于较高水平。在本研究中 3 种青贮方式的全株玉米青贮饲料有氧暴露过程中的主要门水平真菌群落均为子囊菌门和担子菌门。每个组在整个有氧稳定期间子囊菌门的相对丰度都处于较高水平，覆盖了观察到的总序列的 85% 以上。May 等利用变性梯度凝胶电泳技术在玉米青贮饲料中报道的真菌大部分也属于子囊菌门，其次是担子菌门，属于接合菌门的数量最少。Wang 等报告说从发酵的全株玉米青贮饲料筒仓开口处和暴露在有氧条件下的饲料中分离出 16 种酵母，大多都属于子囊菌门。

酵母菌被认为是有氧暴露时与青贮饲料变质相关的最重要的微生物群。有氧暴露时青贮饲料中真菌物种的演替通常是由酵母随着 pH 值的增加而引发少量耐酸腐败微生物增殖。在刚开封时，Y 组和 F 组的哈萨克斯坦酵母属的相对丰度较高，分别达到 70.52%、71.40%，J 组的哈萨克斯坦酵母属的相对丰度较低，达到 34.66%。有研究发现，哈萨克斯坦酵母属是需氧变质玉米青贮饲料相关的主要属。本研究中各组属水平真菌群落主要以假丝酵母属、哈萨克斯坦酵母属和毕赤酵母属三个属为代表。所有这些都是酵母菌的成员，并且是与暴露于空气后青贮饲料变质相关的微生物。研究表明，哈萨克斯坦酵母属和毕赤酵母属在有氧暴露的玉米青贮饲料中被发现。Drouin 等报道了添加 LAB 的全株玉米青贮饲料会增加细菌和真菌群落的香农指数，在有氧暴露过程中，酵母菌和哈萨克斯坦酵母属会导致饲料的腐败变质。有研究在大麦青贮饲料和甘蔗顶部青贮饲料中也检测到哈萨克斯坦酵母属，它可能对乳酸有很强的耐受性，在 pH 值和 AA 含量相对较低的青贮饲料中，它对启动青贮饲料的有氧腐败起着至关重要的作用。在有氧暴露第 7d，J 组的优势菌属变为毕赤酵母属和假丝酵母属。有研究报道，毕赤酵母属和假丝酵母属能够耐受酸性环境，这可能解释了J组在整个有氧暴露期间低pH值下酵母菌增多的原因。假丝酵母属是一组乳酸同化酵母，它还可以增强小麦、苜蓿和玉米青贮饲料的有氧变质。毕赤酵母属通常是青贮饲料需氧变质的主要引发剂。这可能是因为有机酸代谢增加了pH值，从而允许耐酸性较差的微生物生长。在目前的研究中，毕赤酵母属在青贮后期和暴露于空气后都占优势。同样，Li等研究发现在筒仓开口处和暴露于空气后的有氧暴露时期的青贮饲料中检测到毕赤酵母属。因此，毕赤酵母属最有可能在后期发酵过程中和暴露于空气后引发青贮饲料的需氧变质。在有氧暴露期间，每组仍然观察到假丝酵母的存在。其他也有相关研究表明，玉米青贮饲料有氧暴露过程中，毕赤酵母属、哈萨克斯坦酵母属是占优势的属，会引起有氧腐败现象的产生。

（3）细菌与真菌群落的相关分析

青贮饲料的生产是一个需要微生物作用的复杂过程，因此相关的微生物种类引起了广泛的关注。以往的研究报道，乳杆菌属、乳球菌属、肠杆菌属等细菌是青贮饲料中的优势菌属。此外，一些真菌也通过其代谢产物影响青贮饲料的质量，并且发现假丝酵母属、毕赤酵母属成为青贮饲料中的优势真菌。然而，尽管已经广泛研究了相关类型的细菌和真菌，关于有氧暴露后细菌和真菌之间的相关性的信息仍然很少。本研究中哈萨克斯坦酵母属与梭菌属呈正相关，前者在属水平真菌群落中是代表群落之一，后者在青贮饲料中被认为是不受欢迎的，会促进耐酸性较差的腐败微生物的生长，特别是在有氧环境中。哈萨克斯坦酵母属也是与需氧变质玉米青贮饲料相关的主要菌属。毕赤酵母属与醋酸杆菌属、乳杆菌属、魏斯氏菌属、*Franconibacter*均呈正相关。先前的研究表明，乳酸菌和酵母之间存在协同作用。当发展到适合酵母菌繁殖的酸性条件时，酵母菌开始发酵产生酒精。乳杆菌属在青贮饲料中发挥着重要作用，这是因为其会导致LA的产生和降低pH值促进青贮发酵进程。毕赤酵母属通常是青贮饲料需氧变质的主要引发剂。醋酸杆菌属也是青贮饲料发生腐败变质的一个影响因素，所以二者呈现正相关。

（4）细菌群落与营养品质、发酵品质的相关性分析

当青贮饲料开封后，有氧环境的形成导致大量好氧微生物的增殖，从而使青贮饲料发生一系列的变化，导致饲料发热变质。在本研究中乳杆菌属与DM、WSC含量呈正相关的原因在于饲料开封后好氧微生物的大量迅速增殖，活跃的活动分解了大量的WSC含量，DM也大量损失。在属水平的细菌群落上各组乳杆菌属也逐渐降低，不再占优势，所以与这些营养物质呈现正相关。Guan等研究也表明玉米青贮饲料中的WSC含量与乳杆菌属和醋酸杆菌属的丰度相关。

青贮微生物及其代谢产物是影响青贮发酵质量的关键因素。有益微生物可以通过产生一系列代谢产物来提高发酵质量和好氧稳定性。同型发酵乳酸菌可以通过产生LA来降低青贮饲料的pH值，异型发酵乳酸菌可以通过产生AA来抑制有氧暴露后的不良微生物，有害微生物可以通过分解蛋白质和碳水化合物来加速青贮饲料变质，如梭菌和酵母菌。青贮发酵是一个复杂的生物过程，涉及多种微生物。因此，该过程产生许多不同的代谢物，这些代谢物可以决定发酵质量。乳杆菌属主要影响LA的产生。在本研究中，乳杆菌属与LA含量呈正相关，与所有青贮饲料的pH值呈负相关。这一结果与Sun等的报告一致。同时先前的研究也报道了LA的含量与青贮饲料中的乳杆菌属和魏斯氏菌属呈正相关，与本次研究结果相似。本研究中醋酸杆菌属与LA含量呈负相关。醋酸杆菌属细菌可以氧化LA生成二氧化碳和水导致青贮饲料的pH值升高，从而引发有氧腐败现象。AN是由植物酶和微生物活性的综合

作用产生的，青贮饲料 AN 含量的减少归因于 LAB 的作用。因此，乳杆菌属对较低的 pH 值敏感，导致 AN 与乳杆菌属相对丰度的相关系数较高。乳杆菌属与 AN、PA 和 BA 的含量呈负相关，本研究的结果与其他研究一致。以上论述进一步表明发酵特性与青贮饲料的微生物区系高度相关，并影响整体发酵质量。

3.3.2.4 小结

① 有氧暴露期间变形菌门和厚壁菌门是所有样品中的优势菌门。厚壁菌门的相对丰度随着变形菌门的变化而呈现相反的变化趋势。随着有氧暴露时间的延长，J 组和 Y 组的优势菌门转变为变形菌门。在细菌群落属水平上，有氧暴露后青贮饲料中乳杆菌属相对丰度降低，J 组和 Y 组的醋酸杆菌属随着有氧暴露时间的延长逐渐成为优势菌属。

② 在真菌群落水平上子囊菌门和担子菌门是有氧暴露过程中任何时间点最丰富的菌门。子囊菌门的相对丰度在整个过程中都处于较高水平，覆盖了观察到的总序列的 85% 以上。属水平真菌群落主要以假丝酵母属、哈萨克斯坦酵母属和毕赤酵母属三个属为代表。

③ 细菌与真菌群落的相关分析表明，哈萨克斯坦酵母属与乳杆菌属、魏斯氏菌属、*Franconibacter*、假单胞菌属、窄食单胞菌属呈极显著正相关。毕赤酵母属与醋酸杆菌属、乳杆菌属、魏斯氏菌属、*Franconibacter*、短波单胞菌属、假单胞菌属均呈正相关。假丝酵母属与醋酸杆菌属、假单胞菌属呈负相关，与乳杆菌属呈正相关。

④ 营养品质、发酵品质与细菌群落相关性分析表明，乳杆菌属相对丰度与 ADF、pH 值、PA、BA、AN 含量变化呈现负相关，与 DM、WSC、LA、AA 含量呈现正相关。醋酸杆菌属相对丰度与 ADF、pH 值、PA、AN 含量变化呈正相关，与 WSC、LA、AA 含量呈现负相关。*Franconibacter* 与 ADF、pH 值、PA、BA 含量呈负相关，与 DM、WSC、LA、AA 含量呈现正相关。

3.3.3 不同青贮方式对有氧暴露阶段全株玉米饲料霉菌毒素的影响

全株玉米青贮饲料在饲喂过程中，容易造成青贮饲料腐败变质，不仅增加了营养物质的损失，还降低了青贮饲料的适口性。酵母、霉菌和一些需氧细菌的生长和繁殖，以及温度和 pH 值的升高，会导致青贮饲料暴露在空气中时发生腐烂。霉菌的侵入，可大量繁殖产生霉菌毒素，给人畜带来了安全隐患。研究全株玉米青贮饲料有氧稳定阶段霉菌毒素的含量变化规律，探讨营养品质、发酵品质与霉菌毒素之间的效应关系。可为实际生产中控制饲料霉菌污染，实现健康养殖提供依据。

3.3.3.1 材料与方法

（1）试验材料

见不同青贮方式对有氧暴露阶段全株玉米饲料品质的影响。

（2）试验设计

本试验研究 3 种青贮方式全株玉米青贮饲料在开封后有氧暴露期间霉菌毒素的变化情况以及与营养品质和发酵品质之间的相关性。分别在有氧暴露阶段的第 0d、1d、3d、5d、7d 和 9d 取样，各时间点在不同处理组分别取 3 个重复，检测黄曲霉毒素 B1（AFB1）、玉米赤霉烯酮（ZEA）、呕吐毒素（DON）、T-2 毒素和伏马毒素 B1（FB1）的变化。采用皮尔逊分析方法，将有氧暴露阶段的营养品质、发酵品质、霉菌毒素含量进行相关性分析。

（3）测定项目与方法

① 霉菌毒素含量测定　利用新加坡 PriboFast® 霉菌毒素酶联免疫试剂盒分别对全株玉米青贮饲料中的 AFB1、ZEA、DON、T-2 毒素和 FB1 进行测定。样本吸光度值与其霉菌毒素含量呈负相关，与标准曲线比较乘以样本稀释倍数即可得出样本中的霉菌毒素残留量。

② 营养品质、发酵品质的测定　同不同青贮方式对有氧暴露阶段全株玉米饲料品质的影响。

（4）数据处理

同不同青贮方式对有氧暴露阶段全株玉米饲料品质的影响。

3.3.3.2　结果与分析

（1）有氧暴露期间霉菌毒素的动态变化

有氧暴露阶段各处理组霉菌毒素含量变化见表 3-28。青贮方式、有氧暴露时间及其交互作用对全株玉米青贮饲料的 AFB1、ZEA、T-2 毒素、DON、FB1 含量有极显著的影响（$P<0.001$）。各组 AFB1 含量随着有氧暴露时间的延长均不断增加，J 组的 AFB1 含量在有氧暴露 5 ～ 9d 时显著高于其余两组（$P<0.05$），在第 9d 时达到 16.34μg/kg。有氧暴露期间各组玉米青贮饲料 AFB1 含量均未超过中国饲料卫生标准中的最高限量（50μg/kg）。

表 3-28　不同青贮方式下全株玉米饲料有氧暴露期间霉菌毒素含量变化　　单位：μg/kg

项目	处理	有氧暴露时间						SEM	*P* 值		
		0 d	1 d	3 d	5 d	7 d	9 d		T	D	T×D
黄曲霉毒素 B1	J	5.83Ad	6.51Ad	7.83Ac	13.15Ab	14.21Ab	16.34Aa	0.392	***	***	***
	Y	5.71Ad	5.87Bd	6.73ABd	8.01Bc	10.24Bb	13.91Ba				
	F	4.68Ad	5.49Ccd	5.65Bcd	6.14Cc	7.82Cb	9.66Ca				
玉米赤霉烯酮	J	5.56Ae	11.40Ad	13.21Acd	15.82Ac	25.59Ab	35.44Aa	0.705	***	***	***
	Y	5.49Ad	5.72Bd	6.45Bcd	8.02Cc	12.40Bb	18.02Ba				
	F	4.50Bd	5.22Bd	6.60Bc	11.83Bb	13.78Ba	14.36Ba				
T-2 毒素	J	20.24Ad	24.46Ad	30.48Ac	34.18Ac	47.85Ab	64.26Aa	1.235	***	***	***
	Y	11.85Bf	15.79Be	19.36Bd	28.72Cc	37.47Bb	49.55Ba				
	F	12.40Bd	16.81Bc	18.51Bc	31.66Bb	35.10Bb	40.03Ca				
呕吐毒素	J	126.84Ae	133.87Ad	144.79Ac	149.54Ac	167.88Ab	188.66Aa	2.047	***	***	***
	Y	123.59Ac	129.80Ac	130.60Bc	141.70Bb	153.04Ba	159.36Ba				
	F	122.37Ac	126.52Ac	133.50Bb	155.50Aa	157.79Ba	162.19Ba				
伏马毒素 B1	J	25.48Af	30.78Ae	34.04Ad	38.20Ac	46.40Ab	59.09Aa	0.933	***	***	***
	Y	21.90Cf	24.92Be	31.61Ad	38.81Ac	42.36Bb	50.26Ba				
	F	23.49Be	23.30Be	26.61Be	35.17Bc	40.03Cb	44.53Ca				

随着有氧暴露时间的延长，各组 ZEA 含量均呈现出上升趋势。开封后 J 组的 ZEA 的含量显著高于其余两组（$P<0.01$），其余两组在整个有氧暴露过程除了第 5d 时均差异不显著且 ZEA 含量始终增加较为缓慢。J 组 ZEA 含量较高，在有氧暴露第 9d 时显著高于其余两组（$P<0.05$）。各组全株玉米青贮饲料 ZEA 含量均未超过中国饲料卫生标准中玉米加工产品的最高限量（500μg/kg ）。

随着有氧暴露时间的延长，各组 T-2 毒素含量均有不同程度的升高。开封后 J 组 T-2 毒素含量显著高于其余处理（$P<0.05$），随后一直上升且随着有氧暴露时间的延长增长较为迅速。Y 组和 F 组在开封后 T-2 毒素的含量增长较慢，0 ～ 3d 时两组间 T-2 毒素的含量差异不显著。有氧暴露第 9d 时 F 组的 T-2 毒素含量显著低于其余处理（$P<0.05$），J 组的 T-2 毒素含量显著高于其余处理（$P<0.05$）。各组全株玉米青贮饲料 T-2 毒素含量均未超过中国饲料卫生标准中植物性饲料原料的最高限量（500μg/kg）。

在有氧暴露过程中，各处理的 DON 含量均逐渐增加，J 组 DON 的含量随着有氧暴露时间的延长增长较为迅速。在有氧暴露第 9d 时 J 组的 DON 含量显著高于其余两组（$P<0.05$），其余两组间差异不显著。各组全株玉米青贮饲料 DON 含量均未超过中国饲料卫生标准中植物性饲料原料的最高限量（5mg/kg）。

各组的 FB1 含量均随着有氧暴露时间的延长而逐渐增加，J 组的 FB1 含量在整个有氧暴露过程中高于其余处理。F 组 FB1 的含量在 0 ～ 3d 时缓慢增加，在第 9d 时显著低于其余处理（$P<0.05$）。各组全株玉米青贮饲料 FB1 含量均未超过中国饲料卫生标准中玉米青贮饲料的最高限量（60mg/kg）。

（2）霉菌毒素含量与营养、发酵品质之间的相关性

在有氧暴露过程中霉菌毒素含量与营养、发酵品质之间存在一定的相关性（表 3-29）。AFB1、ZEA、T-2 毒素、DON、FB1 这五种霉菌毒素的含量与 DM、CP、WSC、LA 和 AA 含量呈极显著负相关（$P<0.01$），与 pH 值、AN/TN、NDF、ADF 和 BA 含量呈极显著正相关（$P<0.01$）。AFB1 含量与 PA 含量呈显著正相关（$P<0.01$），ZEA、T-2、FB1 含量与 PA 含量呈显著正相关（$P<0.05$），DON 含量与 PA 含量呈正相关，但相关性不显著（$P>0.05$）。

表 3-29　有氧暴露过程中全株玉米饲料青贮霉菌毒素含量与营养、发酵品质相关性分析

相关系数	黄曲霉毒素 B1	玉米赤霉烯酮	T-2 毒素	呕吐毒素	伏马毒素 B1
干物质	−0.746**	−0.737**	−0.67**	−0.541**	−0.611**
粗蛋白	−0.685**	−0.784**	−0.823**	−0.868**	−0.803**
氨态氮 / 总氮	0.860**	0.8**	0.887**	0.947**	0.915**
酸性洗涤纤维	0.921**	0.849**	0.857**	0.821**	0.864**
中性洗涤纤维	0.862**	0.877**	0.942**	0.941**	0.931**
可溶性碳水化合物	−0.674**	−0.596**	−0.625**	−0.526**	−0.630**
pH 值	0.756**	0.693**	0.679**	0.619**	0.687**
乳酸	−0.79**	−0.664**	−0.686**	−0.570**	−0.694**
乙酸	−0.483**	−0.603**	−0.611**	−0.672**	−0.557**
丙酸	0.482**	0.328*	0.316*	0.164	0.317*
丁酸	0.558**	0.655**	0.481**	0.431**	0.384**

注：* 表示在 0.05 水平上显著相关，** 表示在 0.01 水平上显著相关。

3.3.3.3　讨论

真菌毒素是主要属于曲霉属、镰刀菌属和青霉属的真菌生物分泌的次级代谢产物。它们对动物有毒性作用，可能会减少动物饲料摄入量，降低生产性能，同时诱发炎症。虽然青贮饲料是反刍动物饮食的主要组成部分，但青贮饲料中并未广泛研究真菌毒素。本研究中各组的 AFB1、ZEA、DON、T-2 毒素和 FB1 的含量均随着有氧暴露时间的延长而迅速增加。其

中在整个有氧暴露期间J组的5种霉菌毒素的含量均高于Y组和F组。在有氧暴露期间五种毒素的最大值均未超过中国饲料标准要求的玉米加工产品、玉米青贮饲料及植物性饲料原料的最高限定标准。Queiroz等也报道了黄曲霉毒素仅在高度霉菌感染的玉米青贮饲料中检测到。本研究中J组玉米青贮中霉菌毒素含量较其余两组显著增加。青贮饲料暴露在空气后，霉菌通过呼吸作用消耗掉营养物质及其他细胞壁物质后大量繁殖。好氧微生物活动增强，青贮中pH值逐步升高进一步利于霉菌生长，从而产生大量毒素。不同的霉菌毒素含量与营养及发酵品质之间存在相关性，从分析结果看出5种霉菌毒素含量与DM、CP、WSC、LA和AA含量呈极显著负相关是由于开封后氧气的大量供给促进好氧微生物利用糖、LA等营养物质大量繁殖，代谢产生霉菌毒素，随着毒素含量的增加，营养物质逐渐消耗，pH值上升，DM损失逐渐增大。与AN/TN含量呈极显著正相关是因为霉菌活动分解氨基酸产生AN进一步导致AN/TN含量上升。

在青贮饲料的调制流程中都不免会受到霉菌毒素的威胁。被霉菌毒素污染的青贮饲料会给奶牛生产带来一系列严重不利影响。赵巍等对国内玉米青贮霉菌毒素污染情况进行研究，发现青贮饲料中ZEA和DON含量超标率分别达到4.36%、6.67%，牧场在玉米青贮饲料的制作和日常饲喂管理上存在一定缺陷。日粮中以66000μg/kg或6400μg/kg的DON剂量饲喂奶牛5d或6周时会对瘤胃发酵及蛋白消化产生不利影响。泌乳奶牛机体长期摄入AFB1后，会造成食欲不振和对疾病易感性增加等。本研究中在有氧暴露0～3d时五种霉菌毒素的含量上升缓慢，随着有氧暴露时间的延长，霉菌毒素的含量增长幅度增大。推测随着有氧暴露时间的继续延长，霉菌毒素含量将会突破中国饲料标准要求中的最高限定标准。为了养殖业的健康发展，在日常的养殖饲喂过程中，青贮饲料开封后应该尽快饲喂。

在饲喂动物时，要对青贮饲料的霉菌毒素含量进行分析。有研究表明，添加复合乳酸菌降低了发酵全混合日粮中AFB1的含量，乳酸菌在一定条件下降解了AFB1，从而达到了脱毒作用。韩立英等研究表明，添加乳酸菌和纤维素酶两种添加剂能有效抑制黄曲霉毒素，且二者组合效果最佳。这提高了饲料的安全性，对保证反刍动物健康及食品安全有积极作用。因此，在实际的生产实践中，为了保障饲料安全，在原料的采集、青贮调制过程中要加强对霉菌的预防和控制，可使用添加剂更好地改善青贮效果，抑制真菌毒素的形成。同时可针对性地使用霉菌毒素吸附剂，建立霉菌毒素的检测和监管机制，切实保障畜牧业的发展。

3.3.3.4 小结

① 随着有氧暴露时间的延长，AFB1、ZEA、DON、T-2毒素和FB1的含量均不断增加。其中J组的在整个有氧暴露期间的5种霉菌毒素的含量均高于Y组和F组。各组霉菌毒素含量均未超过中国饲料标准要求的玉米加工产品、玉米青贮饲料及植物性饲料原料的最高限定标准。

② 5种霉菌毒素含量与DM、CP、WSC、LA和AA含量呈极显著负相关，与pH值、AN/TN、NDF、ADF和BA含量呈极显著正相关。

主要参考文献

[1] 付锦涛, 王学凯, 倪奎奎, 等. 添加乳酸菌和糖蜜对全株构树和稻草混合青贮的影响 [J]. 草业学报, 2020, 29(4): 121-128.

[2] 公美玲. 玉米秸秆青贮过程中的营养动态研究 [D]. 泰安: 山东农业大学, 2013.

[3] 黄峰, 张露, 周波, 等. 青贮微生物及其对青贮饲料有氧稳定性影响的研究进展 [J]. 动物营养学报, 2019, 31(01): 82-89.

[4] 胡宗福，常杰，萨仁呼，等．基于宏基因组学技术检测全株玉米青贮期间和暴露空气后的微生物多样性 [J]. 动物营养学报，2017, 29(10): 3750-3760.

[5] 贾春旺，原现军，肖慎华，等．青稞秸秆替代苇状羊茅对全混合日粮青贮早期发酵品质及有氧稳定性的影响 [J]. 草业学报，2016, 25(4): 179-187.

[6] 李丹迪，赵丽，季静，等．济南部分地区谷物制品中脱氧雪腐镰刀菌烯醇及玉米赤霉烯酮的污染状况 [J]. 食品安全质量检测报，2019, 10(23): 8081-8086.

[7] 李雅伶，王建萍，李云，等．我国西南地区肉禽配合饲料中霉菌毒素的污染分布规律 [J]. 动物营养学报，2016, 28(02): 531-540.

[8] 刘立山，郎侠，周瑞，等．模拟降水和风干对玉米青贮营养品质及有氧暴露期微生物数量的影响 [J]. 中国饲料，2019(3): 18-22.

[9] 刘丽英，王志军，尹强，等．基于 GI 值筛选三种饲草最佳组合的研究 [J]. 中国草地学报，2018, 40(3): 82-88.

[10] 马迪，梁慧慧，邵文强，等．不同乳酸菌添加剂对青贮黑麦草和青贮玉米发酵产物和有氧稳定性的影响 [J]. 草地学报，2014, 22(6): 1365-1370.

[11] 马晓宇，朱风华，葛蔚，等．含水率和发酵时间对以全株玉米为基础的发酵全混合日粮养分的影响 [J]. 动物营养学报，2019, 31(5): 2367-2377.

[12] 穆胜龙，杨冉冉，周波，等．植物乳杆菌和布氏乳杆菌对甘蔗尾青贮品质的影响 [J]. 中国畜牧兽医，2018, 45(5): 1226-1233.

[13] 任海伟，冯银萍，刘通，等．温度对干玉米秸秆与废弃白菜混贮发酵品质的影响和微生物菌群解析 [J]. 应用与环境生物学报，2019, 25(3): 719-728.

[14] 司华哲，李志鹏，南韦肖，等．添加植物乳杆菌对低水分稻秸青贮微生物组成影响研究 [J]. 草业学报，2019, 28(3): 184-192.

[15] 司华哲．不同乳酸菌对紫花苜蓿青贮发酵品质及菌群动态变化的影响研究 [D]. 长春：吉林农业大学，2016.

[16] 孙安琪．白酒糟与菊芋渣混合青贮发酵品质及微生物多样性研究 [D]. 兰州：兰州理工大学，2019.

[17] 唐振华，杨承剑，李孟伟，等．植物乳杆菌、布氏乳杆菌对甘蔗尾青贮品质及有氧稳定性的影响 [J]. 中国畜牧兽医，2018, 45(7): 1824-1832.

[18] 陶莲，刁其玉．青贮发酵对玉米秸秆品质及菌群构成的影响 [J]. 动物营养学报，2016, 28(1): 198-207.

[19] 陶雅，李峰，高凤芹，等．短芒大麦草青贮微生物特性研究及优良乳酸菌筛选 [J]. 草业学报，2015, 24(12): 66-73.

[20] 王凤林，张莉娟，孟媛，等．不同比例微生物组合对玉米秸秆青贮品质的影响 [J]. 基因组学与应用生物学，2017, 36(11): 4701-4706.

[21] 王旭哲，张凡凡，马春晖，等．压实度对玉米青贮开窖后营养品质及有氧稳定性的影响 [J]. 农业工程学报，2018, 34(6): 300-306.

[22] 王旭哲，贾舒安，张凡凡，等．紧实度对青贮玉米有氧稳定期发酵品质、微生物数量的效应研究 [J]. 草业学报，2017, 26(9): 156-166.

[23] 王海娟，戴雨珂，潘渠．魏斯氏菌的研究现状 [J]. 成都医学院学报，2014, 9(6): 747-750.

[24] 许冬梅，张萍，柯文灿，等．青贮微生物及其对青贮饲料发酵品质影响的研究进展 [J]. 草地学报，2017, 25(03): 460-465.

[25] 闫琦，王宪举，魏海燕，等．乳酸菌添加剂对不同生育期菊芋茎叶青贮发酵品质的影响 [J]. 草业科学，2019, 36(2): 540-547.

[26] 杨杨，石超，郭旭生．高寒草甸魏斯氏乳酸菌的分离鉴定及理化特性研究 [J]. 草业学报，2014, 23(1): 266-275.

[27] Addah W, Baah J, Okine E K, et al. A third-generation esterase inoculant alters fermentation pattern and improves aerobic stability of barley silage and the efficiency of body weight gain of growing feedlot cattle[J]. Journal of Animal Science, 2012, 90(5): 1541-1552.

[28] Bao W C, Mi Z H, Xu H Y, et al. Assessing quality of *Medicago sativa silage* by monitoring bacterial composition with single molecule, real time sequencing technology and various physiological parameters[J]. Scientific Reports, 2016, 6: 1-8.

[29] Borreani G, Tabacco E, Schmidt R J, et al. Silage review: Factors affecting dry matter and quality losses in silages[J]. Journal of Dairy Science, 2018, 101(05): 3952-3979.

[30] Carvalho B F, Sales G F C, Schwan R F, et al. Criteria for lactic acid bacteria screening to enhance silage quality[J]. Journal of Applied Microbiology, 2021, 130(02): 341-355.

[31] Drouin P, Tremblay J, Renaud J, et al. Microbiota succession during aerobic stability of maize silage inoculated with *Lentilacto-bacillus buchneri* NCIMB 40788 and *Lentilactobacillus hilgardii* CNCM-I-4785[J]. Microbiology Open, 2020, 10(01): e1153.

[32] Gallo A, Giuberti G, Frisvad J C, et al. Review on mycotoxin issues in ruminants: Occurrence in forages, effects of mycotoxin ingestion on health status and animal performance and practical strategies to counteract their negative effects[J]. Toxins, 2015, 7(08): 3057-3111.

[33] Guan H, Yan Y, Li X, et al. Microbial communities and natural fermentation of corn silages prepared with farm bunker-silo in Southwest China[J]. Bioresource Technology, 2018, 265: 282-290.

[34] Guan H, Shuai Y, Yan Y, et al. Microbial community and fermentationdynamics of corn silage prepared withheat-resistant lactic acid bacteria in a hotenvironment[J]. Microorganisms, 2020, 8(05): 719.

[35] Guo X S, Ke W C, Ding W R, et al. Profiling of metabolome and bacterial community dynamics in ensiled *Medicago sativa* inoculated without or with *Lactobacillus plantarum* or *Lactobacillus buchneri*[J]. Science Reports, 2018, 8(01): 357.

[36] Hjelkrem A G R, Aamot H U, Brodal G, et al. HT-2 and T-2 toxins in Norwegian oat grains related to weather conditions at different growth stages[J]. European Journal of Plant Pathology, 2018, 151(04): 1-14.

[37] Hu Z, Chang J, Yu J, et al. Diversity of bacterial community during ensiling and subsequent exposure to air in whole-plant maize silage[J]. Asian Australas Journal of Animal Science, 2018, 31(09): 1464-1473.

[38] Junior V H B, Fortaleza A P D S, Junior F L M. Aerobic stability in corn silage (*Zea mays* L.) ensiled with different microbial additives[J]. Acta Scientiarum Animal Sciences, 2017, 39(04): 357-362.

[39] Keshri J, Chen Y, Pinto R, et al. Microbiome dynamics during ensiling of corn with and without *Lactobacillus plantarum* inoculant[J]. Applied Microbiology Biotechnology, 2018, 102(09): 4025-4037.

[40] Li J, Wang W, Chen S, et al. Effect of lactic acid bacteria on the fermentation quality and mycotoxins concentrations of corn silage infested with mycotoxigenic fungi[J]. Toxins (Basel), 2021, 13(10): 699.

[41] Ogunade I M, Jiang Y, Pech Cervantes A A, et al. Bacterial diversity and composition of alfalfa silage as analyzed by Illumina MiSeq sequencing: Effects of *Escherichia coli* O157:H7 and silage additives[J]. Journal of Dairy Science, 2018, 101(03): 2048-2059.

[42] Ogunade I M, Martinez-Tuppia C, Queiroz O C M,et al. Silage review: Mycotoxins in silage: Occurrence, effects, prevention, and mitigation[J]. Journal of Dairy Science, 2018, 101(05): 4034-4059.

[43] Oliveira A S, Weinberg Z G, Ogunade I M, et al. Meta -analysis of effects of inoculation with homofermentative and facultative heterofermentative lactic acid bacteria on silage fermentation, aerobic stability, and the performance of dairy cows[J]. Journal of Dairy Science, 2017, 100(06): 4587-4603.

[44] Powell J M, Barros T, Danes M, et al. Nitrogen use efficiencies to grow, feed, and recycle manure from the major diet components fed to dairy cows in the USA[J]. Agriculture Ecosystems & Environment, 2017,

239:274-282.

[45] Ren F, He R, Zhou X, et al. Dynamic changes in fermentation profiles and bacterial community composition during sugarcane top silage fermentation: A preliminary study[J]. Bioresource Technology, 2019, 285: 121315.

[46] Rocha L O, Reis G M, Fontes L, et al. Association between FUM expression and fumonisin contamination in maize from silking to harvest[J]. Crop Protection, 2017, 94(Complete): 77-82.

[47] Romero J J, Zhao Y, Balseca-Paredes M A, et al. Laboratory silo type and inoculation effects on nutritional composition,fermentation, and bacterial and fungal communities of oat silage[J]. Journal of Dairy Science, 2017, 100(03): 1812-1828.

[48] Shi H, Li S, Bai Y, et al. Mycotoxin contamination of food and feed in China: Occurrence, detection techniques, toxicological effects and advances in mitigation technologies[J]. Food Control, 2018, 9: 202-215.

[49] Wang C, Sun L, Xu H, et al. Microbial communities, metabolites, fermentation quality and aerobic stability of whole-plant corn silage collected from family farms in desert steppe of North China[J]. Processes, 2021, 9: 784.

[50] Wang H L, Wei H, Ning T T, et al. Characterization of culturable yeast species associating with whole crop corn and total mixed ration silage[J]. Asian-Australasian Journal of Animal Sciences, 2017, 31(2): 198-207.

[51] Xu S, Yang J, Qi M, et al. Impact of *Saccharomyces cerevisiae* and *Lactobacillus buchneri* on microbial communities during ensiling and aerobic spoilage of corn silage[J]. Journal of Animal Science, 2019, 97(03): 1273-1285.

[52] Yang L, Yuan X, Li J, et al. Dynamics of microbial community and fermentation quality during ensiling of sterile and nonsterile alfalfa with or without *Lactobacillus plantarum* inoculant[J]. Bioresource Technology, 2019, 275: 280-287.

[53] Yuan X, Dong Z, Li J, et al. Microbial community dynamics and their contributions to organic acid production during the early stage of the ensilingof napier grass (*Pennisetum purpureum*)[J].Grass and Forage Science, 2020, 75(01): 37-44.

[54] Zhang L, Zhou X, Gu Q, et al. Analysis of the correlation between bacteria and fungi in sugarcane tops silage prior to and after aerobic exposure[J]. Bioresource Technology, 2019, 291: 121835.

[55] Zheng M L, Niu D Z, Jiang D, et al. Dynamics of microbial community during ensiling direct-cut alfalfa with and without LAB inoculant and sugar[J]. Journal of Applied Microbiology, 2017, 122(06): 1456-1470.

[56] 赵丽华 , 莫放 , 余汝华 , 等 . 收刈时间对玉米秸秆营养物质产量的影响 [J]. 中国农学通报 , 2007, 23(7): 11-14.

[57] 许庆方 , 张翔 , 崔志文 , 等 . 不同添加剂对全株玉米青贮品质的影响 [J]. 草地学报 , 2009, 17(2): 157-161.

[58] 兴丽 , 韩鲁佳 , 刘贤 , 等 . 乳酸菌和纤维素酶对全株玉米青贮发酵品质和微生物菌落的影响 [J]. 中国农业大学学报 , 2004, 9(5): 38-41.

[59] 郭艳萍 , 玉柱 , 顾雪莹 , 等 . 丙酸和尿素对全株玉米青贮发酵品质和有氧稳定性的影响 [J]. 牧草与饲料 , 2010(4): 37-40.

[60] 陈培义 , 刘景辉 , 韩延滨 , 等 . 不同青贮玉米品种饲用营养价值的研究 [J]. 华北农学报 , 2007, 22(增 3): 5-9.

[61] 吴端钦 , 朱四元 , 王延周 , 等 . 几种青贮玉米青贮发酵特性及其营养成分的比较研究 [J]. 饲料研究 , 2017(7): 48-51.

[62] 张亚军 , 王成章 , 严学兵 , 等 . 郑州地区青贮玉米引种试验 [J]. 草业科学 , 2009, 26(10): 114-121.

[63] 文亦芾 , 白冰 , 赵俊权 , 等 . 收获期对玉米茎秸产量和营养价值的影响 [J]. 草地学报 , 2007,15(2):173-175.

[64] 赵子夫 , 侯先志 , 韩吉雨 , 等 . 添加乳酸菌对玉米青贮品质及有氧稳定性的影响 [J]. 黑龙江畜牧兽医 ,

2009(13): 68-70.

[65] 王保平，董晓燕，董宽虎，等. 有机酸对全株玉米青贮有氧稳定性的影响 [J]. 草地学报，2013, 21(5): 991-997.

[66] 张新慧，张永根，赫英飞. 添加两种乙酸钠盐对玉米青贮品质及有氧稳定性的影响 [J]. 中国农业科学，2008, 41(6): 1810-1815.

[67] 钟书，张晓娜，杨云贵，等. 乳酸菌和纤维素酶对不同含水量紫花苜蓿青贮品质的影响 [J]. 动物营养学报，2017, 29(5): 1821-1830.

[68] 张相伦，游伟，赵红波，等. 乳酸菌制剂对全株玉米青贮品质及营养成分的影响 [J]. 动物营养学报，2018(1): 138-145.

[69] Kung L Jr, Ranjit N K. The effect of *Lactobacillus buchneri* and other additives on the fermentation and aerobic stability of barley silage [J]. Journal of Dairy Science, 2001, 84(5):1149-1155.

[70] 吕文龙，刁其玉，闫贵龙. 布氏乳杆菌对青玉米秸青贮发酵品质和有氧稳定性的影响 [J]. 草业学报，2011, 20(3): 143-148.

[71] 刘贤，韩鲁佳，原慎一郎，等. 不同添加剂对全株玉米和青玉米秸青贮饲料质量的影响 [J]. 农业工程学报，2004, 20(4): 246-249.

[72] 冀旋，玉柱，白春生，等. 添加剂对高丹草青贮效果的影响 [J]. 草地学报，2012, 20(3): 571-575.

[73] 薛祝林，宋丽梅，黄必志. 添加尿素或食盐对高丹草青贮品质的影响 [J]. 中国草地学报，2014, 36(1): 75-78.

[74] Kung L Jr, Robinson J R, Ranjit N K, et al. Microbial populations, fermentation end-products, and aerobic stability of corn silage treated with ammonia or a propionic acid-based preservative [J]. Journal of Dairy Science, 2000, 83(7):1479-1450.

[75] 陈雷，原现军，郭刚，等. 添加乳酸菌制剂和丙酸对全株玉米全混合日粮青贮发酵品质和有氧稳定性的影响 [J]. 畜牧兽医学报，2015, 46(1): 104-110.

[76] 塔娜，魏日华，德庆哈拉，等. 对禾草源同型发酵和 / 或异型发酵乳酸菌发酵无芒雀麦青贮有氧稳定性的评价 [J]. 动物营养学报，2017, 29(4): 1301-1311.

[77] 玛里兰·毕克塔依尔，古丽米拉·拜看，哈丽代·热合木江，等. 不同添加剂对玉米秸秆为主的 TMR 青贮发酵品质及饲用价值的影响 [J]. 安徽农业科学，2016(3): 67-69.

[78] Cai Y M, Kumai S, Ogawa M, et al. Characterization and identification of *Pediococcus* species isolated from forage crops and their application for silage preparation[J]. Applied and Environmental Microbiology, 1999, 65(7): 2901-2906.

[79] Ni K K, Wang F F, Zhu B G, et al. Effects of lactic acid bacteria and molasses additives on the microbial community and fermentation quality of soybean silage[J]. Bioresour Technol, 2017, 238: 706-715.

[80] Tohno M, Kitahara M, Irisawa T, et al. *Lactobacillus silagei* sp. nov. isolated from orchardgrass silage[J]. International Journal of Systematic and Evolutionary Microbiology, 2013, 63(12): 4613-4618.

[81] Ennahar S, Cai Y M, Fujita Y. Phylogenetic diversity of lactic acid bacteria associated with paddy rice silage as determined by 16S ribosomal DNA analysis[J]. Applied and Environmental Microbiology, 2003, 69(1): 444-451.

[82] 詹发强，包慧芳，崔卫东，等. 玉米青贮过程中乳酸菌动态变化 [J]. 微生物学通报，2010, 37(6): 834-838.

[83] 买尔哈巴·艾合买提，樊振，李越中，等. 瘤胃中纤维素分解菌的分离、鉴定及其产酶条件的优化 [J]. 微生物学报，2013, 53(5): 470-477.

[84] Hao W, Wang H L, Ning T T, et al. Aerobic stability and effects of yeasts during deterioration of non-fermented and fermented total mixed ration with different moisture levels[J]. Asian-Australasian Journal of Animal Sciences, 2015, 28(6): 816-826.

[85] Cavallarin L, Tabacco E, Antoniazzi S, et al. Aflatoxin accumulation in whole crop maize silage as a result of aerobic exposure[J]. Journal of the Science of Food and Agriculture, 2011, 91(13): 2419-2425.
[86] Orsi R B, Corrêaa B, Possi C R, et al. Mycoflora and occurrence of fumonisins in freshly harvested and stored hybrid maize[J]. Journal of Stored Products Research, 2000, 36(1): 75-87.
[87] 王彦苏 , 张一凡 , 严振亚 , 等 . 水稻秸秆青贮饲料中可培养微生物多样性分析及优势乳酸菌的分离鉴定 [J]. 草地学报 , 2014, 22(3): 586-592.
[88] Liu B Y, Huan H L, Gu H R, et al. Dynamics of a microbial community during ensiling and upon aerobic exposure in lactic acid bacteriainoculation-treated and untreated barley silages[J]. Bioresource Technology, 2019, 273: 212-219.
[89] McGarvey J A, Franco R B, Palumbo J D, et al. Bacterial population dynamics during the ensiling of *Medicago sativa* (alfalfa) and subsequent exposure to air[J]. Journal of Applied Bacteriology, 2013, 114(06): 1661-1670.
[90] May L A, Smiley B, Schmidt M G. Comparative denaturing gradient gel electrophoresis analysis of fungal communities associated with whole plant corn silage[J]. Cananian Journal of Microbiology, 2001, 47(09): 829-841.
[91] 赵巍 , 王兰惠 , 甄玉国 , 等 .2020 年国内玉米青贮霉菌毒素普查报告 [J]. 中国乳业 ,2021(08):56-59.
[92] 韩立英 , 玉柱 . 3 种乳酸菌制剂对苜蓿和羊草的青贮效果 [J]. 草业科学 , 2009, 26(2): 66-71.
[93] 和立文 . 全株玉米青贮品质评价及其对肉牛育肥性能和牛肉品质的影响 [D]. 北京 : 中国农业大学 , 2017: 34-36.
[94] 杨晓丹 . 西藏牧草青贮饲料中耐低温乳酸菌的筛选、鉴定及验证研究 [D]. 南京 : 南京农业大学 , 2015: 56-58.
[95] 李大鹏 . 玉米秸秆青贮饲料添加剂的研究 [J]. 粮食与饲料工业 , 2002(5): 35-37.

第4章

木本饲料青贮

4.1 不同水分条件下添加剂对构树青贮营养品质及有氧稳定性的影响

4.1.1 不同水分条件下添加剂对构树青贮发酵的影响

构树 WSC 含量低（乳酸发酵可利用的底物少，不利于青贮），直接青贮不利于乳酸菌发酵，往往容易导致青贮失败。研究表明，使用添加剂青贮构树后，青贮效果明显改善。本试验在不同晾晒时间下以构树和糖蜜作为基础底物，通过添加乳酸菌、纤维素酶、甲酸和丙酸来探讨不同水分条件下添加剂对构树青贮营养品质的影响。

4.1.1.1 材料与方法

（1）试验材料

试验材料为杂交构树，于 2019 年 6 月 14 日取自贵州省黔南布依族苗族自治州长顺县构树组培基地，取构树嫩枝叶（距顶端 60cm 处），分别晾晒（温度 25℃，光照 34.3×10^3lx）1.5h（记做 W1）和 3.5h（记做 W2），用铡草机将其切碎为 1.5 ～ 2.5cm 备用。

添加剂：糖蜜购自市场，主要成分为蔗糖，含糖量为 48%。乳酸菌购自郑州乐贝丰生物科技有限公司，主要成分为植物乳杆菌和布氏乳杆菌，活菌数≥ 1.0×10^{10}cfu/g；纤维素酶购自宁夏和氏璧生物技术有限公司，主要成分为纤维素酶，酶活力≥ 30000U/g（酶活力单位，表示每克样品中具有的酶量）；甲酸（HCOOH，分析纯，纯度≥ 88%）和丙酸（CH_3CH_2COOH，分析纯，纯度≥ 98%），均购自贵州为莱科技有限责任公司。

构树原料营养成分如表 4-1 所列。

表 4-1　构树原料营养成分（干物质基础，%）

营养成分	晾晒 1.5h	晾晒 3.5h
含水量（鲜物质基础）/%	69.82	64.71
粗灰分	8.28	8.20
粗蛋白	19.72	19.23
粗脂肪	3.56	3.89
粗纤维	17.27	17.75
中性洗涤纤维	38.92	40.04
酸性洗涤纤维	20.46	21.75
可溶性碳水化合物	6.29	7.32

（2）试验方法

将青贮原料添加 4% 糖蜜作为对照记作 CK 组，在添加糖蜜的基础上添加乳酸菌（0.02g/kg）记作 LB 组、纤维素酶（1g/kg）记做 CE 组、甲酸（4mL/kg）记作 FA 组、丙酸（4mL/kg）记作 PA 组（见表 4-2）。每个处理 4 个重复，添加量以原料鲜重为基础，根据鲜重计算出所需添加剂的量，将添加剂溶于少量蒸馏水中，均匀喷洒于青贮料，青贮时间为 60d。

表 4-2　试验设计

组别	添加剂	添加量（鲜重基础）
CK	糖蜜	4%
LB	糖蜜 + 乳酸菌	4%+0.02g/kg
CE	糖蜜 + 纤维素酶	4%+1g/kg
FA	糖蜜 + 甲酸	4%+4mL/kg
PA	糖蜜 + 丙酸	4%+4mL/kg

将切碎的原料分别喷洒加入糖蜜以及发酵促进剂和发酵抑制剂添加剂的蒸馏水 10mL/kg，混合均匀后将样品装入聚乙烯青贮袋（28cm×40cm），每袋装料 500g 左右，抽真空机抽真空、密封，室温条件下（25 ～ 37℃）避光贮藏 60d 后开封，取样时打开袋，上层弃用后混匀，取袋中间位置的样品分析青贮料发酵品质和化学成分，并测定其有氧稳定性。

（3）测定指标及方法

测定指标包括感官评价、pH 值、发酵品质、营养成分和有氧稳定性。

① 样品处理　取青贮完成后样品 10g，加入 90mL 蒸馏水，搅拌均匀，4℃条件下浸提 24h 后再用 4 层纱布和定性滤纸过滤，滤液即为样品的浸提液，用于 pH 值、氨态氮、乳酸、乙酸、丙酸和丁酸的测定。置于 −20℃条件保存备用。其余样品于 65℃烘干至恒重，用于干物质、粗蛋白、粗纤维、粗灰分、中性洗涤纤维、酸性洗涤纤维、可溶性碳水化合物的测定。

② 感官评定　青贮感官评价参照德国农业协会评价方法和等级划分标准，总分 20 分，其中气味在评价中最为重要 14 分（4 个等级）、质地 4 分（4 个等级）、色泽 2 分（3 个等级），综合色泽、气味、质地评定得到综合评分。

③ 营养成分的测定　取待分析样品约 200g，置于信封袋，于 105℃鼓风干燥箱中杀青 20min，然后在烘箱中 65℃烘干，用于营养成分的测定。其中，DM 采用烘干法测定；CP 采用 KjeltecTM8100 型凯氏定氮仪测定；NDF 和 ADF 应用滤袋技术，采用 Ankom220 型纤维

分析仪测定；WSC 含量采用蒽酮 - 硫酸比色法测定。

④ pH 值及发酵品质测定　浸提液制备：取待分析样品 20g，加入 180mL 蒸馏水，搅拌均匀，4℃下浸提 24h，再用 4 层纱布和定性滤纸过滤，滤出草渣制得样品的浸提液。将制得的浸提液立即进行 pH 值测定后置于 −20℃条件保藏备用，用于 AN、LA、AA、PA 和 BA 的测定。其中：pH 值采用上海佑科 PHS-3C 酸度计测定；AN 采用苯酚 - 次氯酸钠比色法测定；LA、AA、PA 和 BA 测定采用高效液相色谱法。

⑤ 有氧稳定性的测定　有氧稳定性采用多通路温度记录仪测定。取样品 300g 左右于 1.5L 敞口塑料桶内，纱布封口防止外界微生物污染，将感温器插入饲料中心，同时以 3 个感温器测定环境温度，有氧腐败时间即为饲料温度超过环境温度 2℃所用的时间。

⑥ 营养价值评价（模糊隶属函数法）　运用模糊隶属函数法，分别对构树青贮完成后各处理的营养成分、发酵指标进行综合评价。若该测定指标与构树的营养价值呈正相关，则用式（4-1）进行计算；若该测定指标与构树营养价值呈负相关，则用式（4-2）进行计算。

$$X=(X_i-X_{min})/(X_{max}-X_{min}) \tag{4-1}$$

$$X=1-(X_i-X_{min})/(X_{max}-X_{min}) \tag{4-2}$$

式中，X 为某指标隶属函数值；X_i 为该指标的测定值；X_{max}，X_{min} 分别表示该指标的最大和最小值。然后以构树各指标的 X 累加并计算平均值，最后根据平均值进行排名，隶属值最高则营养价值最高。

（4）数据统计与分析

采用 Excel 2013 软件对基础数据进行分析整理和图形绘制，SPSS 20.0 进行单因素方差分析和双因素方差分析，并用 Duncan 法对各组进行多重比较，P<0.05 为差异显著。结果用平均值加减标准差表示。

4.1.1.2　结果与分析

（1）构树青贮感官评价

由表 4-3 可知，构树青贮 60d 后，各处理组感官评价等级均在良及以上水平。其中 W1 水分下 CK 组颜色呈黄绿色，较其他组颜色差，有少许氨味，且手握后有明显扎手感，感官评价为良等（15 分）。W2 水分下 CK 组颜色接近原色，但同样有少许氨味，也有明显扎手感，感官评价为优等（16 分）。其余各组颜色都较好，有较浓的酸香味，且质地柔软，感官评价均为优等。

表 4-3　青贮构树感官评价

处理	水分	CK	LB	CE	FA	PA
色泽	W1	1	2	2	2	2
	W2	2	2	2	2	2
气味	W1	12	14	13	13	13
	W2	12	14	14	13	13
质地	W1	2	4	3	3	4
	W2	2	4	4	4	4
等级	W1	良等（15）	优等（20）	优等（18）	优等（19）	优等（19）
	W2	优等（16）	优等（20）	优等（20）	优等（19）	优等（19）

（2）添加剂对不同水分条件下构树青贮营养成分的影响

由表4-4可知，含水量和添加剂在构树青贮中对DM、EE、WSC、ADF含量均有显著影响（P<0.05）。其中两个水分条件下均表现为CK组DM含量最低，W1水分下CK组显著低于FA组（P<0.05），但与其他各组间差异不显著（P>0.05）。而W2水分下CK组显著低于FA、LB及CE组（P<0.05），与PA组差异不显著（P>0.05）。两个水分条件下FA组WSC含量均显著高于其余各组（P<0.05）。含水量对于CP、CF及NDF含量无显著影响（P>0.05），且含水量和添加剂的交互作用对其也无显著影响（P>0.05），但添加剂显著影响其含量（P<0.05）。其中CP含量两个水分下均表现为LB组最高W1(19.57%)、W2(19.32%)，显著高于CK组（P<0.05）。CF含量两个水分下均表现为CE组最低W1（14.77%）、W2（15.00%），显著低于其余各组（P<0.05）。

表4-4 添加剂对不同水分条件下构树青贮营养品质的影响（干物质基础，%）

水分含量	处理	干物质（鲜物质基础）/%	粗蛋白	粗脂肪	可溶性碳水化合物	粗灰分	粗纤维	酸性洗涤纤维	中性洗涤纤维
W1	CK	26.43±0.65b	17.66±0.39c	3.18±0.02b	1.70±0.04c	8.50±0.16ab	17.25±0.30a	19.89±0.18a	31.61±0.73a
	FA	28.26±0.42a	19.19±0.22ab	3.67±0.06ab	2.80±0.02a	8.20±0.24ab	15.56±0.70bc	18.73±0.26b	30.83±1.53ab
	LB	27.06±0.99ab	19.57±1.02a	3.14±0.38b	1.25±0.04d	8.74±0.19a	15.49±0.67bc	19.77±0.07a	32.70±1.09a
	CE	27.15±1.10ab	18.86±0.31ab	4.33±0.34a	1.71±0.12c	8.69±0.05a	14.77±0.21c	18.97±0.38b	28.74±0.32b
	PA	27.71±0.96ab	18.21±0.45bc	2.94±0.88b	1.91±0.07b	8.59±0.36ab	16.38±0.19ab	19.67±0.33a	32.05±1.73a
W2	CK	30.33±0.20b	17.92±0.13b	3.23±0.04b	2.13±0.17b	9.07±0.01a	16.94±0.37a	21.63±0.42a	32.91±1.00a
	FA	32.31±1.21a	18.23±0.74ab	3.94±0.29a	2.77±0.06a	8.78±0.21a	16.17±0.76a	19.41±1.24b	30.23±2.33b
	LB	31.96±0.75a	19.32±0.77a	4.05±0.09a	1.55±0.03c	8.87±0.19a	16.13±0.65a	20.66±0.39ab	33.45±0.60a
	CE	31.84±0.66a	19.19±0.43a	3.98±0.11a	2.18±0.15b	8.82±0.17a	15.00±0.52b	19.52±0.31b	30.23±0.88b
	PA	31.33±0.19ab	18.47±0.73ab	4.01±0.15a	2.08±0.07b	8.81±0.25a	16.09±0.34a	20.65±0.39ab	32.53±0.75ab
P值	含水量M	<0.01	0.804	0.006	<0.01	<0.01	0.365	<0.01	0.144
P值	添加剂A	<0.01	0.01	0.002	<0.01	0.102	<0.01	<0.01	<0.01
P值	M×A	0.008	0.395	0.009	<0.01	0.163	0.348	0.307	0.629

注：同列同一水分不同小写字母表示不同处理组间差异显著（P<0.05），下同。

（3）添加剂对不同水分条件下构树青贮发酵品质的影响

添加剂对不同水分条件下构树青贮发酵品质的影响如表4-5所列。由表可知，含水量和添加剂均显著影响了构树青贮后的pH值、LA、AA及PA含量（P<0.05），但两者的交互作用对pH值、AA、PA无显著影响（P>0.05）。所有处理组青贮完成后pH值均低于4.2。W1水分条件下FA处理组pH值显著低于其他处理组（P<0.05），其余各组间差异不显著（P>0.05），W2水分条件下pH值LB组最低（4.11），CK组显著高于其余各组（P<0.05）。两个水分条件下均表现为LB组LA含量显著高于其余各组（P<0.05），CK组显著低于其余各组（P<0.05）。AA含量CK组最低，W1水分下CK组除与LB组差异不显著外（P>0.05），显著低于其余各组（P<0.05），PA处理组显著高于各处理组（P<0.05）。本试验中除PA处理组检测到较高含量的PA外（P<0.05），其余各组PA含量均较低且处理组所有均未检测到

BA。AN/TN 含量在两个水分下均表现为 CK 组显著高于其余各组（$P<0.05$），但都小于 10。

表 4-5　添加剂对不同水分条件下构树青贮发酵品质的影响（干物质基础）

水分	处理	pH 值	乳酸 /%	乙酸 /%	丙酸 /%	丁酸 /%	氨态氮 / 全氮 /%
W1	CK	4.12±0.01a	4.12±0.07d	0.49±0.01d	0.21±0.01b	ND	9.75±0.05a
	FA	4.08±0.11b	4.73±0.07b	0.67±0.01b	0.13±0.02bc	ND	8.40±0.44cd
	LB	4.10±0.02a	5.41±0.06a	0.53±0.02cd	0.02±0.00c	ND	8.02±0.37d
	CE	4.12±0.06a	4.47±0.06c	0.57±0.01c	0.09±0.02bc	ND	8.86±0.29b
	PA	4.11±0.01a	4.71±0.09b	0.83±0.06a	1.51±0.16a	ND	8.79±0.37bc
W2	CK	4.17±0.01a	3.84±0.03c	0.57±0.02d	0.18±0.01b	ND	9.50±0.05a
	FA	4.12±0.11b	4.19±0.14b	0.74±0.01b	0.11±0.01c	ND	8.60±0.44b
	LB	4.11±0.02b	5.13±0.06a	0.59±0.01d	0.00±0.00e	ND	8.04±0.37b
	CE	4.13±0.02b	4.34±0.07b	0.66±0.02c	0.08±0.00d	ND	8.65±0.29b
	PA	4.14±0.06ab	4.31±0.03b	0.94±0.04a	1.30±0.13a	ND	8.63±0.37b
P 值	含水量 M	<0.01	<0.01	<0.01	0.011	—	0.437
	添加剂 A	0.002	<0.01	<0.01	<0.01	—	<0.01
	M×A	0.093	0.002	0.336	0.022	—	0.663

（4）添加剂对不同水分条件下构树青贮有氧稳定性的影响

由表 4-6 可知，两个水分条件下均为 CK 组有氧腐败时间最短，但都大于 117h。整体呈现为有氧腐败时间 PA>FA>CE>LB>CK。添加丙酸组有氧腐败时间最长，W2 水分条件下到第 15 天仍未发生腐败。W1 水分条件下相同处理组间有氧腐败时间均低于 W2 水分。

表 4-6　添加剂对不同水分条件下构树青贮有氧稳定性的影响

项目	水分	CK	FA	LB	CE	PA
有氧稳定性 /h	W1	117	286	197	206	344
	W2	126	332	230	249	>360

（5）添加剂处理下构树青贮营养价值综合分析

由表 4-7 可知使用添加剂对构树青贮后营养水平综合评价 W1 水分条件下由高到低为 LB>CE>FA>PA>CK，W2 水分条件下依次为 LB>CE>PA>FA>CK。

表 4-7　构树青贮饲料综合价值评价

水分	评价	CK	FA	LB	CE	PA
W1	平均值	0.2310	0.6187	0.7798	0.680	0.3997
	排名	5	3	1	2	4
W2	平均值	0.2386	0.4645	0.8738	0.8372	0.7083
	排名	5	4	1	2	3

（6）经济效益分析

由表 4-8 及表 4-9 可知，甲酸和纤维素酶由于本身的单价较高且添加量也较高，所以饲料制作成本也较高为 FA 组（0.64 元 /kg）、CE 组（0.76 元 /kg），而添加乳酸菌成本最低为 LB 组（0.17 元 /kg）。以市场调研 30%DM 含量构树 1500 元 /t（5 元 /kgDM）为基准分析 LB

组的价值效益，两个水分条件下 DM 增加量为 W1（0.63%）、W2（1.63%），LB 组青贮所需成本较对照组增加 10 元 /t，最终增加的效益为 W1 水分下 21.5 元 /t，W2 水分下 71.5 元 /t。

表 4-8　添加剂成本比较

处理	CK	FA	LB	CE	PA
单价	8 元 / 瓶	60 元 / 瓶	50 元 / 袋	60 元 / 袋	30 元 / 瓶
规格	2kg/ 瓶	500mL/ 瓶	100g/ 袋	100g/ 袋	500mL/ 瓶
添加量	4%	4mL/kg	0.02g/kg	1g/kg	4mL/kg
价格	0.16 元 /kg	0.48 元 /kg	0.01 元 /kg	0.6 元 /kg	0.24 元 /kg
制作成本	0.16 元 /kg	0.64 元 /kg	0.17 元 /kg	0.76 元 /kg	0.4 元 /kg

表 4-9　乳酸菌组效益分析

项目	干物质增加量 /kg	干物质总增加量 /t	总增加价值 /（元 /t）	增加效益 /（元 /t）
W1	0.63%	6.3kg	31.5	21.5
W2	1.63%	16.3kg	81.5	71.5

4.1.1.3　讨论

构树作为高蛋白木本饲料，原料自身 WSC 含量低且缓冲能值高，单独青贮较难成功。但由于基础添加了糖蜜使得构树可发酵底物充足、发酵良好，所以除 W1 水分下 CK 组（良等）外其余各组感官评价为与原色相近，酸香味浓且质地柔软均评为优等。

（1）添加剂对不同水分条件下构树青贮营养成分的影响

水分含量是影响青贮的一个重要因素，水分含量过高营养损失严重且易引起梭菌发酵，水分过低不易压实导致好气性菌繁殖且乳酸菌繁殖受到限制。本试验两个水分分别为 69.82% 和 64.71%，适宜青贮。两个水分条件下均表现为 CK 组 DM 含量下降最高，W1 下降 3.75%，W2 下降 4.96%，可能是由于 CK 组在发酵过程中有相对高的 pH 值，有害微生物利用可溶性碳水化合物等营养物质进行繁殖使 DM 损失较多。但都表现为下降较低水平，可能是由于两个水分均在适宜青贮范围内，用袋装青贮无汁液流失情况且基础添加糖蜜后均发酵良好，所以 DM 下降较少。FA 组 DM 损失率较低，主要是由于添加 FA 后使得青贮饲料 pH 值迅速降低，抑制植物呼吸作用的同时在青贮前期便迅速达到稳定状态，所以 DM 含量较高。

CP 的是青贮饲料的主要营养成分之一。蛋白的降解影响了牧草的营养价值，损失的氮只能通过补充日粮中蛋白饲料来满足家畜的营养需要，进而增加养殖成本。在青贮过程中，植物蛋白酶先将底物蛋白质水解为游离氨基酸和短链肽，然后这些氨基酸在微生物及细菌的作用下进一步降解为非蛋白氮（NPN）组分。本试验中各组蛋白质发生了不同程度的降解，CK 组降解最多，可能是由于较其余各组有相对较高的 pH 值和较低的 AA 含量，有害微生物繁殖较快使大量的蛋白降解。两个水分条件下均为 LB 组 CP 含量最高，且 W2 水分条件下 LB 组 CP 含量（19.32%）较青贮前（19.23%）相对增加，可能是由于青贮发酵中较低的 pH 值抑制了微生物的繁殖，而大多微生物多为细菌，失活的细菌主要由蛋白质构成保存在饲料中进而增加其含量。另外 DM 含量降低，所以 CP 相对增加。CE 组 CP 含量在两个水分条件下也都显著高于 CK 组，主要是添加纤维素酶后降解纤维为单糖增加可发酵底物的量且发酵良好，使得青贮饲料有较低的 pH 值而抑制了有害微生物对蛋白的降解，且纤维素酶中也存在蛋白。试验中 EE 及 CA 含量青贮前后变化不大甚至较青贮前相对增加，主要是由于其含量表示为DM含量的百分比，DM含量降低则其含量相对增加。这与Qing等研究温度及接种菌剂对苜蓿青贮发酵品质的影响结果一致。两个水分条件下均表现为FA组WSC含量显著高于其余各处理组，主要是甲酸的酸化作用使得pH值迅速降低抑制植物呼吸作用的同时也抑制了有害微生物的活性，从而保存了更多的WSC。而LB组相较于对照组有更低的WSC，这与董志浩等在对桑叶青贮时添加乳酸菌的结果一致。可能是由于添加了乳酸菌后，乳酸菌数量增加而充分利用WSC等营养物质为发酵底物进行发酵使得WSC含量显著降低。各组间纤维含量较青贮前也发生了不同程度的降解，是由于各组发酵充分，细胞壁分解加剧。ADF和NDF的含量影响了反刍动物的咀嚼时间，间接影响家畜的消化率，ADF效果最为明显，当其含量越低时消化率越高。青贮降低了ADF、NDF含量，说明青贮使得构树的消化率增加。CE组显著降低了CF、ADF和NDF，主要是由于添加纤维素酶破坏纤维间的氢键释放细胞内容物生成单糖。陈鑫珠等在对稻草青贮中添加纤维素酶发现较低的水分含量可能会抑制纤维素酶的活性进而ADF和NDF的含量降低较少。与本研究中W1水分下ADF和NDF的含量较W2水分条件下低的结果一致。

（2）添加剂对不同水分条件下构树青贮发酵品质的影响

pH值的大小能反映饲料能否良好保存，发酵良好的青贮pH值应小于4.2。本试验中所有处理组pH值均小于4.2，达到优质青贮饲料酸度标准。两个水分条件下均表现为FA组pH值显著低于其余各组。LB组主要是由于原料表面附着的乳酸菌少且大多为不良菌种，添加乳酸菌后其数量增加，乳酸菌作为主要微生物进行发酵产生乳酸，进而pH值降低。FA组主要是由于自身的酸化作用降低pH值，使饲料迅速达到稳定状态。两个水分相比较W1水分下pH值较W2低，主要是由于W1水分处理下各组生成的总酸含量较低，另外较低的水分含量在抑制有害微生物繁殖的同时可能会限制乳酸菌的活动。AA主要是由异型质乳酸菌以葡萄糖等为底物发酵产生，另外青贮早期好氧性微生物发酵也会产生少量乙酸。AA有较强的抗真菌能力防止饲料腐败变质。本试验中LB处理组AA含量与CK组差异不显著，且生成的LA含量远远高于AA，说明植物乳杆菌在此复合乳酸菌中占主导作用。BA是由腐败菌分解LA、糖等产生的，BA含量较低时，说明饲料的发酵品质较好。本试验中青贮后生成了少量的PA且各组均未检测到BA，这是由于青贮过程中发酵底物充足，较低的pH值抑制了梭菌等不良微生物的生长。AN主要由梭菌等有害微生物以蛋白质为营养物质繁殖产生，另外植物蛋白酶分解蛋白质也会产生一小部分。本试验中所有处理组AN/TN小于10%，达到优质青贮饲料标准。两个水分条件下均表现为CK组AN/TN显著高于其余各组，而LB组最低。主要是由于CK组有相对较高的pH值，在青贮前期梭菌等有害微生物的活动分解蛋白产生较高含量的AN，而LB组pH值较低抑制微生物的同时抑制了植物蛋白酶的活性进而生成的AN含量较低。

（3）添加剂对不同水分条件下构树青贮发酵有氧稳定性的影响

青贮开封后，饲料接触空气，好氧细菌开始以有机物及乳酸为底物大量繁殖，产生CO_2释放热量使得饲料温度和pH值升高，饲料开始腐败变质。研究表明，酵母菌最可能引起饲料的好氧变质，而主要引起饲料变质的是利用酸型酵母。

贵州温暖湿润气候适合腐败菌生长繁殖，从而加速有氧腐败，但本试验中两个水分条件下所有处理组有氧腐败时间均大于117h，有氧稳定性较好，是因为本试验中基础添加了糖蜜后乳酸菌发酵底物充足，较低的pH值抑制了腐败菌的繁殖。W2水分条件下所有处理组的有氧腐败时间均大于W1水分条件下的同一处理，可能是干物质含量较高时，由于水分散失较多，植物细胞渗透压增加，而有害微生物的繁殖需要水分，水分较低降低了有害微生物的数量，进而增加了有氧稳定性。乳酸菌为青贮发酵中的有益菌，但其性质不同进而作用效果不同。Filya 等研究发现同型发酵不会产生大量的乙酸、丙酸等抗真菌性物质，而真菌可利用大量的乳酸作为发酵基质，因此更容易好氧变质。另一类异型发酵乳酸菌（布氏乳杆菌等）除产生乳酸外还产生了一些对酵母菌和霉菌有较强抑制作用的挥发性的脂肪酸，从而提高青贮饲料的有氧稳定性。本试验中添加乳酸菌组有氧腐败时间仅高于对照组，主要是由于添加的乳酸菌为复合乳酸菌，且生成较高含量乳酸和较低含量乙酸，进而抑制梭菌等有害微生物的能力较低，所以有氧稳定性较差。添加甲酸组有氧腐败时间低于丙酸添加组但都高于其余各组，主要是甲酸使 pH 值迅速降低抑制了酵母菌、梭菌等的生长。本试验中两个水分条件下添加丙酸组有氧腐败时间最长，其中 W2 水分条件下 15d 时仍未发生腐败，主要是由于 PA 具有较强的抗真菌能力，它能改变微生物细胞的渗透性，进而抑制微生物的生长繁殖。

（4）经济效益分析

乳酸菌制剂发展迅速、运用广泛，在本试验中制作成本最低仅为 0.17 元 /kg，在生产上以 DM 计价最终增加的效益 W1 水分下 21.5 元 /t，W2 水分下 71.5 元 /t，且营养价值综合排名最高。甲酸的酸性较强而丙酸抗真菌性强，添加到青贮饲料后有氧稳定性显著增加，但添加后会降低家畜的采食量且因其具有腐蚀性在生产上会对机器造成损坏，另外甲酸用作添加剂的成本较高，所以考虑发酵效果及成本可以二者混合使用。

4.1.1.4 结论

① 除 W1 水分条件下 CK 组外其余各处理组感官评价均为优等。

② 两个水分条件下均表现为 CK 组干物质损失率最高且蛋白降解最多，但发酵品质均较好，所有处理组 pH 值及 AN/TN 含量均较低，综合评价营养价值后 LB 组效果最佳。

③ W2 水分条件下各处理组有氧稳定性较 W1 高，而添加剂间表现为 PA>FA>CE>LB>CK，经济效益分析后 W1 水分条件下增值 21.5 元 /t，W2 水分下增值 71.5 元 /t。

④ 综合考虑两个水分条件下使用添加剂后对构树的发酵指标、营养水平、有氧腐败时间及经济效益的影响，推荐在贵州地区进行构树青贮时含水量 65% 左右，添加剂可以选择在添加糖蜜的基础上添加乳酸菌进行青贮。

4.1.2 添加剂对构树青贮过程中氮组分含量的影响

构树作为一种高蛋白木本饲料，其蛋白含量可以与苜蓿相媲美，但牧草萎蔫及青贮过程中蛋白降解是一个难以避免的过程。蛋白的降解严重影响了其营养价值及利用价值。研究发现苜蓿在青贮过程中由于植物蛋白酶的作用非蛋白氮的含量为 44% ～ 87%，且使用添加剂后蛋白降解含量显著降低。但目前还未发现关于构树青贮中氮组分含量变化的研究。基于前人对蛋白降解研究的基础，本试验开展了添加剂对构树青贮氮组分含量的影响，探讨适宜添加剂对构树青贮过程中蛋白降解效果，进而提高构树青贮饲料的营养价值。

4.1.2.1 材料与方法

（1）材料

试验材料为杂交构树，于 2019 年 6 月 14 日取自贵州省黔南布依族苗族自治州长顺县构树组培基地，取构树嫩枝叶（距顶端 60cm 处），晾晒（25℃，34.3×10^3lx）1.5h 后用铡草机将其切碎为 1.5 ～ 2.5cm 备用。

（2）试验方法

添加 4% 糖蜜作为对照组（CK），在添加糖蜜的基础上添加 1g/kg 纤维素酶（CE）、0.02g/kg 乳酸菌（LB）、4 mL/kg 甲酸（FA），在青贮 0、1、3、7、15、30、45d 取样分析，每个处理 3 个重复。取青贮样品装入自封袋中于 -80℃冰箱保存，用于测定氮组分的变化。

（3）测定项目及方法

取青贮完成后样品 10g，加入 90mL 蒸馏水，搅拌均匀，4℃条件下浸提 24h 后再用 4 层纱布和定性滤纸过滤，滤液即为样品的浸提液，用于 pH 值和非蛋白氮含量测定。取 40mL 滤液加入配置好的 10% 的三氯乙酸（TCA）4℃条件下静置 12h 左右以沉淀真蛋白后，再在 4℃条件下 18000r/min 离心 15min 后，上清液用于氨态氮、游离氨基酸测定。取 200g 左右样品于 65℃烘干至恒重粉碎后过 1mm 筛后用于粗蛋白及非蛋白氮的测定。

① pH 值　PHS-3C 酸度计（上海精密仪器有限公司）测定浸提液，读数即为青贮饲料 pH 值。

② 总氮 TN　总氮含量即为粗蛋白含量除以 6.25，粗蛋白测定方法同 4.1.1.1。

③ 非蛋白氮（NPN）　将浸提液经配置好的 10% 的三氯乙酸经 4℃过夜沉淀后用凯氏定氮法测定。准确称取烘干粉碎后样品 0.5g（精确到 0.0001g）于 150mL 锥形瓶中静置 30min；再加入 10mL10% 的三氯乙酸静置 30min，待过滤完成后先用三氯乙酸冲洗两次后再用蒸馏水冲洗两次，将滤渣和滤纸转移到凯氏烧瓶中测定氮含量，滤纸作为空白。总氮减去滤渣和滤纸中氮含量即为非蛋白氮含量。

④ 游离氨基酸（AA-N）　游离氨基酸用茚三酮 - 硫酸肼比色法进行测定。

⑤ 氨态氮（NH_3-N）　氨态氮含量的测定采用苯酚 - 次氯酸钠比色法测定。

⑥ 肽氮（Pep-N）　肽氮含量为非蛋白氮与游离氨基酸和氨态氮的差值。即肽氮 = 非蛋白氮 –（游离氨基酸 + 氨态氮）Pep-N=NPN−（AA-N+NH_3-N）

4.1.2.2　结果与分析

（1）构树青贮过程中 pH 值的动态变化

构树青贮过程中 pH 值的动态变化如图 4-1 所示。构树青贮过程中 pH 值随着时间延长逐渐降低，所有处理组均呈现为青贮第 1 天下降较快，其中 FA 组下降到最低（4.63），显著低于其余各组（$P<0.05$）。青贮 15 天后除 CK 组（4.29）外其余各组 pH 值均低于 4.2。CK 组每个时间点的 pH 值均显著高于其余各处理组（$P<0.05$）。青贮前期 FA 组 pH 值较低而青贮后期 LB 组较低，且青贮后期各处理组 pH 值均变化较小。青贮完成后 CK 组 pH 值显著高于其余各组（$P<0.05$），但其余各组间差异不显著（$P>0.05$）。

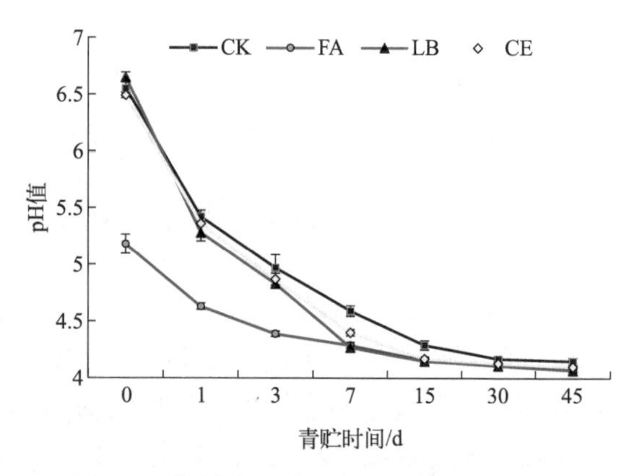

图 4-1　构树青贮过程中 pH 值的动态变化

（2）构树青贮过程中氮组分的动态变化

构树青贮 45d 后各处理组氮组分的变化如表 4-10 所列。各处理组间 TN 含量差异不显著（$P>0.05$），CK 组最高（9.42%DM），CE 组最低（9.18%DM）。NPN 含量 CK 组最高（53.60%），显著高于其余各组（$P<0.05$），FA 组与 CE 组间差异不显著（$P>0.05$），但都显著高于 LB 组（$P<0.05$）。NH_3-N 和 AA-N 含量均表现为 CK 组显著高于其余各组（$P<0.05$），其中 CE 处理

组 NH_3-N 含量显著高于 FA 和 LB 组（P<0.05），但 FA 和 LB 组间差异不显著（P>0.05）。而 FA 与 CE 组间 AA-N 含量差异不显著（P>0.05），但都显著高于 LB 组（P<0.05）。肽氮含量 LB 处理组与 CE 组间差异不显著（P>0.05），但显著高于其余两组（P<0.05）。

表 4-10　构树青贮 45d 后的氮组分

处理	总氮 /%DM	青贮 45d 氮组分 /%TN			
		非蛋白氮	氨态氮	游离氨基酸	肽氮
CK	9.42a	53.60a	9.93a	39.39a	4.29c
FA	9.23a	49.09b	8.32c	34.85b	5.92b
CE	9.18a	49.64b	8.82b	34.01b	6.80ab
LB	9.35a	46.87c	8.09c	30.69c	8.12a
P 值	0.761	<0.001	<0.001	<0.001	<0.001

注：同列不同字母表示差异显著（P<0.05）。

（3）青贮过程中 NPN 含量的动态变化

构树青贮过程中 NPN 含量的动态变化如图 4-2 所示。构树青贮在第 1 天时 NPN 生成最快，由青贮前的 18.34% 迅速增加到 30% 以上，后期较缓慢。整个青贮过程中 CK 组各时间点生成的 NPN 含量显著高于其余各组（P<0.05），LB 组生成量最少，青贮前期 FA、CE、LB 组间 NPN 含量差异不显著（P>0.05），30d 后 LB 组显著低于其余各组（P<0.05）。青贮完成后 CK 组 NPN 含量达到 53.60%，而其余各处理组均低于 50%，LB 组最低为 46.87%，说明添加剂处理降低了 NPN 的生成量。

（4）构树青贮过程中 NH_3-N 含量的动态变化

构树青贮过程中 NH_3-N 含量的动态变化如图 4-3 所示。NH_3-N 含量随着青贮时间的延长逐渐增加，青贮前 7 天生成的速率较快，而后期趋于平稳。整个青贮过程中 NH_3-N 含量均表现为 CK 组显著高于其余各组。青贮前 30d FA 与 CE 组间差异不显著（P>0.05），但后期 45d 时，CE 组 NH_3-N 含量显著高于（P<0.05）FA 组和 LB 组，而 FA 组和 LB 组间差异不显著。青贮完成后 CK 组 NH_3-N 含量 9.93%，显著高于其余各组（P<0.05），LB 组最低（8.09%），但均低于 10%，说明构树青贮生成的 NH_3-N 较少，青贮效果较好，且添加剂对 NH_3-N 的生成具有抑制作用，其中乳酸菌抑制效果更好。

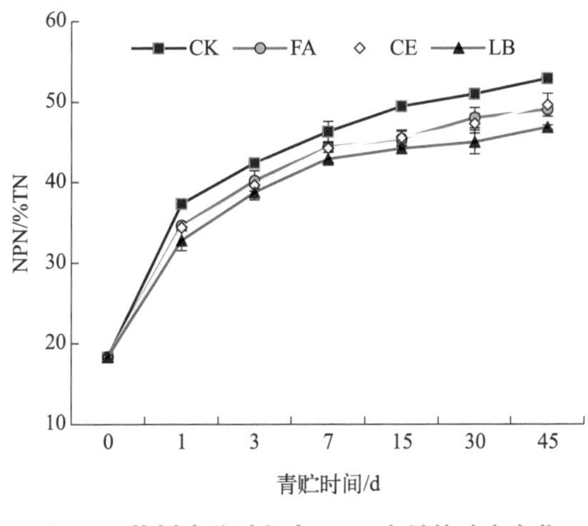

图 4-2　构树青贮过程中 NPN 含量的动态变化

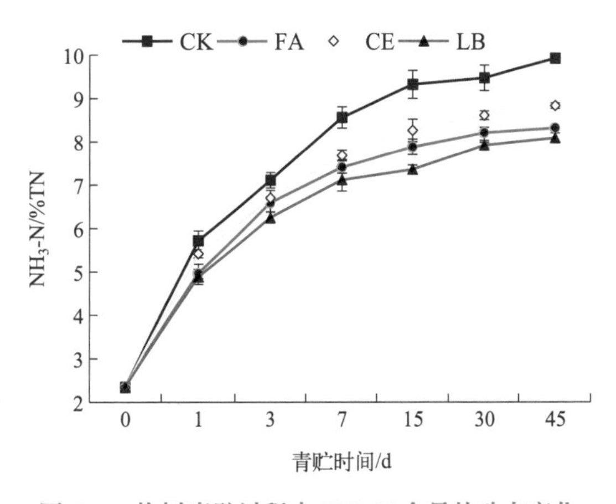

图 4-3　构树青贮过程中 NH_3-N 含量的动态变化

（5）构树青贮过程中 AA-N 含量的动态变化

构树青贮过程中 AA-N 的变化如图 4-4 所示。随着时间推移 AA-N 含量逐渐积累，各处理组均表现为其生成前 3 天生成速度快而后期较缓慢，前 3 天由 3.73% 迅速增加到 20% 以上。整个青贮过程中 AA-N 含量表现为 CK 组 >FA 组 >CE 组 >LB 组，CK 组生成量最多（$P<0.05$），FA 与 CE 组间差异不显著（$P>0.05$），但都显著高于 LB 组（$P<0.05$）。青贮完成时 CK 组达到 39.39%，LB 组最低（30.69%）。

（6）构树青贮过程中 Pep-N 含量的动态变化

构树青贮过程中 Pep-N 含量的动态变化如图 4-5 所示。Pep-N 含量整体呈现为先增加后逐渐降低的趋势，添加剂处理下 Pep-N 含量 LB 组 > CE 组 > FA 组 >CK 组，青贮第 1 天 Pep-N 含量最大，第 1 天到第 3 天时下降迅速，而后缓慢下降。第 1 天时 LB 组生成量最大（16.02%）。青贮 45d 后 LB 组 Pep-N 含量显著高于其余各组（$P<0.05$）。

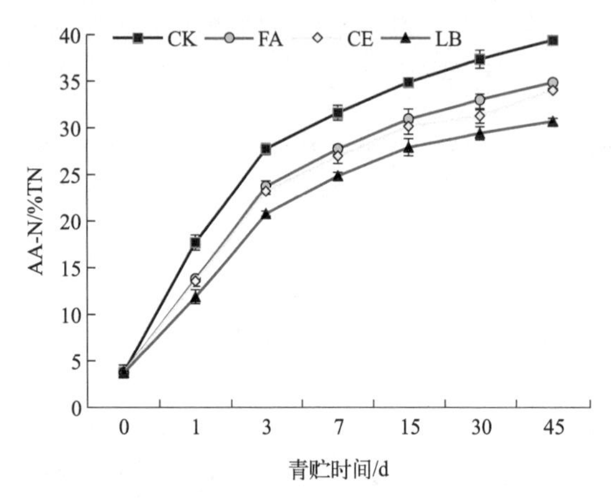

图 4-4 构树青贮过程中 AA-N 含量的动态变化

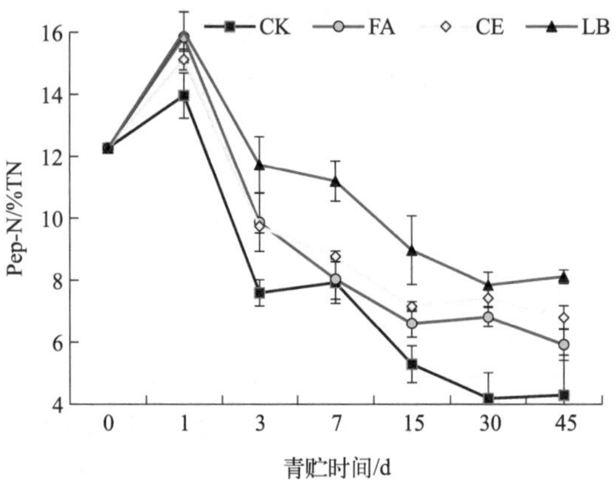

图 4-5 构树青贮过程中 Pep-N 含量的动态变化

4.1.2.3 讨论

（1）构树青贮过程中添加剂对 pH 值的影响

pH 值主要是通过影响蛋白酶的活性以及微生物的繁殖进而影响牧草青贮蛋白的降解，而构树作为一种高蛋白木本饲料，其可溶性碳水化合物含量低、缓冲能值高，所以快速降低构树青贮的 pH 值尤为重要。pH 值的快速降低不仅能抑制不良微生物繁殖，保存更多的营养物质，还使得植物蛋白酶的活性降低，进而抑制蛋白降解。

本试验中青贮前 3 天 pH 值下降较快，其中 FA 组青贮前 pH 值显著低于其余各组（5.18），其余各组间前 3 天 pH 值变化差异不大，主要是由于甲酸自身的酸性使得青贮料 pH 值较低，而其他几个处理组间由于基础添加了糖蜜，使得乳酸菌有充足的发酵底物，所以 pH 值迅速下降但差异不明显。整个青贮过程中 CK 组 pH 值都高于其余各组，主要是 LB 组添加乳酸菌制剂可以增加乳酸菌的数量进而 LA 生成量增加，使 pH 值在较短时间内快速降低。CE 组添加纤维素酶制剂能降解原料中纤维成分将多糖转化为乳酸菌可利用的单糖，糖类的增加可促进乳酸发酵，降低青贮饲料 pH 值。青贮后期 LB 组 pH 值较 FA 组更低，可能是由于青贮后期甲酸的酸性减弱而添加 LB 组乳酸菌数量充足继续利用糖类物质发酵产生 LA 使 pH 值降低。青贮完成时所有处理组 pH 值均下降到 4.2 以下，说明饲料发酵良好。

（2）构树青贮过程中添加剂对 NPN 组分含量的影响

青贮原料中蛋白大多以真蛋白的形式存在，只有少量的 NPN。青贮过程中蛋白降解是一个难以避免的过程。蛋白降解主要是植物蛋白酶和微生物蛋白酶共同作用的结果。植物蛋白酶先将蛋白水解为游离氨基酸和短链肽，然后这些氨基酸在微生物及细菌的作用下将进一步降解氨以及胺等。蛋白降解生成的 NPN 不能被瘤胃微生物分解利用进而造成氮的损失。损失的氮只能通过补充日粮中蛋白饲料来满足家畜的营养需要，进而增加养殖成本。并且由于 NPN 不能被家畜有效的利用而转化为尿氮以尿液、排汗等方式排出体外引起潜在的环境污染问题。本试验中青贮完成后各处理间 NPN 含量占总氮 46.87% ～ 53.60%，较 Muck 研究苜蓿青贮时 NPN 含量占总氮 44% ～ 87% 低。一方面可能是青贮原料自身所决定的（构树青贮蛋白降解为 NPN 较少），另外可能由于基础添加了糖蜜后发酵底物充足乳酸发酵充分使 pH 值迅速降低，进而蛋白降解为 NPN 较少。随着青贮时间延长 NPN 含量逐渐增加，青贮第一周尤其是第一天生成速度最快，这与 FijalKowska 等对苜蓿青贮研究结果一致。可能是由于青贮前期青贮料有较高的 pH 值，此时蛋白酶的活性较高降解蛋白生成 NPN、梭菌等有害微生物以脱氨基等方式降解氨基酸生成氨，随着青贮进行 pH 值逐渐下降，到第 7 天时 pH 值降至 4.5 左右，蛋白酶活降低，而后青贮 pH 值逐渐降低并趋于稳定，所以青贮前期 NPN 生成速率快。整个青贮过程中 CK 组 NPN 含量较添加剂处理组高，FA 组与 CE 组差异不显著而 LB 组最低。FA 组主要是由于甲酸自身的酸性添加到构树青贮中使得饲料的 pH 值迅速降低，蛋白酶的活性降低，微生物的繁殖也受到抑制，进而生成的 NPN 含量少；CE 组添加纤维素酶后降解细胞壁为糖类等物质，为乳酸菌发酵提供更多的底物，使得 pH 值降低，抑制了微生物降解蛋白，从而生成的 NPN 含量较低。而 LB 组生成的含量最低可能是由于基础添加了糖蜜后添加乳酸菌使得整个青贮发酵过程中发酵充分且青贮后期 pH 值最低，抑制了蛋白酶的活性，所以生成的 NPN 含量最低。

在青贮中 NH_3-N 主要由梭菌等有害微生物以蛋白质为营养物质繁殖产生，另外植物蛋白酶分解蛋白质也会产生一小部分。研究发现梭菌及一些肠杆菌均能以脱氨基等方式分解发酵氨基酸为氨，但这些菌均不耐酸。本试验中 NH_3-N 含量随着青贮进行逐渐增加，说明在整个青贮过程中都发生了蛋白降解。添加剂处理组 NH_3-N 含量较 CK 组低，主要是由于添加剂组较低的 pH 值抑制了蛋白酶活性的同时抑制了微生物的活动，所以生成的 NH_3-N 含量较低。但本试验中青贮完成时所有处理组 NH_3-N 含量均小于 10%，说明青贮发酵良好。Pep-N 含量在整个青贮过程中呈现在第 1 天先增加而后逐渐降低的趋势，青贮前期 Pep-N 含量的增加可能是由于青贮前期 pH 值较高植物蛋白酶活性较高降解蛋白，后期逐渐降低是由于微生物蛋白酶利用肽氮进行自身的生长繁殖和降解肽为胺等物质，再者梭菌等有害微生物也能降解肽。其中 CK 组 Pep-N 含量较其他处理组低，可能是由于所有处理组中 CK 组 pH 值较高，少许的大肠杆菌及梭菌存活进而降解肽。

4.1.2.4 结论

① 随着青贮时间延长 NPN 含量逐渐增加，青贮第一周尤其是第一天生成速率最快，青贮完成后生成的 NPN 含量占总氮 46.87% ～ 53.60%。AA-N 和 NH_3-N 含量均随着青贮进行而逐渐增加。Pep-N 含量在整个青贮过程中呈现在第 1 天增加而后逐渐降低的趋势。

② 添加剂处理显著降低了 NPN、AA-N 和 NH_3-N 的含量，以乳酸菌的添加效果最明显。

4.1.3　添加剂对构树青贮过程中蛋白酶变化的影响

青贮过程中蛋白降解主要是植物蛋白酶的作用，而植物蛋白酶中主要是氨基肽酶、羧基肽酶和酸性蛋白降解酶。目前关于酶特性的研究主要对象是苜蓿，关于添加剂对构树青贮酶活性影响的研究未见报道。本试验研究构树青贮过程中添加剂对三种酶活性的影响，探究蛋白降解机理和不同添加剂处理的效果。

4.1.3.1　材料与方法

材料同 4.1.2.1。取上一试验描述各时间点的青贮鲜样或冷藏样品 10g，先用 1×PBS 缓冲液（磷酸缓冲盐，pH 值为 7.0 ～ 7.2，主要成分磷酸二氢钾和磷酸氢二钠）冲洗后，加入 50mL 缓冲盐进行匀浆，匀浆液先经 4 层纱布过滤后再将滤液于 4℃、18000r/min 条件下离心 15min，取上清液保存于 -80℃冰箱用于酶活性的测定。

（1）酸性蛋白降解酶的测定

取 0.2mL 制备好的上清液加入到 5mL 聚乙烯离心管，将底物偶氮酪蛋白（Sigma 公司）溶解于 pH 值为 4.5 的 0.2mol/L 磷酸缓冲盐，取 2.0mL 加入离心管混匀后于 40℃的水浴锅中反应 2h，其中以同样添加量的蒸馏水作为对照。加入 2mL12% 的高氯酸终止反应，取出离心管冷却至室温后在酶标仪（北京普天新桥技术有限公司）上测定其在 340nm 处的吸光度，酸性蛋白降解酶酶活即测定值减去蒸馏水对照。

（2）羧基肽酶的测定

先取 0.1mL 制备好的上清液加入到 5mL 聚乙烯离心管，后将溶解于乙酸钠的反应物取 2mL 加入混合后于 40℃的水浴锅中反应 2h，转移到沸水浴中 5min 终止反应，取出待冷却至室温后测定其中氨基酸的含量。减去上清液中 AA-N 即为反应所生成的氨基酸含量。羧基肽酶的酶活即为单位重量的样品在单位时间内所生成的氨基酸量。

（3）氨基肽酶的测定

先取 0.5mL 制备好的上清液加入到 5mL 聚乙烯离心管，后将底物 L- 亮氨酸对硝基苯胺（Sigma 公司）溶解于磷酸 - 柠檬酸缓冲液中。取 2.0mL 加入离心管混匀后于 40℃的水浴锅中反应 2h，转移到沸水浴中 5min 终止反应，其中以同样添加量的蒸馏水作为对照。用酶标仪（北京普天新桥技术有限公司）测定在 410nm 处的吸光度，氨基肽酶的酶活即为测定值减去对照。

4.1.3.2　结果与分析

（1）添加剂处理下构树青贮过程中酸性蛋白酶的动态变化

构树青贮过程中酸性蛋白酶的动态变化如图 4-6 所示。构树鲜样中酸性蛋白酶的酶活为 150.25U/mL，随着青贮时间的延长酸性蛋白酶的活性逐渐降低。其中 CK 组明显高于其余各组，其次是 CE 组，而青贮前 7 天 LB 组的活性高于 FA 组，7d 后 FA 组高于 LB 组。青贮完成后 CK 组仍保持了较高的活性（鲜样酶活的 35.73%），其余各组均表现

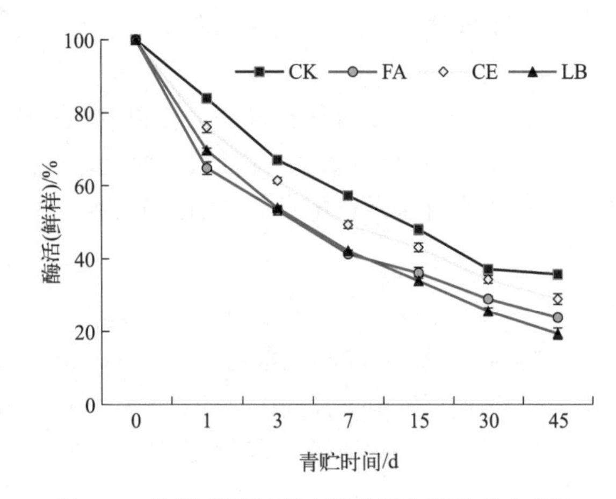

图 4-6　构树青贮过程中酸性蛋白酶的动态变化

为较低水平，其中CE组（28.94%），FA组（23.8%），LB组最低（仅为19.4%）。

（2）添加剂处理下构树青贮过程中羧基肽酶的动态变化

构树青贮过程中羧基肽酶含量的动态变化如图4-7所示。构树鲜样中羧基肽酶的酶活为78.03U/mL（U是酶活力单位，表示每毫升样品中含有的酶量），随着青贮时间的延长其活性逐渐降低，青贮第1天酶活性下降速率最高，CK组下降了8.63%，CE组下降了19.95%，LB组下降了25.49%，FA组下降最多达27.6%。整个青贮过程中CK组羧基肽酶的酶活明显高于其余各组，其次是CE组。青贮前15d LB组的活性高于FA组，而15d后FA组高于LB组。青贮完成时各处理组仍保持了较高的活性，CK组酶活为鲜样的62.72%，CE组40.86%，FA组33.48%，LB组30.33%。

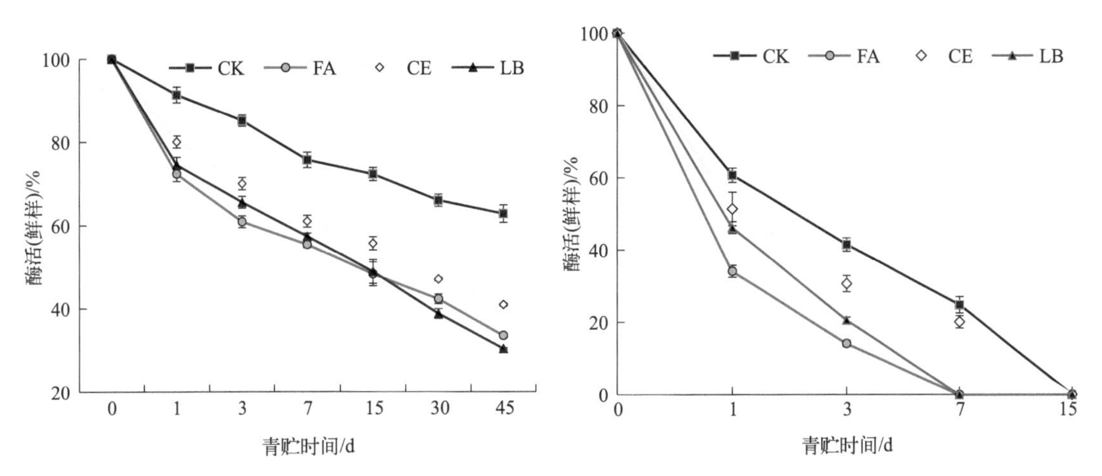

图4-7 构树青贮过程中羧基肽酶含量的动态变化　图4-8 构树青贮过程中氨基肽酶含量的动态变化

（3）添加剂处理下构树青贮过程中氨基肽酶的动态变化

构树青贮过程中氨基肽酶含量的动态变化如图4-8所示。构树鲜草中氨基肽酶的酶活为48.86U/mL，随着青贮时间的延长氨基肽酶的酶活性逐渐降低，青贮第1天下降速率最快，CK组下降了39.38%，CE组下降了48.68%，LB组下降了53.85%，FA组下降最多65.95%。FA组和LB组在第7天时已检测不到酶活性，而CK组和CE组到第15天时才失活。

4.1.3.3 讨论

萎蔫和青贮过程中都会发生蛋白降解，萎蔫主要受天气状况（温度和湿度）的影响，而青贮过程中主要是由植物蛋白酶的作用。青贮过程中植物蛋白酶主要由酸性蛋白降解酶、羧基肽酶和氨基肽酶将蛋白降解为肽和游离氨基酸，三种酶主要由细胞裂解释放，其酶活性决定了蛋白的水解情况。而青贮中酶活性主要受pH值、温度及添加剂的影响。

本试验中酸性蛋白降解酶的活性随着青贮时间逐渐降低，且添加剂处理降低了其活性，其中以LB组和FA组效果较好。主要是由于青贮过程中pH值逐渐降低，且LB组和FA组pH值较低。青贮前7天LB组的酶活高于FA组，而7天后FA组高于LB组。这主要是由pH值的下降速率所决定的，说明本试验中pH值是影响酸性蛋白降解酶的主要因素。青贮完成时LB组酶活最低，为鲜样的19.4%，FA组占鲜样的23.8%，CE组占鲜样的28.94%，CK组最高（大于35%），均表现为较高水平。

羧基肽酶（carboxypeptidases, CPs）是一种专一性地从肽链的C端逐个降解、释放游离氨基酸的一类肽链外切酶。在动物、植物的组织器官中，羧基肽酶发挥着重要的生理功能。Yuan等在苜蓿青贮中添加四种短链脂肪酸结果表明：添加甲酸组羧基肽酶活性第1天时下降到鲜草酶活的42.6%，下降速率最快，并认为是甲酸的快速酸化，使羧肽酶的活性降至最低，并限制了肽的降解程度。青贮45d后各处理组羧基肽酶的酶活占鲜草酶活均大于30%，保持了较高的活性，这与Mckersie的研究结果一致。主要是由于羧基肽酶的最适pH值为5左右，而本试验中青贮完成时各处理组的pH值在4.1左右，此pH值下羧基肽酶保持较高活性。另外酶活在一定温度范围内随着温度升高活性增加，本试验青贮于夏末秋初，环境温度较高也可能会导致植物蛋白酶的活性较高。

氨基肽酶在青贮第1天下降速率最快，CK组下降了39.38%，CE组下降了48.68%，LB组下降了53.85%，FA组下降最多65.95%。主要是由于青贮第1天pH值下降速率最快，但下降的速率不同。FA组和LB组第7天时氨基肽酶已失活，而其他2个处理组到第15天时才失活。这与代艳在对苜蓿青贮时添加不同含量的乳酸菌制剂及Silo guad（主要成分为硫酸钠、葡萄糖等）制剂后氨基肽酶在第14d时已完全失活的研究结果相似。主要是由于当青贮环境pH值为6.8左右时，氨基肽酶活性最高，酶活随着pH值的降低而降低，FA组和LB组青贮第7天时pH值已下降到4.3以下，而其他2个处理组第7天时pH值仍为4.5左右，第15d时所有处理组pH值为4.2左右，此时所有处理组蛋白酶完全失活。

青贮前期蛋白降解最多，主要是由于前期酶活性均处于较高水平。本试验中CK组pH值较高，蛋白酶活性也较高，所以蛋白降解较多。青贮45d后酸性蛋白降解酶和羧基肽酶仍保持一定的活性，且即使pH值较低时也不能完全抑制蛋白酶的活性，表明这两种酶在构树青贮蛋白降解中起主要作用。不同添加剂处理中三种酶活性均表现为CK组最高，LB组最低，说明CK组蛋白降解最多，而LB组对蛋白降解的抑制作用最明显。

4.1.3.4 结论

三种酶均随着青贮进行酶活性逐渐降低，其中酸性蛋白酶和羧基肽酶青贮45d后仍保持一定的活性，而所有处理组第15d时氨基肽酶已失活，表明在构树青贮中蛋白降解起主要作用的是酸性蛋白酶和羧基肽酶。添加剂处理能抑制蛋白酶的活性，乳酸菌添加组的抑制效果最明显。

4.2 添加不同型乳酸菌对杂交构树与玉米粉混合青贮的影响

4.2.1 不同玉米粉含量对构树青贮品质的影响

由本课题组先前研究得知，构树的WSC含量低，若直接进行青贮会造成乳酸菌数量与产酸量受到压制，从而导致青贮失败。玉米是全世界储量最大的能量饲料，含有丰富的WSC，将玉米粉这种极易获得且价格低廉的产品用于改善构树青贮效果将有助于我们推广和大规模生产青贮构树饲料。本试验设置不同的玉米粉添加梯度，旨在筛选出最优的构树-玉米粉青贮配比。

4.2.1.1 材料与方法

（1）试验材料

本试验构树原料采自贵州省黔南布依族苗族自治州长顺县构树组培基地（25° 43′58.11N，106° 24′14.18E，海拔 1019.29m），保存地点在贵州省贵阳市花溪区（26° 25′39.62 N，106° 40′5.81 E，海拔 1090m），试验时间为 2020 年 8 月 27 日，试验材料为第三茬全株杂交构树，刈割高度离地 15cm，在阳光下晾晒 30min 后，用铡草机切碎成 1.5 ～ 2.5cm 小段。玉米粉采购于贵阳市南明区中山西路星力超市。构树与玉米粉的营养成分见表 4-11。

表 4-11　全株构树原料与玉米粉营养成分

营养成分	全株构树	玉米粉
干物质 /（g/kg）	384.78	956.33
粗灰分 /（g/kg）	80.23	6.23
粗蛋白 /（g/kg）	164.71	72.37
中性洗涤纤维 /（g/kg）	490.09	125.17
酸性洗涤纤维 /（g/kg）	240.73	25.63

（2）试验方法

将不添加玉米粉的全株构树青贮作为对照组 CK，添加 3% 玉米粉组为 P97，添加 6% 玉米粉组为 P94，添加 9% 玉米粉组为 P91，添加含量以全株构树鲜重为基础，在基础上每组处理加入 5mL/kg 的灭菌蒸馏水。每个处理组设置 3 个重复。混匀后将样品装入 PVC 真空封口袋，使用真空机抽真空并密封，在实验室中避光储存 60d 后开封，取袋中间样品进行青贮饲料的各项指标测定。

（3）测定指标及方法

测定指标有感官评价、发酵指标、营养成分、体外产气和干物质消化率、有氧稳定性及微生物测定。

① 样品处理　青贮完成开袋后即取 20g 中间样品，与 180g 蒸馏水混合，在 4℃冰箱中浸提满 24h，使用 4 层纱布和定性滤纸过滤得到青贮样品浸提液。浸提液用于测定青贮饲料的 pH 值，AN，及 LA、AA、PA、BA 等有机酸含量；取 30g 青贮样品，放入灭酶无菌的 50mL 试管中，使用液氮速冻，在 -80℃冰箱中冻存，用于微生物多样性分析测定；另取 200g 样品用于 DM、CP、NDF、ADF、CA 的测定。

② 感官评价　感官评价标准参照德国农业协会评价方法和等级划分标准，总分 20 分，其中气味在评价中最为重要 14 分（4 个等级）、质地 4 分（4 个等级）、色泽 2 分（3 个等级），综合色泽、气味、质地评定得到综合评分。最终评定结果为 1 级（优等）、2 级（良等）、3 级（中等）、4 级（腐败）。

③ 发酵指标的测定

a. pH 值：使用 PHS-3C pH 仪进行测定，pH 仪校准后将探头探入浸提液，待度数稳定后即为青贮饲料的 pH 值。

b. 有机酸测定：LA、AA、PA、BA 的测定参照孙蕊等的方法，色谱柱型号 Agilent 5 TC-C_{18}（250mm×4.6mm），流速 0.8mL/min。

c. AN 测定：使用苯酚 - 次氯酸钠比色法进行测定。

④ 营养成分测定

a. DM：精准称量 50g 新鲜样品于恒重铝盒内，置于烘箱中 105℃灭酶 30min，再设置温度 65℃烘干至恒重，烘干后样品重量即为干物质重，与新鲜重量的比值为干物质含量。

b. CP：使用 Kjeltec8100 型半自动凯氏定氮仪进行测定。总氮含量即 CP 含量乘以 6.25。

c. NDF 和 ADF：参照 Van Soest 等的纤维测定方法，采用滤袋法进行测定，滤袋购自北京正方兴达科技发展有限公司，中性洗涤剂按照 GB/T 20806—2022 中描述方法配置，酸性洗涤剂按 NY/T 1459—2022 中描述方法配置。

d. CA：按照 ISO 5984—2002 描述的灼烧法进行测定。

⑤ 体外产气及干物质消化率测定　体外产气试验与干物质消化率试验点在北京市房山区窦店镇宝瑞源工业区恒升畜牧养殖中心，试验动物为装有永久性瘤胃瘘管的黑安格斯阉牛（体重 600kg）。试验期间每天 8∶00 和 15∶00 分两次喂食，每日饲喂干物质 8.0kg，饲料精粗比 5∶5，每日采集青贮玉米 2.2kg、麦秸 1kg、豆腐渣 0.8kg、混合精料 4kg（以上所指饲料质量为干物质基础），自由饮水。

体外产气试验的人工瘤胃缓冲液按照 Menke 等的方法配置，A、B、C、D 液提前一天配好，E 液现场配置，配方见表 4-12。

表 4-12　人工瘤胃缓冲液配方

微量元素溶液（A 液）	缓冲液（B 液）	常量元素溶液（C 液）	指示剂（D 液）	还原剂（E 液）
$CaCl_2 \cdot 2H_2O$ 6.60g	NH_4HCO_3 0.80g	Na_2HPO_4 1.14g	Resazurin 0.1g	NaOH 0.16g
$CoCl_2 \cdot 6H_2O$ 0.50g	$NaHCO_3$ 7.00g	KH_2PO_4 1.24g	蒸馏水 100mL	$Na_2S \cdot 9H_2O$ 0.625g
$FeCl_3 \cdot 6H_2O$ 4.00g	蒸馏水 200mL	$MgSO_4 \cdot 7H_2O$ 0.12g		蒸馏水 100mL
蒸馏水 50mL		蒸馏水 200mL		

瘤胃液带回后使用四层纱布过滤，将所需瘤胃液与人工瘤胃缓冲液按照 1∶2 比例配合成人工瘤胃培养液，期间不断通入 CO_2 至培养液呈蓝绿色，分装至各培养瓶中，加入 0.5g 干物质基础磨碎青贮饲料，在 39℃恒温摇床中培养 72h 并记录 0、2h、4h、6h、8h、10h、12h、24h、36h、48h、60h、72h 各时间点产气读数。在 SAS9.2 中根据 Ørskov 等提出的方程 $p=a+b(1-e-ct)$ 进行计算，p 表示培养 t 小时的产气量；a，b，c 为方程常数。a 为快速降解部分的产气量，mL/g；b 为慢速降解部分的产气量，mL/g；c 为产气速率，%/h；$a+b$ 为潜在产气量，mL/g。

DMD 试验采用尼龙袋法。精准称取 5.0g 青贮饲料，装入尼龙袋内，经瘘管进入瘤胃。将青贮样品 500g 左右置于清胃内部，消化 48h。48h 后取出尼龙袋并清洗干净，在烘箱中恒重后进行称量检测。

⑥ 有氧稳定性测定　有氧稳定性使用 TP700 工业级多通道温度记录仪 (深圳市拓普瑞电子有限公司) 进行测定。将青贮样品 500g 左右置于清洁塑料桶中，将感温探头插入青贮饲料中央，使用纱布封口防止外界微生物污染。当青贮饲料温度高于环境温度 2℃时即认为饲料已经腐败，记录饲料温度到高于环境温度 2℃的时间，即为该饲料的有氧稳定性。

⑦ 微生物多样性分析　微生物多样性的分析基于 PacBio 平台，采用 SMRT 方法对青贮饲料中微生物的基因进行测序，之后通过 CCS 序列进行过滤、聚类和去噪，并进行物种注释及丰度分析。分析步骤如下：

a. 建库测序：提取样品总 DNA 后，根据全长引物序列合成带有 Barcode 的特异引物，进行 PCR 扩增并对其产物进行纯化、定量和均一化形成测序文库，建好的文库先进行文库质检，质检合格的文库用 PacBio Sequel 进行测序。PacBio Sequel 下机数据为 bam 格式，通过 smrtlink 分析软件导出 CCS 文件，根据 Barcode 序列识别不同样品的数据并转化为 fastq 格式数据。

b. 信息分析流程：将 PacBio 下机数据导出为 CCS 文件（CCS 序列使用 Pacbio 提供的 smrtlink 工具获取）后，主要有如下 3 个步骤。

ⓐ CCS 识别：使用 limav1.7.0 软件，通过 barcode 对 CCS 进行识别，得到的 Raw-CCS 序列数据。

ⓑ CCS 过滤：使用 cutadapt 1.9.1 软件进行引物序列的识别与去除并且进行长度过滤，得到不包含引物序列的 Clean-CCS 序列。

ⓒ 去除嵌合体：使用 UCHIME v4.2 软件，鉴定并去除嵌合体序列，得到 Effective-CCS 序列。

c. 信息分析内容：划分特征 [OTUs、序列（ASVs）]、多样性分析、差异分析、相关性分析及功能预测分析。

d. 测序数据质量评估：通过统计数据处理各阶段样品序列数目，评估数据质量。主要通过统计各阶段的序列数，序列长度等参数对数据进行评估。

e. OTU 分析：OTU 即分类操作单元，是在系统发生学研究或群体遗传学研究中，为了便于进行分析，人为给某一个分类单元（品系、种、属、分组等）设置的同一标志。可以根据不同的相似度水平，对所有序列进行 OTU 划分，每个 OTU 对应于一种代表序列。使用 Usearch 软件对 Reads 在 97.0% 的相似度水平下进行聚类、获得 OTU。

⑧ 饲喂价值模糊评价　使用模糊隶属函数法对青贮构树的营养指标、DMD 与体外产气量进行综合评价。若该指标与青贮构树的饲喂价值呈正相关使用式（4-1），若该指标与青贮构树的饲喂价值呈负相关使用式（4-2）。

（4）数据分析

采用 Microsoft Excel 2019 对数据进行整理和表格制作；使用 Graphad prism 9.0 进行图形绘制；使用 Rproject 进行单因素方差分析标准误；用 Duncan 法对各组进行多重比较，$P<0.05$ 视为差异显著，结果使用平均值表示；微生物多样性分析使用 BMKCloud 微生物多样性分析平台进行分析。

4.2.1.2　结果与分析

（1）不同玉米粉含量对青贮构树感官评价的影响

青贮构树开封状态见图 4-9，青贮构树的感官评价见表 4-13。经过 60d 青贮后，CK 处理组颜色呈深黑色，有较严重的褪色迹象，芳香味道较弱，无刺鼻性的丁酸味，饲料结构发黏不松散，评分为良等 13 分；P97、P94 和 P91 组在感官上保持了良好的状态和感官评价（优等），有着丰富的果香味与酸香味，P97 与 P91 组略呈现黄褐色，P94 组与原色相差最小，评分为四组内最高（19 分）。

表 4-13　青贮构树感官评价

处理	CK-NA	P97-NA	P94-NA	P91-NA
色泽	1	1	1	1
气味	11	12	14	12
质地	1	3	4	4
等级	良等（13）	优等（16）	优等（19）	优等（17）

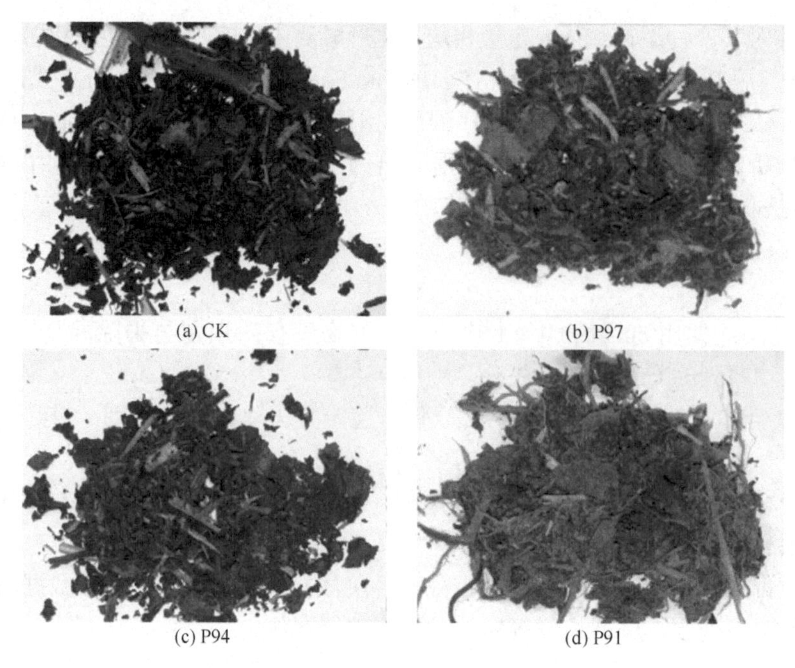

图 4-9　青贮构树开封状态图

（2）不同玉米粉含量对青贮构树营养品质的影响

不同玉米粉含量对青贮构树营养品质的影响见表 4-14。添加玉米粉对青贮构树的 DM 含量、CP 含量、NDF 和 ADF 含量均有显著影响（$P<0.05$），对青贮构树的 CA 含量无显著影响（$P>0.05$）。CK 组的 DM 含量（374.79g/kg）显著低于其他组（$P<0.05$），CP 含量（138.19g/kg）显著高于 P91 组（$P<0.05$）但是与其他两组无差异（$P>0.05$）。NDF 和 ADF 的含量在数值上随着玉米粉添加量的增多呈现线性下降的趋势，但 CK 和 P97，P94 和 P91 的 NDF 含量无显著差异性（$P>0.05$），P91 的 ADF 含量显著低于其他处理组（$P<0.05$）。各组间 ACA 含量无显著差异（$P>0.05$），P94 组的 CA 含量在数值上高于其他组，P91 组的 CA 含量在数值上最小。

表 4-14　青贮构树营养成分（干物质基础）

处理	CK-NA	P97-NA	P94-NA	P91-NA	标准误	*P* 值
干物质（鲜物质基础）/（g/kg）	374.79c	400.93b	415. 11b	472.82a	9.36	***
粗蛋白 /(g/kg)	138. 19a	129.71a	131.70a	111.64b	4.57	0.002
中性洗涤纤维 /(g/kg)	490.72a	478.72a	451.26b	441.29b	6.32	***
酸性洗涤纤维 / (g/kg)	241.68a	231.23ab	220.28b	182.75c	4.79	***
粗灰分 /(g/kg)	83.83	83.19	88.49	78.51	4.43	0.24

注：同一行不同小写字母表示不同处理组间差异显著 ($P<0.05$)，*** 表示 $P<0.001$。

（3）不同玉米粉含量对青贮构树发酵品质的影响

不同玉米粉含量对青贮构树发酵品质的影响见表 4-15。添加玉米粉显著影响了青贮构树的 pH 值、LA 含量和 PA 含量（$P<0.05$），对 AA 含量和 AN 含量影响不显著（$P>0.05$）。其中，CK 组的 pH 值显著高于其他各组（$P<0.05$），为 4.65，P97、P94 和 P91 组之间的 pH 值无显著差异（$P>0.05$）；CK 组的 LA 含量显著低于其他各组（$P<0.05$），P94 和 P91 组的 LA 含量无显著差异（$P>0.05$），但显著高于 CK 和 P97 组（$P<0.05$），其中，P94 组的 LA 含量在数

值上高于 P91 组。P91 组的 PA 含量最低，显著低于其他三组（$P<0.05$），P94 组的 PA 含量显著高于其他各组（$P<0.05$）。

表 4-15 不同玉米粉含量青贮构树发酵指标

处理	CK	P97	P94	P91	标准误	P 值
pH 值	4.65a	4.13b	4. 14b	4.04b	0.05	0.049
乳酸 /(g/kg)	19.22c	32.73b	81.75a	74.32a	3.61	***
乙酸 /(g/kg)	8.87	10.56	10.61	13.12	1.13	0.217
丙酸 /(g/kg)	6.91c	26.31b	30.92a	0.78d	0.24	***
丁酸 /(g/kg)	—	—	—	—	—	—
氨态氮 /(g/kg)	3.10	3. 14	3.10	3.00	0.12	0.740

（4）不同玉米粉含量对青贮构树干物质消化率（DMD）和体外产气量（GP）的影响

不同玉米粉含量对青贮构树干物质消化率的影响见图 4-10。随着玉米粉含量的增加，青贮构树 DMD 呈现上升趋势，P91 组的 DMD（57.04%）显著高于其他各组（$P<0.05$），CK 组的 DMD 为 51.39%，显著低于其他各组（$P<0.05$）。不同玉米粉含量对青贮构树瘤胃 GP 的影响见图 4-11。CK 与 P97 组在前 24h 内产气速率有所不同，但到第 72h 两者已无显著差异（$P>0.05$）；P91 组产气量最高，72h 内 GP 为 58.0mL，显著高于 P94 组的 54.9mL、P97 组的 46.5mL 和 CK 组的 45.3mL（$P<0.05$）。

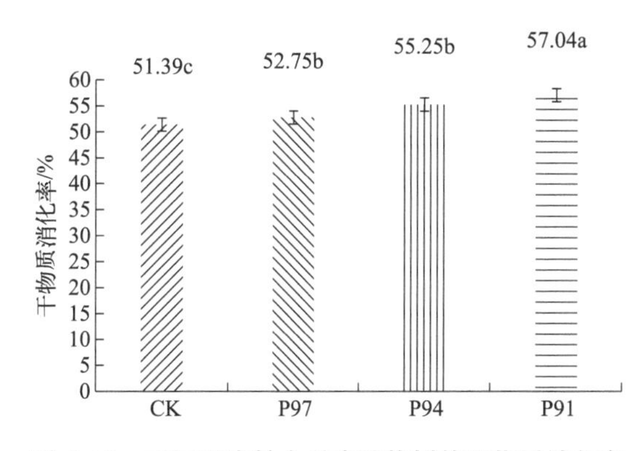

图 4-10 不同玉米粉含量青贮构树的干物质消化率

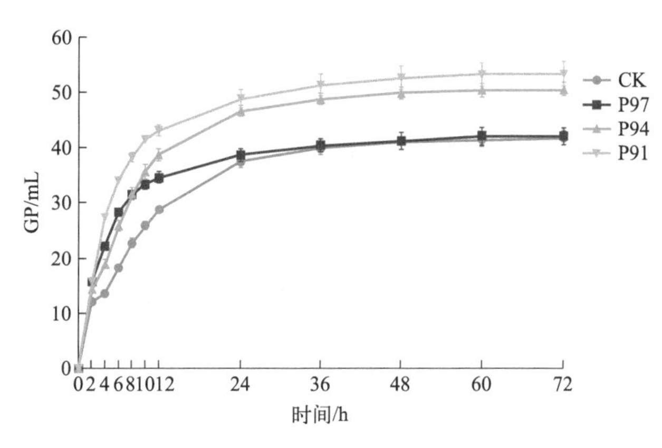

图 4-11 不同玉米粉含量青贮构树的体外产气量

（5）不同玉米粉含量对青贮构树微生物多样性的影响

不同玉米粉含量对青贮构树微生物的 α 多样性影响的各指数见表 4-16。P91 组的香农指数、ACE 指数和 Chao1 指数最高，证明 P91 组有着较高的微生物多样性。CK 组与 P94 组的香农指数、辛普森指数和 ACE 指数较小，说明 CK 组和 P94 组的微生物多样性较低。青贮饲料的稀释曲线见图 4-12，所有曲线在最后趋向于平缓，表示样品中的物种随着测序量增加无太大改变，说明测序量可以基本涵盖青贮饲料的所有微生物信息。

在四组青贮构树中共得到 425 个 OTU，其中 CK 组测得 194 个 OTU，P97 组测得 329 个 OTU，P94 组测得 279 个 OTU，P91 组测得 318 个 OTU。由图 4-13 的 OTU 维恩图可知，四组共有的 OTU 有 95 个，CK 组特有 OTU 有 16 个，P97 组特有的 OTU 有 25 个，P94 组特有的 OTU 有 3 个，P91 组特有的 OTU 有 26 个。

表 4-16　不同玉米粉含量青贮构树微生物 α 多样性指数

处理	CK	P91	P94	P97
香农指数	2.193	4.1443	1.7513	3.8879
辛普森指数	0.497	0.7677	0.3735	0.7867
ACE	133.4377	258.4307	212.6125	213.9919
Chao1	138.9762	259.6331	205.1115	211.5084

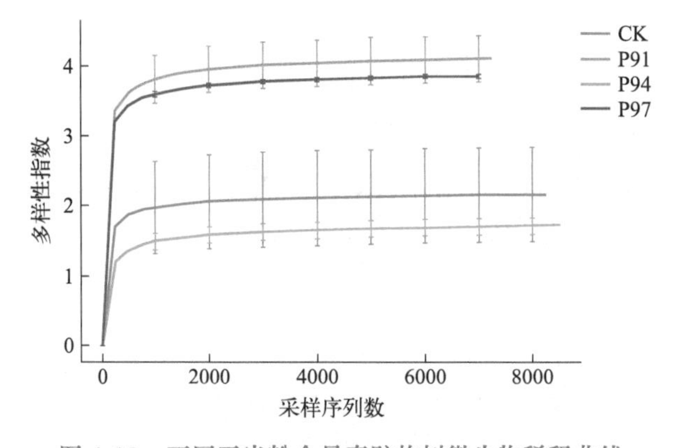

图 4-12　不同玉米粉含量青贮构树微生物稀释曲线

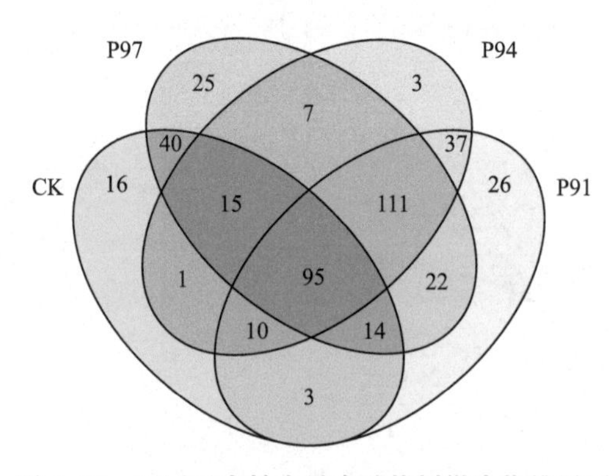

图 4-13　不同玉米粉含量青贮构树微生物维恩图

不同玉米粉含量下青贮构树微生物门水平群落图见图 4-14。青贮构树中的门水平微生物主要为厚壁菌门和变形菌门。CK 组厚壁菌门占比 81.85%，变形菌门占比 9.95%；P97 组厚壁菌门占比 49.90%，变形菌门占比 35.07%，是各组中变形菌门占比最高的；P94 组厚壁菌门占比 91.62%，是各组中厚壁菌门占比最高的，变形菌门占 5.71%；P91 组厚壁菌门占比 56.15%，变形菌门占比 30.68%。

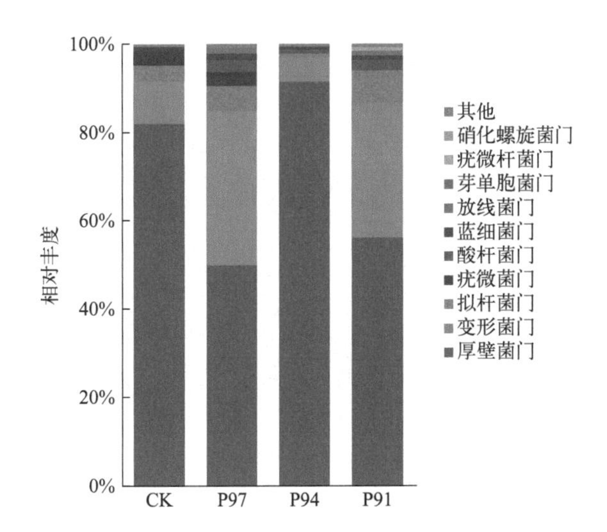

图 4-14　不同玉米粉含量青贮构树门水平微生物群落图

不同玉米粉含量下青贮构树微生物属水平群落图见图 4-15。构树青贮中的微生物属主要是乳杆菌属和魏斯氏菌属，P97 和 P91 组中不动杆菌属也占有较大比重（分别为 20.07% 和 10.22%），但在 CK 和 P94 组几乎不存在（分别为 0.96% 和 0.97%）。CK 组中乳杆菌属占 68.95%，魏斯氏菌属占 10.71%；P97 组中乳杆菌属占 38.88%，魏斯氏菌属占 7.35%；P94 组中乳杆菌属占 81.50%，魏斯氏菌属占 8.77%；P91 组中乳杆菌属占 45.63%，魏斯氏菌属占 7.17%。

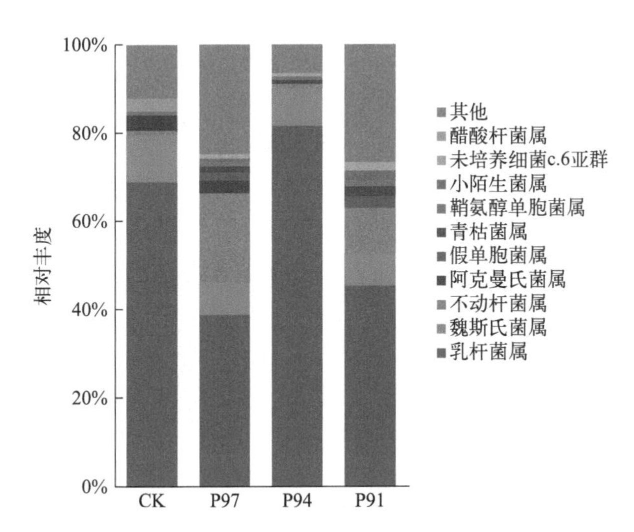

图 4-15　不同玉米粉含量青贮构树属水平微生物群落图

不同玉米粉含量下青贮构树微生物种水平群落图见图 4-16。由属水平的微生物群落分析可知，青贮构树中的微生物主要为乳杆菌属和魏斯氏菌属，P97 和 P91 组不动杆菌属也占有较大比重。在种水平下，各组的乳杆菌主要是戊糖乳杆菌，还有少量美洲虎乳杆菌，其中 CK 组戊糖乳杆菌占 67.63%，美洲虎乳杆菌占 0.11%；P97 组戊糖乳杆菌占 35.50%，美洲虎乳杆菌占 0.40%；P94 组戊糖乳杆菌占 78.86%，美洲虎乳杆菌占 0.66%；P91 组戊糖乳杆菌占 41.74%，美洲虎乳杆菌占 2.28%。魏斯氏菌主要是食窦魏斯氏菌（*Weissella cibaria*）和类肠膜魏斯氏菌（*Weissella paramesenteroides*），其中 CK 组食窦魏斯氏菌占 8.73%，类肠膜魏斯氏菌占 1.98%；P97 组食窦魏斯氏菌占 6.25%%，类肠膜魏斯氏菌占 1.10%；P94 组食窦魏斯氏菌占 7.00%，类肠膜魏斯氏菌占 1.77%；P91 组食窦魏斯氏菌占 5.59%，类肠膜魏斯氏菌占 1.58%。P97 组中溶血不动杆菌（*Acinetobacter haemolyticus*）占 7.85%，不动杆菌（*Acinetobacter* sp.）占 11.13%；P91 组溶血不动杆菌占 0.15%，不动杆菌（*Acinetobacter* sp.）占 8.35%。

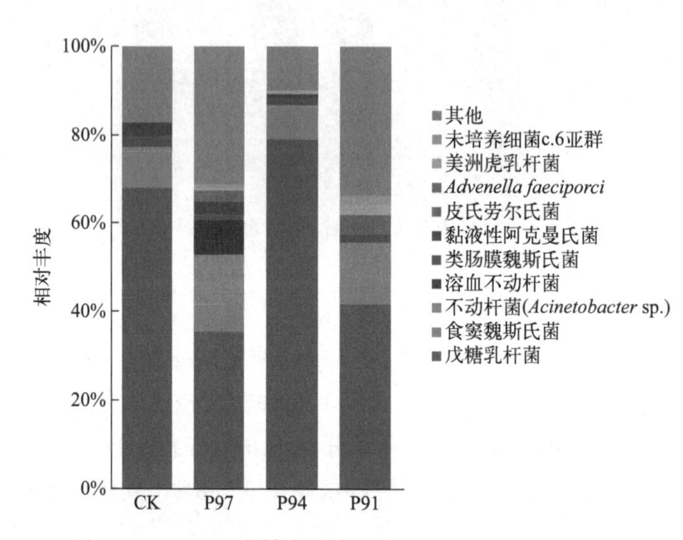

图 4-16 不同玉米粉含量青贮构树种水平微生物群落图

不同玉米粉含量对青贮构树有氧稳定性的影响见图 4-17。玉米粉含量显著影响了青贮构树的有氧稳定性（$P<0.05$），其中 CK 组的有氧稳定性显著低于其他各组（$P<0.05$），P97 组和 P91 组间有氧稳定性无显著差异（$P>0.05$），P94 组有氧稳定性显著高于其他组（$P<0.05$）。

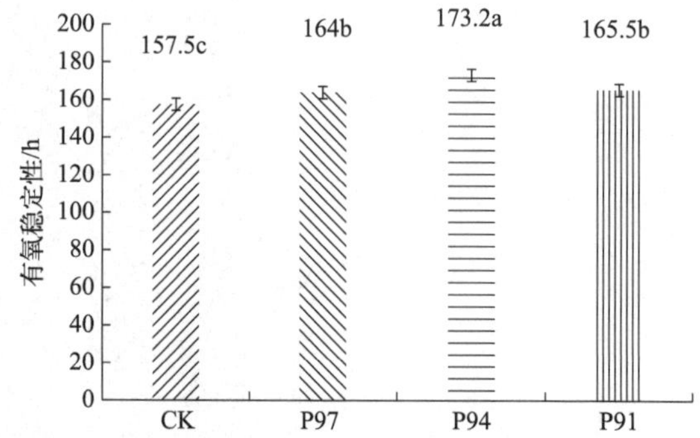

图 4-17 不同玉米粉含量青贮构树有氧稳定性图

利用模糊隶属函数对不同玉米粉含量对青贮构树饲喂价值影响的评价见表 4-17。P94 组的平均模糊评价值为 5.01，是所有处理组中最高的；第二位是 P97 组，平均模糊评价值为 4.18；P91 组的平均模糊评价值为 3.90，排名第三；排名第四的是 CK 组，平均模糊评价值为 3.84。

表 4-17 不同玉米粉含量构树青贮饲料综合价值模糊评价

处理	CK	P97	P94	P91
平均值	3.838817	4.183301	5.010797	3.899839
排名	4	2	1	3

4.2.1.3 讨论

饲料达到良好青贮的标准之一是 pH 值到达 4.20 以下。在本试验中，除 CK 组，其余三组的 pH 值均降到了 4.20 以下，证明添加玉米粉对构树青贮品质有明显的改善作用。LA 是乳酸发酵中的主要产物，在良好发酵的青贮饲料中 LA 含量占绝对重要的地位；AA 是异型发酵乳酸菌的产物，AA 的产生一般在发酵初期在本试验中 CK 组 pH 值最高，结合微生物测序分析，CK 组的 LAB 占比并不算低，可能是由于密封较好抑制了其他好氧细菌及酵母菌的繁殖从而乳酸菌占据了主要地位，但是由于构树本身 WSC 过少，导致发酵产生的 LA 不足以支撑青贮饲料 pH 值下降到 4.20 以下。Luo 等在对糖蜜添加紫花苜蓿青贮的试验中发现，随着糖蜜添加量的增加，紫花苜蓿青贮 pH 值得到了改善，LA 含量得到了增加，发酵类型逐渐由异型发酵转为同型发酵。从结果中发现，随着玉米粉的添加，LA 产量显著增加，pH 值下降到理想青贮水平，且 AA 产量变化不大，证实了 Luo 的试验结果；在 P91 组中我们发现 LA 含量对比 P94 组有下降，这可能是由于 P91 组的水分含量最低，限制了 LAB 的活动。BA 主要是由梭菌等微生物在水分较高时繁殖分解 LA、WSC 等物质产生，BA 含量过高在开袋时会有浓烈的丁酸气味，不但影响适口性，且由于饲料本身的腐败还造成了浪费，本试验中并未检测到 BA 存在，可能是因为各组中含有 AA 和 PA，这两种有机酸均能很好抑制梭菌的生长，并且本试验中各组饲料的含水量均在理想青贮水平，属于高水分青贮，在一定程度上也抑制了梭菌的丁酸发酵，为饲料保持了良好的风味。

玉米粉是水分含量极低，CP 和纤维含量少，但 WSC 含量丰富的一类添加剂。赵晶云等使用玉米粉改善牧草大豆青贮品质时，观察到增加玉米粉的添加剂量，会造成牧草大豆青贮的 DM 含量上升，CP、NDF、ADF 含量减少，在本试验的结果中也印证相应的结论。由于在青贮过程中存在复杂的生命活动，所消耗的能量主要来源于青贮饲料本身，所以 DM 会有所消耗，如果 DM 消耗过大则会对动物的营养供给产生影响。本试验中各组的干物质损失率较小，可能因为本试验使用真空封口机进行密封青贮，饲料密度较大、空气排空较好，饲料内的有氧呼吸时间缩短。CP 值随着玉米粉添加量的增加而减少是不可避免的，但是 CP 含量的减少不止有玉米粉添加一个因素，随着青贮的进行，微生物也会利用氮维持生命活动，如果初始 WSC 含量过少，造成杂菌生长，青贮饲料的蛋白质可能会被分解为 AN，造成动物采食蛋白量下降，AN 的比值低于 10% 通常被认为饲料中的 CP 被有效保存。本试验中 AN 比值均低于此阈值，说明饲料中 CP 降解率较低。本试验中 NDF 含量对比课题组先前研究含量有提高，这是由本试验采用了全株构树，树茎的纤维含量高于树叶导致的，ND 和 ADF 是一类难以在自然发酵条件下降解的纤维物质，降低 NDF 和 ADF 的方法通常是在青贮中加入纤维素酶。有研究表明 NDF 与反刍动物瘤胃消化有关系，当动物进行进食活动时，NDF 会刺激动物唾液腺的分泌，并且有助于动物进行反刍，对动物的消化道健康有着重要的作用，但 NDF 的含量过多会降低动物对饲料的能量摄取，限制动物的生产性能；NDF 含量过少，瘤胃发酵和瘤胃内微生物的蛋白合成将会受到影响。也有学者认为，随着 NDF 的增加动物的干物质采食量也会随着上升。ADF 与消化率呈负相关，本试验中随着玉米粉添加量的增加，导致 NDF 有所减少，但是并未改变青贮构树高 NDF 的特质，使得动物可以采食到足量的 NDF，并且减少了精料的添加，为以青贮构树为基础的饲料配方构建提供了更大的灵活性，而 ADF 的下降则说明饲料具有更高的消化率。

微生物是青贮饲料的驱动因素，同样影响着动物安全，如果有杂菌在青贮饲料滋生则会对生产产生威胁，对微生物进行分析，可以透过现象看本质，从而为构树青贮的工艺优化改进提供深层理论基础，甚至可以从分子层面上改进青贮发酵。刘秦华等就通过微生物分析手段筛选出乳酸乳球菌 MG1363，并且通过基因工程构建出 β-1,4- 葡聚糖内切酶基因工程乳酸菌，在青贮过程中，不但可以高效产酸，而且对纤维素的降解也有良好效果，所以对青贮饲料的微生物研究包括群落构成研究是非常有必要的。青贮发酵成功的因素之一是乳酸菌能够迅速增殖，乳酸菌在众多微生物中占据主导地位。厚壁菌门下包括乳杆菌属、乳球菌属、魏斯氏菌属等多种乳酸菌，在良好的发酵饲料中厚壁菌门占有大多数。在本次试验中，CK 和 P94 组的厚壁菌门微生物占比分别为 81.85% 和 91.62%，而在 P97 和 P91 组发现了大比例的变形菌门生物，变形菌门是自然界细菌中最大的一门，包含多种致病菌，本试验在 P97 和 P91 中发现了变形菌门下的溶血不动杆菌，溶血不动杆菌是一类致病菌，若被动物采食则会对动物健康产生威胁，但是目前对 P97 和 P91 中的不动杆菌滋生尚无明确解释。各处理组在属水平上的乳酸菌含量也各不一致，以魏斯氏菌和乳杆菌为主要乳酸菌属来计算，乳酸菌占比最高为 P94 组（90.27%）。乳酸菌占比最低为 P97 组（46.23%），CK 组乳酸菌占比 79.66%，P91 组乳酸菌占比 52.8%，如此巨大的差距表明 P97 组和 P91 组中有近一半的杂菌，在对处理组种水平的微生物群落构成分析中，也发现了 P97 和 P91 中主力乳酸菌戊糖乳杆菌的丰度过少，有研究表明在青贮中微生物的种类丰富对青贮是不利的，可能会造成青贮的失败。本试验虽然测得添加玉米粉后青贮构树 pH 值均在 4.20 以下，但是 P97 和 P91 组潜在的生物威胁不可小觑，从生物安全角度和动物保健角度来看，P97 和 P91 处理组是不合格的。通过微生物群落分析，发现戊糖乳杆菌在各组的乳酸菌中都占据主要地位，说明戊糖乳杆菌是适合贵州本地构树发酵的优势菌种，下一步可以对青贮构树中的戊糖乳杆菌进行分离划线培养，对贵州本地优质青贮菌剂的开发将有极大的促进作用。目前对青贮饲料进行 SMRT 测序的报道较少，但是通过本次试验，发现 SMRT 测序对天然青贮菌剂的筛选具有高度指导意义。

一般来说青贮饲料开封后应尽快饲喂，而具有良好有氧稳定性的青贮饲料无疑能够提高饲喂时效，扩大青贮的规模。本课题组先前研究显示仅添加糖蜜的青贮构树有氧稳定性为 126h，而在本次试验中各处理组的有氧稳定性均在 157h 以上，高于先前处理，造成这一现象的原因可能是玉米粉的添加显著降低了青贮构树的含水量，对有害微生物的繁殖起到了抑制作用。在本次试验中我们发现，随着玉米粉添加量的逐渐提高，有氧稳定性呈先升高后下降的趋势，其中 P94 组的有氧稳定性达到顶峰，可能是由于 P91 中水分含量过少，反而对乳酸菌的增殖产生了负面影响，从而导致发酵情况劣于 P94。

半体内试验法验证饲料 DMD 是目前对瘤胃消化模拟最为精确的，具有指导生产的意义。Kazemi 等在研究中发现 DMD 与 GP 呈正相关性，通常体外产气最高的饲料也有着良好的 DMD，预示着饲料的营养品质相对较高；而在 Limón-Hernández 等添加不同量糖蜜对油菜的青贮品质及体外消化率的影响试验中指出，随着糖蜜量的提高，青贮油菜的体外干物质消化率呈现出下降的趋势，这可能与添加糖蜜后青贮油菜的有机质含量下降有关。本试验中 GP 与 DMD 的数据与 Kazemi 等的发现相吻合，CK 组的 GP 少且 DMD 显著低于其他组，这可能是由 CK 组中纤维含量略高于其他组，可供消化的有机质（OM）少导致的。GP 的高低揭示饲料本身的可发酵程度以及与瘤胃微生物活性有关，高 GP 说明瘤胃微生物活力强，饲料在瘤胃内发酵性好，营养价值高。本试验中，前 2h 各组产气速率差别不大，但是在 2 ～ 24h 这一区间内各处理组产气速率产生了变化，CK 组明显低于其他组，而在 24h 后各组产气速率已无太大变化，证明 2 ～ 24h 是瘤胃发酵的关键时期，瘤胃微生物的活跃度最高。在这一时期内，P94 组开始产气速率高于 CK 组和 P97 组，最终 GP 也极显著高于 CK 组和 P97 组，说明添加玉米粉在 6% 以上时饲料的质量发生了飞跃性的变化，明显改善了青贮构树在瘤胃中的发酵效果。

4.2.1.4 结论

本试验中所有试验组 pH 值均低于 4.2，也低于 CK 组，说明添加玉米粉后对青贮构树的发酵起到了良好的促进作用；从 AN 的比值上来看，各组的比值均低于 100g/kg，说明使用青贮能够良好保存构树中的蛋白质；通过半体内消化试验和体外产气试验发现，增加玉米粉产量显著提高了青贮构树在瘤胃中的消化率和发酵效果；通过 SMRT 分析，发现贵州省本土构树青贮中发挥主导作用的 LAB 为戊糖乳杆菌，为贵州喀斯特山区青贮乳酸菌种筛选提供了思路；通过模糊评价法，发现 P94 组的评分最高，初步认定 P94 组为最适构树青贮的玉米粉配比。

4.2.2 不同乳酸菌对构树青贮品质的影响

在 4.2.1 部分中，我们筛选出了最优的构树 - 玉米粉配比，本章承接 4.2.1 部分的研究，在 P94 组的构树 - 玉米粉配比上，进行不同乳酸菌种的添加，旨在探究各乳酸菌对优质青贮构树饲料品质的影响。

4.2.2.1 材料与方法

（1）试验材料

见 4.2.1.1 部分。

（2）试验设计

将无添加 LAB 的玉米粉 - 构树混合青贮设为对照组 P94-NA，即 4.2.1 部分中 P94 组；添加鼠李糖乳杆菌 BDy 为处理组 P94-LR；添加布氏乳杆菌 TSy 为处理组 P94-LB；两菌种混合添加为处理组 P94-MI。鼠李糖乳杆菌 BDy 为本课题组筛选菌株，寄主为玉米，筛选地点为贵州省毕节市大方县，布氏乳杆菌 TSy 为本课题组筛选菌株，寄主为玉米，筛选地点为贵州省铜仁市石阡县。菌液浓度为 1×10^5 个 /mL，添加菌液量为 5mL/kg，P94-MI 组每种菌液添加量为 2.5mL/kg，添加量以鲜重为准。

（3）测定指标及方法

测定指标及方法见本章 4.2.1.1 部分。

（4）数据分析

采用 Microsoft Excel 2019 对数据进行整理和表格制作；使用 Graphad prism 9.0 进行图形绘制；使用 Rproject 进行单因素方差分析和计算标准误；用 Duncan 法对各组进行多重比较，$P<0.05$ 视为差异显著，结果使用平均值表示；微生物多样性分析使用 BMKCloud 微生物多样性分析平台进行分析。

4.2.2.2 结果与分析

（1）不同乳酸菌对青贮构树感官评价的影响

图 4-18 为添加不同乳酸菌青贮构树开封状态图，表 4-18 为添加不同乳酸菌青贮构树感官评价表。各处理色泽略微泛黄绿色，有明显的酸香味，结构清晰，保存完好，属于优质青贮饲料。

图 4-18　青贮构树开封状态图

表 4-18　添加不同乳酸菌青贮构树感官评价

处理	P94-NA	P94-LR	P94-LB	P94-MI
颜色	1	1	1	2
气味	14	14	13	13
结构	4	4	4	4
等级	优等（19）	优等（19）	优等（18）	优等（19）

（2）不同乳酸菌对青贮构树营养品质的影响

添加不同乳酸菌青贮构树营养成分见表 4-19。乳酸菌显著影响了青贮构树的 CP 含量（$P<0.05$），对 DM、NDF、ADF 和 CA 无显著影响（$P>0.05$）。鼠李糖乳杆菌 BDy、布氏乳杆菌 TSy 以及两菌种混合添加均使得青贮构树的 CP 含量相较于无添加组有显著提高（$P<0.05$）。

表 4-19　添加不同乳酸菌青贮构树营养成分（干物质基础）

处理	P94-NA	P94-LR	P94-LB	P94-MI	标准误	*P* 值
干物质（鲜物质基础）/ (g/kg)	415.11	395.45	401.03	399.86	8.28	0.065
粗蛋白 / (g/kg)	131.70b	140.99a	140. 11a	139.04a	2.30	0.013
中性洗涤纤维 /(g/kg)	451.26	457.90	455.99	459.18	7.66	0.067
酸性洗涤纤维 /(g/kg)	220.28	224.01	224.96	218.61	5.54	0.637
粗灰分 /(g/kg)	88.49	86.47	87.30	84.98	4.24	0.861

（3）不同乳酸菌对青贮构树发酵品质的影响

添加不同乳酸菌青贮构树的发酵指标见表 4-20。各组青贮构树 pH 值均低于 4.20，乳酸菌添加对 LA、PA 和 AN 含量有着显著影响（P<0.05），P94-LR 组 LA 含量 81.72g/kg，显著高于 P94-LB 组和 P94-MI 组（P<0.05），与 P94-NA 组无显著差异（P>0.05）；P94-LB 组和 P94-NA 组 PA 含量显著高于 P94-LR 组和 P94-MI 组（P<0.05），P94-MI 组显示了对 PA 含量的抑制性，其 PA 含量显著低于其他各组（P<0.05）；P94-MI 组的 AN 含量显著低于其他处理（P<0.05），P94-NA 组的 AN 含量在数值上最高，但是与 P94-LB 组无显著差异（P>0.05）。各组均未检测到 BA 产生。

表 4-20 添加不同乳酸菌青贮构树的发酵指标（干物质基础）

处理	P94-NA	P94-LR	P94-LB	P94-MI	标准误	P 值
pH 值	4.14	4.14	4.13	4.18	0.03	0.248
乳酸 /(g/kg)	76.71ab	81.72a	74.52b	66.47c	2.25	***
乙酸 /(g/kg)	11.32	10.82	9.48	9.13	1.00	0.164
丙酸 /(g/kg)	30.92a	11.23b	30.91a	0.57c	5.75	0.002
丁酸 /(g/kg)	—	—	—	—	—	—
氨态氮 /(g/kg)	3.10ab	2.65b	2.78ab	2.20c	0.18	0.006

（4）不同乳酸菌对青贮构树 DMD 和 GP 的影响

不同乳酸菌对青贮构树 DMD 影响见图 4-19。乳酸菌的添加未显著影响青贮构树的 DMD（P>0.05）。从数值上来看 P94-NA 的 DMD 最高，有 55.73%，P94-MI 的 DMD 最低，为 54.11%。各组体外产气见图 4-20，添加乳酸菌显著影响了各处理组的 GP（P<0.05），其中 GP 最多的是 P94-NA 组，为 54.90mL，显著高于 P94-LR 组的 51.30mL 和 P94-LB 组的 51.53mL（P<0.05），与 P94-MI 组（52.53mL）无显著差异（P>0.05）。

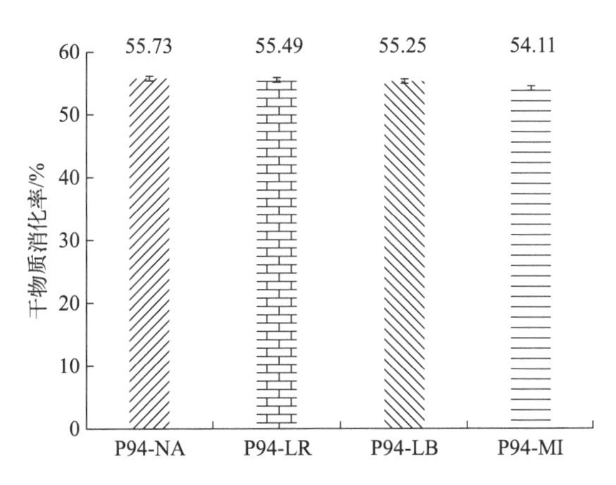

图 4-19 添加不同乳酸菌青贮构树的干物质消化率

（5）添加不同乳酸菌对青贮构树微生物多样性的影响

① α 多样性分析　在本次试验中共测得 363 个 OTU，其中 P94-NA 组 279 个，P94-LR 组 227 个，P94-LB 组 176 个，P94-MI 组 214 个，添加不同乳酸菌青贮构树微生物维恩图见图 4-21，可以看到 P94-NA 独有的 OTU 有 31 个，P94-LR 独有的 OTU 有 17 个，P94-LB 独

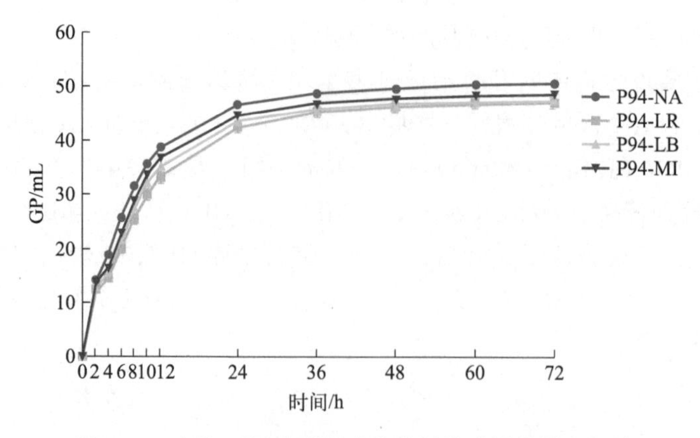

图 4-20　添加不同乳酸菌青贮构树的瘤胃体外产气量

有的 OTU 有 3 个，P94-MI 独有的 OTU 有 24 个。青贮饲料的稀释曲线见图 4-22，所有曲线在最后趋向于平缓，表示样品中的物种随着测序量增加无太大改变，说明测序量可以基本涵盖青贮饲料的所有微生物信息。

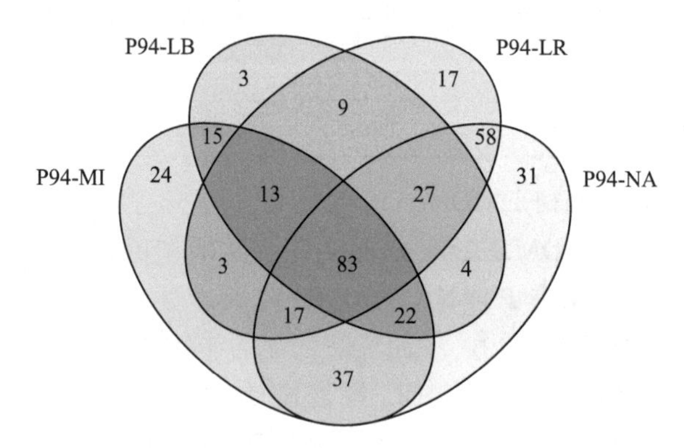

图 4-21　添加不同乳酸菌青贮构树微生物维恩曲线图

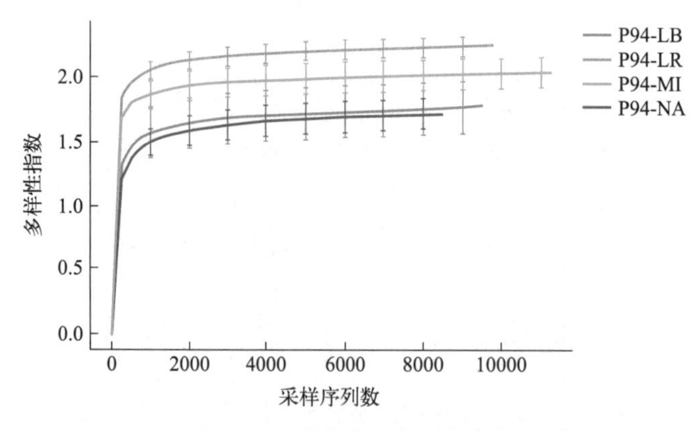

图 4-22　添加不同乳酸菌青贮构树微生物稀释曲线图

添加不同乳酸菌对青贮构树微生物 α 多样性指数的影响见表 4-21，从 Chao1 指数来看，未添加乳酸菌的 P94-NA 组 Chao1 指数最高，证明其生物多样性更丰富，添加乳酸菌后青贮饲料的生物多样性受到了抑制。

表 4-21　添加不同乳酸菌青贮构树微生物 α 多样性指数

处理	P94-NA	P94-LR	P94-LB	P94-MI
香农指数	1.7513	2.2582	1.7841	2.0484
辛普森指数	0.3735	0.6288	0.4121	0.6231
ACE	212.6125	178.3815	157.3007	184.9004
Chao1	205.1115	159.7642	150.9199	160.7178

② β 多样性分析　添加乳酸菌对青贮构树微生物 β 多样性的 PCA 分析见图 4-23。第一主成分对青贮构树微生物差异贡献值为 62.51%，第二主成分对青贮构树微生物差异贡献值为 30.70% 。P94-LR、P94-MI 和 P94-LB 分别在不同象限，说明了添加不同乳酸菌后各组的微生物差异性有着明显变化。

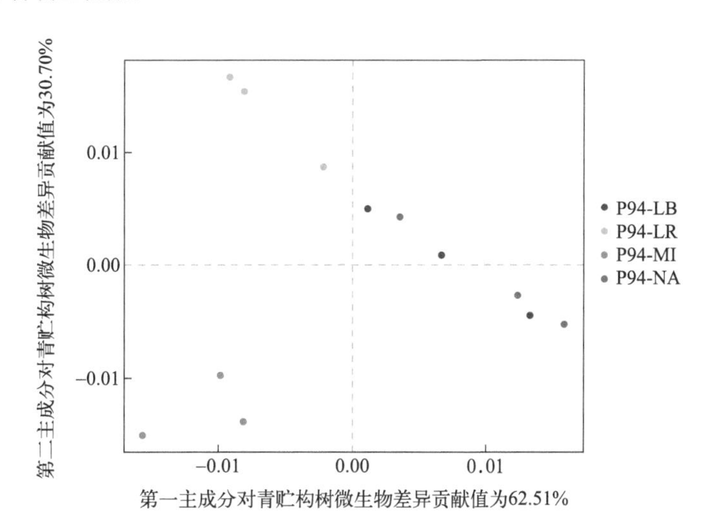

图 4-23　添加不同乳酸菌青贮构树微生物 PCA 分析图

③ 添加不同乳酸菌对青贮构树微生物门水平的影响　添加不同乳酸菌青贮构树门水平微生物群落图见图 4-24。在各处理中占比最多的门水平微生物为厚壁菌门，P94-MI 组厚壁菌门微生物占比最多（95.92%），P94-NA 组厚壁菌门微生物占比最少（91.62%），P94-LR 组为 94.42%，P94-LB 组为 92.64%；门水平占比第二的是变形菌门，分别为 5.71%（P94-NA）、4.19%（P94-LR）、5.50%（P94-LB）、2.99%（P94-MI）。

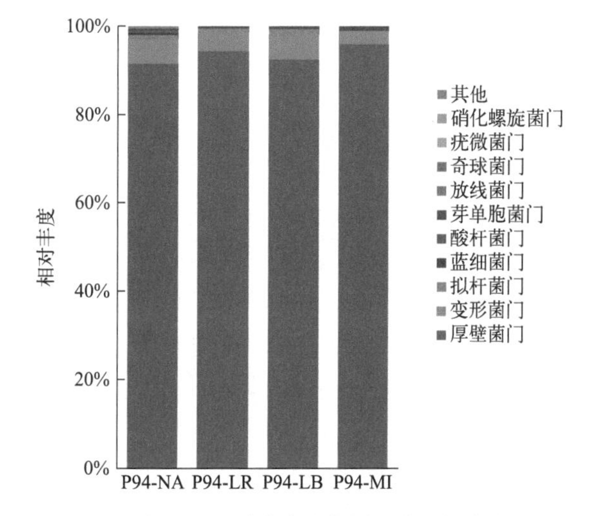

图 4-24　添加不同乳酸菌青贮构树门水平微生物群落图

④ 添加不同乳酸菌对青贮构树微生物属水平的影响　添加不同乳酸菌青贮构树属水平微生物群落图见图 4-25。在各组中乳杆菌属和魏斯氏菌属两种乳酸菌占据绝大多数，在 P94-NA 组中乳杆菌属占 81.50%，魏斯氏菌属占 8.77%；

P94-LR 组中乳杆菌属占 84.38%，魏斯氏菌属占 9.15%；P94-LB 组中乳杆菌属占 83.65%，魏斯氏菌属占 7.94%；P94-MI 组中乳杆菌属占 84.16%，魏斯氏菌属占 11.11%。丰度排名前十的菌属还有不动杆菌属、鞘氨醇单胞菌属、假单胞菌属、劳尔氏菌属（*Ralstonia*）、肠杆菌属、芽孢杆菌属和小陌生菌属（*Advenella*）等。

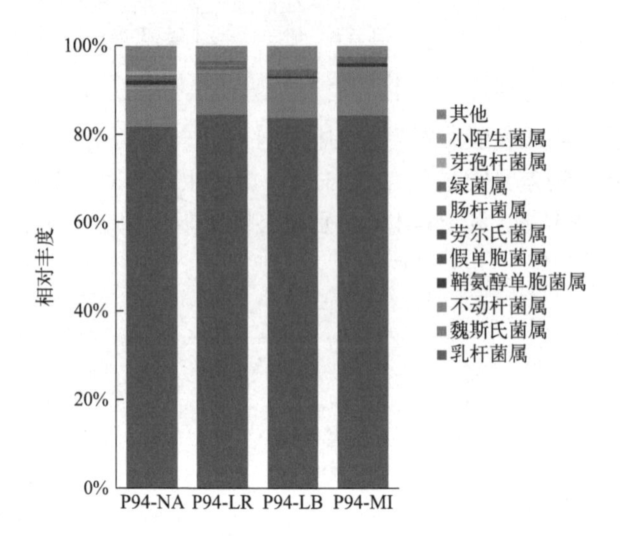

图 4-25　添加不同乳酸菌青贮构树属水平微生物群落图

⑤ 添加不同乳酸菌对青贮构树微生物种水平的影响　添加不同乳酸菌青贮构树种水平微生物群落图见图 4-26。影响不同组构树发酵的微生物差异较大，在 P94-NA 中戊糖乳杆菌（78.86%）、食窦魏斯氏菌（7.00%）和类肠膜魏斯氏菌（1.77%）在发酵中占据主导地位；戊糖乳杆菌（56.33%）、鼠李糖乳杆菌（19.92%）、食窦魏斯氏菌（7.58%）、布氏乳杆菌（6.80%）和类肠膜魏斯氏菌（1.57%）共同促进了 P94-LR 组构树的发酵；戊糖乳杆菌（76. 10%）、食窦魏斯氏菌（6.79%）、鼠李糖乳杆菌（3.20%）、布氏乳杆菌（2.68%）和类肠膜魏斯氏菌（1.15%）是 P94-LB 组中发酵的主力菌种；戊糖乳杆菌（53.83%）、布氏乳杆菌（27.28%）、食窦魏斯氏菌（9.46%）和类肠膜魏斯氏菌（1.65%）是 P94-MI 中的优势菌种。其余相对丰度排名前十的菌种还有不动杆菌 sp.、美洲虎乳杆菌、短乳杆菌、皮氏劳尔氏菌（*Ralstonia pickettii*）和桑树肠杆菌（*Enterobacter mori*），但这些单菌种在青贮构树微生物的相对丰度占比均未超过 1%。

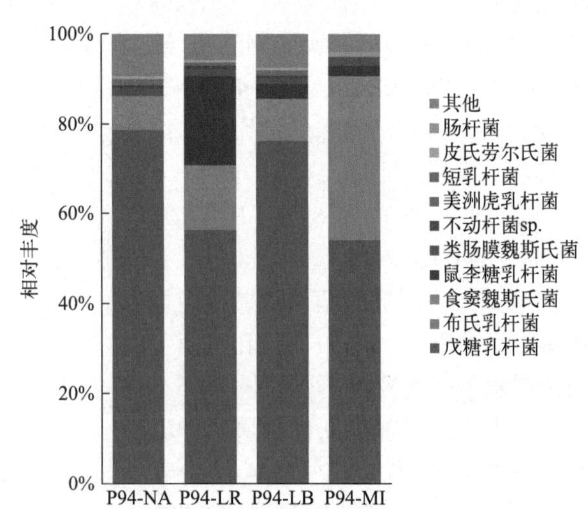

图 4-26　添加不同乳酸菌青贮构树种水平微生物群落图

⑥ 添加不同乳酸菌对青贮构树有氧稳定性的影响　添加不同乳酸菌青贮构树有氧稳定性见图 4-27。乳酸菌的添加显著改变了各处理组的有氧稳定性（$P<0.05$），P94-LB 组有氧稳定性最好，为 177.3h，显著高于其他各组（$P<0.05$），P94-LR 组有氧稳定性最差，为 162.5h，显著低于其他各组（$P<0.05$），P94-NA 组有氧稳定性为

173.2h，P94-MI 组有氧稳定性为 169.2h。

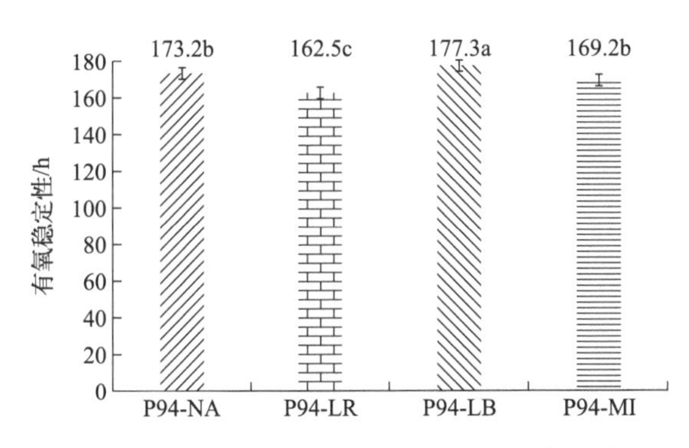

图 4-27　添加不同乳酸菌青贮构树有氧稳定性图

⑦ 添加不同乳酸菌对青贮构树饲喂价值的模糊评价　添加不同乳酸菌青贮构树饲料综合价值模糊评价见表 4-22。P94-NA 组的模糊隶属函数值排第一位，第二位为 P94-MI 组，排名三、四位的分别是 P94-LB 组和 P94-LR 组。

表 4-22　添加不同乳酸菌青贮构树饲料综合价值模糊评价

处理	P94-NA	P94-LR	P94-LB	P94-MI
平均值	5.010797	4.135427	4.350328	4.673607
排名	1	4	3	2

4.2.2.3　讨论

虽然各组的 DM 含量并无显著差异性，但是我们可以看到在数值上添加乳酸菌后各处理组 DM 含量均有所下降，这可能是青贮过程中 WSC 浓度足够且初始乳酸菌数量多导致的过度发酵消耗了青贮饲料中的小部分 DM。Bai 等发现相较于无添加对照组，布氏乳杆菌、枯草芽孢杆菌以及两者的混合添加均能实现 CP 含量的上升；Zhao 等在豆渣玉米秸秆混合青贮中也发现了添加乳酸菌可以有效保存饲料中的 CP 的现象，可能是由于乳酸菌的添加，饲料发酵加速，抑制了在发酵过程中的有害细菌如产气荚膜梭菌等，这类菌会水解饲料中的蛋白，造成 CP 含量的下降，并且青贮中的乳酸菌在后期失活后也会以蛋白质的形式保存在饲料中，也增加了饲料中 CP 含量。在进行 CP 的测定时本试验添加乳酸菌显著增加了青贮构树中的 CP 含量，证实了先前的研究结论。NDF 和 ADF 等纤维结构复杂，属于在青贮饲料中难以被降解的一类物质，在青贮过后其含量减少也较少。Jayakrishnan 等亦发现青贮后 NDF 和 ADF 含量略有上升，这是由于 DM 含量减少但是 NDF 和 ADF 难以降解。目前针对 NDF 和 ADF 的方法通常是在青贮过程中投放纤维素酶等物质。刘秦华等将 β-1,4- 葡聚糖内切酶 egl3 基因导入乳酸乳球菌中，实现了乳酸菌既能产酸又能高效降解纤维素。而本试验中发现添加乳酸菌并不能对 NDF 和 ADF 实现有效降解，说明我们筛选分离出来的鼠李糖乳杆菌 BDy 和布氏乳杆菌 TSy 对纤维的降解能力较弱，在以后的研究中，我们也可以利用基因重组手段将产纤维素酶基因整合到本土乳酸菌中，使其在青贮中的作用更大。

青贮饲料作为以乳酸菌为主导的复杂微生物体系，乳酸菌的数量无疑是影响发酵的主要因素。如果青贮饲料中乳酸菌数量能够迅速占据主导地位，对青贮饲料的发酵则是非常有利的。改变玉米粉与全株构树的质量构成对青贮构树的微生物群落有着较大的改变，但是在 P97 和 P91 组中我们并不能保证乳酸菌占据大多数，并且相较于添加乳酸菌仅仅改变玉米粉含量并不能更好地解决青贮饲料微生物种类多元化的趋势。McAllister 等指出，青贮饲料中微生物组成丰富性越高往往导致青贮过程中各类不利微生物的增殖，导致青贮饲料发酵质量受损。添加乳酸菌进行发酵可以直接增加青贮饲料乳酸菌的丰度，减少杂菌增殖，对于降低 pH 值有着至关重要的作用。在本章中，由于添加了乳酸菌，各处理组乳酸菌含量均达到了 90% 以上，这使得各加菌处理组均获得较为良好的青贮效果，处理组的 pH 值均小于 4.20，AN 均小于 100g/kg。在四个处理组中，我们发现 P94-NA 和 P94-LB 两组的 AN 最高，这说明即使在良好的条件下（WSC 丰富，密封性好）这两者依然在前期被消耗了更多的氮。在 P94-NA 中出现此情况可能由于前期乳酸菌含量不够丰富，对杂菌生长抑制力不够；而在 P94-LB 中出现此情况可能由于布氏乳杆菌 TSy 是一类异型发酵乳酸菌，其产乳酸能力略逊于同型发酵乳酸菌，导致前期 pH 值下降速率比较小，从而导致杂菌生长，消解饲料中的蛋白质。由于发酵原理不同，同型发酵乳酸菌的 LA 产量要比异型发酵乳酸菌多，在本试验中同样发现添加布氏乳杆菌 TSy 的 P94-LB 组 LA 含量显著低于添加鼠李糖乳杆菌 BDy 的 P94-LR 组。在 P94-LB 组中 AA 含量并未有显著升高，这可能是由于在构树青贮中布氏乳杆菌 TSy 的竞争性弱于构树表面附着的戊糖乳杆菌，导致异型发酵受到了抑制，在青贮饲料微生物构成的种水平分析中也可以看到，布氏乳杆菌的占比低于食窦魏斯氏菌，远远小于戊糖乳杆菌，证实了我们的猜想。Silva 等发现，单独接种布氏乳杆菌能够刺激特定微生物将 1,2-丙二醇转化为 PA 的能力，在我们的试验中也发现单独添加布氏乳杆菌 TSy 的 PA 含量要显著高于混合添加或者单独添加鼠李糖乳杆菌 BDy 的处理组。值得注意的是，在 P94-MI 组中 LA 产量显著低于其他各组，司华哲研究发现混合添加两类不同型乳酸菌的青贮玉米在发酵终了时 LA 含量显著低于单独添加同型发酵乳酸菌，与单独添加异型发酵乳酸菌含量无显著差异。而 Joo 等在对红薯藤的青贮中发现，混合添加两种不同发酵类型乳酸菌可以显著提升 LA 含量，并且对青贮饲料中 AA 含量无太大影响，没有出现预期的增加 LA 和 AA 含量的双重效应，在我们的试验中也未发现两种乳酸菌添加出现的双重效应。据此推测两种不同型的乳酸菌会产生协同作用或拮抗作用，本试验所添加的两种菌在青贮过程中存在着复杂的相互作用效应，单独添加布氏乳杆菌 TSy 时，布氏乳杆菌的增殖受到了戊糖乳杆菌的抑制；在 P94-LR 中可见鼠李糖乳杆菌的含量仅次于戊糖乳杆菌，结合 LA 含量分析，P94-LR 与 P94-NA 的产酸能力相差无几，说明鼠李糖乳杆菌 BDy 可以与戊糖乳杆菌共生；但是两者混合添加后发现 P94-MI 中布氏乳杆菌的占比要远远高于鼠李糖乳杆菌，推测在青贮初期，鼠李糖乳杆菌 BDy 促进了布氏乳杆菌 TSy 的增殖，而在后期由于 pH 值下降，鼠李糖乳杆菌 BDy 的竞争性弱于布氏乳杆菌 TSy，从而导致了 P94-MI 组中布氏乳杆菌含量远远高于鼠李糖乳杆菌。

青贮饲料的 DMD 和 GP 能够较为准确地估计动物的实际饲料消化率，因此在饲料被用于动物试验前，进行体外试验和半体内试验是非常必要的。试验结果表明，乳酸菌对青贮构树的 DMD 无显著影响，这与 Jiao 等的研究一致。有研究认为 NDF 与 DMD 呈负相关，据此我们分析本试验中这一现象的原因可能是四个处理组均没有有效降解青贮构树中 NDF 的能力，四处理组 NDF 含量无显著性差异，导致四组饲料的 DMD 无显著差异。瘤胃产气有多方面因素，一方面瘤胃内菌群的生命活动会产生气体，另一方面饲料在瘤胃消化时，有机质会被分解产生 CO_2 和 CH_4 等气体，目前研究发现瘤胃产气受饲料的非结构性碳水化合物和蛋白质比例的影响，当这两者比例增大时，产气量随之增大。Shah 等使用体外产气法研究了添加剂对 SuMu2 号象草青贮发酵水平的影响，结果表明添加剂保存了青贮饲料中的有机质，促进了青贮饲料的 GP 和 DMD；Cai 等的研究表明，由于降低了青贮过程中的 DM 损失，添加乳酸菌的青贮饲料 DMD 较高。本试验发现 P94-NA 组的 GP 显著高于 P94-LR 组和 P94-LB 组，这可能是因为 P94-NA 组中 CP 损失较多，非结构性碳水化合物与蛋白的比值较大，而 P94-LR 组和 P94-LB 组因为添加了乳酸菌，饲料中蛋白质损失较少，非结构性碳水化合物与蛋白比值较小，导致了 P94-LR 和 P94-LB 的 GP 减少。

青贮饲料被开封暴露在空气中时，乳酸同化型酵母会迅速增殖，这类酵母会利用青贮饲料存在的 LA，造成乳酸含量下降，伴随着饲料 pH 值、温度的上升，激活了其他好氧微生物，导致饲料的腐败。异型发酵乳酸菌因为发酵过程中产生抗真菌生长的 AA，被广泛运用于改善青贮饲料的有氧稳定性，在众多的异型发酵乳酸菌中应用最为普遍的菌种是布氏乳杆菌。本课题组先前筛选出的菌种亦是布氏乳杆菌，在本次试验中 P94-LB 组的有氧稳定性亦是最好的，在微生物群落分析中我们可以得知，虽然布氏乳杆菌的生长受到了抑制，但是 P94-LB 组产生了大量 PA，PA 对有害微生物的增殖有着抑制的作用; P94-MI 组中的布氏乳杆菌虽然生长情况良好，在开封后可能对酵母的增殖产生了抑制作用，但是由于发酵主力菌种仍然为戊糖乳杆菌，在 AA 产量未有太大变动情况下乳酸产量显著低于其他处理，酵母可利用 LA 少，因此有氧稳定性也要高于 P94-LR；P94-LR 组显示出了较低的有氧稳定性，这可能是由于同型发酵乳酸菌产 LA 多，产 AA 少，对乳酸同化型酵母抑制力弱，导致饲料腐败速度加快。影响饲料腐败另一因素是温度，在高温高湿地区调制青贮时，乳酸菌可能会因为发酵过程中的高温而死亡，从而开封后更容易腐败，而开封后的低温可以抑制微生物的生命活动，从而延长饲料保存时间。本试验开封后试验室温度维持在 12℃左右，抑制了各微生物的生命活动，这也是本试验中所有处理组的有氧稳定性＞ 160h 的一个原因。在添加 LAB 后各组的饲喂价值模糊评价有所降低，这是由于添加 LAB 后初期厌氧微生物增加，对青贮饲料的 DM 等营养物质进行了消耗，但是在饲喂过程中由于添加乳酸菌会产生提高动物免疫力、延长饲料利用时间、抑制开封后有害微生物繁殖等作用，可以抵消单纯营养评价带来的负面影响。

4.2.2.4 结论

本节延续了上一节的研究内容，将筛选出来的最适玉米粉添加比例的青贮构树进行了乳酸菌添加研究，各组均显示了良好的青贮效果，添加乳酸菌更有效地保存了青贮构树中的 CP，各处理对青贮构树的 DM、NDF 和 ADF 含量无显著影响；各处理组均有较低的 pH 值和 AN，P94-LR 组产生了更多的 LA，P94-LB 组有着良好的有氧稳定性，混合菌剂的添加对青贮构树的有氧稳定性没有产生正效应; P94-NA 组的 GP 和 DMD 均为最高；从微生物群落分析来看，四处理组主导发酵的微生物均为乳酸菌，没有产生大量有害微生物，对动物健康未产生潜在威胁；从构树青贮饲料的综合价值模糊评价来看，P94-NA 组有着较高的分数，其次是 P94-MI 组，P94-LR 组评分最低，但仍高于除 P94 组外其他处理，证明添加乳酸菌后可以有效提高青贮构树的饲喂价值。

主要参考文献

[1] 代艳 . 不同添加剂对紫花苜蓿青贮过程中蛋白降解特性的影响 [D]. 长春 : 吉林农业大学 , 2008.

[2] 司华哲 , 刘晗璐 , 南韦肖 , 等 . 不同发酵类型乳酸菌对低水分粳稻秸秆青贮发酵品质及有氧稳定性的影响 [J]. 草地学报 , 2017, 25(6): 1294-1299.

[3] 刘祯，李胜利，余雄，等．青贮添加剂对全株玉米青贮有氧稳定性的影响 [J]. 中国奶牛，2012 (20): 26-29.

[4] 孙蕊，贾鹏禹，武瑞，等．高效液相色谱法快速测定青贮饲料中 4 种有机酸的含量 [J]. 饲料研究，2019, 42(4): 77-80.

[5] 李小铃，关皓，帅杨，等．单一和复合乳酸菌添加剂对扁穗牛鞭草青贮品质的影响 [J]. 草业学报，2019, 28(6): 119-127.

[6] 李旭娇．紫花苜蓿青贮饲料蛋白降解机制与调控研究 [D]. 北京：中国农业大学，2018.

[7] 杨玉玺，王木川，玉柱，等．不同添加剂和原料含水量对紫花苜蓿青贮品质的互作效应 [J]. 草地学报，2017, 25(05):1138-1144.

[8] 张庆，王显国，玉柱．乳酸菌添加剂和含水量对紫花苜蓿青贮的影响 [J]. 中国奶牛，2015(18):37-40.

[9] 陈雷．燕麦和箭筈豌豆替代全株玉米对 TMR 发酵品质和有氧稳定性的影响 [D]. 南京：南京农业大学，2014.

[10] 赵苗苗，玉柱．添加乳酸菌及纤维素酶对象草青贮品质的改善效果 [J]. 草地学报，2015, 23(1): 205-210.

[11] 钟书，张晓娜，杨云贵，等．乳酸菌和纤维素酶对不同含水量紫花苜蓿青贮品质的影响 [J]. 动物营养学报，2017, 29(05): 1821-1830.

[12] 侯建建，白春生，张庆，等．单一和复合乳酸菌添加水平对苜蓿青贮营养品质及蛋白组分的影响 [J]. 草业科学，2016, 33(10): 2119-2125.

[13] 侯美玲，格根图，孙林，等．甲酸、纤维素酶、乳酸菌剂对典型草原天然牧草青贮品质的影响 [J]. 动物营养学报，2015, 27(9): 2977-2986.

[14] 梁超，吴兆海，许庆方，等．晾晒与添加剂对反枝苋青贮饲料品质的影响 [J]. 草地学报，2012, 20(2): 373-377.

[15] 赵晶云，王长春，吕新云，等．添加玉米粉对牧草大豆青贮品质的影响 [J]. 山西农业科学，2020, 48(10): 1676-1678,1700.

[16] 黄媛，代胜，梁龙飞，等．不同添加剂对构树青贮饲料发酵品质及微生物多样性的影响 [J]. 动物营养学报，2021, 33(3): 1607-1617.

[17] 刘秦华，邵涛，董志浩，等．β-1,4- 葡聚糖内切酶 egl3 基因在乳酸乳球菌中分泌表达的研究 [J]. 中国科技论文，2017, 12(06): 633-638.

[18] 邱小燕．提高青稞秸秆替代燕麦的 TMR 发酵品质及有氧稳定性研究 [D]. 南京：南京农业大学，2014.

[19] Asadollahi S, Sari M, Erafanimajd N, et al. Supplementation of sugar beet pulp and roasted canola seed in a concentrate diet altered carcass traits, muscle (*longissimus dorsi*) composition and meat sensory properties of Arabian fattening lambs [J]. Small Ruminant Research, 2017, 153: 95-102.

[20] Bai J, Ding Z T, Ke W C, et al. Different lactic acid bacteria and their combinations regulated the fermentation process of ensiled alfalfa: Ensiling characteristics, dynamics of bacterial community and their functional shifts [J]. Microbial Biotechnology, 2021, 14(3): 1171-1182.

[21] Bilal M Q. Effect of molasses and com silage addves on the characteristics of mott dwarf elephant grass silage at different fermentation periods[J]. Pakistan Veterinary Journal, 2009, 29(1): 395-396.

[22] Cai Y, Fujita Y, Murai M, et al. Application of lactic acid bacteria (*Lactobacillus plantarum* Chikuso-1) for silage preparation of forage paddy rice [J]. Japanese Journal of Grassland Science, 2003, 49(5): 477-485.

[23] Chen L, Li P, Gou W, et al. Effects of inoculants on the fermentation characteristics and in vitro digestibility of reed canary grass (*Phalaris arundinacea* L.) silage on the Qinghai-Tibetan Plateau [J]. Animal Science Journal, 2020, 91(1): e13364.

[24] Dos Santos L, Ginani V C, de Alencar E R, et al. Isolation, identification, and screening of lactic acid bacteria with probiotic potential in silage of different species of forage plants, cocoa beans, and artisanal salami [J]. Probiotics Antimicrobe Proteins, 2020, 13(1): 173-186.

[25] Gallo S B, Brochado T, Ariboni B R, et al. Implications of low fiber levels in finishing lambs on performance, health, rumen, and carcass parameters [J]. Tropical Animal Health and Production. 2019, 51(1): 767-773.

[26] Nair J, Niu H X, Andrada E, et al. Effects of inoculation of corn silage with *Lactobacillus hilgardii* and *Lactobacillus buchneri* on silage quality, aerobic stability, nutrient digestibility, and growth performance of growing beef cattle [J]. Journal of Animal Science, 2020, 98(10): 267.

[27] Joo Y H, Kim D, Paradhipta D, et al. Effect of microbial inoculants on fermentation quality and aerobic stability of sweet potato vine silage [J]. Animal Biosciences, 2018, 31(12): 1897-1902.

[28] Kazemi M, Ghasemi Bezdi K. The nutritional value of some fruit tree leaves for finishing lambs [J]. Animal Biotechnology, 2021, 3: 1-12.

[29] Kung L, Shaver R D, Grant R J, et al. Silage review: Interpretation of chemical, microbial, and organoleptic components of silages [J]. Journal of Dairy Science, 2018, 101(5): 4020-4033.

[30] Luo R, Zhang Y, Wang F, et al. Effects of sugar cane molasses addition on the fermentation quality, microbial community, and tastes of alfalfa silage [J]. Animals, 2021, 11(2): 355.

[31] McAllister T A, Dunière L, Drouin P, et al. Silage review: Using molecular approaches to define the microbial ecology of silage [J]. Journal of Dairy Science, 2018, 101(5): 4060-4074.

[32] McDonald P, Henderson A R, Heron S J E, et al. The biochemistry of silage [M]. Chichester, England: Chalcombe publications, 1991.

[33] Ni K K, Wang F F, Zhu B G, et al. Effects of lactic acid bacteria and molasses additives on the microbial community and fermentation quality of soybean silage [J]. Bioresource Technology, 2017, 238: 706-715.

[34] Ni K, Zhao J, Zhu B, et al. Assessing the fermentation quality and microbial community of the mixed silage of forage soybean with crop corn or sorghum [J]. Bioresource Technology, 2018, 265:563-567.

[35] Ogunade I M, Jiang Y, Kim D H, et al. Fate of *Escherichia coli* O157:H7 and bacterial diversity in corn silage contaminated with the path ogenand treated with chemicalormicrobial additives[J]. Journal of Dairy Science, 2016, 100(3): 1780-1794.

[36] Oliveira A S, Weinberg Z G, Ogunade I M, et al. Meta-analysis of effects of inoculation with homofermentative and facultative heterofermentative lactic acid bacteria on silage fermentation, aerobic stability, and the performance of dairy cows [J]. Journal of Dairy Science, 2017, 100(6): 4587-4603.

[37] Zhang Q, Yu Z, Wang X G, et al. Effects of inoculants and environmental temperature on fermentation quality and bacterial diversity of alfalfa silage[J]. Animal Science Journal, 2018, 89(8): 1085-1092.

[38] Puntillo M, Gaggiotti M, Oteiza J M, et al. Potential of lactic acid bacteria isolated from different forages as silage inoculants for improving fermentation quality and aerobic stability [J]. Frontiers in Microbiology, 2020, 11: 3091.

[39] Silva E B, Smith M, Savage R, et al. Effects of *Lactobacillus hilgardii* 4785 and *Lactobacillus buchneri* 40788 on the bacterial community, fermentation and aerobic stability of high-moisture corn silage[J]. Journal of Applied Microbiology, 2021, 130(5): 1481-1493.

[40] Tian J, Li Z, Yu Z, et al. Interactive effect of inoculant and dried jujube powder on the fermentation quality and nitrogen fraction of alfalfa silage[J]. Animal Science Journal, 2016, 88(1): 633-642.

[41] Yuan X J, Wen A Y, Dong Z H, et al. Effects of four short-chain fatty acids or salts on the dynamics of nitrogen transformations and intrinsic protease activity of alfalfa silage[J]. Journal of the Science of Food & Agriculture, 2017, 97(9): 2759-2766.

[42] Xu D, Ding Z, Bai J, et al. Evaluation of the effect of feruloyl esterase-producing *Lactobacillus plantarum* and cellulase pretreatments on lignocellulosic degradation and cellulose conversion of co-ensiled corn stalk and potato pulp [J]. Bioresource Technology, 2020, 310: 123476.

[43] Yang L, Yuan X, Li J, et al. Dynamics of microbial community and fermentation quality during ensiling of sterile and nonsterile alfalfa with or without *Lactobacillus plantarum* inoculant [J]. Bioresource Technology, 2019, 275: 280-287.

[44] Zhang M, Wang X, Cui M, et al. Ensilage of oats and wheatgrass under natural alpine climatic conditions by indigenous lactic acid bacteria species isolated from high-cold areas [J]. Plos one, 2018, 13(2): e0192368.

[45] 陈鑫珠 , 李文杨 , 刘远 , 等 . 红象草绿汁发酵液微生物组成及其对菌糠发酵品质的影响 [J]. 福建农业学报 ,2018,33(06):644-648.

[46] 吴静 , 闵柔 , 邬敏辰 , 等 . 羧肽酶研究进展 [J]. 食品与生物技术学报 ,2012,31(08):793-801.

[47] Van Soest P J, Robertson J B, Lewis B A. Methods for dietary fiber, neutral detergent fiber,and nonstarch polysaccharides in relation to animal nutrition [J]. Journal of Dairy Science, 1991,74(10):3583-3597.

[48] Menke K H , Steingass H. Estimation of the energetic feed value obtained from chemical analysis and in vitro gas production using rumen fluid [J]. Animal Research and Development, 1988, 28: 7-55.

[49] Ørskov E R, McdDonald I. The estimation of protein degradability in the rumen from incubation measurements weighted according to rate of passage [J]. Journal of Agricultural Science, 1979, 92(02): 499-503.

[50] Limón-Hernández D, Rayas-Amor A A, García-Martínez A, et al. Chemical composition, in vitro gas production, methane production and fatty acid profile of canola silage (*Brassica napus*) with four levels of molasses [J]. Tropical Animal Health and Production, 2019, 51(6): 1579-1584.

[51] Jiao T, Lei Z M, Wu J P, et al. Effect of additives and filling methods on whole plant corn silage quality, fermentation characteristics and in situ digestibility [J]. Animal Biosciences, 2021, 34:1776-1783.

[52] Shah A A, Qian C, Liu Z, et al. Evaluation of biological and chemical additives on microbial community, fermentation characteristics, aerobic stability, and in vitro gas production of SuMu No. 2 elephant grass [J]. Journal of the Science of Food and Agriculture, 2021, 3: 11191.

[53] Mckersie B D, Buchanan-Smith J. Changes in the levels of proteolytic enzymes in ensiled alfalfa forage [J]. Canadian Journal of Plant Science, 1982, 62(1): 111-116.

第5章

豆科牧草青贮

5.1 添加乳酸菌对白三叶青贮饲料发酵品质的影响

5.1.1 乳酸菌对白三叶青贮饲料发酵品质的影响

5.1.1.1 试验地概况

（1）地理概况

本试验在贵州大学西校区进行，位于贵阳市花溪区。花溪区位于东经106° 27′ ～ 106° 52′，北纬26° 11′ ～ 26° 34′，地貌以山地和丘陵为主，为典型的喀斯特地质地区，是长江水系和珠江水系的分水岭地带。大部分地区海拔1000m左右，各种动植物种类繁多，资源丰富。

（2）气候特征

贵阳市花溪区属于中亚热带温润气候，大部地区四季分明，冬无严寒，夏无酷暑，雨量充沛，冬暖夏凉，气候宜人。花溪区具有高原季风湿润气候的特点，冬无严寒，夏无酷热，无霜期长，雨量充沛，湿度较大。年平均气温为14.9℃，无霜期平均246d，年雨量1178.3mm。花溪区气候宜人，降水丰富，比较适合白三叶的生长。

5.1.1.2 试验设计及方法

（1）试验材料

本试验所用白三叶取自贵州大学西校区试验田。于2020年6月开始采集，从试验田选取5个具有代表性的区域，刈割取样处于营养生长期的白三叶。白三叶收获后先晾晒2h，然后将白三叶切碎成小段，长为1 ～ 2cm，充分混合均匀后，选取适量的样品用于试验。

（2）试验设计

乳酸菌添加组为无菌种添加（CK），同型发酵乳酸菌种添加（HOA），异型发酵乳酸菌种添加（HEA），共3个处理组，每组设置3个重复，同型发酵乳酸菌采用本课题组先前分离鉴定出的鼠李糖乳杆菌 BDy3-10（HOA），异型发酵乳酸菌采用本课题组先前分离鉴定出的布氏乳杆菌 TSy1-6（HEA）。

试验处理：所有原料均切碎至 1 ～ 2cm 大小，每千克样品添加 5mL 乳酸菌菌液（1×10^9cfu/mL），根据样品重量按这个比例添加。将不同乳酸菌菌液添加至各试验组中，未添加乳酸菌组仅添加相同质量的蒸馏水，同时添加两种菌液的按照 1∶1 比例混匀，同样按照以上比例添加。各处理组按照每袋 1kg 的质量装入聚乙烯袋内，真空密封。经过 50d 发酵后，开封测定其营养成分、发酵品质和体外产气量，另进行青贮饲料的感官评价和饲喂价值评价。

（3）测定指标

① pH 值及发酵品质测定　浸提液制备：取待分析样品 20g，加入 180mL 蒸馏水，搅拌均匀，家用榨汁机搅碎 1min，再用 4 层纱布和定性滤纸过滤，滤出料渣制得样品的浸提液，用于 pH 值、NH_3-N、LA、AA、PA、BA 的测定。置于 −20℃条件保存备用。其中：pH 值采用 PHS-3C 酸度计测定，浸提液读数即为青贮饲料 pH 值；NH_3-N 采用苯酚 - 次氯酸钠比色法测定；乳酸、乙酸、丙酸和丁酸采用高效液相色谱法测定。

② 发酵后营养品质测定　DM、CP、NDF、ADF、CA 的含量参照张丽英《饲料分析及饲料质量检测技术》（第 2 版）方法进行测定。

③ 体外发酵试验　采用体外批次培养法。根据试验设计，准确称取 500mg 发酵底物置入 120mL 厌氧培养管中，持续通入 CO_2 气体，确保试验所需的厌氧环境，加入人工瘤胃缓冲液 20mL，然后用橡胶塞和铝盖将培养管密封，放置于 39℃水浴锅预热。人工瘤胃缓冲液的配置参照 Menke 等的方法。在早晨饲喂之前，随机抽取 3 只黄牛瘤胃液，将其混合后，经 2 层纱布过滤，加入至预热处理过并有充足 CO_2 气体的保温瓶中，密封带回实验室。在厌氧培养管中加入 10mL 瘤胃液，置于恒温水浴摇床中，水浴温度 39℃，振荡频率 50r/min。于 3h、6h、9h、12h、24h 时读取厌氧培养管中刻度测定产气量，并且计算产气速率。

④ 白三叶青贮饲料感官测定　本试验按照青贮饲料质量评定标准中白三叶青贮饲料质量评定的方法进行感官评分，根据饲料的色泽、气味、质地进行感官综合评价。分为优等、良等、中等、腐败 4 个等级进行评价，标准如表 5-1。感官评价由 4 人打分，取平均值。

表 5-1　青贮饲料感官评分标准表

<table>
<tr><th>项目</th><th colspan="3">评分标准</th><th>分数</th></tr>
<tr><td rowspan="3">色泽</td><td colspan="3">与原料相似、烘干后呈淡褐色</td><td>2</td></tr>
<tr><td colspan="3">略有变色，呈淡黄色或带褐色</td><td>1</td></tr>
<tr><td colspan="3">变色严重、墨绿色或褪色呈黄色，有较强的霉味</td><td>0</td></tr>
<tr><td rowspan="4">气味</td><td colspan="3">无丁酸臭味，有芳香果味</td><td>14</td></tr>
<tr><td colspan="3">有微弱的丁酸臭味，或较强的酸味、芳香味弱</td><td>10</td></tr>
<tr><td colspan="3">丁酸味颇重，或有刺鼻的焦煳臭味或霉味</td><td>4</td></tr>
<tr><td colspan="3">有较强的丁酸臭味或氨味</td><td>2</td></tr>
<tr><td rowspan="4">质地</td><td colspan="3">茎叶结构保持良好</td><td>4</td></tr>
<tr><td colspan="3">叶子结构保持较差</td><td>2</td></tr>
<tr><td colspan="3">茎叶有轻度霉菌或轻度污染</td><td>1</td></tr>
<tr><td colspan="3">茎叶腐烂或污染严重</td><td>0</td></tr>
<tr><td>总分</td><td>16 ～ 20</td><td>10 ～ 15</td><td>5 ～ 9</td><td>0 ～ 4</td></tr>
<tr><td>等级</td><td>1 级（优等）</td><td>2 级（良等）</td><td>3 级（中等）</td><td>4 级（腐败）</td></tr>
</table>

⑤ 饲料价值综合评定　运用隶属函数法对青贮饲料的干物质、粗蛋白、中性洗涤纤维、酸性洗涤纤维、粗灰分、乳酸、乙酸、丁酸、pH 值等指标进行综合评价。根据测定的指标和营养价值的关系来确定所用公式。计算公式如表 5-2。

表 5-2　饲料价值综合评定公式表

项目	公式	备注
公式 1	$R(X_i)=(X_i-X_{\min})/(X_{\max}-X_{\min})$	指标与青贮饲料的营养价值成正比
公式 2	$R(X_i)=1-(X_i-X_{\min})/(X_{\max}-X_{\min})$	指标与青贮饲料的营养价值成反比

注：$R(X_i)$ 为某测定指标隶属函数值；X_i 为该指标的测定值；$X_{\max}$ 为该指标最大值；$X_{\min}$ 为该指标最小值。

用表 5-2 所列公式，将所有测定指标隶属函数值进行相加，以其平均值大小进行排名，即可得出饲料综合价值。

⑥ 相对饲喂价值（RFV）评价　RFV 定义为相对一特定标准粗饲料，某种粗饲料可消化干物质的采食量。相对饲喂价值通过测定 NDF、ADF 含量，采用以下公式计算：

RFV=(88.9−0.779×ADF)×(120/NDF) /1.299。

（4）数据统计分析

试验数据采用运用模糊数学隶属函数法对青贮饲料营养水平进行综合评价，用 SPSS 20.0 对数据进行单因素方差分析和多重比较，添加不同乳酸菌的青贮样品分别与空白对照组进行单因素方差分析，以 $P<0.05$ 作为差异显著性判断标准。

5.1.1.3　结果与分析

（1）青贮白三叶感官评价

由图 5-1 可以看出，CK 组的饲料略有变色，呈褐色，茎、叶有轻度的污染和腐烂，不适合饲喂牲畜；HOA 组和 HEA 组均呈黄绿色，且质地较好，无发霉和腐烂现象，属于优质的青贮饲料。

(a) CK组

(b) HEA组

(c) HOA组

图 5-1　白三叶青贮饲料感官图

由表 5-3 可知：CK 组的青贮饲料评定得分最低，其色泽、气味、质地得分都较其他处理组低。HOA 组和 HEA 组发酵较好，得分都超过了 17 分，均为优等发酵饲料。从色泽、气味、质地上看乳酸菌添加组青贮料均呈黄绿色，无霉变现象发生，质地较好，无黏手现象，有强烈的酸香味，可用于饲喂各种家畜；对照组的青贮料略有变色，呈褐色，有刺鼻的焦煳臭味，茎叶有轻度的污染和腐烂，品质较差，不适于饲喂各种家畜。

表 5-3　白三叶青贮饲料的感官评价

处理组	色泽	气味	质地	总分	等级
CK	1.21	5.30	1.03	7.54	三级中等
HOA	1.87	13.33	3.78	18.98	一级优等
HEA	2.00	13.55	3.85	19.40	一级优等

（2）青贮白三叶营养成分分析

营养成分是评价青贮饲料最为直接和有效的指标，从表 5-4 可以看出，添加乳酸菌后各组的 DM 含量较未添加的白三叶青贮饲料数值上有所增加，但三者之间差异不显著。

表 5-4　添加乳酸菌对白三叶青贮饲料营养品质的影响（干物质基础，%）

处理组	干物质（鲜物质基础）/%	粗蛋白	中性洗涤纤维	酸性洗涤纤维	粗灰分
CK	27.13±0.38	16.11±0.22c	30.78±0.42	18.75±0.39	9.84±0.41
HOA	27.31±0.24	18.96±0.02a	30.63±0.88	18.46±0.63	9.18±0.04
HEA	27.59±0.57	17.79±0.41b	30.3±0.19	17.96±0.19	10.32±0.20

注：同列同一指标不同小写字母表示不同处理组间差异显著（$P<0.05$）。

青贮饲料 CP 含量是衡量其营养价值的重要指标之一。由表 5-4 可以看出：在添加了不同乳酸菌的 HOA 组和 HEA 组中的 CP 含量显著高于 CK 组（$P<0.05$），且 HOA 组显著高于 HEA 组（$P<0.05$）。

NDF 和 ADF 是评价青贮饲料的重要指标，优质的青贮饲料中 NDF 和 ADF 含量都相对降低，本试验中，在添加乳酸菌的 HOA 组和 HEA 组中，经过发酵，NDF 和 ADF 的含量都较 CK 对照组有所下降。但是本试验中 NDF 和 ADF 的影响不显著（$P>0.05$）。

CA 也是控制饲料质量的一个指标，本试验中，经过发酵 HOA 组中的 CA 含量较对照 CK 组有所下降，HEA 组中的 CA 含量较对照 CK 组有所提升，但三者间差异不显著（$P>0.05$）。

（3）青贮白三叶发酵品质评价

由表 5-5 可以看出，添加 HOA 和 HEA 后白三叶青贮饲料的 pH 值显著低于 CK 组（$P<0.05$），但两者之间差异不显著。HOA 和 HEA 处理中 LA 含量显著高于 CK 组（$P<0.05$），两者之间差异不显著（$P>0.05$）。三个处理组中 PA 含量差异显著，HEA 组明显低于 CK 组，但 HOA 组与其他两组之间差异不显著。CK 组 BA 含量远远低于 HOA 和 HEA 处理组（$P<0.05$）。HEA 组 AA 含量显著高于 CK 组和 HOA 组（$P<0.05$）。

表 5-5　添加乳酸菌对白三叶青贮饲料发酵品质的影响（干物质基础，%）

处理组	乳酸	丙酸	丁酸	乙酸	pH 值
CK	40.77±0.02b	30.13±0.17a	9.03±0.23a	12.29±0.21b	5.3±0.15a
HOA	47.14±0.15a	26.76±0.32ab	2.33±0.22b	11.79±0.24b	4.44±0.11b
HEA	46.96±0.05a	25.73±0.12b	2.03±0.17b	13.87±0.35a	4.46±0.03b

注：同列同一指标不同小写字母表示不同处理组间差异显著（$P<0.05$）。

（4）青贮白三叶产气量分析

由图 5-2 可以看出：在试验过程中，CK 对照组由于没有加入任何添加剂，白三叶中干物质含量低，所以产气最少。加入乳酸菌的 HOA 组和 HEA 组，产气量明显高于 CK 对照组，发酵品质也好于 CK 对照组。并且三组的产气量增长趋势基本一致，都是在发酵 4h 的时候开始快速增长，在发酵 24h 时增长逐步趋于缓和，在发酵 72h 时达到最大值。72h 时三个处理组最大产气量分别为 HOA、HEA 和 CK。

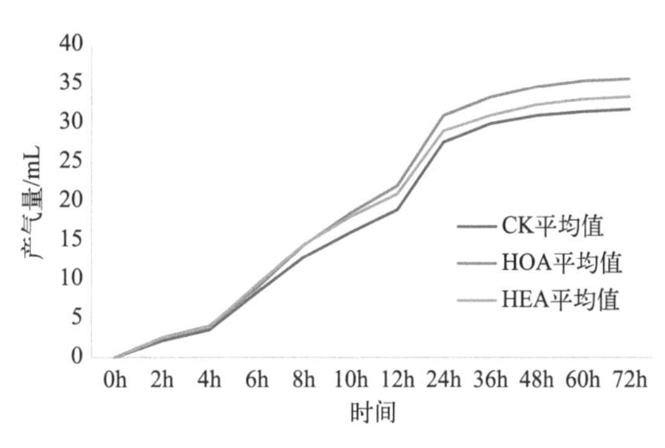

图 5-2　青贮白三叶产气量数据分析图

5.1.1.4　讨论

（1）添加乳酸菌对白三叶青贮感官评价的影响

本试验从感官评定结果来看，HOA 组和 HEA 组青贮效果均优于无菌种添加 CK 组，据整体感官评价得出添加 BDy3-10、TSy1-3 的青贮饲料发酵品质最好。因为乳酸菌的添加，增加了白三叶原料中乳酸菌的数量，为青贮发酵的成功提供了前提条件，说明 BDy3-10、TSy1-3 两种添加剂都是适宜白三叶青贮的，并且能提高白三叶的青贮品质。开封时，各添加乳酸菌处理的青贮饲料颜色都呈黄绿色，而对照组略有变色，呈褐色；在嗅觉上，添加乳酸菌的处理组都有强烈的酸香味。对照组有刺鼻的焦煳臭味，茎叶有轻度的污染和腐烂，品质较差，不适于饲喂各种家畜；添加乳酸菌的处理组总体青贮感官评价较好，对照组整体感官评价较差。

（2）添加乳酸菌对白三叶青贮营养成分的影响

本研究中 HEA 处理组的 DM 含量高于 HOA 处理组和 CK 对照组，但是他们之间差异不显著，原因可能是添加布氏乳杆菌 TSy1-3 快速生长，促进了青贮前期 LA 发酵，加速了青贮内环境的酸化，进而抑制了有害微生物的生长繁殖，从而减少了 DM 损失。苗芳研究表明，添加乳酸菌可以提高青贮饲料中的 DM 含量，与本试验研究结果一致，本试验添加 BDy3-10 和 TSy1-6 均能提高青贮 DM 含量。Ni 等研究认为，DM 损失主要是因为原料中可溶性碳水化合物的分解。本试验表明，添加乳酸菌的 HEA 组和 HOA 组中，DM、CP 的含量高于 CK 对照组。说明经过 BDy3-10 和 TSy1-3 处理，能使乳酸菌迅速占据菌群优势，迅速降低饲料的 pH 值，从而抑制有害微生物对营养成分的分解，增加干物质含量，提高饲料的营养价值。

本试验各处理组之间的 CP 含量差异显著（$P<0.05$），这与贾婷婷等研究结果相同。CK 对照组青贮过程中，CP 会因为有害微生物的分解作用而被降解，含量较低。但是在 HOA 组和 HEA 组中，由于添加了不同乳酸菌，加快了发酵进程，发酵过程会产生大量的酸，从而抑制有害微生物的生长和繁殖，使 CP 含量迅速增加，远远超过 CK 对照组的含量。本试验中，CP 的影响较为显著（$P<0.05$）。

从本试验的结果来看，虽然添加乳酸菌后白三叶青贮料的 NDF 和 ADF 含量和 CK 组差异不显著，但在数值上均有所降低，表明添加乳酸菌后对饲料中的 ADF 和 NDF 都有不同程度的降解，这与 Hutt 等的研究相似，HEA 处理组的下降程度最高，提高了采食量和消化率。

（3）添加乳酸菌对白三叶青贮发酵品质的影响

pH 值和乳酸含量是反映青贮饲料发酵品质的重要指标。Muck 研究表明：优质牧草青贮 pH 值一般在 4.2 以下。白三叶含蛋白较高，pH 值相对于其他作物也要高，一般 pH 值在 4.5 ～ 5 为优质。本研究中青贮 72h 后，各处理组的 pH 值，均达到优质青贮饲料的要求，随着乳酸菌添加量的增加，乳酸含量显著增加，有利于发酵前期 pH 值的快速降低，抑制有害菌的生长。对照组的 pH 值未达到优质青贮饲料的要求，这可能与其附生乳酸菌的数量较小有关，也与白三叶含水量过高有关。大部分研究推荐生产优质青贮的乳酸菌数量应大于 10^5 cfu/g。通常情况下，青贮发酵前期，乳酸含量逐渐增加，pH 值迅速降低，而发酵后期乳酸含量逐渐降低，乙酸含量增加。乳酸和乙酸含量发生转变可能是在发酵后期 pH 值较低，多数耐酸性较差的乳酸菌的活动受到抑制，而耐酸能力较强的 *L.buchneri strain* TSy1-6 利用乳酸产生乙酸。本研究青贮后有氧放置 0h、24h、48h、72h 后，添加组的乳酸含量显著升高，pH 值显著降低。本研究中 pH 值的影响为显著（$P<0.05$）。

在青贮饲料发酵过程中乳酸菌利用牧草中的可溶性碳水化合物，分解产生乳酸和乙酸等有机酸，导致整体的 pH 值下降，进而抑制有害菌的生长繁殖，最终达到一个平衡的状态，青绿饲料得到长期保存。本试验中，处理组青贮的乳酸均高于对照组，这可能与本试验添加的乳酸菌有关，添加乳酸菌可以增加白三叶青贮饲料中的乳酸菌数量，最大限度地利用可溶性碳水化合物作为底物产生乳酸。乙酸含量的变化比较复杂，HOA 组中乙酸较 CK 组含量下降，而 HEA 组中乙酸较 CK 组含量上升，可能与青贮饲料附生的不同类型乳酸菌有关，不同类型乳酸菌利用乳酸产生乙酸的能力不同。青贮发酵中乙酸主要来源于异型乳酸菌对于糖类的分解发酵。HEA 组的乙酸含量显著高于 CK 组，这可能是因为异型乳酸菌主产物为乙酸，但乙酸含量高会降低饲料的适口性。HOA 组乙酸含量低于 CK 组，这可能是因为同型乳酸菌产生的乙酸较少，与 Muck 等的报道一致。

本研究中白三叶单独青贮后丁酸（BA）含量、pH 值较高，乳酸（LA）含量低，青贮发酵品质差。玉柱等也报道了白三叶单独青贮发酵品质差，与本研究结果一致。本试验研究表明：在 HOA 组和 HEA 组添加 BDy3-10 和 TSy1-3 使青贮料中乳酸和总酸的含量明显增加、pH 值显著降低，改善了白三叶青贮饲料的品质和营养成分。研究表明，白三叶青贮饲料中添加乳酸菌制剂，可以有效抑制不良微生物对青贮料营养成分的破坏和分解，提高了乳酸的含量，降低了乙酸、丙酸、丁酸的含量，从而抑制了蛋白质的分解，有效保障了青贮饲料的发酵品质。陈雷等研究表明：接种乳酸菌能提高饲料中乳酸含量，获得最低的 pH 值，与本试验研究结果一致。但是沈益新等试验中，乳酸菌试剂降低了青贮饲料中乳酸含量，提高了乙酸含量。据推断，添加乳酸菌后青贮饲料内各种酸的含量不一致的原因可能是乳酸菌菌种对于环境条件不适应，相互之间产生竞争。Muck 研究表明如果植株上天然存在不利于发酵的乳酸菌数目远远超过接种或添加的乳酸菌数量，那么使乳酸菌的有益菌种占据主导地位是很困难的。

本试验中 HEA 组和 HOA 组的丁酸含量较 CK 组显著降低。研究表明同型发酵乳酸菌能加快青贮料的发酵进程，迅速降低青贮料的 pH 值，但不利于提高青贮料的有氧稳定性；异型发酵乳酸菌能提高青贮料的有氧稳定性，但使青贮料的 pH 值升高，干物质损失增加。

5.1.1.5 结论

通过在白三叶青贮饲料中添加鼠李糖乳杆菌 BDy3-10 和布氏乳杆菌 TSy1-6，能够明显改善青贮饲料的感官、营养价值、发酵品质和体外消化率，本研究表明这两种乳酸菌添加剂是适合白三叶青贮饲料的添加剂。

5.1.2 白三叶青贮饲料营养价值综合评价

本试验通过测定白三叶青贮饲料的感官指标、营养指标、产气量和有机酸含量，利用隶属函数综合模糊评价方法、体外产气量评价方法、RFV 评价来对白三叶青贮饲料营养价值进行综合评价，以筛选较好的白三叶青贮饲料乳酸菌添加剂。

5.1.2.1 材料和方法

同 5.1.1.2 部分。

5.1.2.2 结果与分析

（1）隶属函数综合模糊评价

如表 5-6 所列，通过隶属函数综合模糊评价分析，HOA 组的综合得分最高，HEA 组与 CK 组得分都是 0.46。说明添加鼠李糖乳杆菌 BDy3-10 对于白三叶青贮饲料的发酵品质和营养指标的改善最有效，添加布氏乳杆菌 TSy1-6 对于白三叶青贮饲料的发酵品质和营养指标的改善效果不是很大。通过本试验的相关数据和隶属函数综合模糊评价综合得出：鼠李糖乳杆菌 BDy3-10 是白三叶青贮饲料的有效的添加剂。

表 5-6 添加乳酸菌对白三叶青贮饲料的隶属函数分析

指标	隶属函数平均值		
	HEA 平均	HOA 平均	CK 平均
粗蛋白	0.53±0.07	0.43±0.09	0.33±0.11
干物质	0.39±0.08	0.54±0.07	0.5±0.07
粗灰分	0.35±0.05	0.39±0.07	0.36±0.09
中性洗涤纤维	0.64±0.09	0.42±0.08	0.34±0.06
酸性洗涤纤维	0.49±0.06	0.54±0.09	0.45±0.08
乳酸	0.56±0.06	0.58±0.08	0.44±0.05
乙酸	0.66±0.05	0.47±0.08	0.66±0.06
丙酸	0.34±0.08	0.39±0.05	0.47±0.07
丁酸	0.35±0.07	0.5±0.09	0.47±0.03
pH 值	0.35±0.05	0.44±0.03	0.57±0.06
平均	0.46	0.47	0.46

（2）体外产气量评价

本研究中，通过对产气量数据研究发现（表 5-7）：三个处理组在第 0h、2h、4h、10h、12h、24h、36h、48h、60h、72h 时的产气量大小排序为：HOA>HEA>CK。说明添加鼠李糖乳杆菌 BDy3-10 对于白三叶青贮饲料中的有机物消化率最高。HEA 次之，CK 组对于有机物的消化率最低。

表 5-7 白三叶青贮产气量表

时间	CK 平均值	HOA 平均值	HEA 平均值
0h	0	0	0
2h	2.13±0.03	2.53±0.05	2.5±0.02
4h	3.53±0.03	4.02±0.04	3.93±0.03
6h	8.28±0.05	8.87±0.03	9.29±0.05
8h	12.8±0.06	14.34±0.05	14.42±0.06
10h	16.02±0.05	18.49±0.07	18.03±0.08
12h	18.93±0.05	21.98±0.07	20.94±0.03
24h	27.54±0.08	30.93±0.07	28.98±0.09
36h	29.9±0.05	33.29±0.03	30.95±0.08
48h	30.94±0.05	34.63±0.07	32.32±0.07
60h	31.42±0.08	35.39±0.06	33.02±0.05
72h	31.72±0.06	35.66±0.08	33.32±0.05

（3）RFV 评价

如表 5-8 所列，本研究各组的 RFV 值从大到小分别为：HEA>HOA>CK。RFV 是 NDF 和 ADF 的综合体现，RFV 可以体现饲料综合营养价值的高低，饲料的综合营养价值和 RFV 成正比，RFV 越高，说明饲料营养价值越高，饲喂效果也越好。

表 5-8 添加乳酸菌的白三叶青贮饲料 RFV 比较

项目	中性洗涤纤维	酸性洗涤纤维	RFV
HEA 平均	30.3±0.11	17.96±0.11	228.37±0.22
HOA 平均	30.63±0.12	18.46±0.15	224.82±0.21
CK 平均	30.78±0.08	18.75±0.12	223.06±0.23

本研究利用相对饲喂价值评价指数对添加不同乳酸菌的白三叶青贮饲料的平均值进行综合评定，以获得优质牧草，从而为白三叶青贮饲料提供更有营养价值的理论指导。

5.1.2.3 讨论

近些年，同型和异型乳酸菌添加剂对于青贮饲料发酵品质的影响的研究逐渐成为研究热点。本试验在添加组中分别加入同型和异型的乳酸菌制剂，旨在探究不同发酵类型的乳酸菌制剂对白三叶青贮发酵品质的影响。

饲料的综合营养价值是一个受多因素影响的复杂数量性状，必须用多种指标和多种方法综合全面地进行分析和评价，才能全面准确地反映饲料不同时间段综合营养价值的高低。本研究通过用实验室检测数据，并综合运用隶属函数综合模糊评价方法、体外产气量评价方法、RFV 评价方法来对白三叶青贮饲料营养价值进行综合评价，得出的结论更为全面，与实际更为接近。

青贮饲料产气量的差异主要是由于其中粗蛋白和粗纤维含量不同。当粗蛋白含量高、粗纤维含量低时，青贮饲料产气量较高；当粗蛋白含量低、粗纤维含量高时，产气量较低。原因可能是青贮饲料中粗蛋白高、粗纤维低更有利于瘤胃微生物繁殖，或可促进产甲烷菌生长的营养物质增加。产甲烷菌的数量增多，累计产气量也会随之增加。有机物消化率是衡量饲料营养价值的重要指标。本研究中，产气量随着发酵时间的增长不断上升。添加鼠李糖乳杆菌 BDy3-10 和布氏乳杆菌 TSy1-6 的处理组 72h 产气量均高于 CK 组。两种不同乳酸菌添加组和 CK 组的 72h 产气量由大到小的排序为：HOA>HEA>CK。

Filya 等对豆科牧草的研究发现，理论最大产气量与 NDF 的含量呈显著负相关，与 CP 含量呈显著正相关关系。黄雅莉等对半胱胺对水牛瘤胃发酵的影响研究表明，产气量与饲料的可降解性呈正相关。从本试验研究结果看，处理组添加鼠李糖乳杆菌 BDy3-10 和布氏乳杆菌 TSy1-6 后，产气量和理论最大产气量均高于对照组，原因可能主要是粗蛋白的含量高，有利于瘤胃微生物的快速生长繁殖，或者是有利于产甲烷菌的快速繁殖，从而促进了有机物的降解，产气量随之增加。

本研究中，HEA 组的 RFV 最高，其次是 HOA 组，CK 组的 RFV 最低。说明布氏乳杆菌 TSy1-6 添加在白三叶青贮饲料中的发酵效果最好，鼠李糖乳杆菌 BDy3-10 添加在白三叶青贮饲料中的发酵效果次之，CK 组的发酵效果最差。本试验中添加的鼠李糖乳杆菌 BDy3-10 和布氏乳杆菌 TSy1-6 相比，布氏乳杆菌 TSy1-6 更利于改善青贮饲料中各种营养成分和发酵品质，是最适合做白三叶青贮饲料的添加剂的乳酸菌种。青贮发酵是一个复杂的生物化学过程，受诸多因素的影响和制约，至今也没有哪种乳酸菌制剂被证实绝对有效。因此，研究青贮的过程和探寻有效的青贮添加剂任重而道远，需要不断总结和探索青贮发酵规律，不断试验和分析数据，才能持续推进青贮技术的发展。

本研究通过在白三叶青贮饲料中添加乳酸菌，研究乳酸菌对白三叶青贮饲料感官指标、营养指标、产气量和有机酸含量的影响。通过试验，表明添加乳酸菌能够明显改善白三叶青贮饲料的营养成分和发酵品质。通过多种方法分析发现添加乳酸菌的处理组的综合评分都要优于对照组，这都充分说明添加乳酸菌更有利于白三叶的青贮。

5.1.2.4 结论

① 从白三叶青贮饲料的 72h 时三个处理组最大产气量从高到低排序为：HOA>HEA>CK。说明添加鼠李糖乳杆菌 BDy3-10 更有利于提高有机物消化率。

② 通过 RFV 评价，发现布氏乳杆菌 TSy1-6 更利于改善青贮饲料中各种营养成分和发酵品质，更适合做白三叶青贮饲料的添加剂。

通过实验室检测和数据分析，本研究得出结论：添加乳酸菌能明显改善白三叶青贮饲料的营养成分、发酵品质、提高有机物消化率，并且本试验中的布氏乳杆菌 TSy1-6 更适合做白三叶青贮饲料的添加剂。白三叶单独青贮较难获得品质优良的青贮饲料。

5.2 紫花苜蓿与几种禾本科牧草不同比例全混合日粮（TMR）青贮发酵研究

5.2.1 紫花苜蓿与不同禾本科牧草 TMR 青贮发酵对比

5.2.1.1 材料与方法

（1）牧草原料

紫花苜蓿（品种：三得利）为初花期刈割采样，取自贵州大学南校区试验地；皇竹草为拔节期，高度约2米刈割采样，取自贵州大学南校区试验地；全株玉米（品种：金玉818）为蜡熟初期刈割采样，取自贵州省大方县六龙镇青林村；甜高粱（品种：大力士）为孕蕾初期刈割采样，取自贵州省大方县凤山彝族蒙古族乡店子村；黑麦草为营养生长后期刈割采样，取自贵州省草地技术试验推广站。不同牧草营养水平如表5-9所列。

表5-9　紫花苜蓿、皇竹草、全株玉米、黑麦草、甜高粱营养水平（干物质基础，%）

项目	干物质（鲜物质基础）/%	粗蛋白	中性洗涤纤维	酸性洗涤纤维	粗纤维	粗脂肪	可溶性碳水化合物	粗灰分
紫花苜蓿	27.26	21.49	44.07	27.93	38.73	12.30	4.41	9.61
黑麦草	17.92	18.94	54.07	29.45	32.71	13.97	4.67	11.31
全株玉米	30.51	7.98	49.33	26.80	48.88	12.11	7.71	5.01
皇竹草	17.65	11.37	58.79	35.54	44.99	13.93	4.67	12.87
甜高粱	23.08	11.82	55.32	30.02	36.12	12.65	9.19	8.59

（2）精料原料及配比

精料原料选择：根据育肥牛（15月龄，体重约220kg）的饲养标准，查阅相关资料选择合适的育肥牛精料配方，并选择购买精料原料，粉碎后混合制作成精料，设置蛋白含量较高的精料配方一和蛋白含量较低的精料配方二，精料配方如表5-10。

表5-10　育肥牛精料配方

项目		精料配比一	精料配比二
组成	玉米粉/%	55	60
	麦麸/%	21.3	21.3
	豆粕/%	15	12
	菜籽粕/%	5	3
	磷酸氢钙/%	2	2
	食盐/%	1	1
	硫酸钠/%	0.2	0.2
	磷酸钠/%	0.5	0.5
营养水平	干物质（鲜物质基础）/%	83.58	83.45
	粗蛋白CP（干物质基础）/%	17.21	14.31
	粗脂肪EE（干物质基础）/%	3.19	3.28
	粗纤维CF（干物质基础）/%	4.19	3.89
	粗灰分CA（干物质基础）/%	2.96	2.69
	中性洗涤纤维NDF（干物质基础）/%	17.32	16.99
	酸性洗涤纤维ADF（干物质基础）/%	6.52	6.05

（3）试验设计

精料加水搅拌，形成水分含量为50%的湿润精料，然后与切碎至1～2cm大小的粗料按精粗比为4∶6均匀混合形成TMR，调节水分进行TMR发酵。参考以往相关的研究，精粗混合后的水分控制在50%～60%，若鲜草中的水分过高，进行晾晒，控制其水分。经过60d发酵后，开封进行发酵品质测定、微生物测定、化学成分和有氧稳定性研究。

将紫花苜蓿、全株玉米、皇竹草、甜高粱、黑麦草分别与精料混合形成各自的发酵TMR，进行青贮发酵，共5个处理组，4个重复（表5-11）。其中，紫花苜蓿和黑麦草的粗蛋白含量较高，选择蛋白含量较低的精料配方二，全株玉米、皇竹草、甜高粱选择蛋白含量较高的精料配方一。

表 5-11 试验设计明细表

项目	试验组				
研究一	不同牧草 TMR 青贮发酵研究				
处理	ZH-FTMR	HM-FTMR	YM-FTMR	HZ-FTMR	TG-FTMR
牧草	紫花苜蓿	黑麦草	全株玉米	皇竹草	甜高粱
研究二	紫花苜蓿与全株玉米不同比例混合 TMR 青贮发酵研究				
处理	AY-7-3	AY-6-4	AY-5-5	AY-4-6	AY-3-7
比例	7∶3	6∶4	5∶5	4∶6	3∶7
研究三	紫花苜蓿与皇竹草不同比例混合 TMR 青贮发酵研究				
处理	AH-7-3	AH-6-4	AH-5-5	AH-4-6	AH-3-7
比例	7∶3	6∶4	5∶5	4∶6	3∶7
研究四	紫花苜蓿与甜高粱不同比例混合 TMR 青贮发酵研究				
处理	AT-7-3	AT-6-4	AT-5-5	AT-4-6	AT-3-7
比	7∶3	6∶4	5∶5	4∶6	3∶7
研究五	紫花苜蓿与黑麦草不同比例混合 TMR 青贮发酵研究				
处理	AR-7-3	AR-6-4	AR-5-5	AR-4-6	AR-3-7
比例	7∶3	6∶4	5∶5	4∶6	3∶7

经查阅相关紫花苜蓿与禾本科混贮的文献，不同的研究发现的豆科与禾本科的最佳混贮发酵的比例都是不同的，故在前人研究的基础上，选用紫花苜蓿与所用全株玉米比例为7∶3、6∶4、5∶5、4∶6、3∶7等5个处理，紫花苜蓿与全株玉米不同比例混合设计如表5-11。

（4）试验方法

① 青贮TMR发酵调制　将牧草与精料按照试验设计进行处理，混合均匀后分别装入青贮袋（28cm×40cm），抽真空机抽真空、压实、密封，置于室内避光贮藏。

② 样品处理　青贮60d后开封，取出全部TMR青贮发酵饲料并混匀，称取20 g放入500mLGLG-520型便携式电动果汁机，加入180mL去离子水，搅拌，4℃浸提8h，中途每2h搅拌一次，然后经过定性滤纸过滤，得到的液体即为TMR青贮发酵浸提液，置于−20℃冷冻冰箱保存备用。用于pH值、AN、LA、AA、PA和BA的测定。称取200g开封后的TMR青贮发酵饲料，置于信封袋内，放于105℃鼓风干燥箱中灭酶20分钟，然后在烘箱中用65℃烘干，用于测定DM、CP、CF、NDF、ADF、EE和CA等化学物质成分。

（5）测定项目

① DM　试样置于信封袋内，放于105℃鼓风干燥箱中灭酶20分钟，然后在烘箱中用65℃烘干至恒重，冷却称重。

② CP　采用KjeltecTM8100型凯氏定氮仪测定。

③ CF　应用滤袋技术，采用Ankom220型纤维分析仪测定。

④ NDF 和 ADF　应用滤袋技术，采用 Ankom220 型纤维分析仪测定。

⑤ EE　在索氏提取器中用乙醚反复提取试样后，从抽提管取出装有试样的滤纸袋包，然后称重，滤纸包失去的重量即为该样本的脂肪含量。

⑥ WSC　采用硫酸 - 蒽酮比色法测定。

⑦ CA　取 1g 样品于 550℃烘干恒重的坩埚内，小心移入高温炉碳化至无烟，然后升温灼烧至样品无碳粒，将炉温升到 550℃下灼烧 3h 后冷却称重。

⑧ 总氮（TN）　粗蛋白含量除以 6.25 即为总氮含量。

⑨ AN　量取样品 10mL 浸提液，加 10% 碳酸钾溶液 20mL，加热蒸馏，用标准盐酸滴定按下式计算：

$$氨态氮(\%)=V_1\times M\times 0.014\div W\times V_2\div V\times 100$$

式中，V_1 为滴定试样时所需盐酸标准液用量，mL；M 为盐酸标准溶液物质的量浓度；W 为试样质量，g；V_2 为试样分解液蒸馏用量，mL；V 为试样分解液总量，mL；0.014 为氨的物质的量，mmol。

⑩ pH 值　采用上海佑科 PHS-3C 酸度计测定。

⑪ LA 和挥发性有机酸（VFA）　采用高效液相色谱仪测定。

⑫ 微生物　好氧细菌用 PCA 平板计数琼脂培养基在 37℃恒温恒湿培养箱中培养 1d 计数，乳酸菌用 MRS 琼脂培养基在 37℃厌氧培养箱中培养 3d 计数，酵母菌用 MEA 琼脂培养基在 25℃恒温恒湿培养箱中培养 3d 计数，霉菌用 SCDA 高盐察氏培养基在 25℃恒温恒湿培养箱中培养 3d 计数。用平板菌落计数法进行计数，用以 10 为底微生物数量的对数表示。

⑬ 感官测定　同 5.1.1 部分。

⑭ 饲料价值综合评定　同 5.1.1 部分。

（6）数据统计与分析

使用 Microsoft Excel 2013 软件对基础数据进行分析整理，采用 SPSS 22.0 进行单因素方差分析，并用 Duncan 法对各组进行多重比较，$P<0.05$ 为差异显著。结果用平均值和标准误表示。

5.2.1.2　结果与分析

（1）不同牧草的发酵 TMR 感官测评比较

根据评分标准，各饲草发酵后感官评定如表 5-12。

表 5-12　紫花苜蓿、全株玉米、皇竹草、甜高粱、黑麦草的发酵 TMR 感官评价

项目	色泽	气味	质地	总分	等级
ZH-FTMR	2.00	13.33	3.67	19.00	一级优等
HM-FTMR	2.00	12.67	2.67	17.33	一级优等
YM-FTMR	2.00	14.00	4.00	20.00	一级优等
HZ-FTMR	1.67	14.00	4.00	19.67	一级优等
TG-FTMR	2.00	11.33	4.00	17.33	一级优等

由表 5-12 可知：各饲草的 TMR 发酵饲料评定得分均超过 17 分，均为优等发酵饲料，其中 HZ-FTMR 发酵后色泽低于其他饲草，TG-FTMR 发酵饲料气味比其他饲草差，除 HM-FTMR 质地较差外，其他饲草 TMR 发酵质地均较好。

（2）不同牧草的发酵 TMR 发酵品质比较

紫花苜蓿、全株玉米、皇竹草、甜高粱、黑麦草发酵 TMR 发酵品质如表 5-13。

表 5-13　紫花苜蓿、全株玉米、皇竹草、甜高粱、黑麦草发酵 TMR 发酵品质

项目	pH 值	乳酸 / (mmol/L)	乙酸 / (mmol/L)	丙酸 / (mmol/L)	丁酸 / (mmol/L)	氨态氮 / 总氮 /%
ZH-FTMR	4.11a	28.10a	5.60c	0.27bc	ND	6.59bc
HM-FTMR	3.96b	28.08a	9.27b	0.49a	ND	6.61bc
YM-FTMR	3.90c	21.37b	11.51a	0.31abc	ND	5.52c
HZ-FTMR	4.10a	19.49b	2.86d	0.22d	ND	7.60ab
TG-FTMR	3.92c	21.52b	9.16b	0.44ab	ND	8.77a
SEM	0.01	2.42	0.51	0.06	—	0.58
F	66.43	5.67	45.41	3.76	—	4.43
P 值	<0.001	0.012	<0.001	0.040	—	0.026

注：同列不同小写字母表示差异显著（$P<0.05$）；ND 表示未检测出；SEM 表示平均值标准误，下同。

由表 5-13 可知：各 TMR 发酵组，pH 值均小于 4.2，pH 值最小的是 YM-FTMR 和 TG-FTMR，为 3.9，ZH-FTMR 组 pH 值与 HZ-FTMR 组 pH 值差异不显著（$P>0.05$），二者 pH 值均显著高于其他饲草 TMR 发酵组（$P<0.05$），YM-FTMR 组与 TG-FTMR 组的 pH 值差异不显著（$P>0.05$），且二者 pH 值显著低于其他饲草 TMR 发酵组（$P<0.05$）。ZH-FTMR 和 HM-FTMR 的乳酸含量最多，显著高于其他处理（$P<0.05$），且其他的三个处理乳酸含量差异不显著（$P>0.05$）。YM-FTMR 的 AA 含量最多，显著高于其他饲草 TMR 发酵饲料的 AA（$P<0.05$），HZ-FTMR 的 AA 含量最低，显著低于其他饲草 TMR 发酵饲料组（$P<0.05$），HM-FTMR 组与 TG-FTMR 组 AA 含量差异不显著（$P<0.05$），与其他饲草 TMR 发酵组差异显著（$P>0.05$）。HM-FTMR、YM-FTMR 和 TG-FTMR 之间的 PA 含量差异不显著（$P>0.05$），HZ-FTMR 的 PA 含量最低，显著低于其他饲草 TMR 发酵组（$P<0.05$）。各处理组均未检测到 BA 的存在。TG-FTMR 的 AN/TN 值最高，显著高于除 HZ-FTMR 的其他处理（$P<0.05$），YM-FTMR 的 AN/TN 值最低，显著低于 HZ-FTMR 和 TG-FTMR（$P<0.05$），且与 ZH-FTMR 和 YM-FTMR 差异不显著（$P>0.05$）。

（3）不同牧草的发酵 TMR 营养成分比较

紫花苜蓿、全株玉米、皇竹草、甜高粱、黑麦草 TMR 发酵饲料营养水平如表 5-14。

表 5-14　紫花苜蓿、全株玉米、皇竹草、甜高粱、黑麦草发酵 TMR 营养水平（干物质基础，%）

项目	干物质（鲜物质基础）/%	粗蛋白	中性洗涤纤维	酸性洗涤纤维	粗纤维	粗脂肪	可溶性碳水化合物	粗灰分
ZH-FTMR	40.22a	17.13b	26.49	13.41	30.33a	18.12a	13.86a	6.62c
HM-FTMR	30.71c	19.67a	27.80	14.16	24.27b	13.13b	10.19c	7.51b
YM-FTMR	39.96a	13.91c	28.11	13.73	30.66a	11.81c	13.28ab	5.64d
HZ-FTMR	34.84b	17.56b	26.03	14.04	30.49a	11.22c	12.22b	8.32a
TG-FTMR	32.50bc	16.55b	28.64	14.14	23.56b	14.19b	8.86c	7.20b
SEM	0.876	0.36	1.90	0.74	1.20	0.42	0.44	0.16
F	24.28	33.432	0.34	0.19	9.10	43.18	23.50	39.62
P 值	<0.001	<0.001	0.845	0.937	0.002	<0.001	<0.001	<0.001

由表 5-14 可知：ZH-FTMR 和 YM-FTMR 的 DM 含量较高，均显著高于其他饲草 TMR 发酵饲料（$P<0.05$），DM 含量最低是 HM-FTMR，除与 TG-FTMR 差异不显著外（$P>0.05$），显著低于其他饲草 TMR 发酵饲料（$P<0.05$）。在所有的饲草 TMR 发酵饲料中，HM-FTMR 的 CP 含量显著高于其他 TMR 发酵饲料（$P<0.05$），YM-FTMR 的 CP 含量显著低于其他 TMR 发酵饲料（$P<0.05$），其他三者处理之间的 CP 含量差异不显著（$P>0.05$）。各饲草 TMR 发酵饲料的 NDF 和 ADF 含量差异不显著（$P>0.05$）。HM-FTMR 和 TG-FTMR 的 CF 含量显著低于其他 TMR 发酵饲料（$P<0.05$）。ZH-FTMR 的 EE 含量显著高于其他饲草 TMR 发酵饲料（$P<0.05$），YM-FTMR 和 HZ-FTMR 的 EE 含量显著低于其他饲草 TMR 发酵饲料（$P<0.05$），HM-FTMR 与 TG-FTMR 的 EE 含量差异不显著（$P>0.05$）。WSC 含量最低的是 TG-FTMR，与 HM-FTMR 的 WSC 含量差异不显著，显著低于其他饲草 TMR 发酵饲料的 WSC 含量（$P<0.05$），ZH-FTMR 的 WSC 含量最高，除 YM-FTMR 外，显著高于其他 TMR 发酵饲料（$P<0.05$），YM-FTMR 与 HZ-FTMR 的 WSC 含量差异不显著（$P>0.05$）。除 HM-FTMR 与 TG-FTMR 外，其他饲草 TMR 发酵饲料之间的 CA 含量差异均显著（$P<0.05$）。

（4）不同饲草发酵 TMR 有氧暴露期间 pH 值及微生物的变化

有氧暴露期间不同牧草发酵 TMR pH 值及微生物变化如表 5-15。

表 5-15　有氧暴露期间不同牧草发酵 TMR pH 值及微生物变化

项目	pH 值及微生物	有氧暴露时间 /d					SEM	*F*	*P* 值
		0	3	6	9	12			
ZH-FTMR	pH 值	4.11	4.11	4.11	4.15	4.08	0.25	1.20	0.369
	好氧细菌 /(cfu/mL)	2.23c	3.33c	3.87bc	5.77ab	6.53a	0.88	8.08	0.004
	酵母菌 /(cfu/mL)	3.60c	4.01c	3.89c	5.40b	6.50c	0.27	41.94	<0.001
	乳酸菌 /(cfu/mL)	3.33	2.30	2.33	1.06	0.73	1.34	1.23	0.359
	霉菌 /(cfu/mL)	0.00b	0.00b	0.90b	2.29ab	3.94a	0.98	5.99	0.010
HM-FTMR	pH 值	3.96c	3.96c	4.17b	4.17ab	4.21a	0.02	78.29	<0.001
	好氧细菌 /(cfu/mL)	7.56c	8.46a	8.29a	7.88bc	7.98bc	0.20	6.14	0.009
	酵母菌 /(cfu/mL)	6.33b	7.84a	7.95a	7.42a	7.36a	0.25	12.78	0.001
	乳酸菌 /(cfu/mL)	6.54	6.58	6.61	6.59	6.57	0.29	1.49	0.277
	霉菌 /(cfu/mL)	1.00	2.00	3.10	2.03	3.24	0.90	2.09	0.157
YM-FTMR	pH 值	3.90	3.89	3.94	3.91	3.90	0.02	1.76	0.213
	好氧细菌 /(cfu/mL)	6.75b	7.57a	7.77a	8.11a	7.91a	0.37	4.05	0.033
	酵母菌 /(cfu/mL)	5.64c	6.32bc	6.82ab	7.41a	6.83ab	0.34	7.47	0.005
	乳酸菌 /(cfu/mL)	7.09	6.87	5.34	5.08	5.57	0.85	2.37	0.123
	霉菌 /(cfu/mL)	0.87	1.16	1.16	1.10	1.00	1.33	0.02	0.999
HZ-FTMR	pH 值	4.10	4.10	4.12	4.10	4.05	0.03	1.57	0.256
	好氧细菌 /(cfu/mL)	4.05c	4.12c	5.42b	6.56a	7.06a	0.48	16.30	<0.001
	酵母菌 /(cfu/mL)	3.33c	3.53c	4.79b	6.96a	6.22a	0.41	29.93	<0.001
	乳酸菌 /(cfu/mL)	6.92	3.95	3.58	2.75	2.93	1.33	3.23	0.060
	霉菌 /(cfu/mL)	0.00b	0.00b	0.00b	0.00b	2.10a	0.67	3.97	0.035

续表

项目	pH 值及微生物	有氧暴露时间 /d					SEM	F	P 值
		0	3	6	9	12			
TG-FTMR	pH 值	3.92	3.90	3.90	3.91	3.97	0.05	0.72	0.598
	好氧细菌 /(cfu/mL)	3.95c	6.21b	7.62a	7.81a	8.25a	0.56	19.18	<0.001
	酵母菌 /(cfu/mL)	5.43c	5.67bc	6.76ab	6.70ab	6.99a	0.47	4.48	0.025
	乳酸菌 /(cfu/mL)	7.17a	5.34b	5.90b	5.10bc	4.16bc	0.48	10.62	0.001
	霉菌 /(cfu/mL)	0.00	0.00	1.00	0.00	0.00	0.63	1.00	0.452

注：同行不同小写字母表示差异显著（$P<0.05$）；abc 用来区分两个指标之间是否有差异性，如果两个指标有共同的字母表示差异不显著；SEM 表示平均值标准误，下同。

由表 5-15 可知：在有氧暴露期间，ZH-FTMR 的 pH 值变化差异不显著（$P>0.05$），好氧细菌随着有氧暴露时间的延长而增加，从第 9d 开始，酵母菌和霉菌的数量随着暴露时间的延长而显著增加（$P<0.05$），乳酸菌数量变化差异不显著（$P>0.05$）；HM-FTMR 饲料在有氧暴露期间，pH 值随着有氧暴露时间的延长显著增高（$P<0.05$），但增幅不大，好氧细菌数量呈现显著的先增多后减小最后不变的趋势，酵母菌数量呈显著的先增多后不变的趋势（$P<0.05$），乳酸菌变化差异不显著（$P>0.05$），霉菌有所增加；YM-FTMR 饲料在有氧暴露期间，pH 值和霉菌数量基本不变，好氧细菌数量和酵母菌数量呈现先增加后不变的趋势，乳酸菌有所降低；HZ-FTMR 饲料在有氧暴露期间，pH 值变化差异不显著（$P>0.05$），好氧细菌和酵母菌数量随着时间的延长先显著（$P<0.05$）增加后变化差异不显著（$P>0.05$），乳酸菌数量先减少后变化不明显，霉菌在第 12d 之前均未检测到；TG-FTMR 饲料在有氧暴露期间，pH 值没有较大的变化，好氧细菌和酵母菌数量显著增加（$P<0.05$）后不变，乳酸菌数量呈递减趋势，霉菌数量极少。

由表 5-16 可知，不同牧草 TMR 发酵饲料开封时，HM-FTMR 和 YM-FTMR 好氧细菌和酵母菌数量较多，显著高于其他处理（$P<0.05$），ZH-FTMR 的乳酸菌数量显著低于其他处理（$P<0.05$）。在有氧暴露期间各处理霉菌数量除第 12 天外，差异均不显著。综合看来，各处理在有氧暴露期间细菌数量变化受开封时细菌数量的影响，开封时细菌数量相互间存在差异的处理，随着有氧暴露时间的延长也存在差异。

表 5-16　不同牧草发酵 TMR 不同有氧暴露时间 pH 值及微生物的变化

有氧暴露时间 /d	pH 值及微生物	处理					SEM	F	P 值
		ZH-FTMR	HM-FTMR	YM-FTMR	HZ-FTMR	TG-FTMR			
0	pH 值	4.11a	3.96b	3.90c	4.10a	3.92c	0.01	66.43	<0.001
	好氧细菌 /(cfu/mL)	2.23c	7.56a	6.75a	4.05b	3.95bc	0.78	15.92	<0.001
	酵母菌 /(cfu/mL)	3.60c	6.33a	5.64ab	3.33c	5.43b	0.36	26.35	<0.001
	乳酸菌 /(cfu/mL)	3.33b	6.54a	7.09a	6.92a	7.17a	0.50	21.57	<0.001
	霉菌 /(cfu/mL)	0.00	1.00	0.87	0.00	0.00	0.69	1.11	0.404
3	pH 值	4.11a	3.96b	3.89d	4.10a	3.90c	0.01	172.11	<0.001
	好氧细菌 /(cfu/mL)	3.33c	8.46a	7.57a	4.12c	6.21b	0.41	57.25	<0.001
	酵母菌 /(cfu/mL)	4.01c	7.84a	6.32b	3.53c	5.67b	0.31	64.75	<0.001
	乳酸菌 /(cfu/mL)	2.30c	6.58a	6.87a	3.95bc	5.34ab	1.05	6.60	0.007
	霉菌 /(cfu/mL)	0.00	2.00	1.16	0.00	0.00	0.97	1.78	0.209

续表

有氧暴露时间 /d	pH 值及微生物	处理					SEM	*F*	*P* 值
		ZH-FTMR	HM-FTMR	YM-FTMR	HZ-FTMR	TG-FTMR			
6	pH 值	4.11b	4.17a	3.94c	4.12b	3.90c	0.02	57.69	<0.001
	好氧细菌 /(cfu/mL)	3.87c	8.29a	7.77a	5.42b	7.62a	0.39	45.68	<0.001
	酵母菌 /(cfu/mL)	3.89d	7.95a	6.82b	4.79c	6.76b	0.39	36.83	<0.001
	乳酸菌 /(cfu/mL)	2.30b	6.61a	5.34b	3.58a	5.90b	0.79	10.40	0.001
	霉菌 /(cfu/mL)	0.90	3.10	1.16	0.00	1.00	1.13	2.04	0.164
9	pH 值	4.15a	4.17a	3.91c	4.10b	3.91c	0.02	59.51	<0.001
	好氧细菌 /(cfu/mL)	5.77b	7.88a	8.11a	6.56b	7.81a	0.49	8.73	0.003
	酵母菌 /(cfu/mL)	5.40a	7.42b	7.41b	6.96b	6.70b	0.38	9.56	0.002
	乳酸菌 /(cfu/mL)	1.06c	6.58a	5.08ab	2.75bc	5.10ab	1.13	7.59	0.004
	霉菌 /(cfu/mL)	2.29	2.03	1.10	0.00	0.00	1.04	2.18	0.145
12	pH 值	4.08ab	4.21a	3.90c	4.05bc	3.97bc	0.06	6.38	0.008
	好氧细菌 /(cfu/mL)	6.53b	7.98a	7.91a	7.06ab	8.25a	0.58	3.06	0.069
	酵母菌 /(cfu/mL)	6.50	7.36	6.83	6.22	6.99	0.36	3.05	0.070
	乳酸菌 /(cfu/mL)	0.73c	6.57a	5.57a	2.93bc	4.16ab	1.13	8.20	0.003
	霉菌 /(cfu/mL)	3.94a	3.24ab	1.00cd	2.10bc	0.00d	0.78	8.44	0.003

（5）饲料价值综合水平

采用隶属函数法对各饲草 TMR 发酵饲料的饲料价值综合评价如表 5-17。

表 5-17　饲料价值综合水平评价

处理	ZH-FTMR	HM-FTMR	YM-FTMR	HZ-FTMR	TG-FTMR
隶属函数平均值和	0.575	0.606	0.589	0.158	0.478
排名	3	1	2	5	4

由表 5-17 可知：综合评分最高的是 HM-FTMR，最差的是 HZ-FTMR，各饲草 TMR 发酵饲料的饲料价值综合排名为：

HM-FTMR>YM-FTMR> ZH-FTMR>TG-FTMR>HZ-FTMR。

5.2.1.3　讨论

（1）不同牧草 TMR 青贮发酵对饲料发酵品质的影响

感官评定是在生产实践中现场对青贮饲料进行品质评定的方法，青贮饲料的色泽、气味、质地是评定的关键指标，主要依靠评定者的视觉、嗅觉、触觉对青贮饲料品质进行评估，能大致快速反映青贮饲料的品质。在本次试验中，严格参照评定标准对各处理发酵饲料进行评定，各饲草的 TMR 发酵饲料评定得分均超过 17 分，发酵后颜色与原料相似、烘干后呈淡褐色，芳香较浓、茎叶结构保持良好，无黏手现象，无霉变，是理想的混合 TMR 发酵饲料。这与申瑞瑞等的混合发酵饲料结果是一致的，不同的原料混合可以为厌氧发酵提供良好的条件，使得厌氧微生物快速繁殖，从而快速形成能保存饲料营养物质的稳定环境，得到品质优良的发酵饲料。

pH 值的高低是衡量发酵饲料品质的重要因素，品质优良的发酵饲料 pH 值不应高于 4.2，豆科类青贮发酵饲料 pH 值不应高于 5.2，有机酸中最重要的是 LA、AA 和 BA，在一定范围内 LA 所占比例越大越好。在本试验，各 TMR 发酵组 pH 值均小于 4.2，LA 含量较高，未检测出 BA，均属于品质较优的发酵饲料。AN/TN 反映了发酵饲料在发酵过程中蛋白质和氨基酸的分解情况，比值越大，说明蛋白质分解越多，营养物质损失越多，预示着发酵饲料品质欠佳。在以 AN/TN 进行的评分中，值低于 12.5% 为优等，值为 12.5% ～ 15.05% 时为良等，值为 15.1% ～ 17.5% 时为中等。在此次试验中，氨态氮 / 总氮比值在 5.52% ～ 8.77% 之间，均为发酵较好的发酵饲料，AN/TN 未受到发酵原料的影响，这说明在相对较低的 pH 值条件下，能有效地抑制植物蛋白酶对蛋白质和氨基酸的水解，减少 AN 的产生。

（2）不同牧草 TMR 青贮对饲料营养品质的影响

发酵牧草原料的营养成分受到不同种类牧草及收获期的影响，适时收获的牧草能保证牧草质量和产量兼优。在本次试验中，各牧草原料之间营养成分存在一定的差异，因受试验条件的限制，黑麦草与皇竹草均提前收获，与适时收获的原料存在一定的差别，DM 含量较低，在实际的生产中效益会受到一定的影响。各牧草与精料混合成 TMR，经过 60d 的青贮发酵，形成 TMR 发酵饲料，各牧草的发酵饲料的 DM 含量在 30.71% ～ 40.22% 之间。张兵等研究表明，与原料相比，加入精料调制发酵后的 TMR 发酵饲料 DM 含量更高，CF 有所降低，能有效增加反刍动物的 DM 采食量，提高饲料利用率。张金吉等研究表明，与紫花苜蓿的 TMR 发酵饲料相比来看，禾本科 TMR 发酵饲料的 CP 有所增加，极大降低了禾本科牧草蛋白质含量低的缺点，有效地缓解了反刍动物日粮中精料补充料与粗饲草营养的失衡。各发酵饲料的综合评价，综合衡量了 TMR 发酵饲料的发酵品质和营养品质，全株玉米的 TMR 发酵饲料评价是最好的，通过 TMR 发酵解决了全株玉米青贮时营养不均衡的问题，能有效促进全株玉米在粮改饲中的应用和推广。紫花苜蓿的青贮 TMR 发酵饲料在营养品质和发酵品质方面也表现良好，这表明可以利用 TMR 发酵技术来弥补紫花苜蓿单独青贮不易成功的缺点。

（3）有氧暴露下牧草 TMR 青贮发酵饲料的有氧稳定性、pH 值及微生物变化

有氧腐败是青贮发酵饲料开封利用后，其中的厌氧环境被破坏，好氧微生物开始在饲料中大量繁殖，从而使得饲料品质降低。有研究表明，青贮发酵饲料的有氧腐败是由酵母菌对青贮饲料的 LA、WSC 和 CP 等营养物质的分解引起的，酵母菌在繁殖过程中会产生二氧化碳、水、氨气和热量，使得青贮发酵饲料的营养损失，pH 值变高，极大地降低了发酵饲料的饲用价值。本试验中各处理的酵母菌和好氧微生物数量随着有氧暴露的时间延长而增加，与有关学者的研究相似，发酵饲料在有氧暴露后，随着时间的增加而变质，但本试验中各处理的 pH 值变化不明显，酵母菌和好氧微生物数量增幅不大，这说明在有氧暴露试验期间，饲料品质保持良好，可能是试验的各牧草 TMR 发酵饲料有氧稳定性均较优异，也有可能是冬季进行的有氧暴露试验，温度较低导致好氧微生物繁殖受到抑制，使得营养物质未被大量消耗。有学者从苜蓿、全株燕麦、小麦秸秆不同饲草的 TMR 发酵饲料有氧稳定性的研究中，发现在有氧暴露 9d 后，处理组 pH 值上升小，有氧稳定性好，营养品质较好。

5.2.1.4 结论

综上所述，紫花苜蓿、全株玉米、皇竹草、甜高粱及黑麦草等的 TMR 青贮发酵饲料的 pH 值低于 4.2，AN/TN 值低于 10%，CP 含量在 13.91% ～ 19.67% 之间，DM 含量在 30.71% ～ 40.22% 之间，发酵品质和营养品质较好。与其他牧草 TMR 青贮发酵相比，黑麦草的 TMR 发酵饲料综合评价最好，其次是全株玉米。紫花苜蓿经 TMR 青贮发酵后能克服其青贮不易成功的缺点，可用于 TMR 青贮发酵饲料生产。

5.2.2 紫花苜蓿与全株玉米不同比例混合 TMR 青贮研究

5.2.2.1 材料和方法

同 5.2.1.1 部分。

5.2.2.2 结果与分析

（1）紫花苜蓿与全株玉米不同比例混合 TMR 青贮发酵品质、营养成分、微生物的比较

紫花苜蓿与全株玉米不同比例混合 TMR 青贮发酵对发酵品质、营养水平及微生物影响如表 5-18。

表 5-18 紫花苜蓿与全株玉米不同比例混合 TMR 青贮发酵对发酵品质、营养水平及微生物影响（干物质基础）

项目		紫花苜蓿与全株玉米不同比例混合 TMR 青贮发酵处理组					标准误	*F*	*P* 值
		AY-7-3	AY-6-4	AY-5-5	AY-4-6	AY-3-7			
发酵品质	pH 值	4.05	3.98	4.00	4.00	3.98	0.02	2.34	0.125
	乳酸 /(mmol/L)	23.31	22.60	22.77	21.01	20.88	0.88	1.57	0.257
	乙酸 /(mmol/L)	11.55a	8.43b	7.69bc	6.93bc	6.29c	0.51	16.12	<0.001
	丙酸 /(mmol/L)	0.29	0.27	0.32	0.34	0.26	0.08	0.20	0.931
	丁酸 /(mmol/L)	ND	ND	ND	ND	ND	—	—	—
	挥发性有机酸 /(mmol/L)	11.84a	6.56c	7.26bc	8.76b	7.95bc	0.49	17.54	<0.001
	氨态氮 / 总氮 /%	9.00	8.47	9.10	8.42	6.93	1.07	1.32	0.327
营养水平	干物质（鲜物质基础）/%	39.83	39.02	39.88	41.01	41.73	0.67	2.57	0.103
	粗蛋白 /%	15.98a	15.56a	14.73b	14.32b	15.98a	0.23	10.61	0.001
	可溶性碳水化合物 /%	8.64b	8.85b	9.15b	9.80ab	10.76a	0.44	3.90	0.037
	粗纤维 /%	32.59	31.48	32.39	29.80	34.00	2.08	0.55	0.704
	中性洗涤纤维 /%	27.19	25.96	24.78	26.44	26.12	1.84	0.23	0.917
	酸性洗涤纤维 /%	15.28	14.66	14.48	14.71	14.27	0.98	0.15	0.960
	粗脂肪 /%	13.04a	11.06b	13.50a	13.28a	11.61b	0.26	17.73	<0.001
	粗灰分 /%	6.09	6.78	6.76	6.82	6.56	0.43	0.50	0.744
微生物	好氧细菌 /[lg(cfu/g)]	5.95	4.72	5.94	5.08	4.32	0.42	2.99	0.073
	酵母菌 /[lg(cfu/g)]	4.88	1.10	3.37	5.04	2.20	1.03	2.76	0.088
	乳酸菌 /[lg(cfu/g)]	7.23a	7.86a	5.37b	5.39b	5.49b	0.28	18.29	<0.001
	霉菌 /[lg(cfu/g)]	0.00	0.00	0.00	0.00	0.00	—	—	—

由表 5-18 可知：紫花苜蓿与全株玉米不同混合比例 TMR 青贮发酵饲料之间的 pH 值差异不显著（$P>0.05$），pH 值约为 4.00。各处理间的 LA 含量差异不显著（$P>0.05$），但随着紫花苜蓿比例减少有减少的趋势。各处理间的 AA 含量随着紫花苜蓿比例减少而减少，AY-7-3 的 AA 含量显著高于其他处理（$P<0.05$），AA 含量较低的三个处理间 AA 含量差异不显著（$P>0.05$）。各处理 TMR 青贮发酵饲料之间 PA 含量差异不显著（$P>0.05$），但随着紫花苜蓿比例的减少 PA 含量有先增加后减少的趋势。紫花苜蓿与全株玉米不同比例 TMR 青贮发酵均未检测到 BA 的存在。AN/TN 有随着紫花苜蓿比例减少而减少的趋势，各处理间 AN/TN 差异不显著（$P \geqslant 0.05$）。AY-7-3 的 VFA 显著高于其他处理（$P<0.05$）。

化学成分含量如表 5-18：CP 含量随着紫花苜蓿比例的减少呈现先减少后增加的趋势，各处理之间 DM 含量差异不显著（$P>0.05$），AY-5-5 和 AY-4-6 的 CP 含量显著低于其他处理（$P<0.05$）。WSC 随着紫花苜蓿混合比例的减少呈增加的趋势，EE 和 NDF 随着紫花苜蓿混合比例的减少呈先减少后增加再减少的趋势，而 ADF 随着紫花苜蓿混合比例的减少呈减少趋势，其中 AY-4-6 和 AY-3-7 的 WSC 显著高于其他处理（$P<0.05$），各处理之间 CF、NDF、ADF 和 CA 的含量差异是不显著的（$P>0.05$）。

各处理微生物数量如表 5-18：各处理间的好氧细菌和酵母菌数量差异不显著（$P>0.05$），AY-7-3 和 AY-6-4 的乳酸菌数量显著高于其他处理（$P<0.05$），未检测出霉菌。

（2）紫花苜蓿与全株玉米不同比例混合 TMR 青贮有氧暴露下对 pH 值和微生物的影响

紫花苜蓿与全株玉米不同比例混合 TMR 青贮有氧暴露期间 pH 值及微生物变化如表 5-19。

表 5-19　紫花苜蓿与全株玉米不同比例混合 TMR 青贮有氧暴露期间 pH 值及微生物变化

项目	pH 值及微生物	有氧暴露时间 /d					标准误	*F*	*P* 值
		0	3	6	9	12			
AY-7-3	pH 值	4.05	4.02	4.01	4.00	4.03	0.03	0.81	0.546
	好氧细菌 /[lg(cfu/g)]	5.95c	7.10b	7.23b	7.67ab	8.14a	0.39	8.91	0.002
	酵母菌 /[lg(cfu/g)]	4.88c	5.63bc	6.33b	6.35b	7.20a	0.35	12.71	0.001
	乳酸菌 /[lg(cfu/g)]	7.23a	5.78b	5.50b	5.08b	5.05b	0.42	8.87	0.003
	霉菌 /[lg(cfu/g)]	0.00b	0.00b	1.00b	2.20ab	3.46a	0.94	5.04	0.017
AY-6-4	pH 值	3.98	3.97	4.02	4.03	3.99	0.34	1.26	0.334
	好氧细菌 /[lg(cfu/g)]	4.72b	5.35b	7.48a	7.71a	7.99a	0.47	20.51	<0.001
	酵母菌 /[lg(cfu/g)]	1.10c	5.15b	7.05a	7.33a	7.37a	0.71	28.57	<0.001
	乳酸菌 /[lg(cfu/g)]	7.86a	5.25b	4.99c	5.25bc	5.84bc	0.3	4.12	<0.001
	霉菌 /[lg(cfu/g)]	0.00c	0.43bc	2.00ab	2.33a	3.36a	0.81	5.79	0.011
AY-5-5	pH 值	3.95	3.97	4.00	3.97	4.00	0.02	1.28	0.342
	好氧细菌 /[lg(cfu/g)]	5.94	6.21	7.15	7.65	7.32	1.05	0.99	0.456
	酵母菌 /[lg(cfu/g)]	3.37	4.11	5.05	5.75	7.39	1.69	1.69	0.229
	乳酸菌 /[lg(cfu/g)]	5.37	6.38	5.30	6.15	5.23	0.64	1.40	0.303
	霉菌 /[lg(cfu/g)]	0.00	0.00	2.16	2.16	2.00	1.16	1.98	0.174
AY-4-6	pH 值	3.99	3.97	4.00	4.01	3.99	0.02	0.89	0.507
	好氧细菌 /[lg(cfu/g)]	5.08b	6.06b	7.57a	7.80a	7.98a	0.67	7.25	0.005
	酵母菌 /[lg(cfu/g)]	5.04b	5.19b	5.04b	5.10b	8.64a	0.85	7.02	0.006
	乳酸菌 /[lg(cfu/g)]	5.39ab	6.46a	4.74b	4.98b	4.77b	0.49	4.17	0.031
	霉菌 /[lg(cfu/g)]	0.00	0.00	2.00	2.10	2.37	1.00	2.81	0.084
AY-3-7	pH 值	3.98	3.96	3.96	3.97	3.97	0.02	0.41	0.796
	好氧细菌 /[lg(cfu/g)]	4.32e	7.59d	7.90c	8.13b	8.57a	0.08	1005.12	<0.001
	酵母菌 /[lg(cfu/g)]	2.20d	4.41c	6.59b	7.32b	8.53a	0.55	41.51	<0.001
	乳酸菌 /[lg(cfu/g)]	5.49	5.26	5.09	5.18	5.10	0.22	1.06	0.425
	霉菌 /[lg(cfu/g)]	0.00b	1.00b	3.36a	3.13a	3.30a	0.65	11.32	0.001

由表 5-19 可知：在有氧暴露期间，紫花苜蓿与全株玉米不同比例的 TMR 青贮发酵饲料 pH 值变化差异均不显著（$P>0.05$）；AY-7-3 青贮发酵饲料在有氧暴露期间，好氧细菌、酵母菌和霉菌数量随着时间的延长而增加，乳酸菌数量有所减少；AY-6-4 青贮发酵饲料在有氧暴露期间，好氧细菌和酵母菌数量先显著增加后基本保持不变（$P<0.05$），乳酸菌数量先减少后基本保持不变，在第 3d 开始检测到霉菌，并随着时间的延长逐渐增加；AY-5-5 青贮发酵饲料在有氧暴露期间，好氧细菌、酵母菌、乳酸菌和霉菌的数量变化差异不显著（$P>0.05$）；AY-4-6 青贮发酵饲料在有氧暴露期间，好氧细菌数量先增加后基本保持不变，酵母菌数量前期变化不显著，第 9d 后显著增加（$P<0.05$），乳酸菌数量呈减少趋势，霉菌数量在 6d 后有所增加；AY-3-7 青贮发酵饲料在有氧暴露期间，好氧细菌显著增加（$P<0.05$），酵母菌数量呈增加趋势，乳酸菌数量保持不变，霉菌数量有所增加后，基本保持不变。

（3）紫花苜蓿与全株玉米不同比例混合 TMR 青贮发酵饲料价值综合水平

紫花苜蓿与全株玉米不同比例混合 TMR 青贮发酵饲料价值综合评定如表 5-20。

表 5-20 紫花苜蓿与全株玉米不同比例混合 TMR 青贮发酵饲料价值综合评定

处理	AY-7-3	AY-6-4	AY-5-5	AY-4-6	AY-3-7
隶属函数平均值	0.495	0.346	0.415	0.572	0.659
排名	3	5	4	2	1

由表 5-20 可知：在紫花苜蓿与全株玉米不同比例混合 TMR 青贮发酵饲料价值综合评定中，评分最高的是 AY-3-7，最差的是 AY-6-4，各处理的饲料价值综合排名为 AY-3-7>AY-4-6> AY-7-3> AY-5-5>AY-6-4。

5.2.2.3 讨论

本试验中各紫花苜蓿与全株玉米不同比例组 pH 值均低于 4.2，与本试验其他发酵品质（PA、BA、VFA）相比，LA 含量和 LA/AA（含量比）较高，AN/TN（含量比）低，未检测到BA，发酵品质良好。AA的产生主要是由早期的好氧微生物及异型发酵的乳酸菌发酵产生。本试验中的 AA 含量随着紫花苜蓿比例的减少而有所减少，DM 随着紫花苜蓿比例的减少而有所增加，这可能是由于 DM 的含量对产生 AA 的微生物有一定的限制作用。这与魏小蓉的研究相似，发酵饲料中的 DM 含量对发酵饲料中的产 AA 的微生物有一定的抑制作用。本试验中的 AN/TN 均低于 10%，表明 AN 分解较少，氮素营养损失较少。但 AN 有随着紫花苜蓿比例减少而减少的趋势，这与原料中 CP 含量随着紫花苜蓿比例的减少有减少的趋势相关，与赵梦迪等的研究相似。

从紫花苜蓿与全株玉米不同比例 TMR 青贮发酵饲料化学成分的变化可知，本次试验中各紫花苜蓿与全株玉米不同比例混合 TMR 青贮发酵处理对各组 TMR 青贮发酵饲料营养没有不利的影响。由表 5-22，各处理中 DM 含量随着紫花苜蓿比例的减少呈现先减少后增加的趋势，而 CP 含量呈现减少的趋势，这主要是受到牧草本身的性质的影响，牧草本身的性质可能是原料中的 DM 逐渐增加及 CP 逐渐减少的原因。青贮发酵 60d 后的乳酸菌数量高于酵母菌，表明在青贮发酵的过程中乳酸菌的厌氧发酵占主导地位，较低的酸性厌氧环境限制了酵母菌的代谢繁殖，这对提高发酵饲料的品质有极其重要的意义。本试验饲料价值综合评价显示，紫花苜蓿比例占比较小的处理组排名前列，这表明紫花苜蓿占比对本试验 TMR 发酵饲料的价值有一定的影响。

有氧暴露后，发酵 TMR 饲料由厌氧环境变为好氧环境，好氧细菌开始活动。一般认为酵母菌是发酵饲料有氧变坏的主导因子，易引起有氧腐败，表现为乳酸下降，pH 值升高。在有氧暴露期间，乳酸菌数量随着有氧暴露时间的延长而减少，而好氧细菌、酵母菌及霉菌则增多，这表明乳酸菌繁殖在有氧环境受到抑制，有氧环境导致发酵数量的变化。在有氧暴露期间，AY-7-3 组的 pH 值较高，这主要是饲料原料中含有较高的粗蛋白的缘故。有氧暴露期间，AY-7-3 处理组，好氧细菌数量多于 AY-3-7 处理组，表明紫花苜蓿比例较低的处理有氧稳定性较好，与有氧稳定性试验结果相符。傅彤等的研究也表明了，发酵饲料微生物的数量影响了发酵饲料的有氧稳定性。

5.2.2.4 结论

综上所述，本试验中由于各处理 TMR 青贮发酵 DM 适宜、WSC 充足，各处理组发酵品质较好，发酵后 pH 值低于 4.2，LA 含量较高。其中紫花苜蓿与全株玉米混合比例 TMR 青贮发酵饲料的处理中 3∶7 组合优异，营养成分、发酵品质及综合饲料价值评定均优于其他组合。

5.2.3 紫花苜蓿与皇竹草不同比例混合 TMR 青贮研究

5.2.3.1 材料和方法

同 5.2.1.1 部分。

5.2.3.2 结果分析

（1）紫花苜蓿与皇竹草不同比例混合 TMR 青贮发酵品质、化学成分和微生物的比较

紫花苜蓿与皇竹草不同比例混合 TMR 青贮发酵对发酵品质、营养水平及微生物的影响如表 5-21。

表 5-21 紫花苜蓿与皇竹草不同比例混合 TMR 青贮发酵对发酵品质、营养水平及微生物的影响（干物质基础）

项目		紫花苜蓿与皇竹草不同比例混合 TMR 青贮发酵处理组					标准误	F	P 值
		AH-7-3	AH-6-4	AH-5-5	AH-4-6	AH-3-7			
发酵品质	pH 值	4.26	4.23	4.23	4.11	4.14	0.04	2.91	0.670
	乳酸 /（mmol/L）	26.89a	25.67a	18.98b	14.47c	12.51c	0.94	41.10	<0.001
	乙酸 /（mmol/L）	4.91	4.14	3.81	3.50	3.12	0.39	3.00	0.072
	丙酸 /（mmol/L）	0.11c	0.16bc	0.21ab	0.23ab	0.25a	0.02	6.20	0.009
	丁酸 /（mmol/L）	ND	ND	ND	ND	ND	—	—	—
	挥发性有机酸 /（mmol/L）	5.02a	4.30ab	4.02ab	3.73b	3.37b	0.38	2.67	0.100
	氨态氮 / 总氮 /%	6.17a	6.37a	4.19b	3.20b	3.1b	1.47	4.37	0.027
营养水平	干物质（鲜物质基础）/%	38.04b	44.36a	38.85b	42.66a	39.30b	0.66	16.89	<0.001
	粗蛋白 /%	16.83	16.92	17.04	17.31	16.51	0.38	0.598	0.672
	可溶性碳水化合物 /%	7.82c	8.16bc	6.87d	8.97a	8.81ab	0.21	16.26	<0.001
	粗纤维 /%	32.65b	29.83b	30.62b	37.29a	38.40a	1.84	4.48	0.025
	中性洗涤纤维 /%	27.21	25.65	25.97	27.15	26.40	0.85	0.67	0.627
	酸性洗涤纤维 /%	16.08	14.91	15.95	20.19	15.91	1.62	1.61	0.246
	粗脂肪 /%	17.05a	16.95a	12.96b	11.99bc	11.39c	0.41	44.81	<0.001
	粗灰分 /%	7.10	7.29	6.48	7.71	7.75	0.21	5.97	0.010

续表

项目		紫花苜蓿与皇竹草不同比例混合 TMR 青贮发酵处理组					标准误	*F*	*P* 值
		AH-7-3	AH-6-4	AH-5-5	AH-4-6	AH-3-7			
微生物	好氧细菌 /[lg(cfu/g)]	3.51b	4.42b	3.74b	3.72b	7.32a	0.27	33.42	<0.001
	酵母菌 /[lg(cfu/g)]	1.33b	3.23b	1.31b	2.54b	7.42a	0.85	8.71	0.003
	乳酸菌 /[lg(cfu/g)]	4.45ab	3.74b	3.99b	3.45b	5.46a	0.41	3.61	0.045
	霉菌 /[lg(cfu/g)]	1.00	1.35	1.00	0.00	0.00	0.87	0.52	0.726

由表 5-21 可知：在紫花苜蓿与皇竹草不同比例混合 TMR 青贮发酵饲料中，各处理间 pH 值差异不显著（$P>0.05$），且各处理间的 pH 值相差不大，其中 AH-7-3、AH-6-4 及 AH-5-5 的 pH 值均略高于 4.2。各处理的 AA、LA 和 VFA 的含量均与紫花苜蓿所占比例呈正相关，而 PA 的含量则与其呈负相关。其中 AH-7-3 和 AH-6-4 的 LA 含量显著高于其他处理（$P<0.05$），AH-4-6 和 AH-3-7 的 LA 含量显著低于其他处理（$P<0.05$）。各处理间的 AA 含量差异不显著（$P>0.05$），在所有处理中均未检测到 BA 的存在。各处理间 AN/TN 大体随着紫花苜蓿占比的减少而降低，AH-7-3 和 AH-6-4 的 AN/TN 显著高于另外三个处理（$P<0.05$），且这三个处理之间差异不显著（$P>0.05$）。

从表 5-21 可知：在紫花苜蓿与皇竹草不同比例混合 TMR 青贮发酵饲料的化学成分中，AH-6-4 的 DM 含量最高，显著高于除 AH-4-6 外的其他处理（$P<0.05$），AH-7-3、AH-5-5 及 AH-3-7 三者之间 DM 含量差异不显著（$P>0.05$）。各处理间的 CP、NDF、ADF 含量差异不显著（$P>0.05$），CA 含量差异显著。各处理间 WSC 随着紫花苜蓿所占比例的减少而呈现不规律变化，其中 AH-5-5 的 WSC 含量显著低于其他处理（$P<0.05$），AH-4-6 的 WSC 含量显著高于除 AH-3-7 的其他处理（$P<0.05$）。CF 含量随着紫花苜蓿所占比例的减少基本呈增加趋势，AH-4-6 和 AH-3-7 的 CF 含量显著高于其他处理（$P<0.05$）。各处理的 EE 含量随着紫花苜蓿比例的减少而减少，其中 AH-7-3 和 AH-6-4 的 EE 含量显著高于其他三个处理（$P<0.05$）。AH-3-7 的好氧细菌和酵母菌数量显著高于其他处理，其他处理间的好氧细菌数量差异不显著，AH-3-7 的乳酸菌数量显著高于除 AH-7-3 的其他处理，霉菌数量差异不显著（$P>0.05$）。

（2）紫花苜蓿与皇竹草不同比例 TMR 青贮有氧暴露下 pH 值及微生物的变化

不同比例紫花苜蓿与皇竹草混合 TMR 青贮有氧暴露期间 pH 值及微生物变化如表 5-22。

表 5-22 不同比例紫花苜蓿与皇竹草混合 TMR 青贮有氧暴露期间 pH 值及微生物变化

项目	pH 值及微生物	有氧暴露时间 /d					标准误	*F*	*P* 值
		0	3	6	9	12			
AH-7-3	pH 值	4.25	4.22	4.27	4.24	4.25	0.05	0.34	0.843
	好氧细菌 /[lg(cfu/g)]	3.51c	3.75c	4.34bc	4.87b	6.25a	0.37	17.01	<0.001
	酵母菌 /[lg(cfu/g)]	1.33b	3.44a	3.81a	3.86a	4.81a	0.92	3.89	0.037
	乳酸菌 /[lg(cfu/g)]	4.45	4.16	3.34	3.69	2.23	0.83	2.12	0.153
	霉菌 /[lg(cfu/g)]	1.00	3.39	2.83	3.10	4.19	1.04	2.49	0.110
AH-6-4	pH 值	4.22	4.16	4.25	4.25	4.24	0.05	0.93	0.483
	好氧细菌 /[lg(cfu/g)]	4.42	4.67	5.25	5.29	6.12	1.04	0.79	0.555
	酵母菌 /[lg(cfu/g)]	3.23	3.58	4.31	4.37	5.34	0.69	2.78	0.086

续表

项目	pH 值及微生物	有氧暴露时间 /d					标准误	F	P 值
		0	3	6	9	12			
AH-6-4	乳酸菌 /[lg(cfu/g)]	3.74	3.50	3.43	2.38	2.29	1.07	0.80	0.553
	霉菌 /[lg(cfu/g)]	1.35	2.00	2.41	2.23	3.35	1.50	0.47	0.755
AH-5-5	pH 值	4.23	4.22	4.17	4.16	4.15	0.04	1.67	0.233
	好氧细菌 /[lg(cfu/g)]	3.74b	4.10b	6.38a	6.96a	6.63a	0.54	15.96	<0.001
	酵母菌 /[lg(cfu/g)]	1.31c	4.19b	4.23b	6.08ab	7.04a	0.98	9.92	0.002
	乳酸菌 /[lg(cfu/g)]	3.99	3.58	3.39	3.18	2.95	0.41	1.89	0.188
	霉菌 /[lg(cfu/g)]	1.00	1.16	1.42	1.90	2.16	1.63	0.18	0.943
AH-4-6	pH 值	4.11	4.15	4.07	4.15	4.11	0.07	0.51	0.730
	好氧细菌 /[lg(cfu/g)]	3.72b	6.12a	6.66a	6.77a	7.56a	0.62	11.01	0.001
	酵母菌 /[lg(cfu/g)]	2.54	3.50	4.04	5.51	7.48	1.51	3.27	0.059
	乳酸菌 /[lg(cfu/g)]	3.45	3.83	3.28	3.59	2.26	0.77	1.24	0.356
	霉菌 /[lg(cfu/g)]	0.00	1.00	1.00	2.06	2.20	1.31	0.95	0.475
AH-3-7	pH 值	4.14	4.19	4.10	4.10	4.11	0.04	1.74	0.218
	好氧细菌 /[lg(cfu/g)]	7.32d	7.39d	7.51c	7.66b	7.56a	0.04	87.49	<0.001
	酵母菌 /[lg(cfu/g)]	7.42	7.41	7.54	7.51	7.42	0.52	0.23	0.917
	乳酸菌 /[lg(cfu/g)]	5.46a	3.93b	3.60b	3.46b	3.22b	0.37	11.59	0.001
	霉菌 /[lg(cfu/g)]	0.00	1.06	1.10	2.46	3.38	1.24	2.27	0.134

由表 5-22 可知：在有氧暴露期间，不同比例紫花苜蓿与皇竹草混合 TMR 青贮发酵饲料的 pH 值变化差异均不显著（$P>0.05$）；除 AH-6-4 的好氧细菌数量变化差异不显著外，其他处理的好氧细菌数量随着有氧暴露时间的延长而增加；AH-3-7 的酵母菌数量在有氧暴露期间变化差异不显著，其他处理酵母菌数量随有氧暴露时间的延长逐渐增加；霉菌数量变化差异均不显著（$P<0.05$）；各处理间的乳酸菌数量在有氧暴露期间，除 AH-4-6 变化差异不显著外，其他处理的乳酸菌数量大体均随着时间的延长而减少。

（3）紫花苜蓿与皇竹草不同比例混合 TMR 青贮发酵饲料价值综合水平

紫花苜蓿与皇竹草不同比例混合 TMR 青贮发酵饲料价值综合水平如表 5-23。

表 5-23　紫花苜蓿与皇竹草不同比例混合 TMR 青贮发酵饲料价值综合水平

处理	AH-7-3	AH-6-4	AH-5-5	AH-4-6	AH-3-7
隶属函数平均值	0.634	0.524	0.646	0.578	0.425
排名	2	4	1	3	5

由表 5-23 可知：在紫花苜蓿与皇竹草不同比例混合 TMR 青贮发酵饲料价值综合评价中，评价最好是 AH-5-5，最差的是 AH-3-7，各处理间排名先后为 AH-5-5>AH-7-3>AH-4-6>AH-6-4>AH-3-7。

5.2.3.3　讨论

青贮发酵过程中，乳酸菌厌氧条件下发酵产生 LA，使得青贮发酵饲料 pH 值降低，从而有效抑制不利于饲料保存的微生物的生长繁殖，使得饲料营养物质得到保存。紫花苜蓿与皇竹草不同比例 TMR 青贮发酵 60d 以后，pH 值随着紫花苜蓿比例的减少而降低，这可能是紫花苜蓿含较少的 WSC 的缘故，王莹和玉柱等研究表明，紫花苜蓿含较少的 WSC，不利于乳酸菌的厌氧发酵，导致紫花苜蓿青贮不易成功。AN/TN、LA 和 VFA 含量通常是评价青贮发酵饲料品质好坏的重要评价指标。AN/TN 用于衡量青贮发酵饲料发酵品质时，其比值越大，说明被分解的氨基酸和蛋白质就越多，青贮发酵品质就越差。本试验中，AN/TN 随着紫花苜蓿比例的减少而降低，说明紫花苜蓿比例小的 TMR 发酵饲料蛋白分解少，可能是由于皇竹草比例增加使得 pH 值低，低 pH 值可以有效抑制蛋白质的降解。青贮发酵过程中产生的 LA、VFA 含量对青贮发酵品质影响最大，发酵饲料中 PA 的含量主要反映青贮发酵饲料有氧稳定性和贮藏性能，而 BA 含量与青贮发酵饲料腐败情况有关，BA 含量少表明有害细菌生长繁殖受抑制，青贮发酵饲料品质较好。本试验各处理的 AA 和总 VFA 的含量均与紫花苜蓿所占比例呈正相关，而 PA 含量则呈负相关，表明紫花苜蓿比例较少的处理组发酵品质较好。

紫花苜蓿与皇竹草不同比例混合 TMR 饲料经过 60d 青贮发酵后，各处理间 CP、NDF、ADF 及 CA 含量差异不明显，表明在制作 TMR 发酵饲料中，各处理间化学成分保持在一个相对一致的水平，有一致的发酵条件。各处理间 WSC 随着紫花苜蓿所占比例的减少而增加，WSC 是微生物的能量来源，紫花苜蓿比例较大的处理 WSC 在青贮发酵过程中被大量消耗，而皇竹草比例大的处理组 WSC 稍多，故表现为青贮发酵后其 WSC 多于紫花苜蓿占比较多的处理。NDF 和 ADF 是反映纤维品质好坏的有效指标，ADF 与反刍动物消化率成反比关系，是饲料能量的关键，饲料的 ADF 低，消化率越高，饲用价值越大。

青贮发酵饲料有氧暴露后的理化性质受青贮发酵完成时的 pH 值，青贮发酵饲料中的 LA 和 VFA 含量，受有氧暴露期间的好氧细菌、酵母菌等的生长情况等诸多因素的影响，其变化能反映青贮发酵饲料的腐败程度。不同比例紫花苜蓿与皇竹草混合 TMR 青贮发酵饲料在有氧暴露期间，随着暴露时间的延长，好氧细菌、酵母菌、霉菌均有不同程度的增加，而乳酸菌则减少，这与张翔等研究相同，青贮发酵饲料因为厌氧环境的改变，好氧微生物的生长繁殖导致发酵饲料变质。在有氧暴露期间，好氧细菌与酵母菌数量随着紫花苜蓿比例的减少而增加，这可能是青贮发酵后的饲料中有较多 WSC 导致的，较多的 WSC 可供好氧生物分解利用，与高瑞红等研究相同。

5.2.3.4 结论

综上所述，在紫花苜蓿与皇竹草不同比例混合 TMR 青贮发酵饲料经 60d 青贮发酵后，均能得到品质较好的青贮发酵饲料，紫花苜蓿与皇竹草混合青贮发酵大有可为。在本试验中，饲料综合评价最佳的组合是紫花苜蓿：皇竹草为 5：5，这个比例混合 TMR 青贮发酵能得到优异的 TMR 青贮发酵饲料。

5.2.4 紫花苜蓿与甜高粱不同比例混合 TMR 青贮研究

5.2.4.1 材料和方法

同 5.2.1.1 部分。

5.2.4.2 结果分析

（1）紫花苜蓿与甜高粱不同比例混合 TMR 青贮发酵品质、化学成分及微生物的比较紫花苜蓿与甜高粱不同比例混合 TMR 青贮发酵对发酵品质、营养水平及微生物的影响如表 5-24。

表 5-24　紫花苜蓿与甜高粱不同比例混合 TMR 青贮发酵对发酵品质、营养水平及微生物的影响（干物质基础）

项目		紫花苜蓿与甜高粱不同比例混合 TMR 青贮发酵处理组					标准误	F	P 值
		AT-7-3	AT-6-4	AT-5-5	AT-4-6	AT-3-7			
发酵品质	pH 值	4.11	4.04	3.99	4.03	4.04	0.03	1.67	0.233
	乳酸 /（mmol/L）	32.04	29.00	28.51	27.56	25.96	2.54	0.78	0.562
	乙酸 /（mmol/L）	9.35	9.62	9.50	10.38	9.47	0.93	0.20	0.933
	丙酸 /（mmol/L）	0.35	0.36	0.27	0.29	0.41	0.07	0.60	0.675
	丁酸 /（mmol/L）	ND	ND	ND	ND	ND	—	—	—
	挥发性有机酸 /（mmol/L）	9.70	9.98	9.78	10.67	9.88	0.89	0.19	0.937
	氨态氮 / 总氮 /%	9.22	8.71	7.50	7.66	7.29	1.10	1.18	0.377
营养水平	干物质（鲜物质基础）/%	41.12a	40.39a	39.24a	39.52a	35.99b	0.732	7.25	0.005
	粗蛋白 /%	19.59	19.77	19.22	19.68	18.17	0.53	1.56	0.260
	可溶性碳水化合物 /%	10.54	10.44	10.36	12.04	10.23	0.53	1.97	0.176
	粗纤维 /%	28.69ab	28.57ab	31.28a	25.81bc	22.54c	1.51	4.84	0.020
	中性洗涤纤维 /%	29.84	29.69	28.10	27.20	28.83	1.94	0.33	0.855
	酸性洗涤纤维 /%	17.66	16.80	16.28	15.24	16.28	0.92	0.93	0.483
	粗脂肪 /%	11.98ab	13.24a	12.56a	10.83b	12.91a	0.38	6.28	0.009
	粗灰分 /%	7.79	8.07	7.40	7.05	8.08	0.34	1.684	0.229
微生物	好氧细菌 /[lg(cfu/g)]	4.96	6.49	6.54	4.14	6.08	1.16	1.65	0.238
	酵母菌 /[lg(cfu/g)]	2.89	2.62	4.65	2.00	5.23	1.57	1.57	0.257
	乳酸菌 /[lg(cfu/g)]	4.43b	5.85ab	6.94a	6.16ab	7.68a	0.93	3.49	0.050
	霉菌 /[lg(cfu/g)]	0.00	0.00	0.00	0.00	0.00	—	—	—

由表 5-24 可知：紫花苜蓿与甜高粱不同比例混合 TMR 青贮发酵饲料的 pH 值差异不显著（P=0.23），且均低于 4.2。各处理的 LA、AA、PA、VFA 等的含量和 AN/TN 差异均不显著（P>0.05），VFA 含量在紫花苜蓿比例最大时均小于其他紫花苜蓿比例，而 LA 含量和 AN/TN 呈下降趋势，所有处理中未检测到 BA。

紫花苜蓿与甜高粱不同比例混合 TMR 青贮发酵的化学成分由表 5-24 知：除 AT-3-7 的 DM 显著低于其他处理（P<0.05），其他紫花苜蓿与甜高粱不同比例混合 TMR 青贮发酵饲料的 DM 含量差异均不显著（P>0.05）。各处理间的 CP（P=0.26）、WSC（P=0.18）、NDF（P=0.86）、ADF（P=0.48）、CA（P=0.23）均差异不显著（P>0.05）。AT-3-7 的 CF 含量最低，显著低于除 AT-4-6 的其他处理（P<0.05），AT-4-6 的 EE 含量最低，显著低于除 AT-7-3 外的其他处理（P<0.05）。

从表 5-24 可知：紫花苜蓿与甜高粱不同比例混合 TMR 青贮发酵饲料之间的好氧细菌和酵母菌数量差异不显著（P>0.05），乳酸菌数量随紫花苜蓿所占比例的减少基本呈增加趋势，所有处理均未检测到霉菌。

（2）紫花苜蓿与甜高粱不同比例混合 TMR 青贮有氧暴露下微生物和温度的动态变化

紫花苜蓿与甜高粱不同比例混合 TMR 青贮有氧暴露期间 pH 值及微生物变化如表 5-25。

表 5-25　紫花苜蓿与甜高粱不同比例混合 TMR 青贮有氧暴露期间 pH 值及微生物变化（干物质基础）

项目	pH 值及微生物	有氧暴露时间 /d					标准误	F	P 值
		0	3	6	9	12			
AT-7-3	pH 值	4.11	4.09	4.12	4.09	4.09	0.08	0.09	0.982
	好氧细菌 /[lg(cfu/g)]	4.96c	5.61bc	6.44ab	6.94ab	7.49a	0.5	8.4	0.003
	酵母菌 /[lg(cfu/g)]	2.89	3.45	3.45	5.91	7.31	1.88	2.08	0.158
	乳酸菌 /[lg(cfu/g)]	4.43	4.35	3.72	3.98	3.78	0.52	0.77	0.566
	霉菌 /[lg(cfu/g)]	0	0	1.28	1.7	2.23	1.22	1.38	0.308
AT-6-4	pH 值	4.04	4.07	4.03	4.04	4.04	0.03	0.34	0.846
	好氧细菌 /[lg(cfu/g)]	6.49	6.8	7.71	8.04	7.76	1.09	0.76	0.576
	酵母菌 /[lg(cfu/g)]	2.62	5.00	6.54	7.33	7.91	1.81	2.77	0.088
	乳酸菌 /[lg(cfu/g)]	5.85	5.11	4.99	4.13	3.93	0.87	1.6	0.249
	霉菌 /[lg(cfu/g)]	0.00	0.00	0.00	1.10	1.20	1.03	0.75	0.580
AT-5-5	pH 值	3.99	4.06	4.04	4.04	4.15	0.08	0.93	0.487
	好氧细菌 /[lg(cfu/g)]	6.54	7.05	7.29	7.94	8.08	0.71	1.605	0.248
	酵母菌 /[lg(cfu/g)]	4.65b	4.94b	7.09a	7.98a	8.17a	0.82	8.32	0.003
	乳酸菌 /[lg(cfu/g)]	6.94a	5.96ab	5.00bc	4.99bc	4.02c	0.58	7.21	0.005
	霉菌 /[lg(cfu/g)]	0.00	0.00	1.00	2.00	2.00	1.10	1.67	0.233
AT-4-6	pH 值	4.03	4.05	4.05	4.04	4.03	0.02	0.54	0.711
	好氧细菌 /[lg(cfu/g)]	4.14c	6.03b	6.49b	8.32a	8.45a	0.42	35.70	<0.001
	酵母菌 /[lg(cfu/g)]	2.00c	3.43bc	5.79ab	8.01a	8.13a	1.29	9.01	0.002
	乳酸菌 /[lg(cfu/g)]	6.16a	5.85a	4.48b	4.37b	3.75b	0.60	5.91	0.011
	霉菌 /[lg(cfu/g)]	0.00	0.00	1.00	1.03	2.10	1.13	1.20	0.368
AT-3-7	pH 值	4.04	4.02	4.06	4.03	4.03	0.04	0.23	0.914
	好氧细菌 /[lg(cfu/g)]	6.08b	6.41b	6.91ab	8.28a	8.45a	0.74	4.33	0.027
	酵母菌 /[lg(cfu/g)]	5.23c	6.25bc	6.51b	6.78ab	7.68a	0.49	6.45	0.008
	乳酸菌 /[lg(cfu/g)]	7.68a	6.98a	6.98a	5.00b	3.73c	0.49	22.24	<0.001
	霉菌 /[lg(cfu/g)]	0.0	0.00	0.00	1.00	2.00	0.89	2.00	0.171

由表 5-25 可知：在有氧暴露期间，不同比例紫花苜蓿与皇竹草混合 TMR 青贮发酵饲料的 pH 值均变化差异不显著（$P>0.05$），霉菌数量较少，且变化差异不显著（$P>0.05$）；AT-7-3 和 AT-3-7 的好氧细菌和霉菌数量随有氧暴露时间的延长而增加，AT-6-4 的好氧细菌和霉菌数量随有氧暴露时间的延长显著增加（$P<0.01$），其他处理变化呈差异不显著的增加趋势（$P>0.05$），除 AT-7-3 和 AT-6-4 的酵母菌数量在有氧暴露无显著变化外（$P>0.05$），其他处理间显著增加（$P<0.05$）；有氧暴露期间乳酸菌数量呈减少趋势，除 AT-7-3 和 AT-6-4 乳酸菌变化不显著，其他处理随着有氧暴露期间的延长显著减少（$P<0.05$）。

（3）紫花苜蓿与甜高粱不同比例混合 TMR 青贮发酵饲料价值综合水平

紫花苜蓿与甜高粱不同比例混合 TMR 青贮发酵饲料价值综合水平如表 5-26。

表 5-26 紫花苜蓿与甜高粱不同比例混合 TMR 青贮发酵饲料价值综合水平

处理	AT-7-3	AT-6-4	AT-5-5	AT-4-6	AT-3-7
隶属函数平均值	0.514	0.612	0.490	0.650	0.361
排名	3	2	4	1	5

由表 5-26 可知，评分较好的是 AT-4-6 和 AT-6-4，评分最差的是 AT-3-7，紫花苜蓿与甜高粱不同比例混合 TMR 青贮发酵饲料的综合排名为 AT-4-6>AT-6-4>AT-7-3>AT-5-5>AT-3-7。

5.2.4.3 讨论

青贮发酵成功贮藏需要发酵原料有适宜的水分、可溶性碳水化合物、良好的厌氧条件，甜高粱含糖量高，在青贮发酵过程中能为乳酸菌提供充足的发酵底物，使得乳酸菌大量生长繁殖，产生大量的 LA，pH 值降低，易制得较好的青贮发酵饲料。本试验结果显示，甜高粱与紫花苜蓿混合 TMR 青贮发酵后，各处理间 pH 值低于 4.2，LA 和 VFA 含量较高，未检测出丁酸，青贮发酵品质较好。在整个 TMR 青贮发酵过程中，VFA 含量在紫花苜蓿比例的最大时均小于其他紫花苜蓿比例，而 AN/TN 呈下降趋势，这表明甜高粱在 TMR 混合青贮发酵中占比大，WSC 含量多以及紫花苜蓿占比多粗蛋白质含量高，均影响了青贮发酵后 TMR 发酵饲料的发酵品质。本试验各处理 TMR 青贮发酵饲料化学成分结果显示，各处理的 CP、WSC、NDF、ADF、CA 等含量差异不明显，表明混合 TMR 发酵后的营养成分均衡，发酵后的养分含量均较好。辛鹏程和葛剑等的研究表明，紫花苜蓿与禾本科牧草的混贮，能得到发酵品质好的青贮发酵饲料，既能保证青贮发酵原料中有充足的 WSC 供乳酸菌厌氧发酵使用，又能提高青贮发酵饲料中的 CP 含量增加青贮发酵饲料营养。在本试验中对各处理 TMR 青贮发酵饲料相关评价指标隶属函数分析结果显示，紫花苜蓿与甜高粱不同比例混合 TMR 青贮发酵组合中，评价最好的是紫花苜蓿∶甜高粱 =4∶6，保证了发酵品质和营养品质，是优异的 TMR 青贮发酵饲料。

大量研究表明，青贮发酵饲料的有氧稳定性受到诸多因素的影响，如饲料原料种类及原料中微生物组成、添加剂等。本试验中，经 60d 发酵后，酵母菌和乳酸菌随紫花苜蓿所占比例的减少呈增加趋势，周斐然等的研究表明，酵母菌是青贮发酵饲料有氧变化中起主要作用的微生物，酵母菌数量越多，有氧腐败越快。在青贮发酵有氧暴露试验中，pH 值、好氧细菌和酵母菌是发酵饲料是有氧变坏的标志，好氧细菌和酵母菌的繁殖代谢，使青贮发酵饲料温度增高，加剧了青贮发酵饲料的营养成分损失。本试验中好氧细菌和霉菌数量随有氧暴露时间的延长呈不同程度地增加，而乳酸菌则随之减少，与王旭哲的研究相似，但 pH 值变化不大且均低于 4.2，与其研究结果不相同。产生这种结果的原因，可能是有机酸含量未被大量消耗导致 pH 值未降低，而这可能是在冬季气温低时进行有氧暴露试验，使得微生物活动受到抑制。

5.2.4.4 结论

紫花苜蓿与甜高粱不同比例混合 TMR 饲料经 60d 后，各处理饲料的发酵品质均较好，紫花苜蓿与甜高粱混合 TMR 青贮发酵有极大的实际生产价值。紫花苜蓿与甜高粱不同比例混合 TMR 青贮发酵组合中，紫花苜蓿∶甜高粱为 4∶6 组合最优异，能得到发酵品质和营养品质均优的发酵饲料。

5.2.5 紫花苜蓿与黑麦草不同比例混合 TMR 青贮研究

5.2.5.1 材料和方法

同 5.2.1.1 部分。

5.2.5.2 结果分析

（1）紫花苜蓿与黑麦草不同比例混合 TMR 青贮发酵品质、营养成分及微生物的比较

紫花苜蓿与黑麦草不同比例混合 TMR 青贮发酵对发酵品质、营养水平及微生物的影响如表 5-27。

表 5-27 紫花苜蓿与黑麦草不同比例混合 TMR 青贮发酵对发酵品质、营养水平及微生物的影响（干物质基础）

项目		紫花苜蓿与黑麦草不同比例混合 TMR 青贮发酵处理组					标准误	方差	*P* 值
		AR-7-3	AR-6-4	AR-5-5	AR-4-6	AR-3-7			
发酵品质	pH 值	4.09a	4.09a	4.10a	4.09a	4.03b	0.01	8.16	0.003
	乳酸 /（mmol/L）	28.40	28.65	30.83	31.00	32.04	1.84	0.75	0.583
	乙酸 /（mmol/L）	7.70	7.66	6.66	7.21	6.62	0.58	0.83	0.537
	丙酸 /（mmol/L）	0.27	0.31	0.32	0.41	0.34	0.07	0.58	0.682
	丁酸 /（mmol/L）	ND	ND	ND	ND	ND	—	—	—
	挥发性有机酸 /（mmol/L）	7.96	7.98	6.98	7.63	6.96	0.58	0.76	0.576
	氨态氮 / 总氮 /%	8.84	7.53	9.63	7.58	7.79	0.90	2.10	0.156
营养水平	干物质（鲜物质基础）/%	45.14	44.18	41.64	44.05	43.61	0.85	2.30	0.130
	粗蛋白 /%	16.44	16.25	15.68	14.83	14.58	0.75	1.23	0.357
	可溶性碳水化合物 /%	6.91c	9.24a	8.25b	9.63a	8.19b	0.25	17.51	<0.001
	粗纤维 /%	26.02	27.99	29.98	30.95	29.12	1.85	1.06	0.426
	中性洗涤纤维 /%	27.16	27.65	27.52	26.44	30.57	1.36	1.35	0.317
	酸性洗涤纤维 /%	13.85	14.91	14.61	13.81	13.31	0.64	1.04	0.435
	粗脂肪 /%	13.63a	12.41a	10.06b	10.09b	12.41a	0.61	6.64	0.007
	粗灰分 /%	6.66	6.98	7.37	6.86	6.61	0.25	1.48	0.278
微生物	好氧细菌 /[lg(cfu/g)]	4.63bc	3.23d	3.70cd	5.26ab	5.88a	0.45	11.59	0.001
	酵母菌 /[lg(cfu/g)]	4.45a	5.78a	4.47a	3.91ab	2.30b	0.86	4.28	0.028
	乳酸菌 /[lg(cfu/g)]	4.57	4.63	4.79	4.47	3.26	0.90	0.95	0.476
	霉菌 /[lg(cfu/g)]	0.00	0.00	0.00	0.00	0.00	—	—	—

由表 5-27 可知：紫花苜蓿与黑麦草不同比例混合 TMR 青贮发酵饲料中 AR-3-7 的 pH 值最低，显著低于其他处理（$P<0.05$），其他处理 pH 值差异不显著（$P>0.05$）。各处理间 LA、AA、PA、VFA 的含量以及 AN/TN 差异均不显著（$P>0.05$），AA 随着紫花苜蓿所占比例的减少呈现先减少后增加再减少的趋势，而 LA 和 PA 则有所增加，未检测到 BA。各处理的 DM、CP、CF、NDF、ADF 和 CA 含量差异均不显著（$P>0.05$），但 CP 和 EE 的含量有随着紫花苜蓿比例减少而减少的趋势，而 CF ADF 的含量则有先增加后减少的趋势。AR-4-6 的 WSC 含量显著高于除 AR-6-4 外的其他处理（$P<0.05$），AR-7-3 的 WSC 含量最低，显著

低于其他处理（$P<0.05$）。

从表 5-27 可知，各处理间的好氧细菌数量差异显著（$P=0.001$），AR-3-7 好氧细菌的数量显著高于除 AR-4-6 外的其他处理（$P<0.05$）。AR-3-7 酵母菌数量最少，显著低于除 AR-4-6 外的其他处理（$P<0.05$），其他处理间差异不显著。乳酸菌数量有随着紫花苜蓿比例减少呈现先减少后增加的趋势，差异不显著（$P>0.05$）。

（2）紫花苜蓿与黑麦草不同比例混合 TMR 青贮有氧暴露下 pH 值和微生物变化

紫花苜蓿与黑麦草不同比例混合 TMR 青贮有氧暴露期间 pH 值及微生物变化如表 5-28。

表 5-28　紫花苜蓿与黑麦草不同比例混合 TMR 青贮有氧暴露期间 pH 值及微生物变化（干物质基础）

项目	pH 值及微生物	有氧暴露时间 /d					标准误	*F*	*P* 值
		0	3	6	9	12			
AR-7-3	pH 值	4.09	4.09	4.09	4.09	4.09	0.01	0.39	0.812
	好氧细菌 /[lg(cfu/g)]	4.63c	4.65c	6.12b	7.33a	8.14a	0.43	26.66	<0.001
	酵母菌 /[lg(cfu/g)]	4.45b	4.51b	4.99b	7.17a	7.85a	0.94	5.77	0.011
	乳酸菌 /[lg(cfu/g)]	4.57a	3.69a	3.44a	3.30a	1.00b	0.79	5.65	0.012
	霉菌 /[lg(cfu/g)]	0.00	0.00	0.00	0.00	0.00	—	—	—
AR-6-4	pH 值	4.09	4.10	4.09	4.10	4.09	0.01	0.05	0.995
	好氧细菌 /[lg(cfu/g)]	3.23c	4.67b	6.68a	6.87a	7.82a	0.60	19.13	<0.001
	酵母菌 /[lg(cfu/g)]	2.56b	5.78a	6.55a	7.23a	7.00a	1.17	5.34	0.015
	乳酸菌 /[lg(cfu/g)]	4.63	3.52	3.10	2.68	2.16	1.23	1.17	0.383
	霉菌 /[lg(cfu/g)]	0.00	0.00	0.00	0.07	0.10	0.08	0.77	0.571
AR-5-5	pH 值	4.10	4.10	4.11	4.11	4.10	0.01	0.86	0.518
	好氧细菌 /[lg(cfu/g)]	3.70bb	4.64b	6.67a	6.95a	7.61a	1.40	11.78	0.001
	酵母菌 /[lg(cfu/g)]	4.47	5.78	6.17	6.38	7.36	1.04	2.24	0.138
	乳酸菌 /[lg(cfu/g)]	4.79	3.10	2.43	2.26	1.16	1.39	1.86	0.194
	霉菌 /[lg(cfu/g)]	0.00	0.00	0.00	0.00	0.00	—	—	—
AR-4-6	pH 值	4.09	4.11	4.09	4.10	4.11	0.01	0.84	0.532
	好氧细菌 /[lg(cfu/g)]	5.26d	5.41d	6.40c	7.36b	5.26a	0.22	62.12	<0.001
	酵母菌 /[lg(cfu/g)]	3.91d	5.44c	6.35b	7.70a	7.88a	0.20	139.18	<0.001
	乳酸菌 /[lg(cfu/g)]	4.47	3.53	3.40	2.10	1.00	1.04	3.38	0.054
	霉菌 /[lg(cfu/g)]	0.00	0.00	1.10	1.87	2.10	0.14	1.52	0.270
AR-3-7	pH 值	4.03	4.06	4.03	4.03	0.01	0.02	0.95	0.474
	好氧细菌 /[lg(cfu/g)]	5.88c	6.21c	7.40b	7.66b	8.57a	0.28	30.29	<0.001
	酵母菌 /[lg(cfu/g)]	2.30c	4.43b	5.10ab	5.46ab	6.27a	0.76	7.83	0.004
	乳酸菌 /[lg(cfu/g)]	3.26	2.10	1.00	1.07	0.00	1.14	2.35	0.124
	霉菌 /[lg(cfu/g)]	0.00	0.00	1.00	1.10	1.43	1.13	0.70	0.610

由 5-28 可知：紫花苜蓿与黑麦草不同比例混合 TMR 青贮发酵在有氧暴露期间，各处理的 pH 值变化差异不显著（$P<0.05$），好氧细菌数量随着时间的延长而增加，除 AR-5-5 外的其他酵母菌数量随着有氧暴露时间的延长不同程度显著增加（$P<0.05$），除 AR-7-3 乳酸菌显

著减少，其他处理随着时间延长呈减少趋势但不显著（$P>0.05$）。在有氧暴露期间，除AR-7-3和AR-5-5未检测到霉菌，其他处理霉菌有所增加，但差异不显著（$P<0.05$）。

（3）紫花苜蓿与黑麦草不同比例混合TMR青贮发酵饲料价值综合水平

紫花苜蓿与黑麦草不同比例混合TMR青贮发酵饲料价值综合水平如表5-29。

表5-29 紫花苜蓿与黑麦草不同比例混合TMR青贮发酵饲料价值综合水平

处理	AR-7-3	AR-6-4	AR-5-5	AR-4-6	AR-3-7
隶属函数平均值	0.600	0.511	0.335	0.459	0.695
排名	2	3	5	4	1

由表5-29可知，紫花苜蓿与黑麦草不同比例混合TMR青贮发酵饲料价值综合评价中隶属值最高的是AR-3-7，最低的是AR-5-5，各处理综合排名为AR-3-7>AR-7-3>AR-6-4>AR-4-6>AR-5-5。

5.2.5.3 讨论

青贮发酵饲料中的pH值、氨态氮与总氮的比值和有机酸含量等是评价青贮发酵饲料发酵品质优劣的重要指标，通常认为pH值越低，氨态氮与总氮的比值越小，乳酸含量占总有机酸的比例越高，青贮发酵饲料品质就越好。本试验中，各处理TMR青贮发酵后的pH值均低于4.2，属于发酵品质较好的TMR青贮发酵饲料，一般认为优异的青贮发酵饲料的pH值不应高于4.2。乙酸在青贮发酵早期由好氧微生物活动产生，而在青贮发酵后期的异型乳酸菌也会产生部分乙酸，本试验中乙酸随着紫花苜蓿所占比例的减少呈现先减少后增加再减少的趋势，而丙酸则有所增加，这可能是由于紫花苜蓿比例的减少，干物质含量减少对产乙酸的微生物有一定抑制作用。各处理TMR青贮发酵饲料均未检测到丁酸的存在，这说明紫花苜蓿与黑麦草不同比例混合TMR青贮发酵中，产丁酸微生物活动受到有效抑制。AN/TN低于10%是判断青贮发酵饲料发酵品质良好的标志之一，本试验中各处理的氨态氮与总氮的比值均低于10%，表明饲料发酵品质较好。不同比例的紫花苜蓿与黑麦草混合TMR青贮发酵的化学成分显示，各处理间的化学成分含量变化不明显，表明经混合调制的TMR发酵饲料营养成分均一，但利用隶属函数法对青贮发酵品质和营养成分相关指标进行评价，可以看出紫花苜蓿与黑麦草比例为3∶7的组合评价最好。

青贮发酵饲料开封后，由密封厌氧环境变为有氧环境，好氧微生物开始繁殖，从而引起青贮发酵饲料有氧变坏。Wilkinson和Davies等研究发现乙酸能抑制青贮发酵饲料中酵母菌的繁殖，其含量可以有效预测青贮发酵饲料的有氧稳定性，乙酸含量较高使得青贮发酵饲料获得了较高的有氧稳定性。在本试验TMR发酵饲料有氧暴露期间，pH值变化不大，好氧细菌和酵母菌含量变化剧烈，表现为有氧腐败发生快。

5.2.5.4 结论

综上所述，紫花苜蓿与黑麦草不同比例混合TMR青贮中，发酵品质和化学成分随着紫花苜蓿与黑麦草比例的不同，有一定的规律变化：乙酸随着紫花苜蓿所占比例的减少呈现先减少后增加再减少的趋势，而丙酸则有所增加；粗蛋白和粗脂肪的含量有随着紫花苜蓿比例减少而减少的趋势，而粗纤维酸性洗涤纤维的含量则有先增加后减少的趋势。在紫花苜蓿与黑麦草不同比例混合组合中，得到饲料品质最理想的组合为3∶7。

主要参考文献

[1] 阿依古丽·艾买尔 , 王娇 , 艾买尔江·吾斯曼．甜高粱与苜蓿混合青贮过程 pH 和主要微生物变化规律的研究 [J]．塔里木大学学报 , 2018, 30(4): 20-27.

[2] 曹文娟 , 张英俊 . 不同品种白三叶蛋白质含量比较 [J]. 草业科学 , 2009 (2): 61-65.

[3] 陈雷 , 原现军 , 郭刚 . 添加乳酸菌制剂和丙酸对全株玉米全混合日粮青贮发酵品质和有氧稳定性的影响 [J]. 畜牧兽医学报 , 2015, 46(1): 104-111.

[4] 高瑞红 , 徐嘉 , 张魏斌 , 等 . 乳酸菌制剂对青贮玉米发酵品质和有氧稳定性的影响 [J]. 中国饲料 , 2018 (08): 70-74.

[5] 葛剑 , 杨翠军 , 刘贵河 , 等 . 添加剂和混合比例对裸燕麦和紫花苜蓿混贮品质的影响 [J]. 草业学报 , 2015, 24(06): 116-124.

[6] 葛剑 , 杨翠军 , 杨志敏 , 等 . 紫花苜蓿和裸燕麦混贮发酵品质和营养成分分析 [J]. 草业学报 , 2015, 24(04): 104-113.

[7] 郭旭生 , 丁武蓉 , 玉柱 . 青贮饲料发酵品质评定体系及其新进展 [J]. 中国草地学报 , 2008, 30(04): 100-106.

[8] 郝薇 . TMR 发酵过程中微生物及其蛋白酶对蛋白降解的作用机理研究 [D]. 北京：中国农业大学 , 2015.

[9] 贾婷婷 , 吴哲 , 玉柱 . 不同类型乳酸菌添加剂对燕麦青贮品质和有氧稳定性的影响 [J]. 草业科学 , 2018, 35(5): 1266- 1272.

[10] 李春宏 , 张培通 , 郭文琦 , 等 . 甜高粱青贮品质及对山羊饲喂效果的研究 [J]．草地学报，2016，24(1)：214-217.

[11] 李向林 , 张新跃 , 唐一国 , 等 . 日粮中精料和牧草比例对舍饲山羊增重的影响 [J]. 草业学报 , 2008, 17(02): 85-91.

[12] 刘建新 . 干草秸秆青贮饲料加工技术 [M]. 北京 : 中国农业大学出版社 , 2004: 180-194.

[13] 苗芳 . 同 / 异质型乳酸菌对玉米青贮品质及有氧稳定性的影响 [D]. 石河子 : 石河子大学 , 2017.

[14] 邱小燕 , 原现军 , 郭刚 , 等 . 添加糖蜜和乙酸对西藏发酵全混合日粮青贮发酵品质及有氧稳定性影响 [J]. 草业学报 , 2014, 23(6): 111-118.

[15] 石志芳 , 席磊 . 新时代我国畜牧业的发展趋势与对策 [J]. 家畜生态学报 , 2018, 39(06): 1-4,33.

[16] 陶莲 , 玉柱 . 华北驼绒藜青贮贮藏过程中发酵品质的动态变化 [J]. 草业学报 , 2009, 18(6): 122-127.

[17] 陶雅 , 李峰 , 孙启忠 . 小花棘豆与玉米混贮微生物特性及脱除苦马豆素乳酸菌的筛选 [J]. 草业学报 , 2018, 27(8): 121-132.

[18] 王旭哲，张凡凡，马春晖．同 / 异型乳酸菌对青贮玉米开窖后品质及微生物的影响 [J]．农业工程学报，2018，34(10)：296-304.

[19] 王旭哲 , 张凡凡 , 唐开婷 , 等 . 密度对玉米青贮发酵品质、微生物和有氧稳定性的影响 [J]. 中国草地学报 , 2018b, 40(01): 80-86.

[20] 徐春城 . 现代青贮理论与技术 [M]. 北京：科学出版社 , 2013.

[21] 许庆方 , 周禾 , 玉柱 , 等 . 贮藏期和添加绿汁发酵液对袋装苜蓿青贮的影响 [J]. 草地学报 , 2006 (02): 129-133, 146.

[22] 于艳冬 , 玉柱 , 邵涛 , 等 . 不同添加剂对沙打旺青贮饲料发酵品质和化学成分的影响 (英文)[J]. 动物营养学报 , 2008, 20(04): 447-452.

[23] 张丽英 . 饲料分析及饲料质量检测技术 [M]. 北京：中国农业大学出版社 , 2016.

[24] 农业部畜牧兽医司 . 青贮饲料质量评定标准（试行）[J]. 中国饲料 ,1996(21):5-7.

[25] Basso F C, Adesogan A T, Lara E C. Effects of feeding corn silage inoculated with microbial additives on the ruminal fermentation, microbial protein yield，and growth performance of lambs[J]．Journal of Animal Science, 2014, 92(12):40-50.

[26] Borreani G, Piano S, Tabacco E. Aerobic stability of maize silage stored under plastic films with different oxygen permeability[J]. Journal of the Science of Food and Agriculture, 2015, 94(13): 2684-2690.
[27] Der Bedrosian M C, Nestor Jr K E, Kung Jr L. The effects of hybrid, maturity, and length of storage on the composition and nutritive value of corn silage[J]. Journal of Dairy Science, 2012, 95(9): 5115-5126.
[28] Filya I, Sucu E. The effects of lactic acid bacteria on the fermentation, aerobic stability and nutritive value of maize silage[J]. Grass and Forage Science, 2010, 65(4):446-455.
[29] Filya I. The effect of *Lactobacillus buchheri* and *Lactobacillus plantarum* on the lermentation, aerobic stability, and ruminal degradability of low dry matter corn and sorghum silages[J]. Journal of Dairy Science, 2003, 86(11): 3575-3581.
[30] Han H, Ogata Y, Yamamoto Y, et al. Identification of lactic acid bacteria in the rumen and feces of dairy cows fed total mixed ration silage to assess the survival of silage bacteria in the gut[J]. Journal of Dairy Science, 2014, 97(9): 5754-5762.
[31] Muck R E, Pitt R E, Leibensperger R Y. A model of aerobic fungal growth in silage. 1. Microbial characteristics[J]. Grass and Forage Science, 2010, 46(3): 301-312.
[32] Nishino N, Harada H, Sakaguchi E. Evaluation of fermentation and aerobic stability of wet brewers' grains ensiled alone or in combination with various feeds as a total mixed ration[J]. Journal of the Science of Food and Agriculture, 2010, 83(6): 557-563.
[33] Ohyama Y, Masaki S, Hara S I. Factors influencing aerobic deterioration of silages and changes in chemical composition after opening silos[J]. Journal of the Science of Food and Agriculture, 2010, 26(8): 1137-1147.
[34] Weinberg Z, Khanal P, Yildiz C, et al. Ensiling fermentation products and aerobic stability of corn and sorghum silages[J]. Grassland Science, 2015, 57(1): 46-50.
[35] Wilkinson J M, Davies D R. The aerobic stability of silage: Key findings and recent developments[J]. Grass and Forage Science, 2013, 68(1): 1-19.
[36] Woolford M K. The detrimental effects of air on silage[J]. Journal of Applied Bacteriology, 2010, 68(2): 101-116.
[37] Ni K K, Wang Y P, Pang H L, et al. Effect of cellulase and lactic acid bacteria on fermentation quality and chemical composition of wheat straw silage[J]. American Journal of Plant Sciences, 2014, 5(13): 1877-1884.
[38] Conaghan P, Casler M D, McGilloway D A, et al.Genotype x environment interactions for herbage yield of perennial ryegrass sward plots in Ireland[J].Grass and Forage Science: The Journal of the British Grassland Society, 2008,63(1):107-120.
[39] 陈雷，原现军，郭刚，等．添加乳酸菌制剂和丙酸对全株玉米全混合日粮青贮发酵品质和有氧稳定性的影响 [J]. 畜牧兽医学报 ,2015,46(01):104-110.
[40] 侯晓静，沈益新，许能祥．不同添加物对稻草青贮品质及营养组成的影响 [J]. 江苏农业科学，2011，39(6):356-360.
[41] Filya.The effect of *Lactobacillus buchneri*, with or without homofermentative lactic acid bacteria, on the fermentation, aerobic stability and ruminal degrad ability of wheat, sorghum and maize silages[J]. Journal of Applied Microbiology, 2003, 95: 1080- 1086.
[42] 黄雅莉．缓解犊牛断奶应激的营养调控研究 [D]. 保定：河北农业大学，2013.
[43] 申瑞瑞．微生物发酵剂对马铃薯渣与玉米秸秆和大豆秸秆混贮效果的研究 [D]. 保定：河北农业大学，2018.
[44] 张兵，俞春山．影响反刍动物干物质采食量的因素 [J]. 饲料博览，2010(7)：21-23.
[45] 张金吉，李德允，康锦丹，等．不同长度稻草的 TMR 对绵羊瘤胃发酵及消化率的影响 [J]．黑龙江畜

牧兽医，2009 (3)：38-39.

[46] 赵梦迪，唐泽宇，李超明．不同比例紫花苜蓿与玉米秸秆的混合青贮对发酵品质的影响 [J]．延边大学农学学报，2018，40(02)：40-46.

[47] 傅彤 . 微生物接种剂对玉米青贮饲料发酵进程及其品质的影响 [D]. 北京：中国农业科学院，2005.

[48] 王莹，玉柱．不同添加剂对紫花苜蓿青贮发酵品质的影响 [J]．中国草地学报，2010，32(5)：80-84.

[49] 张翔，崔志文，许庆方．好气性变质抑制剂对青贮饲料有氧稳定性的影响 [J]．山西农业科学，2008，36(2)：57-59.

[50] 辛鹏程，黄建华，原现军，等．紫花苜蓿和全株玉米混合青贮研究 [J]．畜牧与兽医，2019，51(04)：39-42.

[51] 周斐然，张苏江，王明，等．甜高粱青贮有氧暴露的稳定性及微生物变化的研究 [J]．草业学报，2017，26(4)：106-112.

[52] 魏小蓉 . 添加山梨酸和乙醇对象草和杂交狼尾草青贮发酵品质的影响 [D]. 南京 : 南京农业大学 ,2010.

第6章

禾本科牧草青贮

6.1 乳酸菌添加剂对多花黑麦草青贮发酵品质的影响

6.1.1 添加乳酸菌对多花黑麦草青贮营养成分的影响

6.1.1.1 材料和方法

（1）多花黑麦草青贮制作

2021年1月5日，在贵州省独山县草种场刈割一年生黑麦草（抽穗期前）。现场手动将鲜草切成1～2cm小段，混合均质后制作4个处理组：对照组CK，鼠李糖乳杆菌处理组HO（$1×10^8$ cfu/g FM，FM表示鲜样），布氏乳杆菌HE处理组（$1×10^8$ cfu/g FM），以及鼠李糖乳杆菌（$5×10^7$ cfu/g FM）和布氏乳杆菌（$5×10^7$ cfu/g FM）组合处理组M。以上两株LAB从玉米、皇竹草以及苜蓿等自然发酵的青贮饲料中筛选。对照组分别喷洒等量无菌蒸馏水。完全混合后，将每种处理（约300g）包装入真空密封聚乙烯塑料袋（尺寸225mm×350mm，深圳瑞朗克斯有限公司），每个处理3次重复，常温下避光储存3d、7d、15d、30d、45d和60d。在每个采样时间分别开袋，测定发酵特性和化学组分的动态变化。

（2）化学成分测定

从每个袋子中提取大约100 g的样品，连续在烘箱65℃下烘干48h测定DM含量。然后研磨，通过1mm目筛进行营养成分分析。粗蛋白（CP）采用Kjeldahl法测定。根据Zhao等的描述，使用Ankom200纤维分析仪系统（Ankom Technology Corp., Fairport, NY, USA）测定了结构碳水化合物的含量，包括中性洗涤纤维（NDF）、酸性洗涤纤维（ADF）。可溶性碳水化合物（WSC）测定使用微量法。干物质损失（DMloss）计算为青贮前后干物质（DM）的差值。

（3）微生物计数

采用 Wang 等所述的平板计数法测定新鲜饲料材料和青贮饲料的微生物种群。在超净台中打开袋子，从每个袋子中取 20g 样品，然后用 180mL 消毒盐水（8.5g/L NaCl）混合，吸取 10μL 连续稀释的菌液放入固体平板中涂布均匀，将平板倒置培养 48 ～ 72h。分别在夏氏琼脂、紫红菌琼脂和孟加拉玫瑰琼脂上计数 LAB、大肠菌群、酵母菌和霉菌的数量（由北京陆桥技术股份有限公司提供微生物样品）。菌落被计算为每克新鲜物质的菌落形成单位中微生物的活数。

（4）数据统计与分析

采用双向方差分析方法分析了青贮时间和 LAB 接种剂对微生物种群、化学成分和发酵参数的影响（IBM SPSS 26.0）。

6.1.1.2 结果与分析

（1）多花黑麦草原料化学组分及附着微生物种群

青贮前多花黑麦草原料的化学成分和微生物种群数量见表 6-1。黑麦草原料的干物质含量为 177.41g/kg，即鲜物质基础含水量达 82.26%。其他化学组分中 NDF、ADF、WSC 以及 CP 分别为 181.33、53.89、176.63 和 113.77g/kg DM。附着在黑麦草原料中的微生物丰富，LAB、酵母菌、霉菌和大肠杆菌分别为 6.69、6.83、5.47 和 3.00lg(cfu/g)。

表 6-1 多花黑麦草原料化学组分及附着微生物种群

营养成分（干物质基础）		微生物种群（鲜物质基础）	
干物质（鲜物质基础）/ (g/kg)	177.41	乳酸菌 /[lg(cfu/g)]	6.69
中性洗涤纤维 /(g/kg)	181.33	酵母菌 /[lg(cfu/g)]	6.83
酸性洗涤纤维 /(g/kg)	53.89	霉菌 /[lg(cfu/g)]	5.47
可溶性碳水化合物 /(g/kg)	176.63	大肠杆菌 /[lg(cfu/g)]	3.00
粗蛋白 /(g/kg)	113.77	—	—

注：cfu 为菌落计数单位。下同。

（2）发酵期多花黑麦草青贮饲料化学组分

LAB 接种对多花黑麦草青贮过程中营养成分的影响如表 6-2 所列。总体上，青贮时间对所有化学组分指标影响极显著（P<0.002），除 NDF 和 ADF 外，LAB 接种处理也极显著影响化学组分指标（P<0.001），青贮时间和 LAB 接种处理交互作用对黑麦草青贮饲料 DM、DMloss、ADF 和 CP 均有显著影响（P<0.05）。

表 6-2 LAB 接种对黑麦草青贮过程中化学组分的影响（干物质基础）

项目	青贮时间 /d	处理				平均值	标准误	P 值		
		CK	HE	HO	M			D	T	D×T
干物质（鲜物质基础）/(g/kg)	3	195.94AB	205.41A	204.33	198.49A	201.04A	3.32	<0.001	< 0.001	0.001
	7	172.68BCb	185.66Bab	196.73a	189.78ABab	186.22BC				
	15	205.04Aa	179.44Bb	195.37ab	189.43ABab	192.32AB				
	30	164.3Cbc	153.95Cc	199.69a	175.33BCb	173.32C				
	45	181.87ABCa	150.55Cb	199.15a	176.24BCab	176.95C				
	60	189.08ABCab	154.09Cb	197.08a	165.1Cb	176.34C				

续表

项目	青贮时间/d	处理				平均值	标准误	P值		
		CK	HE	HO	M			D	T	D×T
干物质损失/(g/kg)	3	-18.53AB	-28.00A	-26.92	-21.08A	-23.63A	3.32	<0.001	< 0.001	0.001
	7	4.73BCb	-8.25Bab	-19.32a	-12.37ABab	-8.80BC				
	15	-27.63Aa	-2.02Bb	-17.96ab	-12.02ABab	-14.91AB				
	30	13.11Cbc	23.46Cc	-22.27a	2.08BCb	4.09C				
	45	-4.46ABCa	26.86Cb	-21.74a	1.17BCab	0.46C				
	60	-11.67ABCa	23.32Cb	-19.67a	12.31Cb	1.07C				
中性洗涤纤维/(g/kg)	3	201.83AB	186.26	184.65AB	186.79AB	189.88BC	6.407	0.001	0.684	0.159
	7	231.29AB	240.13	222.31A	229.68A	230.85A				
	15	163.00Bb	189.61ab	231.07Aa	205.76ABab	197.36BC				
	30	274.44A	227.4	182.19AB	185.42AB	217.36AB				
	45	157.28B	196.12	150.24B	173.57AB	169.30C				
	60	163.87B	185.65	188.23AB	162.76B	175.13C				
酸性洗涤纤维/(g/kg)	3	94.40B	96.95B	105.94AB	95.77	98.26B	4.939	0.002	0.282	0.016
	7	102.67B	106.18AB	88.05AB	115.97	103.22B				
	15	90.22B	105.14AB	128.61A	113.83	109.45B				
	30	171.81Aa	143.45Aab	114.48AB	96.22b	131.49A				
	45	94.86Bab	113.62ABa	77.42Bb	99.27ab	96.29B				
	60	85.41B	119.64AB	105.34AB	80.3	97.67B				
可溶性碳水化合物/(g/kg)	3	71.05AB	80.62A	96.71A	79.06A	81.86A	4.292	<0.001	0.001	0.724
	7	88.46A	62.87A	80.86AB	66.63AB	74.70A				
	15	67.65ABa	34.42Bb	70.05ABa	46.4BCb	54.63B				
	30	27.52Cb	27.57Bb	50.77Ba	42.43BCa	37.07C				
	45	33.7Cb	28.11Bb	59.23ABa	30.47Cb	37.88C				
	60	45.31BC	27.12B	46.05B	31.29C	37.44C				
粗蛋白/(g/kg)	3	157.01Bbc	173.84Cab	137.80Bc	189.45ABa	164.52C	10.448	0.001	< 0.001	0.047
	7	217.80A	212.34A	180.98A	193.88A	201.25A				
	15	169.65B	186.67BC	162.6BC	168.47B	171.85BC				
	30	176Bb	199.08ABa	180.15Aab	186.75ABab	185.49AB				
	45	175.3Bab	201.63ABa	155.17BCb	168.95Bb	175.26BC				
	60	190.55ABab	213.27Aa	156.42BCc	171.74ABbc	183B				

注：同行不同小写字母表示不同处理之间差异显著，同列不同大写字母表示同一处理不同青贮时间之间差异显著。D表示青贮时间；T表示处理；D×T表示青贮时间和处理交互影响。表6-3、表6-4同用。

发酵第3d的DM含量和DM增加在HE组高于其余各组，但无显著差异；发酵第7d的DM含量和DM增加在HO组显著高于CK组（$P<0.05$）；发酵第15d的DM含量和DM增加在CK组显著高于HE组（$P<0.05$）；发酵30～60d的DM含量和DM增加在HO组均显著高于HE组（$P<0.05$）。CK组发酵第3d和30d的NDF含量最高，HE组发酵第7d和45d

的 NDF 含量最高，HO 组发酵第 15d 和 60d 的 NDF 含量最高，但发酵 3 ～ 7d 和 30 ～ 60d 的 NDF 含量在 4 种处理间无显著差异，发酵 15d，CK 和 HO 组差异显著（$P<0.05$）。发酵 3 ～ 15 d 和 60d 的 ADF 含量在 4 种处理间无显著差异；相比于 CK 组，M 组发酵 30d 的 ADF 含量显著降低（$P<0.05$）；发酵 45d 的 ADF 含量在 HE 组显著高于 HO 组（$P<0.05$）。发酵 3d、7d 和 60d 的 WSC 含量在 4 种处理间无显著差异；15 ～ 45d，HO 组的 WSC 含量最高；HO 组 15d 的 WSC 含量显著高于 HE 和 M 组（$P<0.05$）；30d 时，M 和 HO 组 WSC 含量显著高于 HE 和 CK 组（$P<0.05$）；发酵 45d 的 WSC 含量在 HO 组显著高于其余 3 组（$P<0.05$）；发酵 3 ～ 15d 的 CP 含量在 4 种处理间无显著差异，发酵 30 ～ 60d 的 CP 含量在 HE 组最高，发酵 30d 的 CP 含量在 HE 组显著高于 CK 组（$P<0.05$），HE 组发酵 45d 和 60d 的 CP 含量显著高于 HO 和 M 组（$P<0.05$）。

同一处理不同青贮时间，CK 组 DM 含量在第 15d 时显著（$P<0.05$）且只在第 7d 和 30d 有 DMloss；HE 组 DM 含量随着发酵时间延长显著降低（$P<0.05$），在 30 ～ 60d 有 DMloss；HO 组 DM 含量和 DMloss 随着发酵进行没有显著性变化；M 组 DM 含量和 DMloss 在 30 ～ 60d 显著降低；除 30d 外，CK 组 NDF 和 ADF 指标未观察到显著性变化；HE 组 NDF 没有明显变化，而第 3d ADF 显著低于其他时间段（$P<0.05$）；HO 组 NDF 呈现先升高后降低再升高的趋势，M 组 NDF 在 7d 时显著高于其他时间，在 60d 时显著低于其他时间，M 组 ADF 没有观察到显著性变化；3 ～ 30d，CK 组 WSC 含量减少，30~60d 时逐渐上升；HE 组 WSC 在 15d 以后显著降低（$P<0.05$）；HO 组 WSC 含量在 3 ～ 30d 时逐渐下降；M 组 WSC 含量呈现先下降后升高的趋势。随着青贮时间延长，CK 组 CP 没有明显的变化；HE 组 CP 含量 3d 和 15d 显著低于其他时间段（$P<0.05$）；HO 组 CP 含量在 3d 时最小，为 137.80g/kg，在 7d 时最大，为 180.98g/kg；与 3d 时相比，60d 青贮期结束时，M 组的 CP 含量下降。

6.1.1.3 讨论

饲料水分是影响青贮饲料发酵品质的重要因素。新收割的黑麦草一般含有较高的水分，本研究中黑麦草含水量达 82.26 %，与之前报道的 74.7% ～ 83.0% 的范围相似。水分的变化可能会极大地影响微生物的生长和繁殖，从而影响青贮发酵品质。理论上，适宜进行青贮的水分一般在 60% ～ 75%，水分过高或过低都会导致 LAB 发酵不充分，青贮品质一般较差。NDF（181.33g/kg DM）和 ADF（53.89g/kg DM）含量远远低于 Yan 等的 520.0 和 300.0g/kg DM 以及 Dong 等的 457.8 和 267.7g/kg DM。这可能是本研究中较早刈割黑麦草所致，Jung 等的研究表明，收获期对牧草的化学组分影响显著。WSC 作为 LAB 等微生物的底物，其浓度是决定青贮发酵成功与否的关键因素。WSC 含量不足会导致青贮发酵质量差，甚至青贮失败。一般认为，牧草中 WSC 含量大于 50g/kg DM 时，可考虑将其制作成青贮饲料。为保证获得可接受的发酵品质良好的青贮饲料，WSC 含量通常需保持在 60 ～ 80g/kg DM。本研究中黑麦草原料 WSC 含量充足（176.63g/kg DM），与来自丹麦（16.7% DM）和瑞士（8.4% ～ 17.3% DM）的相当，可保证发酵过程中为 LAB 提供充足的发酵底物。CP 含量与之前的报道相当。

附着在黑麦草原料中的微生物种群比较丰富，而附生 LAB 的数量和种类被认为是预测青贮发酵过程和决定是否在青贮材料中添加接种剂的必要因素。一般来说，附生 LAB 大于 10^5 cfu/g FM 是提高青贮饲料质量的必要条件，这类饲料通常也保存完好。本研究中附着的 LAB 数量为 6.69lg(cfu/g FM)，数量可观，但同时，酵母、霉菌和大肠杆菌也非常活跃，其种群数量远远高于其他研究报道的数量，这可能与贵州温暖湿润的气候环境有关。Guan 也报道了贵州青贮玉米附着有丰富的微生物，LAB、酵母菌、霉菌和大肠杆菌分别为 3.95、4.87、4.46 和 5.27lg(cfu/g FM)。为确保快速而有效地在高水分青贮发酵的早期阶段产乳酸降低 pH 值，抑制有害微生物的生长，防止酒精发酵和营养流失，有必要进行 LAB 接种。

一般来说，高水分的牧草难以生产高品质的青贮饲料。在高水分青贮中 LAB 生存更困难，pH 值降低缓慢，酵母菌、梭菌等活动频繁，营养消耗增加，导致 DM、WSC 降低，蛋白质降解。然而，本研究出现了一系列与之前研究相反的现象，DM、NDF、ADF 和 CP 较青贮之前增加了。

影响发酵质量的因素包括青贮材料的类型和化学成分，特别是 DM 含量。高 DM 含量能有效降低青贮液中丁酸含量，因为细菌种类受到水分含量和水分利用率的显著调节，这强烈影响细菌细胞。高水分牧草不能有效抑制梭状芽孢杆菌的增殖，即使 pH 值降低到 4.0，这将使乳酸强烈转化为 BA，但是，通过使用超过 30% DM 的青贮饲料，梭状芽孢杆菌发酵的机会被最小化。理论上，随着青贮的进行，干物质会被消耗，然而，青贮前 3 d，所有处理 DM 都增加了，推测主要是水分蒸发导致的。高水分青贮前期更容易产生酵母菌和梭菌发酵，产生大量二氧化碳、二氧化氮、甲烷等气体导致涨袋和温度上升（该部分数据未收集），使大量水分渗出，而 NO_2 也有可能与水反应转化为硝酸，这些情况可能在相对小而密封的聚乙烯塑料袋（30cm×40cm）中更明显，这也是容易被大多数研究者忽略的地方；此外，由于牧草相对较高的水分会提高酶活性，可能会将非结构性碳水化合物合成结构性碳水化合物，导致 DM 上升，NDF 和 ADF 的升高也部分解释了这一点。

Bai 等研究表明，LAB 添加能很好地保存 DM 含量，降低 DM 损失，而 Desta 等则指出，DM 的减少主要发生在青贮的早期阶段，由于底物被微生物分解成液体和气体，随着青贮的进行会逐渐被抑制。然而，本研究中 HE 处理组和 M 处理组在 30 ～ 60d 反而出现了干物质损失，同样地，WSC 在 30 ～ 60d 也更低，很显然 DM 损失是由于更多的 WSC 被消耗了。He 等研究报道，高比例的异型发酵 LAB 可能不利于青贮过程中的营养保存。原因可能是布氏乳杆菌组有较高的 pH 值，酵母和梭菌等不良微生物代谢活动依然存在，布氏乳杆菌需要消耗更多的 WSC 与之竞争，而这种情况在高水分青贮中持续时间可能更长。

NDF 和 ADF 含量代表了牧草中结构性碳水化合物组成。60d 发酵期内，NDF 含量先增之后减少到与青贮前相当，所有处理 ADF 含量都明显增加。以往的研究表明，前期高水分青贮乳酸发酵不充分，酶活性较高，依旧会合成结构性碳水化合物。随着乳酸产量增加、pH 值降低，青贮饲料中酸性溶液可以加速结构性碳水化合物的水解，尤其 NDF 更为明显。本研究中 LAB 接种处理没有显著性影响 NDF 和 ADF 含量。一般来说，LAB 不能产生纤维素水解酶，因此添加 LAB 不会在青贮过程中降解纤维的含量。与 Yan 等研究结果相反的是，其将高水分黑麦草单独青贮或与干玉米秸秆混合青贮中 NDF 和 ADF 降低的可能的原因解释为相对不成熟的黑麦草（孕穗期）更容易受到 pH 值降低或酶水解的影响。

WSC 作为青贮过程中的主要发酵底物，随着青贮时间延长逐渐被消耗。Xu 等的研究表明，大部分 WSC（42.7% ～ 84.1%）在发酵 7d 后被消耗转化为有机酸，导致了青贮早期 pH 值的降低，而发酵后期 WSC 的增加是由于纤维素和半纤维素的降解为发酵提供了额外的底物。Li 等研究也表明，青贮过程中产生的阿魏罗酰酯酶与纤维素酶结合，增强了多糖的降解，增加 WSC 含量。而本研究中 60d 青贮期内 ADF 含量先增加后降低。发酵 7d 以后 HE 和 M 组 WSC 含量相对较低，15d、45d、60d 显著低于其余两组，这表明本研究中高水分黑麦草缺乏纤维降解酶为后期发酵提供额外的底物，而青贮后期专性异型发酵布氏乳杆菌持续消耗更多的 WSC 来产生 LA，导致 WSC 含量逐渐降低。大部分研究显示青贮对 CP 没有显著影响或青贮后 CP 降低，然而，在本研究中 60d 的青贮期内，CP 含量与青贮前相比普遍升高，这与之前的研究报道的结果不一致。而 Guo 等报道 CP 含量增加却是由晾晒导致水分下降，DM 增加，微生物多样性降低，LAB 快速主导发酵导致的。本研究 CP 含量增加也可能是在更高 DM 基础上计算的结果。

6.1.2 添加乳酸菌对多花黑麦草青贮发酵特性的影响

6.1.2.1 材料和方法

（1）多花黑麦草青贮制作

同 6.1.1.1 部分。

（2）发酵参数测定

同 6.1.1.1 部分。

（3）微生物计数

同 6.1.1.1 部分。

（4）数据统计与分析

同 6.1.1.1 部分。

6.1.2.2 结果

（1）发酵期黑麦草青贮饲料发酵特性和最终青贮料微生物种群

LAB 接种对黑麦草青贮过程中有机酸和微生物种群的影响如表 6-3 所列。发酵时间、LAB 接种处理及其交互作用对黑麦草青贮饲料 pH 值、LA、AA、PA、BA 和 LA/AA 均有显著影响（$P<0.001$）。

表 6-3 发酵期黑麦草青贮饲料发酵特性和最终青贮料微生物种群（干物质基础）

发酵指标	青贮时间 /d	处理				平均值	标准误	P 值		
		CK	HE	HO	M			D	T	D×T
	3	6.66A	6.69A	6.66A	6.57A	6.65A				
	7	6.32ABa	4.69Cb	4.76Bb	4.83Bb	5.15B				
	15	6.18Ba	4.12Eb	3.82Ed	3.99Dc	4.53C				
pH 值	30	5.2Ca	4.72Cb	4.16Dc	4.72Bb	4.70BC	0.041	< 0.001	<0.001	< 0.001
	45	4.7Da	4.56Da	3.94Eb	4.39Ca	4.4C				
	60	5.05CDa	5.07Ba	4.53Cb	4.93Ba	4.89BC				
	平均值	5.68a	4.98b	4.65b	4.91b					
	3	11.35Ac	16.86Ba	13.26Cbc	15.24Bab	14.18A				
	7	9.31Bc	18.25ABa	15.25Bab	13.62Cb	14.11A				
	15	5.49Cd	10.7Cb	7.98Dc	14.47BCa	9.66B				
乳酸 / (g/kg)	30	5.65Cb	10.96Ca	11.51Ca	6.67Db	8.70B	0.335	< 0.001	<0.001	< 0.001
	45	5.69Cd	8.57Cb	6.97Dc	15.19Ba	9.10B				
	60	6.30Cc	21.35Aa	18.53Ab	17.32Ab	15.88A				
	平均值	7.30b	14.45a	12.25a	13.75a					

续表

发酵指标	青贮时间 /d	处理				平均值	标准误	P 值		
		CK	HE	HO	M			D	T	D × T
乙酸 /(g/kg)	3	0.39C	0.45D	0.5C	0.39D	0.44C	0.053	< 0.001	<0.001	< 0.001
	7	1.28Bb	1.88BCa	0.83Cc	1.90Ba	1.48B				
	15	1.2Bbc	1.59Ca	0.87Cc	1.27Cab	1.23B				
	30	1.33Bd	2.67Ab	3.65Aa	2.16ABc	2.45A				
	45	1.41Bc	2.05Bb	3.63Aa	2.27Ab	2.34A				
	60	1.77Ab	1.79BCb	2.62Ba	2.09ABb	2.07A				
	平均值	1.23b	1.74ab	2.02a	1.68ab					
丙酸 /(g/kg)	3	0.04Cb	1.25Ca	1.43Da	1.49Ca	1.05C	0.056	< 0.001	<0.001	< 0.001
	7	0.04Cb	0.06Db	0.08Ea	0.06Db	0.06D				
	15	0.05C	ND	0.05E	ND	0.09D				
	30	ND	4.29Aa	3.35Ab	2.97Bc	3.54A				
	45	3.15Ab	4.31Aa	3.01Bb	3.80Aa	3.57A				
	60	1.09Bc	3.56Ba	2.48Cb	3.29Ba	2.6B				
	平均值	4.37b	13.47a	1.73b	11.61a					
丁酸 /(g/kg)	3	1.25Aa	0.06Bb	ND	ND	0.65A	0.017	< 0.001	<0.001	< 0.001
	7	0.3C	0.19A	0.24A	0.21A	0.24B				
	15	0.38BCa	0.15Ac	0.24Ab	0.16Bc	0.23B				
	30	0.51B	ND	ND	ND	0.51A				
	45	ND	ND	ND	ND	ND				
	60	ND	ND	ND	ND	ND				
	平均值	0.61a	0.13b	0.24b	0.19b					
乳酸 /乙酸	3	28.94Abc	37.54Aab	26.97Ac	39.02Aa	33.12A	0.657	< 0.001	<0.001	< 0.001
	7	7.36Bc	9.65BCb	18.27Ba	7.16Cc	10.61B				
	15	4.58Cc	6.75BCbc	9.62Cab	11.86Ba	8.2B				
	30	4.39Ca	4.13Cab	3.15DEb	3.09Db	3.69C				
	45	4.03Cb	4.18Cb	1.93Ec	6.69CDa	4.21C				
	60	3.57Cc	12.06Ba	7.11CDb	8.35BCb	7.77B				
乳酸菌 /[lg(cfu/g)]	60	7.10b	9.36a	9.95a	10.09a					
酵母菌 /[lg(cfu/g)]	60	5.19b	6.23a	6.22a	6.15a					
霉菌 /[lg(cfu/g)]	60	ND	ND	ND	ND					
大肠杆菌 /[lg(cfu/g)]	60	< 2	ND	ND	ND					

发酵3d后，pH值无显著性变化，且都保持在6.5以上；7～45d，LAB处理组pH值显著低于对照组CK。随着发酵时间延长，所有处理3～45d的pH值显著降低，45～60d有上升趋势，LAB处理组显著上升了（$P<0.05$）；除45d外，CK组pH值在整个发酵期都保持在5.0以上。

LAB接种显著增加LA产量。60d发酵期内，LAB接种处理LA含量显著高于CK组（$P<0.05$）。随发酵时间的增加，CK组LA含量呈先降后升的趋势。CK组在整个青贮期都保持较低的LA含量（5.49～11.35g/kg DM）。3～15d由11.35g/kg DM显著降低到5.49g/kg DM；15～60d由5.49g/kg DM逐渐增加到6.30g/kg DM，但未观察到显著性变化。3～45d，HE组LA含量由16.86g/kg DM显著降低到8.57g/kg DM；45～60d，由8.57g/kg DM显著增加到21.35g/kg DM。HO组在15d和45d有较低的LA含量，分别为7.98g/kg DM和6.97g/kg DM，到60d发酵结束时，LA含量最高达18.53g/kg DM。3～7d，M组LA含量显著降低（15.24～13.62g/kg DM）；7～15d，显著增加（13.62～14.47g/kg DM）；15～30d，显著降低（14.47～6.67g/kg DM）；30～60d，显著增加（6.67～17.32g/kg DM）。

发酵第3d，AA含量无显著差异。发酵第7d的AA含量在M组最高，HO组最低，HE和M组显著高于CK和HO组（$P<0.05$）；发酵第15d的AA含量在HE组最高，HO组最低，HE组与CK和HO组差异显著（$P<0.05$）；30～45d，LAB接种处理的AA含量显著高于CK组，且HO组最高（$P<0.05$）。随着发酵时间增加（纵向），CK组AA含量缓慢上升，60d时达1.77g/kg DM，显著高于其余发酵时间（$P<0.05$）。3～30d，HE组AA含量显著增加（0.45～2.67g/kg DM）（$P<0.05$）；30～60d，显著降低（2.67～1.79g/kg DM）（$P<0.05$）。3～15d，HO组只产生少量AA(0.5～0.87g/kg DM)；到30d和45d，AA含量显著增加到3.65和3.63g/kg DM；60d时，AA含量降低到2.62g/kg DM（$P<0.05$）。发酵45d后，M组AA含量达最大值（2.27g/kg DM），显著高于3～15d（$P<0.05$），到60d时，有降低趋势，但未观察到显著性。

所有处理组7～15d和CK组3～30d未检测或检测到极少量的PA含量；发酵30d时HE组PA含量最高（4.29g/kg DM），其次为HO和M组，三种接种处理均两两差异显著（$P<0.05$）；HE组45d和60d的PA含量也最高，显著高于CK和HO组（$P<0.05$），但与M组差异不显著。所有处理在发酵60d的PA含量均显著低于第45d。

发酵3d以后，CK和HE处理中发现BA存在，分别为1.25和0.06g/kg DM；7～15d，所有处理都检测到少量BA，CK组15d的BA含量显著高于其余各组；30～60d，除CK组30d外，所有处理未再检测到BA。

60d开袋后，对最终的青贮料进行微生物计数。LAB接种处理的LAB和酵母菌均显著高于CK组，而LAB接种处理之间没有显著差异（$P>0.05$）。所有处理中未再检测到霉菌。然而，在CK组中依然能检测到<2lg(cfu/g FM)的大肠杆菌。

（2）有氧暴露期黑麦草青贮饲料发酵特性

有氧暴露期发酵产物的动态变化如表6-4所列。总的来看，不同处理对pH值、LA、AA、PA和LA/AA有显著影响（$P<0.001$）；有氧暴露时间对pH值、LA、AA、BA和LA/AA有极显著影响（$P<0.001$）；有氧暴露时间和不同处理交互对pH值、LA、AA、PA、BA和LA/AA有显著影响（$P<0.05$）。

表 6-4 黑麦草青贮饲料有氧暴露过程中 pH 值及有机酸动态变化

项目	青贮时间	处理				平均值	标准误	P 值		
		CK	HE	HO	M			D	T	D×T
pH 值	60d	5.05Aa	5.07Ba	4.53Ab	4.93Aa	4.89A	0.05	< 0.001	<0.001	<0.001
	A2	4.39Bb	4.56Ca	3.98Bc	4.51Ba	4.36B				
	A6	4.55Ba	4.51Ca	4.04Bb	4.46Ba	4.39B				
	A9	4.77ABb	5.60Aa	4.05Bc	4.76Ab	4.80A				
	平均值	4.69b	4.94a	4.15c	4.67b					
乳酸 /（g/kg）	60d	6.30Ac	21.35Aa	18.53Ab	17.32Ab	15.88A	0.343	<0.001	<0.001	<0.001
	A2	5.80Ab	12.18Ba	11.42Ba	5.24Bb	8.66B				
	A6	2.77Bc	11.84Ba	5.37Cb	5.51Bb	6.37C				
	A9	0.23Cd	9.61Ca	3.96Cc	5.26Bb	4.77D				
	平均值	3.78d	13.74a	9.82b	8.33c					
乙酸 /（g/kg）	60d	1.77Ab	2.62Ba	1.79Ab	2.09Bb	2.07A	0.081	0.001	<0.001	<0.001
	A2	2.03Ab	2.75Ba	1.63Ac	1.69Cc	2.02A				
	A6	0.90Bc	3.11Aa	1.41ABb	1.47Cb	1.72B				
	A9	0.88Bc	3.21Aa	1.17Bc	2.54Ab	1.95A				
	平均值	1.39c	2.92a	1.50c	1.95b					
丙酸 /（g/kg）	60d	1.09c	3.56a	2.48b	3.29Aa	2.6	0.138	0.385	<0.001	0.036
	A2	1.43b	3.32a	2.79a	3.25Ba	2.7				
	A6	1.00b	2.97a	3.21a	2.88BCa	2.51				
	A9	1.19b	3.35a	2.82a	2.55Ca	2.48				
	平均值	1.18c	3.30a	2.83b	2.99b					
丁酸 /（g/kg）	60d	ND	ND	ND	ND	—	0.528	<0.001	0.707	<0.001
	A2	7.88a	5.96a	5.83a	5.91Ba	6.40AB				
	A6	5.18b	6.40b	5.20b	10.3Aa	6.77A				
	A9	5.77a	5.27a	5.94a	2.94Ca	4.98B				
	平均值	4.71	4.41	4.24	4.79					
乳酸 / 乙酸	60d	3.57Ac	8.15Bb	10.35Aa	8.35Ab	7.61A	0.331	<0.001	<0.001	<0.001
	A2	2.87Ab	4.43Ab	7.01Ba	3.12BCb	4.36B				
	A6	3.14Ab	3.81Aa	3.81Ca	3.74Bb	3.63C				
	A9	0.27Bc	2.99Abc	3.38Ca	2.09Cb	2.18C				
	平均值	2.46d	4.71b	6.55a	4.32c					

注：A2 表示有氧暴露第 2d；A6 表示有氧暴露第 6d；A9 表示有氧暴露第 9d；ND 表示未检测到。

整个有氧暴露期，HO 组 pH 值显著低于其余各组（$P<0.05$）；相比于青贮 60d，随着有氧暴露时间的延长，HO 组和平均的 pH 值呈现不断升高的趋势，其余各组 pH 值呈先降低后升高再降低最后升高的趋势。

有氧暴露 2d 后，HE 和 HO 组 LA 含量显著高于 CK 和 M 组（$P<0.05$）；有氧暴露第 6d

和 9d 后，CK 组 LA 含量最低，HE 组显著高于其余各组。随着有氧暴露时间的增加，CK、HE 和 HO 组的 LA 含量显著降低（$P<0.05$），而 M 组没有显著变化，到有氧暴露第 9d 时，CK 组和 HO 组 LA 含量分别仅有 0.23 和 3.96g/kg DM。

有氧暴露期 HE 组 AA 含量普遍最高；有氧暴露 2d 后，HO 组 AA 含量最低；有氧暴露 6d 和 9d 后，CK 组最低。随着有氧暴露时间的增加，CK 和 HO 组 AA 含量显著降低（$P<0.05$）；HE 组 AA 含量有氧暴露第 2d 显著低于第 6d 和 9d；M 组在有氧暴露第 9d 显著高于第 2d 和 6d。

HO 组 LA/AA 在不同青贮时间时显著高于其余各组（$P<0.05$）；随着有氧暴露时间的增加，各组 LA/AA 都显著降低（$P<0.05$）。

CK 组有氧暴露期 PA 含量显著低于其余各组（$P<0.05$），HE 组则最高。随着有氧暴露时间的增加，CK、HE 和 HO 在不同有氧暴露阶段无显著差异，M 组在有氧暴露第 2d 显著高于第 9d。

各处理间有氧暴露第 2d 和 9d 的 BA 含量无显著差异，有氧暴露第 6d 的 BA 含量在 M 组显著高于其余各组（$P<0.05$）。CK、HE 和 HO 在有氧暴露不同阶段无显著差异，M 组在有氧稳定第 2d 显著高于第 9d。

6.1.2.3 讨论

（1）青贮期发酵特性分析

pH 值是检测青贮料质量的主要参数之一。传统认为 pH 值在 3.8 ～ 4.2 的范围内是可取的，pH 值为 4.20 被认为是青贮饲料保存良好的关键标志。青贮前 3d pH 值的快速下降对于抑制不良微生物和减少营养损失至关重要。青贮 3d 后，本研究中所有处理都保持 6.5 以上的高 pH 值，LAB 处理组在 7d 以后降低至 5.0 以下，而 CK 组直到 30d 才明显下降。表明高水分青贮不接种 LAB 会更困难，梭菌和酵母菌等发酵风险较高；而 CK 组长期保持较高 pH 值，可能会有更多的脱氨作用和蛋白降解，导致营养损失。然而，大量的研究显示，pH 值受牧草的种类和青贮环境影响较大，在高缓冲能、低 WSC 和高水分的青贮饲料中，pH 值普遍高于 4.2，在青贮期保持在 5.0 左右。例如，Bai 等报道 60d 青贮期内苜蓿青贮饲料 pH 值在 4.86 ～ 5.27 之间；Chen 等报道 30d 青贮期内柱花草和稻草青贮饲料 pH 值分别在 4.77 ～ 6.43 和 4.13 ～ 5.28 之间；Wang 等报道 75d 青贮后桑叶和柱花草青贮饲料 pH 值分别在 6.0 和 5.0 左右。以上这些也都报道了青贮过程中乳酸为主要产物，LAB 主导了发酵过程，青贮饲料被判定为发酵良好。总的来看，本研究高水分青贮 LA 产量较低，与 Yan 等的研究一致。而事实上，正常黑麦草青贮会产生大量乳酸。Li Y. 和 Nishino 报道的鼠李糖乳杆菌接种含水量为 355g/kg DM 黑麦草青贮 56d 后 LA 多达 110g/kg DM，表明高水分抑制了 LAB 产酸。如预期那样，与 CK 相比，LAB 接种增加了 LA 产量，这与 pH 值的降低是一致的。然而，15 ～ 45d，LA 普遍降低。可能是此时 pH 值降低，LAB 因为拮抗作用暂时性被抑制，而酵母和梭菌等不良微生物趁机代谢了 LA，导致 LA 含量降低。Wang 等报道，LAB 在青贮开始时增加，然后减少，快速酸化和拮抗活性会限制 LAB 的生存能力。同样地，Hu 等报道，LAB 对低 pH 值敏感，过低的 pH 环境同样会抑制 LAB 产酸和生长。此外，有可能是高水分抑制了 LAB 的产酸效率。Chen 等报道，使用适宜含水量的牧草青贮 LA 发酵最充分，才会持续产生大量 LA，更早地进入稳定存储阶段；而超过 70% 含水量和中等 pH 值环境（4.5）更容易引起梭菌发酵，导致乳酸发酵不充分。

据之前的研究报道，高 AA 含量的青贮饲料会影响动物的摄入量。而 Guan 等的研究表明，含有高 AA 含量的青贮饲料中的各营养指标都达到预期食用水平的标准，他们推测影响摄入量的主要因素可能不是 AA 的存在，而是研究中还有未检测到的其他产品。可见对青贮饲料中 AA 的存在是有争议的。本研究中也只检测到相对低水平的 AA 含量。

LA/AA 代表同型发酵和异型发酵微生物之间的关系，通常被作为发酵曲线的定性指标。青贮饲料的 LA/AA 通常为 2.5 ～ 3.0，LA/AA 低于 1.0 通常表明发酵异常。60d 青贮期内，本研究中只产生了少量的 AA，导致极高的 LA/AA。低浓度的 AA 可能不足以抑制 LA 同化酵母的生长，这也部分说明了 60d 微生物计数时有大量酵母菌存在的原因。

PA 含量可接受范围一般在 1 ～ 10g/kg DM。BA 通常由梭状芽孢杆菌产生，对于保存良好的青贮饲料，BA 浓度应为 <10g/kg DM。也有研究报道提出 BA 含量 >5g/kg DM 表明青贮饲料中存在大量具有活性的梭状芽孢杆菌，这将降低牲畜的采食量并增加临床酮症的风险。本研究中检测到少量的 PA 和 BA，30d 以后 LAB 处理组未再检测到 BA，所有处理 PA 和 BA 含量均在可接受范围内。

60d 青贮后，LAB 接种处理显著增加了 LAB 种群数量，这与 Yan 等的研究结果一致。但也有大量研究报道，LAB 接种降低青贮中 LAB 数量或最终与对照组无差异。根据 Ren 等的解释，青贮过程中 LAB 种群数量的减少是由于超过 35℃的温度减少了 LAB 活菌数量。而 Wang 等指出，LAB 种群数量的减少可能是由于在青贮过程早期启动乳酸发酵的球菌（如葡萄球菌、小球菌、乳球菌和肠球菌）的减少，这些菌大都不耐酸，且与乳杆菌相比产乳酸效率较低。总的来说，含水量、附生微生物的数量、材料的化学组成、青贮环境温度和青贮的时间都是可以影响接种剂在青贮饲料中的功能的因素。

大多数腐败微生物在青贮过程中通常在 pH<4.5 时受到抑制。然而，值得注意的是，60d 青贮结束后，在所有处理青贮饲料中依然存在大量的酵母菌，LAB 接种处理的酵母菌种群数量更是超过了 6.0lg(cfu/g FM)。表明在本研究的高水分青贮环境中，酵母菌不能被很好地抑制。相反，即使在更低 pH 值环境下，酵母菌依然能从高 LAB 环境中受益。此外，本研究中较低 AA 含量也有可能是酵母菌不能被很好抑制的原因之一，之前的研究表明 LAB 产 AA 可抑制青贮饲料中酵母菌生长。

大肠菌群是 LAB 的主要竞争对手，是导致青贮营养损失的主要原因。当 pH 值 >4.0 时，大肠菌群不能被完全抑制。本研究只在 CK 组中检测到 <2lg(cfu/g FM) 的大肠杆菌，这可能是 CK 组长期保持较高 pH 值导致的。霉菌是严格需氧菌，并且对 pH 值极其敏感。60d 青贮结束时，所有处理均未检测到霉菌，这与大部分研究结果是一致的。

（2）有氧暴露期黑麦草青贮饲料发酵特性分析

之前的研究表明，一般情况下，青贮饲料有氧暴露后，伴随着 pH 值升高和 LA 降低。在本研究中，有氧暴露 2d 后，pH 值普遍降低，之后逐渐升高，而 LA 整个有氧暴露期持续降低。推测出现这种反常现象是由高水分黑麦草青贮饲料中丰富的 LAB 和酵母菌种群共存导致的。Zhang 等和 Liu 等分别报道了甘蔗梢和大麦青贮饲料有氧稳定性，随着有氧暴露时间延长，LA 被持续消耗。此外，即使在有氧暴露期，LAB 接种处理 LA 含量远高于 CK 处理，BA 含量远低于 CK 处理，这与 Mu 等将植物乳杆菌接种到苋菜和稻草混合青贮以及 Chen 等将布氏乳杆菌接种到苜蓿青贮的研究结果一致。本研究在有氧暴露期依然只检测到少量且稳定的 AA 和 PA，且 LAB 接种处理 AA 和 PA 普遍高于 CK 处理，这可能与预期的 LAB 接种处理产生大量 AA 和 PA 提高有氧稳定性不完全相符。之前的研究普遍认为，有氧暴露时，诸如布氏乳杆菌等异型发酵 LAB 产 AA 和 PA 具有抗菌性（主要抗霉菌和酵母）。因此，LAB 产 AA 和 PA 可以提高有氧稳定性，但都没有具体地量化。在高水分青贮中 LAB 可能选择了不同的代谢通路，扮演了不同的角色。因此，需要多组学的方法进一步研究。

6.1.2.4 小结

提前刈割的黑麦草有较低的 NDF 和 ADF，附着在黑麦草表面的微生物包括 LAB、酵母菌、大肠杆菌和霉菌比较丰富。高水分青贮环境导致 pH 值下降缓慢，青贮 3d 后所有处理 pH 值依然保持在 6.0 以上，LAB 接种处理 7d 以后 pH 值显著降低，LA 产量显著增加，而 CK 组整个青贮期都保持较高 pH 值和较低 LA 含量。然而，从整体看，所有处理有机酸含量较其他研究相对较低。尽管 60d 青贮饲料中 LAB 计数最高达 10.09lg(cfu/g FM)，但 LA 发酵依然不充分。LAB 接种处理增加了 LA 产量，降低了 BA 含量，降低了 pH 值，获得了较好的发酵品质，但布氏乳杆菌处理干物质损失和 WSC 消耗增加。高水分青贮中 LAB 接种处理高 LA 含量间接刺激酵母菌利用乳酸发酵，酵母菌数量在 LAB 处理中增多。以上结果表明，高水分青贮比适宜水分青贮更难达到稳定储藏期。

6.2 添加乳酸菌对多花黑麦草不同青贮阶段微生物及其代谢产物的影响

6.2.1 添加乳酸菌对发酵期黑麦草青贮微生物及其代谢产物的影响

6.2.1.1 材料和方法

（1）试验设计

同 6.1.1（1）～（3）。

（2）微生物群落测序

① 样品取样及预处理　16S：取鲜样以及青贮 3d、7d、15d、30d、45d 和 60d 的青贮样品约 2g 于冻存管中，立即用液氮速冻后于 −80℃冰箱冻存待测。ITS：鲜样与 60d 真菌测序样品同 16S。微生物组测序取 3 个生物重复。

② DNA 提取及测序　总 DNA 的提取使用 DNA 分离试剂盒（DP302-02，天根，中国），根据制造商提供的步骤使用相应的规格。提取微生物群落总 DNA 后，根据 Wang 等和 Bai 等描述的方法，进行扩增和测序。用带有 barcode 的特异引物扩增 16S rDNA 的 V5 ～ V7 区，引物序列为 799F:AACMGGATTAGATACCCKG。1193R:ACGTCATCCCCACCTTCC。真菌 ITS 扩增子测序采用通用引物 ITS1F：5′-CTTGGTCATTTAGAGGAAGTAA-3′ 和 ITS2R：5′-GCTGCGTTCTTCATCGATGC-3′。根据 Novaseq 6000 的 PE250 模式混合样本上机测序。微生物数据使用广州基迪奥生物有限公司提供的云平台进行分析。

（3）代谢组测序

将微生物测序样品充分混合后，取 6 个生物重复进行代谢组分析。根据 Xu 描述的方法，首先进行代谢物提取：取 100mg 液氮研磨的组织样本，置于 EP 管中，加入 500μL 的

80% 甲醇水溶液；涡旋震荡，冰浴静置 5min，15000g、4℃离心 20min；取一定量的上清加质谱级水稀释至甲醇含量为 53%；15000g、4℃离心 20min，收集上清，进样 LC-MS 进行分析。质控样本（QC）：从每个试验样本中取等体积样本混匀作为 QC 样本。空白样本：用 53% 甲醇水溶液代替试验样本，前期处理过程与试验样本相同。色谱条件：色谱柱（HypesilGoldcolumn/C_{18}）；柱温 40℃；流速 0.2mL/min。正离子模式：流动相 A 为 0.1% 甲酸；流动相 B 为甲醇。负离子模式：流动相 A 为 5mmol/L 醋酸铵，pH 值 9.0；流动相 B 为甲醇。色谱梯度洗脱程序如表 6-5。质谱条件：扫描范围选择 *m/z* 100 ～ 1500；ESI 源的设置如下：电压 3.2kV；鞘气流速 40PSI；气体流量 10PSI；毛细管温度 320℃。

表 6-5　色谱梯度洗脱程序

时间 /min	流动相 A 的浓度 /%	流动相 B 的浓度 /%
0	98	2
1.5	98	2
12	0	100
14	0	100
14.1	98	2
17	98	2

使用 LECO 公司的 ChromaTOF4.3X 软件和 LECO-FiehnRtx5 数据库进行原始峰提取、数据基线过滤和基线校准以及峰对齐，同时对峰面积进行定量。利用 NIST 和 KEGG 商业数据库搜索代谢物。代谢物的相对浓度计算方法为：将固定体积的样品注入设备中，获得每种代谢物的峰面积，作为其在样品中的相对浓度，代谢物的相对浓度计算为每种代谢物和内标物质的峰面积率。

（4）数据统计分析

对所有样品进行 PCA 和潜在结构判别分析（PLS DA）模型分析；OPLS-DA 模型与 VIP（投影中的变量重要性）值（VIP>1）的第一主成分结合使用 Student’s T 检验（$P < 0.05$）来发现差异表达的代谢物。

6.2.1.2　结果与分析

（1）细菌群落

新鲜牧草和不同发酵期青贮料细菌丰富度（Sobs、Chao1 和 ACE）和多样性（香农指数、辛普森指数和发育树）指标见表 6-6。所有处理组测序覆盖度都超过了 0.99。整体看，发酵时间对细菌多样性影响除发育树外极显著（$P<0.001$），而 LAB 接种处理对香农、辛普森指数指标影响极显著（$P<0.001$）。青贮发酵后，所有处理丰富度指标都不同程度地增加了，7d 以前，LAB 处理组丰富度指标高于 CK 组，但不显著。15d 后，首先是 M 处理，丰富度指标开始低于 CK，但并未观察到显著差异；LAB 接种处理后发酵显著降低香农和辛普森指数（$P<0.05$），而 CK 组除 3d 和 15d 外显著增加（$P<0.05$）。发育树指数经发酵后明显增加，发酵期各处理间未见明显趋势。

表 6-6 新鲜牧草和不同发酵期青贮料细菌 α 多样性

青贮时间	处理	多样性						
		Sobs	Chao1	ACE	香农指数	辛普森指数	发育树	覆盖度
	鲜样	111.7	143	153	3.017	0.824	18.80	0.9996
3d	CK	141.0Ba	174.8Ca	188.9Ba	2.626Ba	0.688Ca	30.16Aa	0.9995
	HO	162.3Ca	205.0Ba	207.1Ba	2.786ABa	0.720Aa	26.28Ba	0.9995
	HE	147.0Aa	183.2Aa	197.8Aa	2.655Aa	0.724Aa	32.77Aa	0.9996
	M	155.7Ca	194.8Ba	194.1Ca	2.650Aa	0.687Ba	25.60Ba	0.9996
7d	CK	158.0ABb	198.8BCc	204.3Bc	3.459Aa	0.849Aa	29.07Ab	0.9996
	HO	243.7Aa	284.7Aab	293.9Aab	3.288Aa	0.765Aab	41.64Aab	0.9994
	HE	194.3Ab	258.4Ab	260.9Ab	2.703Aab	0.672Abc	34.60Aab	0.9994
	M	265.0Aa	314.5Aa	323.7Aa	2.389Ab	0.533Ac	47.23Aa	0.9993
15d	CK	178.3ABab	237.0ABCa	239.0ABa	2.931ABa	0.767Ba	30.60Aa	0.9994
	HO	224.3Aa	268.3ABa	278.2ABa	2.448BCb	0.647ABb	38.64ABa	0.9994
	HE	194.3Aab	244.7Aa	248.8Aa	1.397Bc	0.317Bc	31.88Aa	0.9995
	M	163.0BCb	213.4Ba	209.4Ca	1.188Bc	0.274Cc	28.46Ba	0.9996
30d	CK	214.7ABa	252.8ABa	254.4ABa	3.429Aa	0.825ABa	33.61Aa	0.9995
	HO	203.7ABa	259.8ABa	261.6ABa	1.633Db	0.525Bb	31.87ABa	0.9994
	HE	195.7Aa	269.0Aa	279.9Aa	1.043BCc	0.221BCc	30.87Aa	0.9994
	M	166.3BCa	226.4Ba	228.6BCa	0.979Bc	0.236CDc	30.68Ba	0.9995
45d	CK	229.0Aa	273.5Aa	277.0Aa	3.486Aa	0.848Aa	34.74Aa	0.9995
	HO	162.0Ca	225.9ABa	238.3ABa	1.417Db	0.514Bb	27.35Ba	0.9995
	HE	174.3Aa	226.1Aa	235.3Aa	1.075BCb	0.252BCc	27.70Aa	0.9995
	M	172.7BCa	225.6Ba	229.2BCa	1.003Bb	0.222CDc	28.64Ba	0.9995
60d	CK	198.3ABa	233.6ABCa	229.7ABa	3.165ABa	0.789ABa	30.06Aa	0.9996
	HO	194.3ABa	237.3ABa	246.0ABa	1.824CDb	0.520Bb	29.73ABa	0.9995
	HE	164.7Aa	205.2Aa	213.6Aa	0.860Cc	0.198Cc	25.99Aa	0.9996
	M	190.3Ba	250.1Ba	262.9Ba	0.917Bc	0.193Dc	29.83Ba	0.9994
显著性	D	< 0.001	< 0.001	0.001	< 0.001	< 0.001	0.006	—
	T	0.267	0.477	0.422	< 0.001	< 0.001	0.828	—
	D×T	0.003	0.092	0.095	< 0.001	< 0.001	0.103	—

注：同列小写字母表示同一天不同处理显著差异，同列大写字母表示同一处理不同天显著差异。

PCA 主成分分析显示，各处理 3 个重复聚集在一起（95% 置信区间内），不同青贮时间段各处理间都有不同程度分离（图 6-1）。鲜样（FM）在各青贮时期与其他处理分离最明显。青贮 3d 后，4 个处理间细菌群落未见分离；从青贮 7d 开始，CK、HO 与 HE 和 M 明显分离，而 HE 和 M 除在发酵第 7d 外未见分离 [图 6-1(b) ～ (g)]。同一处理青贮第 3d 与青贮 7 ～ 60d 的细菌群落分离最明显 [图 6-1(h) ～ (k)]。

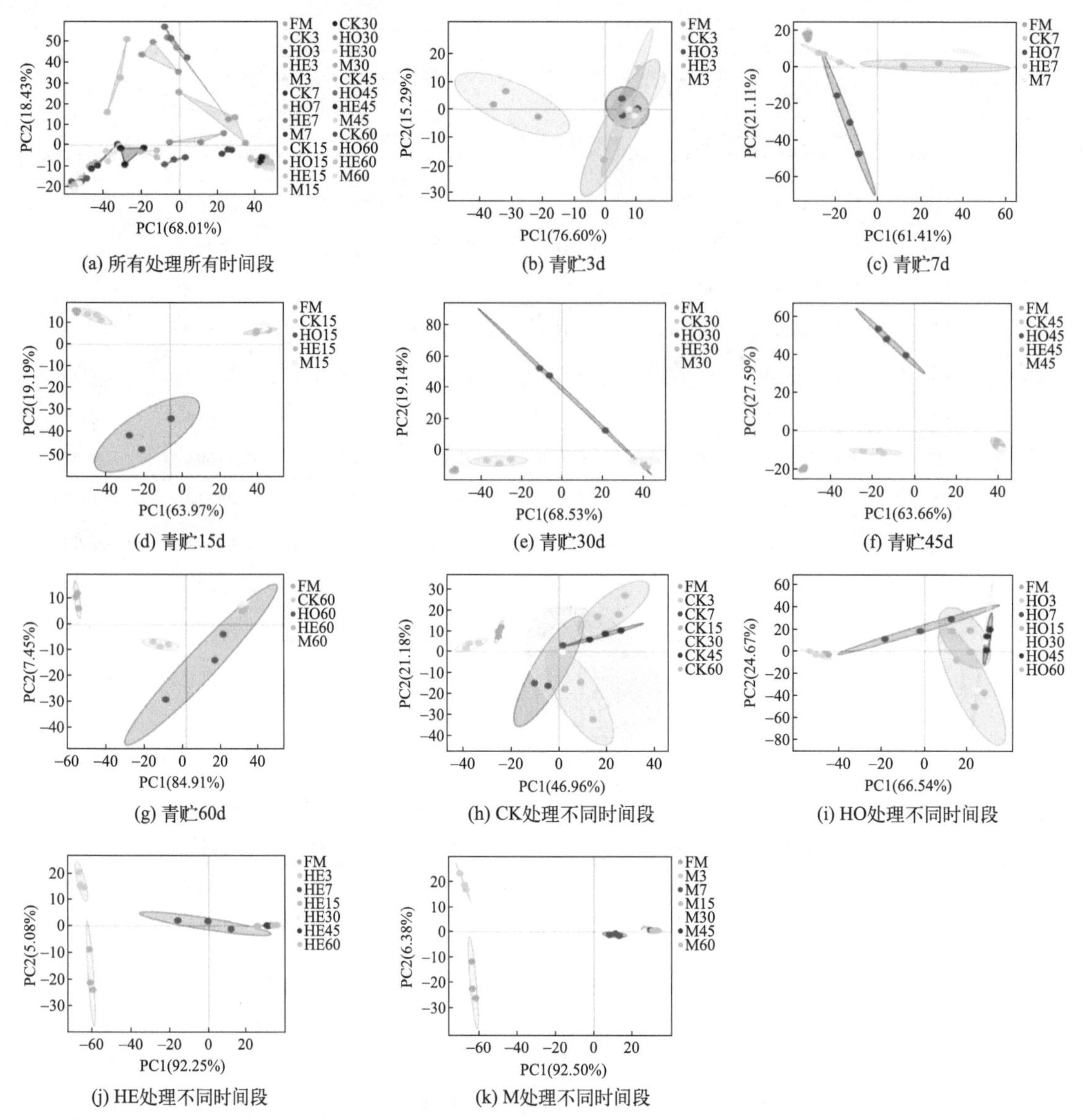

(a) 所有处理所有时间段　(b) 青贮3d　(c) 青贮7d

(d) 青贮15d　(e) 青贮30d　(f) 青贮45d

(g) 青贮60d　(h) CK处理不同时间段　(i) HO处理不同时间段

(j) HE处理不同时间段　(k) M处理不同时间段

图 6-1　主成分分析不同青贮阶段不同处理之间的细菌群落差异性（OTU 水平）

FM—鲜样；CK—对照；HO—接种鼠李糖杆菌；HE—接种布氏乳杆菌；

M—接种鼠李糖杆菌和接种布氏乳杆菌组合处理，处理后的数字表示青贮天数

变形菌门（96.79%）是黑麦草原料中最主要的细菌微生物门 [图 6-2(a)]，其次是厚壁菌门（3.08%），且青贮发酵 3 d 以后依旧是变形菌门（87.93% ～ 94.30%）和厚壁菌门（5.03% ～ 11.65%）占主导地位。经过 7 ～ 60d 发酵以后，变形菌门（63.15% ～ 1.55%）逐渐被厚壁菌门（36.45% ～ 98.32%）取代，但 CK 处理相比其他处理厚壁菌门占比较少（36.45% ～ 72.10%）。门水平相对丰度前 10 的细菌还有拟杆菌门、放线菌、酸杆菌和装甲菌门等。

而在属水平，黑麦草原料中最主要的细菌分别是假单胞菌属（45.54%）、泛菌属（21.77%）、乳杆菌属（2.36%）、窄食单胞菌属（0.47%）和魏斯氏菌属（0.22%）。青贮发酵 3d 后属水平细菌群落结构未见显著变化。在 7 ～ 60d 青贮发酵期，乳杆菌属（6.84% ～ 96.80%）是最主要的属，且随着发酵期的延长，乳杆菌属相对丰度逐渐上升。与 CK 相比，

LAB 添加明显促进了乳杆菌属的生长。15d 以前，CK 处理的青贮饲料中占主导地位的细菌属是泛菌属（1.46% ～ 35.07%）和魏斯氏菌属（0.89% ～ 21.13%），之后逐渐由乳杆菌属（27.96% ～ 61.72%）和肠球菌（4.41% ～ 7.90%）替代。黑麦草青贮料中主要的细菌属还有 *Allorhizobium-Neorhizobium-Pararhizobium-Rhizobium*、气球菌属（*Aerococcus*）、鞘脂单胞菌属（*Sphingomonas*）和乳球菌属（*Lactococcus*）。

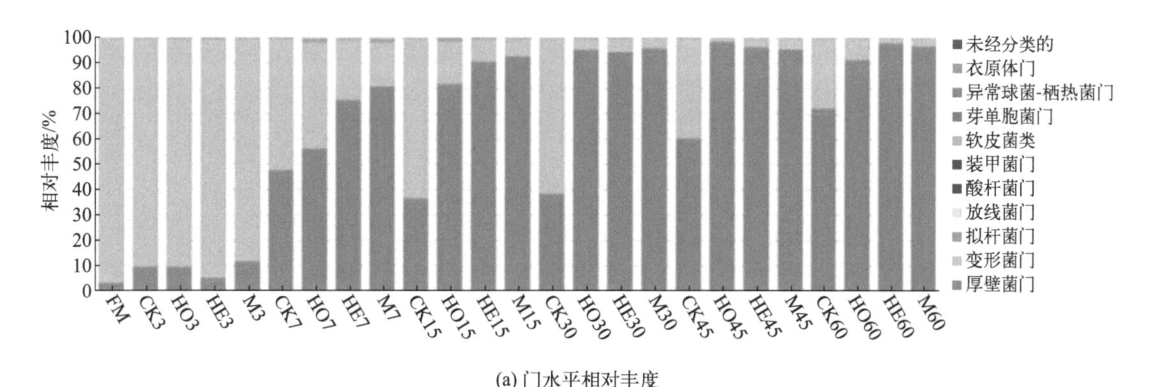

(a) 门水平相对丰度

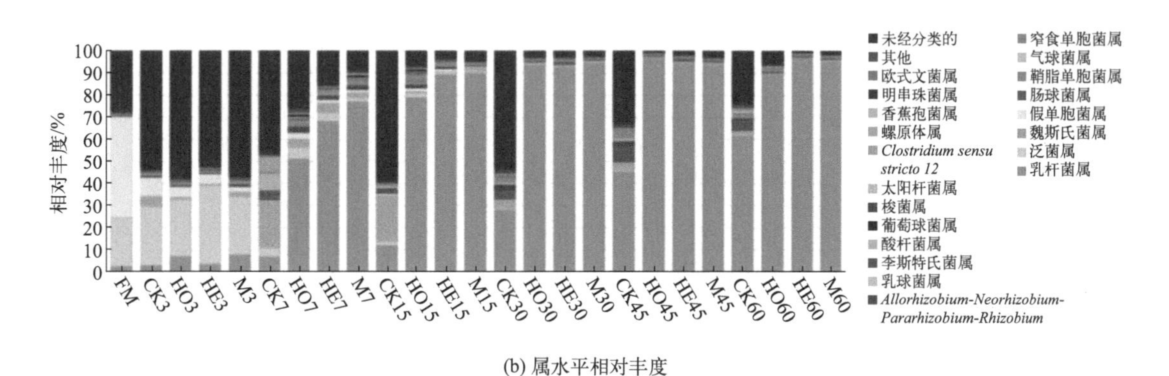

(b) 属水平相对丰度

图 6-2　黑麦草原料及不同时间段青贮饲料细菌群落

（2）真菌群落

黑麦草鲜样和青贮 60d 的真菌 α 多样性见表 6-7。发酵期所有处理组真菌 ITS 测序 Coverage 都超过了 0.99。相较于鲜样，经 60d 发酵后的各青贮料的真菌丰富度（Sobs、Chao1 和 ACE）显著降低（P<0.05），多样性（香农、辛普森指数）显著增加和发育树减少 [CK 组减少显著（P<0.05），其余减少不显著]。而与 CK 相比，各处理组的真菌丰富度和多样性均有所增加。

表 6-7　新鲜牧草和发酵 60d 青贮料真菌 α 多样性

时间	处理	多样性						
		覆盖度	Sobs	Chao1	ACE	香农指数	辛普森指数	发育树
鲜样		1	243a	278a	287a	3.33c	0.77b	67.94a
60d	CK	1	75c	88d	97d	4.48b	0.92a	36.52b
	HO	1	197a	207bc	208b	5.47a	0.96a	59.02a
	HE	1	133b	155c	150c	5.14a	0.94a	55.67a
	M	1	206a	223b	225b	5.23a	0.95a	59.23a

基于不同算法的Beta多样性分析显示了真菌群落差异性（图6-3）。两种算法的分析结果都显示，FM与经60d发酵后的青贮料真菌群落明显分离，而4个处理（CK60、HO60、HE60和M60）的青贮料之间的真菌群落不同程度地聚集，分离不明显。

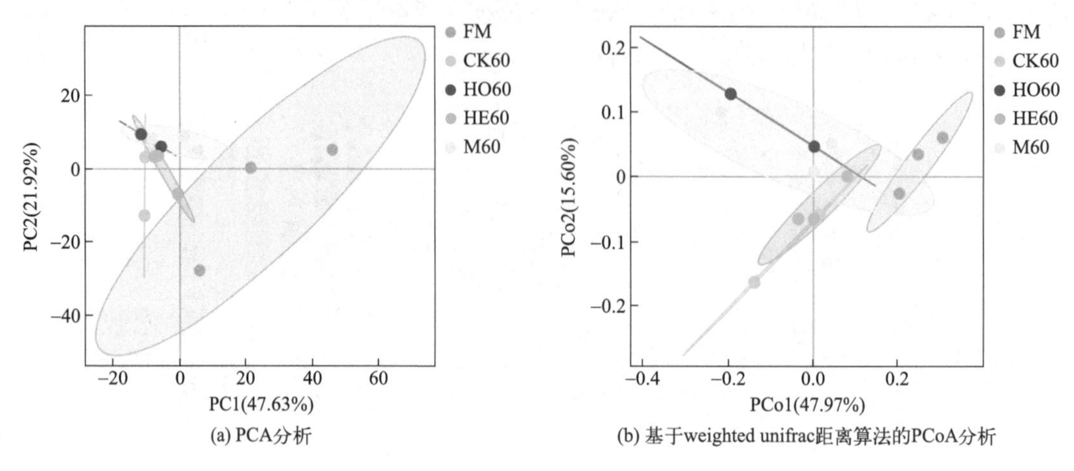

(a) PCA分析　　(b) 基于weighted unifrac距离算法的PCoA分析

图6-3　Beta多样性分析鲜样和不同处理之间（青贮60d）的真菌群落差异性（OTU水平）

黑麦草原料及60d青贮饲料真菌群落结构如图6-4所示。附着在黑麦草原料上的主要真菌门是子囊菌门（89.28%）和担子菌门（7.21%），其次是Anthophyta、被孢霉门（Mortierellomycota）、毛霉菌门（Mucoromycota）、捕虫霉门（Zoopagomycota）和丝足虫门（Cercozoa）。经60d青贮发酵后，子囊菌门相对丰度相对降低（45.35%～56.63%），而担子菌门（32.58%～41.40%）相对丰度相对增加，但门水平的真菌群落组成仍保持不变。在属水平，附着在黑麦草原料上的主要真菌是节枝孢属（*Articulospora*）（16.79%）、枝孢霉菌属（*Cladosporium*）（15.52%）、亚隔孢壳属（*Didymella*）（3.65%）、附球菌属（*Epicoccum*）（3.63%）、掷孢酵母属（*Sporobolomyces*）（2.45%）和*Erythrobasidism*（1.27%），之后是汉纳酵母属（*Hannaella*）、拟棘壳孢属（*Pyrenochaetopsis*）、*Apiotrichum*和*Mrakiella*。经60 d青贮后，这些真菌仍然是青贮料中主要的真菌。另外，经青贮发酵后汉纳酵母、*Erythrobasidium*、*Mrakiella*和*Papiliotrema*相对丰度增加，尤其是在LAB处理组中更明显[图6-4(b)和(c)]。

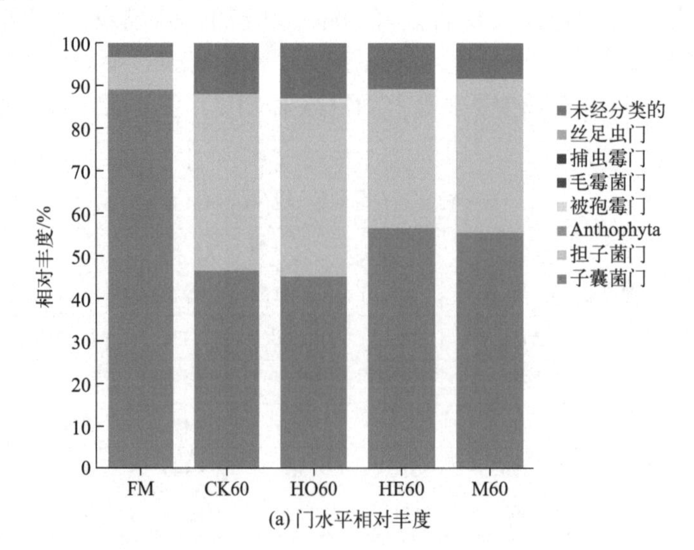

(a) 门水平相对丰度

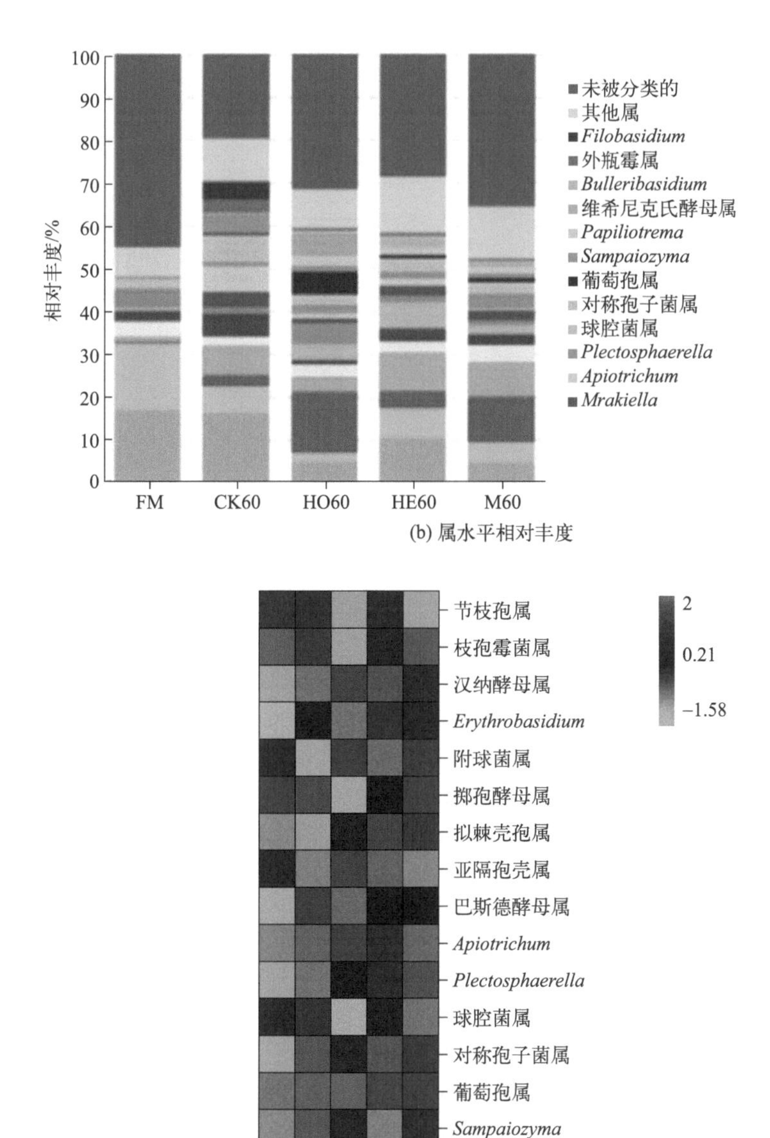

(b) 属水平相对丰度

(c) 属水平上的真菌群落热图

图 6-4　黑麦草原料及 60d 青贮饲料真菌群落结构

（3）乳酸菌添加剂对黑麦草青贮代谢产物的影响

发酵期第 3d 和 60d 代谢物的主成分分析如图 6-5 所示。除 HE3 和 HO3 个别重复外，每组 6 个重复均聚类，生物重复间差异不大。整体来看，青贮 3d 和 60d 的代谢物被第一主成分显著分离；青贮 3d 后，组间代谢物分类并不明显，而青贮 60d 后，各组间差异代谢物相互分离。

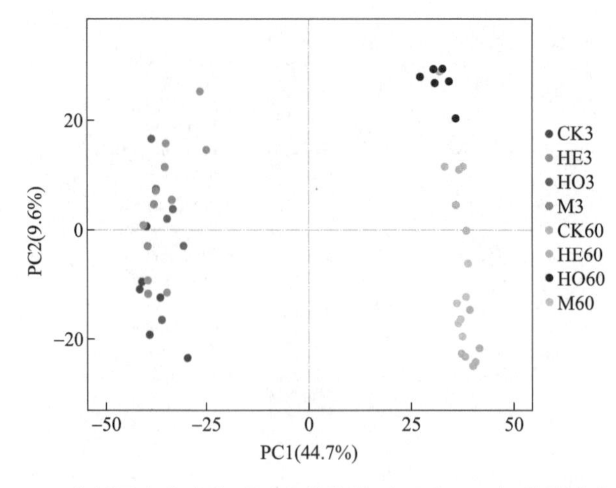

图 6-5 PCA 分析黑麦草青贮不同发酵阶段（3d 和 60d）代谢产物（n=6）

根据青贮样品中离子的保留时间和质荷比，正离子模式检测到 1880 种代谢物，负离子模式检测到 1119 种代谢物，共计 128 个分类 2999 种代谢物，其中有 1015种代谢物被注释到 KEGG 数据库中。发酵期 3d 和 60d 不同处理以及同一处理不同时间差异代谢物统计分析如图 6-6 所示。青贮 3 d 后，共检测到差异代谢物 143 种，与 CK3 相比，HO3 差异代谢物 56 种，特有代谢物 14 种，其中有 21 种上调 35 种下调；HE3 差异代谢物 62 种，特有代谢物 13 种，其中有 34 种上调 28 种下调；M3 差异代谢物 112 种，特有代谢物 52 种，其中有 69 种上调 43 种下调。青贮 60d 后，共检测到差异代谢物 283 种，与 CK60 相比，HO60 差异代谢物 107 种，特有代谢物 55 种，其中有 66 种上调 41 种下调；HE60 差异代谢物 167 种，特有代谢物 62 种，其中有 90 种上调 77 种下调；M60 差异代谢物 150 种，特有代谢物 54 种，其中有 89 种上调 61 种下调。同处理青贮 3 d 与 60 d 相比，CK 组差异代谢物 175 种，特有代谢物 23 种，其中有 86 种上调 89 种下调；HO 组差异代谢物 180 种，特有代谢物 21 种，其中有 102 种上调 78 种下调；HE 组差异代谢物 188 种，特有代谢物 24 种，其中有 103 种上调 85 种下调；M 组差异代谢物 174 种，特有代谢物 14 种，其中有 102 种上调 72 种下调。

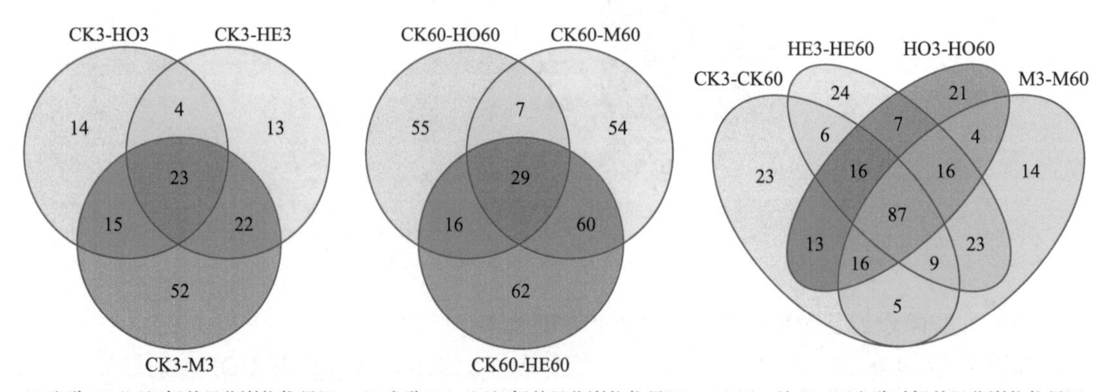

(a) 发酵3d不同组间差异代谢物维恩图 (b) 发酵60d不同组间差异代谢物维恩图 (c) 同一处理不同发酵时间差异代谢物维恩图

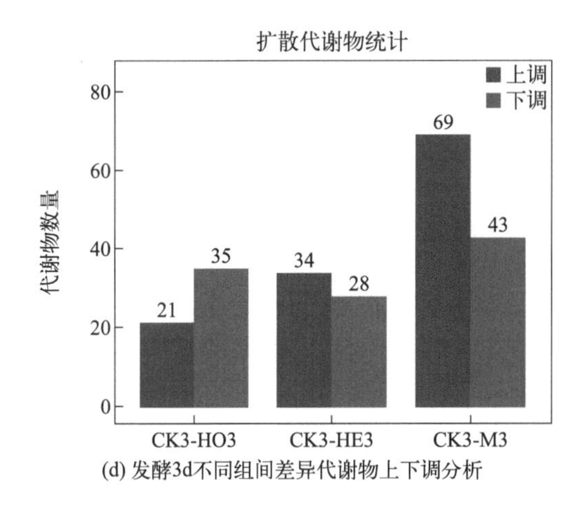

(d) 发酵3d不同组间差异代谢物上下调分析

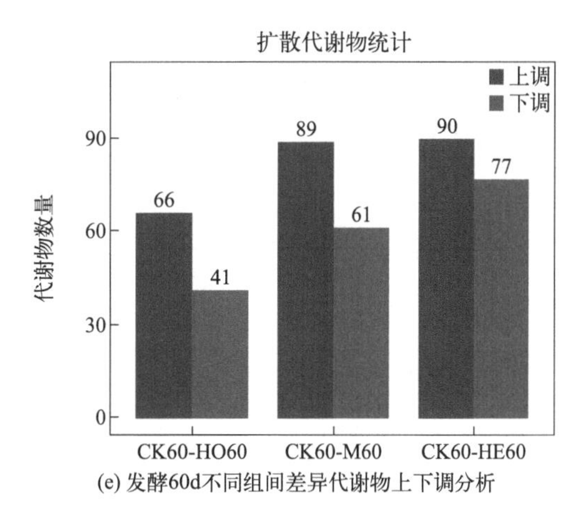

(e) 发酵60d不同组间差异代谢物上下调分析

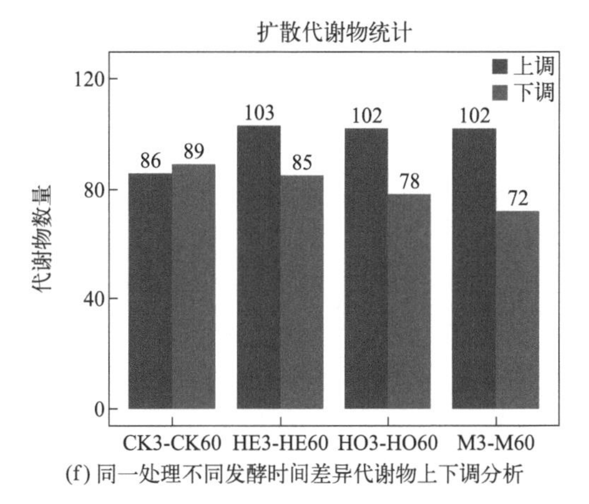

(f) 同一处理不同发酵时间差异代谢物上下调分析

图 6-6　不同发酵阶段（3d 和 60d）代谢产物统计分析

发酵期KEGG代谢途径富集差异如图6-7和图6-8所示，显著性差异（$P < 0.05$且VIP > 1）代谢物如表 6-8 所示。与 CK3 相比，HE3 中抗坏血酸和醛酸代谢、叶酸碳池代谢通路显著富集，3 种代谢物 L- 苏糖酸、D- 糖酸和亚叶酸显著下调；HO3 中缬氨酸、亮氨酸和异亮氨酸的生物合成，咖啡因代谢，氨基糖和核苷酸糖的代谢，丙酸代谢和 C_5- 支链二元酸代谢通路显著富集，2- 异丙基苹果酸等 6 种代谢物显著下调，黄嘌呤显著上调；M3 中甘油磷脂代谢、抗坏血酸和醛酸代谢、ABC 转运体等 3 种通路显著富集，L- 苏糖酸等 6 种代谢物显著下调，诺氟沙星显著上调。

与 CK60 相比，HE60 中黄酮和黄酮醇的生物合成，苯丙氨酸、酪氨酸、色氨酸的生物合成以及芳香族化合物的降解等 10 个通路显著富集，L- 酪氨酸和苯甲酸等 23 种代谢物上调，香草醛等 13 种代谢物下调；HO60 中酪氨酸代谢和氨基酸的生物合成等 12 个通路显著富集，L- 酪氨酸等 13 种代谢物上调，酪胺等 7 种代谢物下调；M60 中黄酮和黄酮醇的生物合成等 5 个通路显著富集，柠檬酸和葡萄糖酸等 19 种代谢物上调，香草醛、2,5- 二羟基苯甲醛和阿魏酸等 11 种代谢物下调。

与青贮 3d 相比，CK60 中黄酮和黄酮醇的生物合成等 4 个通路显著富集，酪胺等 13 种代谢物上调，富马酸等 5 种代谢物下调；HE60 中脂肪酸代谢等 11 个通路显著富集，氢化肉桂酸和 *N*- 乙酰 -L- 苯丙氨酸等 19 种代谢物上调，富马酸等 7 种代谢物下调；HO60 中黄酮类生物合成等 10 个通路显著富集，香草醛等 32 种代谢物上调，富马酸等 7 种代谢物下调；M60 中黄酮和黄酮醇的生物合成等 12 个通路显著富集，*N*- 乙酰 -L- 苯丙氨酸等 18 种代谢物上调，富马酸等 5 种代谢物下调。

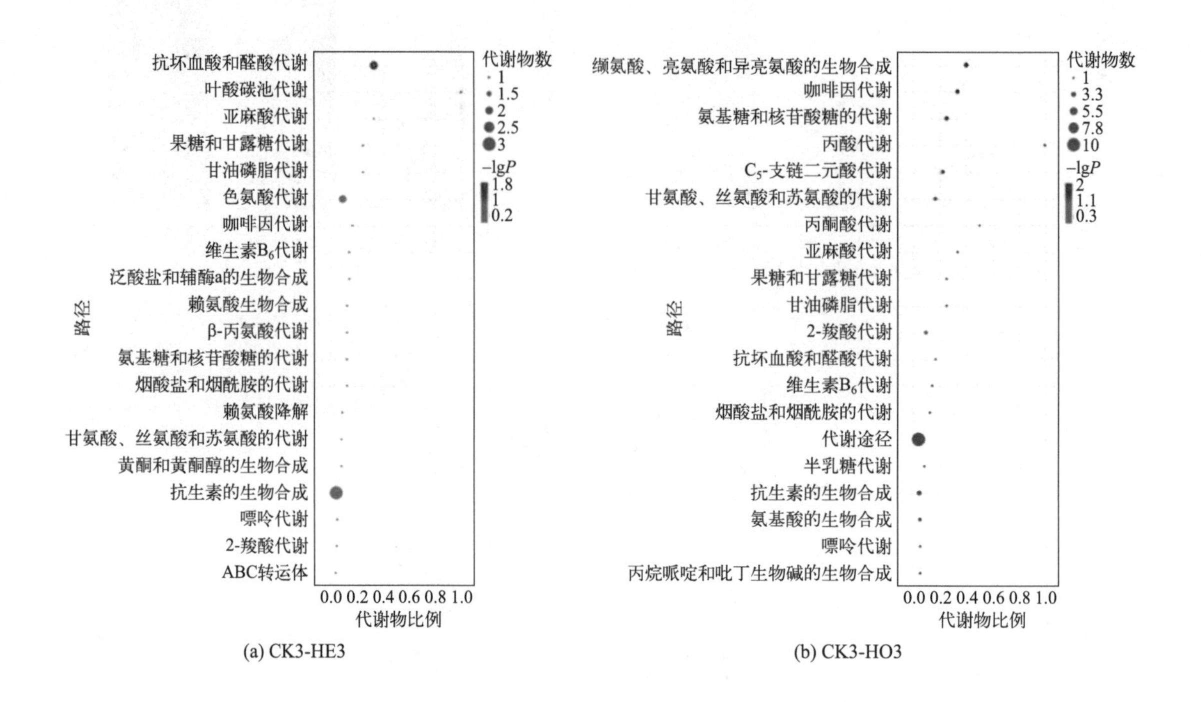

(a) CK3-HE3

(b) CK3-HO3

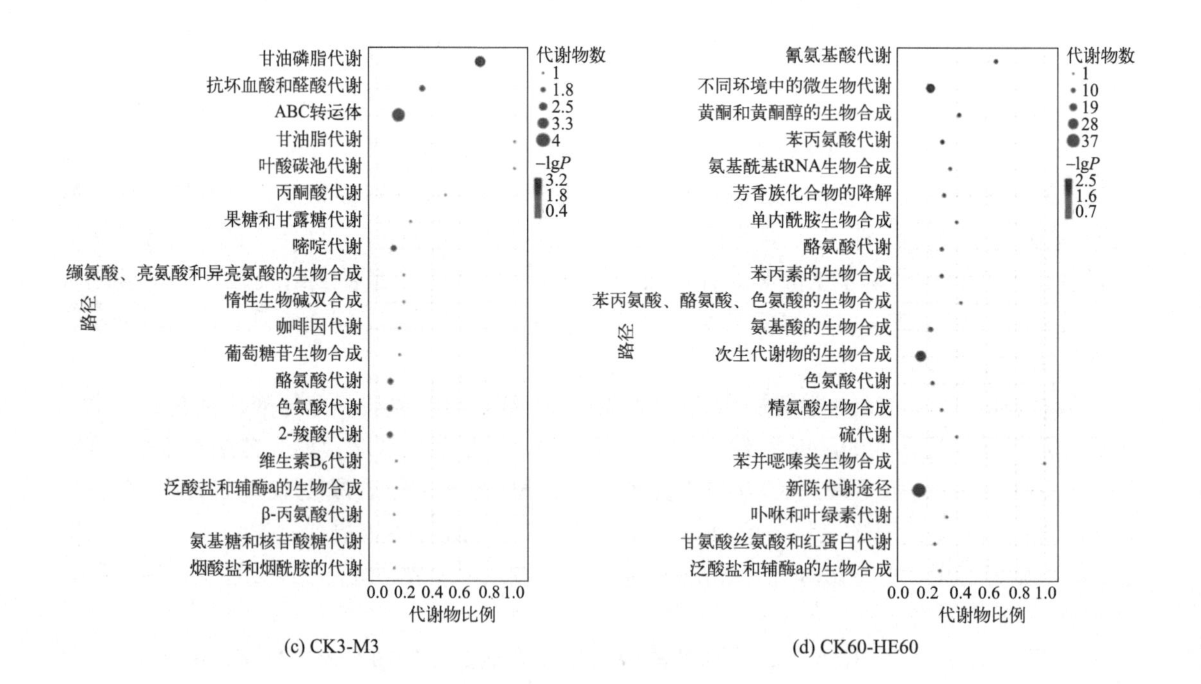

(c) CK3-M3

(d) CK60-HE60

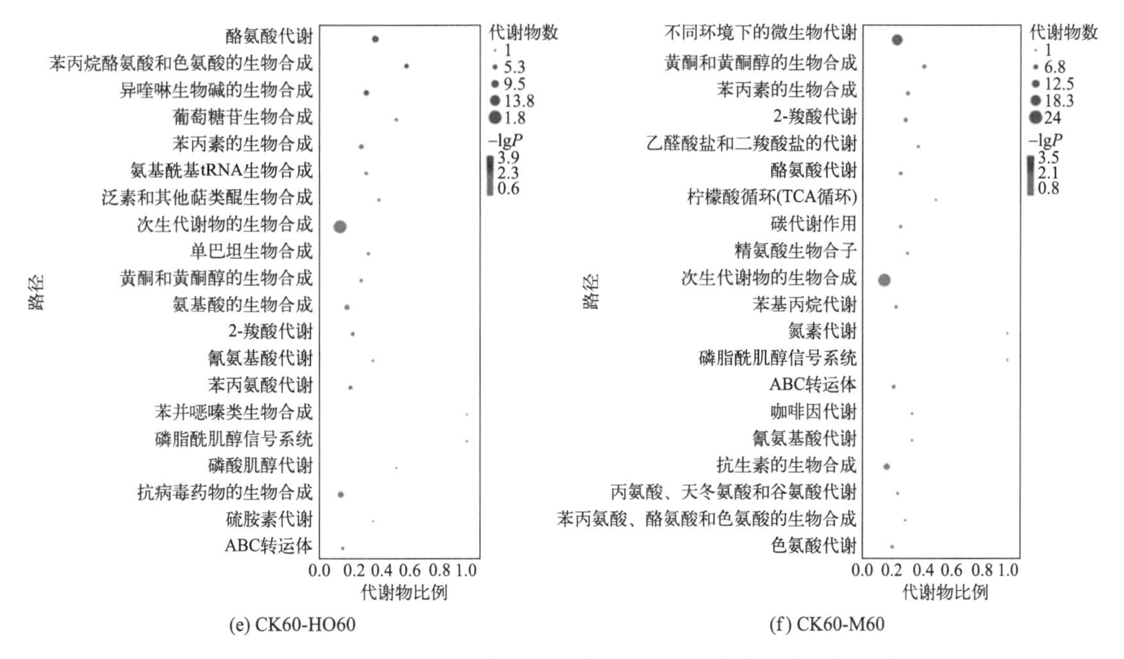

图 6-7　同一天不同处理 KEGG 代谢途径富集差异分析 [纵坐标为代谢通路或途径，横坐标为富集因子（该通路中差异代谢物数量除以该通路中所有数量），球形大小表示代谢物数量多少，颜色越红 P 值越小（图 6-8 同用）]

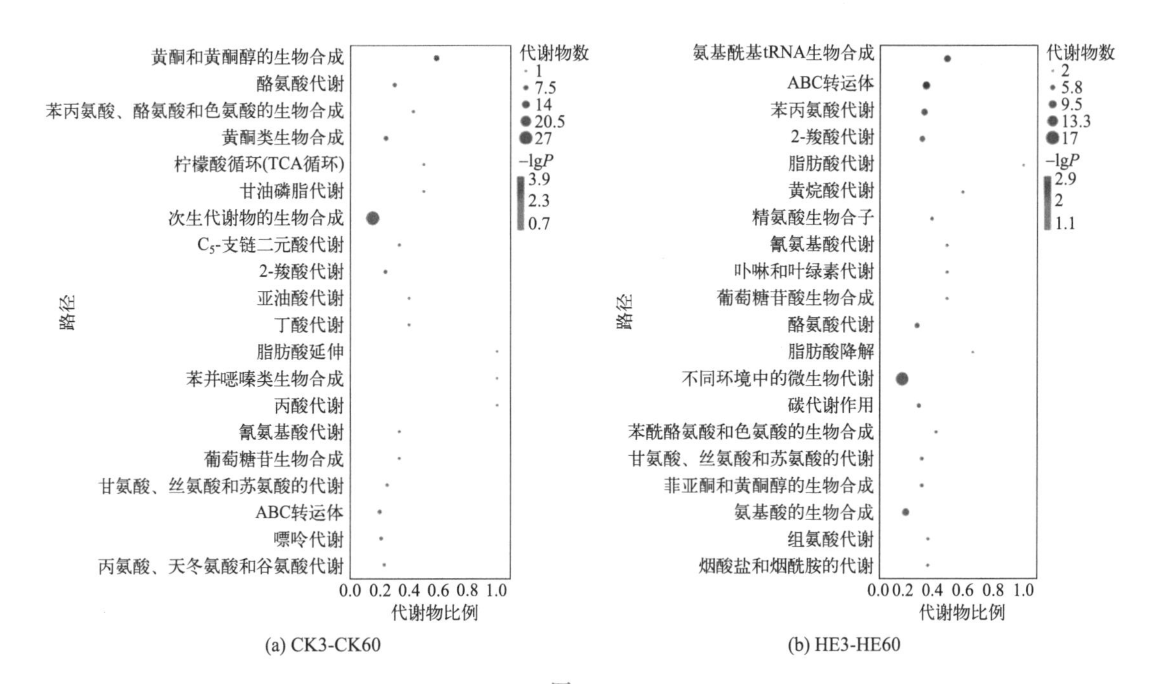

图 6-8

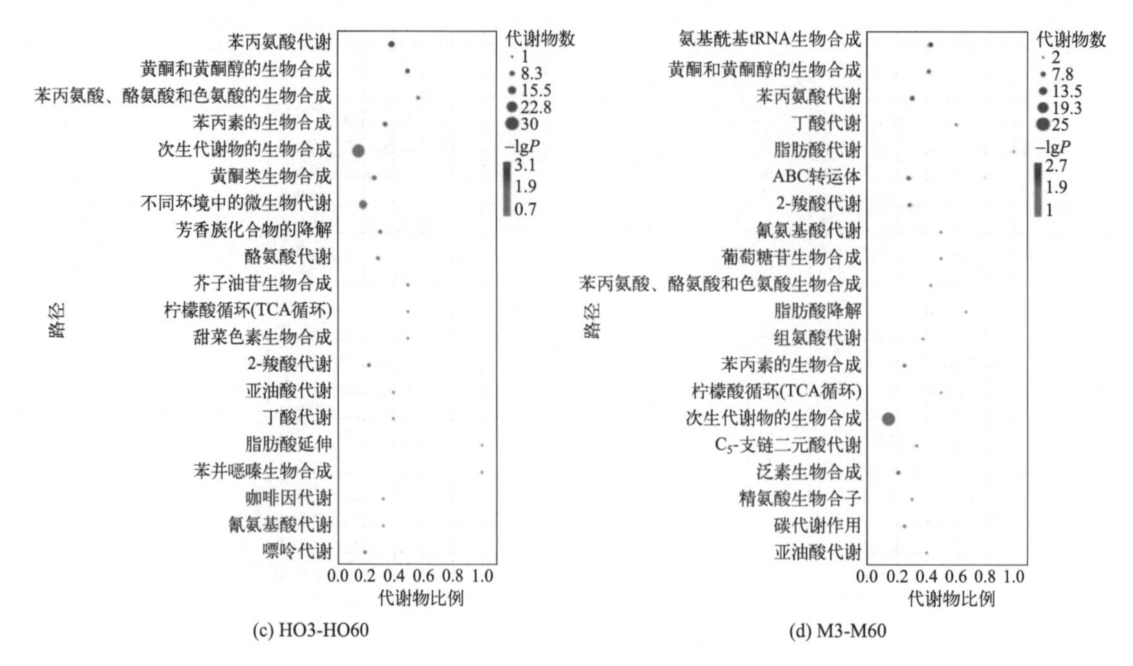

图 6-8 同一处理青贮 3d 与青贮 60d 的 KEGG 代谢途径富集差异分析

表 6-8 发酵期不同组间候选差异代谢产物相对浓度折叠倍数变化（$P<0.05$，VIP>1）

化合物	差异倍数	显著性	VIP 值	化合物	差异倍数	显著性	VIP 值
对照 3- 布氏乳杆菌 3				麦芽三糖	−1.023	0.022	1.855
L- 苏糖酸	−0.448	0.007	1.038	**对照 60- 布氏乳杆菌 60**			
D- 糖酸	−0.572	0.019	3.305	L- 酪氨酸	1.442	0.008	9.108
亚叶酸	−0.619	0.025	1.176	L- 天冬氨酸	2.252	0	3.539
对照 3- 鼠李糖乳杆菌 3				L- 丝氨酸	1.091	0.001	1.147
2- 异丙基苹果酸	−1.492	0.048	1.784	香草醛	−1.87	0.009	2.039
2- 氧代丁酸	−0.716	0.028	2.08	苯乙酮	−1.468	0.019	11.92
黄嘌呤	0.915	0.001	2.027	吡哆醇	−2.483	0.002	1.813
1, 3, 7- 三甲尿酸	−0.636	0.029	7.48	二氨基庚二酸	−1.639	0.004	1.47
D- 甘露糖 6- 磷酸	−0.616	0.034	1.352	2- 羟基肉桂酸	1.326	0.001	5.339
D-(+)- 半乳糖	−0.781	0.03	1.569	己内酰胺	2.996	0	3.022
衣康酸	−0.634	0.036	2.513	氢化肉桂酸	2.399	0	3.833
对照 3- 混合菌 3				4- 甲基儿茶酚	2.165	0	1.261
乙酰胆碱	−2.641	0.05	2.529	*O*- 乙酰丝氨酸	1.508	0.005	1.265
L- 苏糖酸	−0.538	0.004	1.301	胆色素原	0.647	0.047	1.637
D- 糖酸	−0.563	0.027	3.432	2,5- 二羟基苯甲醛	0.653	0.018	1.922
胆碱	−0.55	0.006	11.539	己二酸	1.182	0	1.315
甘油 3- 磷酸酯	−1.997	0.021	1.776	香草醇	1.337	0	3.021
诺氟沙星	0.703	0.027	1.04	原儿茶酸	−2.596	0.004	1.996

续表

化合物	差异倍数	显著性	VIP 值	化合物	差异倍数	显著性	VIP 值
苯甲酸	0.989	0.003	1.393	托品碱	0.367	0.004	1.636
苏氨酸	0.808	0.013	1.445	巴马亭	1.194	0.004	1.07
5- 氨基戊酸酯	3.187	0	1.979	杨梅素	1.348	0	2.615
毛地黄黄酮	−1.816	0.001	2.282	堪非醇	0.319	0.018	3.618
杨梅素	−0.716	0.024	1.176	**对照 60- 混合菌 60**			
芹菜素	−0.673	0	8.421	香草醛	−2.192	0.006	1.714
堪非醇	−0.828	0	6.627	苯乙酮	−4.38	0.001	12.944
拉里西汀	−0.912	0.001	1.712	吡哆醇	−1.16	0.018	1.08
N- 乙酰苯丙氨酸	0.684	0	1.057	4- 羟基苯甲醛	3.046	0	1.359
N- 乙酰 -L- 苯丙氨酸	5.129	0	8.791	L- 谷氨酸	0.653	0.017	1.795
酪胺	−1.359	0.024	3.89	2- 羟基肉桂酸	1.687	0	5.202
3-(3, 4- 二羟基苯基) 丙酸	2.154	0.001	2.155	己内酰胺	2.797	0	2.213
3, 4- 二羟基苯基丙酸	2.693	0	6.868	氢化肉桂酸	1.333	0	1.724
3, 4- 二羟基苯乙二醇	3.553	0	1.332	葡萄糖酸	3.247	0	2.49
香豆素	1.337	0.015	1.674	2,5- 二羟基苯甲醛	−2.027	0.002	1.935
阿魏酸	−3.381	0	3.841	柠檬酸	4.574	0.008	3.81
芥子酸	−1.831	0.001	1.354	香草醇	−0.95	0.001	1.306
芥子醇	2.959	0.003	1.41	原儿茶酸	−1.901	0.008	1.493
吲哚	0.287	0.042	3.449	顺乌头酸	2.386	0	1.598
对照 60- 鼠李糖乳杆菌 60				L- 天冬氨酸	2.632	0	3.333
酪胺	−3.871	0.001	6.388	丁香酸	2.75	0	1.874
肾上腺素	−0.452	0.01	1.12	1,3,7- 三甲尿酸	2.026	0	8.76
L- 酪氨酸	1.309	0.008	9.495	肌糖	−1.444	0.001	1.198
3-(3, 4- 二羟基苯基) 丙酸	0.939	0.004	1.229	7- 甲基黄嘌呤	2.702	0	1.311
2，5- 二羟基苯甲醛	0.659	0.037	1.796	毛地黄黄酮	2.142	0	4.123
4- 香豆酸	1.622	0.001	3.609	杨梅素	0.838	0.009	1.3
L- 苯丙氨酸	−0.342	0.007	13.033	芹菜素	−1.659	0	9.281
吲哚	−0.484	0.009	5.581	堪非醇	0.467	0.001	4.401
帕尔马汀	1.194	0.004	1.07	拉里西汀	−1.883	0	1.763
L- 甲硫氨酸	−0.681	0.031	4.695	L- 酪氨酸	2.281	0	12.128
2- 羟基肉桂酸	1.353	0	5.915	香豆素	2.093	0	2.213
香豆素	1.176	0.008	1.632	阿魏酸	−3.568	0	3.116
苏氨酸	−1.273	0.009	1.555	芥子酸	−2.317	0.001	1.146
二氨基庚二酸	0.63	0.018	1.384	芥子醇	3.47	0	1.525
泛酸	−0.795	0.008	1.222	*N*- 乙酰 -DL- 谷氨酸	2.552	0	1.216
毛地黄黄酮	0.912	0.002	2.674	**对照 3- 对照 60**			

续表

化合物	差异倍数	显著性	VIP 值	化合物	差异倍数	显著性	VIP 值
Quercetin	−3.84	0	2.144	*N*- 乙酰 -DL- 谷氨酸	5.598	0	1.039
Trifolin	−5.333	0	1.02	软脂酸	−4.178	0.011	1.224
毛地黄黄酮	1.696	0.001	1.31	D-(+)- 苹果酸	−8.651	0.014	3.842
杨梅素	4.636	0	1.221	富马酸	−5.44	0	1.895
芹菜素	5.606	0	8.264	胆色素原	6.584	0	1.99
堪非醇	5.213	0	5.899	酪胺	4.611	0.011	1.911
拉里西汀	6.789	0	1.543	3, 4- 二羟基苯基丙酸	6.76	0	4.522
酪胺	7.623	0	3.439	对羟苯基乙醇	1.062	0.019	1.001
肾上腺素	2.099	0	1.143	2, 5- 二羟基苯甲醛	5.201	0	2.281
3-(3, 4- 二羟基苯基) 丙酸	−2.686	0.002	1.58	**鼠李糖乳杆菌 3- 鼠李糖乳杆菌 60**			
3, 4- 二羟基苯基丙酸	3.506	0.004	1.561	香草醛	2.621	0	1.179
2, 5- 二羟基苯甲醛	5.339	0	1.718	L- 酪氨酸	1.855	0	6.506
富马酸	−5.928	0.005	1.819	2- 羟基肉桂酸	2.063	0	4.047
L- 苯丙氨酸	1.671	0	12.642	L- 苯丙氨酸	1.182	0	10.619
吲哚	2.161	0	4.784	氢化肉桂酸	6.234	0	1.226
原儿茶酸	6.562	0.001	1.387	苯乙醛	4.912	0	3.433
绿原酸	−4.488	0.01	1.143	富马酸	−6.016	0.001	1.709
卡尼丹醇	2.88	0.007	1.105	苯甲酸	3.354	0	1.017
布氏乳杆菌 3- 布氏乳杆菌 60				4- 香豆酸	2.086	0	2.12
L- 甲硫氨酸	2.594	0	5.273	栎精	−3.131	0.002	2.383
L- 酪氨酸	1.779	0	6.092	毛地黄黄酮	1.611	0.021	1.596
L- 谷氨酸	0.808	0.014	1.176	杨梅素	5.68	0	2.026
L- 组氨酸	2.562	0	1.02	芹菜素	5.677	0	8.506
L- 苯丙氨酸	1.511	0	12.343	堪非醇	5.347	0	6.838
苏氨酸	1.399	0	1.144	拉里西汀	6.914	0	1.861
L- 天冬氨酸	1.895	0	2	香豆素	1.52	0	1.107
甜菜碱	1.06	0	3.565	*N*- 乙酰鸟氨酸	1.331	0	1.063
胆碱	−0.395	0.001	2.754	阿魏酸	3.353	0	1.859
D- 棉子糖	−5.416	0.001	2.894	6- 姜酚	5.303	0	2.435
蜜二糖	−2.717	0.001	1.396	吲哚	1.839	0	4.153
2- 羟基肉桂酸	1.892	0	3.642	3- 苯基乳酸	5.302	0	3.431
氢化肉桂酸	7.486	0	2.509	龙胆苦甙	−2.227	0.002	1
N- 乙酰 -L- 苯丙氨酸	9.067	0	5.216	绿原酸	−4.632	0.031	1.254
苯乙醛	4.84	0	3.093	紫杉叶素	−4.259	0.007	1.62
苯甲酸	3.823	0	1.186	卡尼丹醇	4.094	0	1.519
柠檬酸	−5.263	0	4.354	吡哆醇	1.167	0	1.106

续表

化合物	差异倍数	显著性	VIP 值	化合物	差异倍数	显著性	VIP 值
二氨基庚二酸	1.398	0	1.195	L- 天冬氨酸	2.18	0	2.098
黄嘌呤	2.824	0	2.949	栎精	−2.824	0.01	1.995
葡萄糖酸	−4.834	0.007	3.529	毛地黄黄酮	3.084	0	2.926
胆色素原	5.797	0	1.682	杨梅素	5.457	0	1.457
柠檬酸	−4.772	0	4.041	芹菜素	4.712	0	4.061
香草醇	5.318	0	1.708	堪非醇	6.431	0	6.154
原儿茶酸	4.314	0	1.243	2- 羟基肉桂酸	2.422	0	3.894
1, 3, 7- 三甲尿酸	0.711	0.016	2.158	氢化肉桂酸	6.812	0	1.537
苯乙酮	3.53	0.002	2.37	*N*- 乙酰 -L- 苯丙氨酸	7.256	0	2.609
左旋多巴	5.861	0	1.024	苯乙醛	4.399	0	2.394
对羟苯基乙醇	1.834	0	1.738	D-(+)- 苹果酸	−5.249	0	3.676
2, 5- 二羟基苯甲醛	5.399	0	2.413	富马酸	−5.095	0	1.533
L- 甲硫氨酸	1.805	0.001	3.83	甜菜碱	0.974	0.001	3.322
混合菌 3- 混合菌 60				D- 棉子糖	−4.741	0	2.496
L- 甲硫氨酸	2.65	0	5.167	蜜二糖	0.914	0.007	1.221
L- 酪氨酸	2.802	0	8.487	顺乌头酸	2.301	0	1.049
L- 谷氨酸	1.963	0	1.994	吲哚	2.62	0	4.85
L- 组氨酸	3.283	0.005	1.066	软脂酸	−5.274	0	1.192
L- 苯丙氨酸	1.53	0	10.942				

6.2.1.3 讨论

（1）青贮期细菌多样性分析

所有样品的覆盖度均高于 0.99，表明本次测序充分捕获了样品中大部分细菌。α 多样性指数（Sobs、ACE、Chao1、辛普森指数、香农指数和发育树）可以反映样品的微生物丰富度和物种多样性。一般来说，牧草原料具有较高的水分时，更适合微生物的生长，导致高丰富度和物种多样性。本研究中 LAB 处理组的丰富度指数（Sobs、ACE、Chao1）青贮之后升高了，而多样性指数（辛普森指数、香农指数和发育树）却降低了，这可能是由多种原因造成的。一方面是添加了 1×10^8cfu/g FM LAB 改变了原细菌群落，有效抑制有害细菌滋生；另一方面可能是由于高水分青贮饲料中 pH 值的延迟下降不能立即抑制微生物活性，进而降低细菌多样性。也有研究将发酵期细菌丰富度增加的原因解释为外源微生物对酸性发酵环境不适应而暂时受到抑制。而 CK 组中更高的丰富度和多样性表明附着在黑麦草表面的 LAB 未能及时主导青贮料微生物群落，可能导致较差的发酵品质。

PCA 分析进一步揭示了细菌群落之间的差异。FM 与所有青贮饲料都明显分离，表明在青贮过程中，大量附生细菌被抑制或灭活，导致新鲜材料和青贮饲料之间的微生物群落存在显著差异，与 Ni 等研究结果一致。大量的研究结果表明，细菌群落随着青贮时间的进行有显著的演替和继承（需氧或对发酵不利的微生物被演替；主导发酵的 LAB 被继承）。与 Bai 等研究不同的是，本研究中添加的同型发酵型鼠李糖乳杆菌处理和异型发酵型布氏乳杆菌处理之间也相互分离，表明这两种乳杆菌对高水分黑麦草青贮饲料细菌群落有显著性影响。然而，各处理组在第3d仍然聚类在一起，之后的其他青贮时间段相互分离，表明在高水分的青贮中LAB主导青贮发酵的时间比常规青贮需要的时间更长，pH值下降缓慢。

（2）青贮期细菌群落组成分析

附着在新鲜黑麦草的细菌门主要是变形菌门，其次是厚壁菌门，7d发酵后变形菌门被厚壁菌门替代，这与之前的一些研究结果一致。厚壁菌门是厌氧条件下重要的酸水解微生物，可产生大量的细胞外酶，促进产酸。而变形菌门中包含很多好氧或兼性厌氧细菌，如梭状芽孢杆菌和醋酸菌属等，是使青贮发酵失败的主要细菌属。如预期结果一样，本研究中LAB添加处理改变了青贮饲料细菌群落结构，促使变形菌门向厚壁菌门转变，是使高水分黑麦草青贮成功的关键。

新鲜牧草附着LAB群落的差异决定了自然发酵的品质差异，Bai等更是指出，青贮饲料品质好坏不是单纯的由LAB种决定的，关键在菌株本身，即不同环境下生长的同种菌种在生长速率和产酸能力方面可能也有差异。而新鲜牧草附着微生物群落的差异可能与植物种类及其生长的环境因素有关。Guan等报道降雨和湿度是改变玉米材料中附生细菌组成的主要因素。Yang等研究表明，发酵特性与附生细菌群落相关，这些细菌群落受气候、地理位置和所用肥料类型的影响。因此，研究青贮饲料微生物群落前对新鲜牧草的了解是必要的。黑麦草原料中最主要的细菌属分别是假单胞菌属（45.54%）、泛菌属（21.77%）、乳杆菌属（2.36%）、窄食单胞菌属（0.47%）和魏斯氏菌属（0.22%）。假单胞菌属、泛菌属、窄食单胞菌属被普遍认为是对青贮发酵不利的细菌，乳杆菌属和魏斯氏菌属是青贮饲料中主要的产乳酸降低pH值的细菌。目前，假单胞菌属和泛菌属在青贮饲料中的作用机制还存在争议。假单胞菌属由于产生生物胺，降低了青贮饲料的蛋白质含量和营养价值。然而Driehuis等发现假单胞菌属与pH值、氨态氮、酵母和霉菌呈负相关，可能有利于青贮发酵。Yuan等报道了泛菌属可以在厌氧条件下将糖发酵成酸，并产生乙酸、丙酸和琥珀酸。而He等认为，泛菌属在构树叶青贮饲料中是不受欢迎的，因为它在青贮过程中与LAB竞争底物。窄食单胞菌则是典型的蛋白水解和氨基酸利用细菌。据报道，魏斯氏菌属被认为是早期定殖菌，随着黑麦草青贮发酵进行，pH值降低，然后被耐酸LAB取代。另外，魏斯氏菌属是强制性发酵LAB种，与许多饲料作物和青贮有关，发现魏氏菌主要存在于玉米青贮菌中，LAB主要存在于高粱、水稻秸秆和苜蓿青贮饲料中。众所周知，乳杆菌属对青贮生产非常重要，因为它们生长迅速，并通过产生乳酸来降低pH值。乳杆菌属的菌株一直被用作青贮饲料的添加剂提高青贮饲料的发酵质量。青贮7d后，本研究中LAB处理组乳杆菌属开始占绝大部分的丰度，而CK组30d前以魏斯氏菌属和乳杆菌属为主，45d以后逐渐被乳杆菌属取代。这与之前对发酵期间微生物动态变化中乳杆菌属群落占主导地位的研究是类似的。

（3）青贮期真菌群落组成分析

之前，大多数研究集中于对产毒真菌的特性研究，但对青贮饲料中附生真菌群落的研究较少。真菌多样性似乎不像细菌那样具有规律性变化。之前的研究表明，将青贮时间延长到120d，真菌群落多样性才明显下降，而LAB接种对真菌多样性没有显著影响。最近一些研究表明，在60d青贮期内，真菌多样性和丰富度均会增加，尤其是在LAB添加处理的青贮料中更明显；但也有报道自然发酵青贮饲料中真菌丰富度和多样性下降，在LAB添加处理的青贮料中真菌丰富度和多样性才有所增加。本研究中发酵60d后的各青贮料的真菌丰富度显著降低，多样性显著增加，表明LAB接种显著影响发酵期真菌多样性。而多样性显著增加推测是高水分黑麦草青贮料中过低 pH 值和高水分环境使某些耐酸性兼性厌氧菌利用酸滋生。β 多样性进一步揭示了真菌群落的差异性，FM 明显分离表明厌氧环境显著改变了青贮期微生物群落，而 LAB 接种没有观察到对真菌有显著的影响，这一结果与对 LAB 接种大麦青贮的研究结果不一致。可能是由于接种剂在青贮过程中发挥了不同的作用。

与之前的研究结果一致，附着在牧草表面的真菌门是子囊菌门和担子菌门。与他们不同的是，青贮 60d 后，各青贮期的担子菌门丰度增加，子囊菌门丰度下降。Jia 等指出，不同青贮饲料中真菌群落普遍的细微差异可能受多种途径的影响，如不同牧草地土壤差异导致真菌种类差异，或真菌群落与发酵进程有关。而 Bai 等更是指出，LAB 接种剂对门水平真菌群落的影响有限。有关青贮饲料中的真菌群落的报道还很少。在属水平，Liu 等在大麦青贮饲料中报道了伊萨酵母属、芽枝霉菌属、*Alternaria*（链格孢属）、*Cryptococcus*（隐球酵母属）、*Udeniomyces* 和 *Dioszegia* 是主要的属；而 Duniere 等在谷物青贮饲料中报道的主要真菌属是 *Kazachstania*、*Pichia*（毕赤酵母属）和隐球酵母属；Jia 等在燕麦青贮饲料中报道的主要真菌属是 *Melanopsichium*（瘤黑粉菌属）、青霉菌属、链格孢属、*Pyrenochaeta*（棘壳孢菌属）、*Talaromyces*（篮状菌属）、*Zymoseptoria*、枝孢霉菌属、*Monascus*（红曲霉菌属）、*Aspergillus*（曲霉属）、*Malassezia*（马拉色氏霉菌属）、*Mucor*（毛霉菌属）、*Rhizopus*（根霉菌属）、*Filobasidium*（线黑粉酵母属）和 *Lichtheimia*（横梗霉属）；Bai 等在玉米青贮饲料中报道的主要真菌属是念珠菌属、红曲霉菌属、*Kazachstania*、根霉菌属、链格孢属、枝孢霉菌属和 *Rhizomucor*（根毛霉属）。另外，经 60d 青贮发酵后，本研究中汉纳酵母、担孢酵母、*Mrakiella* 和 *Papiliotrema* 丰度增加，尤其是在 LAB 处理组中更明显，表明在高水分黑麦草青贮饲料中接种 LAB 并不能完全抑制所有真菌滋生，其中还有更复杂的微生物作用机制没有被揭示。其中很好的一个例子是 Pahlow 等发现念珠菌属是一组乳酸同化酵母菌。

（4）青贮期代谢组分析

对代谢物的 PCA 分析表明，每组 6 个重复均进行聚类，生物重复间差异不大，表明该试验具有足够的重现性和可靠性。青贮时间以及 LAB 接种处理显著影响了代谢产物分布，而青贮 3d 后，各组间分离并不明显，这可能与本研究高水分青贮环境中 LAB 主导发酵延迟有关。

在本研究高水分青贮环境中，青贮期共检测出多达 2999 种代谢物，有 1015 种代谢物被注释到 KEGG 数据库中，这远远超过了之前报道的正常水分青贮饲料中的代谢产物数量。相比之下，Guo 等在苜蓿青贮料中检测到 280 种代谢产物；Xu 等在全株玉米青贮料中检测到 979 种代谢产物；He 等在构树叶青贮料中检测到 823 种代谢产物。此外，本研究中筛选出的差异代谢物也较多。在代谢物类型和组成上存在较大差异的原因可能是不同牧草有不同的微生物群落存在或不同的发酵模式发生在不同种类牧草青贮饲料中。然而，本研究中高水分和提前刈割的黑麦草可能存在较高植物酶活性都可能是本研究中代谢产物繁多的原因。

抗坏血酸和盐酸盐的代谢途径及其产物是植物中最丰富的水溶性抗氧化剂之一，存在于细胞质或细胞质基质等细胞液体中，易受外源性抗氧化剂影响。青贮 3d 后，HE 和 M 组抗坏血酸和盐酸盐代谢途径富集，导致 L- 苏糖酸等代谢物下调，表明高水分青贮前期布氏乳杆菌下调抗坏血酸和盐酸盐的代谢水平。2- 异丙基苹果酸，常由酵母菌代谢产生。2- 氧代丁酸其缩合产物对乳酸脱氢酶活性有显著影响，鼠李糖乳杆菌接种显著下调了其代谢水平。

香草醛是精油中常见的一种挥发性化合物，可调节肠道菌群，具有抗菌特性。Wu 等的研究表明，香草醛处理后的高水分（70%）玉米粒青贮料中抗真菌化合物上调。青贮 60d 后，本研究中HO处理组富集代谢通路次生代谢物的生物合成中的香草醛积累上调，而在HE和M处理富集代谢通路不同环境下的微生物代谢中下调。饲粮中含量丰富的酚类化合物，毒性低，具有抗炎和抗氧化能力，种类分布广泛，如绿原酸、阿魏酸、芥子酸、丁香酸、咖啡酸等酚酸具有较强的抗氧化和抗菌能力。苯甲酸作为一种防腐剂，也作为化学添加剂制作青贮饲料。有研究报道，添加0.2%的苯甲酸可有效抑制丁酸发酵，防止由酵母和霉菌特别是青霉菌（*Penicillium*）引起的有氧腐败。富马酸为有机酸中不饱和二元羧酸，常用作酸化剂和抗氧化剂。*N*-乙酰基-L-苯丙氨酸是必需氨基酸-苯丙氨酸的代谢物类似物，作为一种抗抑郁药具有特殊的应用。柠檬酸作为一种有机酸，之前的研究表明，经柠檬酸处理后青贮饲料蛋白质水解降低，饱和脂肪酸比例低而多不饱和脂肪酸比例较高。与以往研究不同，本研究观察到富马酸在所有处理中下调而苯甲酸在所有处理中上调；HE和M处理富集代谢通路苯丙烷生物合成中的阿魏酸和芥子酸都显著下调而芥子醇上调，苯丙氨酸代谢通路中的*N*-乙酰基-L-苯丙氨酸上调；然而，柠檬酸只在M处理中显著上调，在其他处理中显著下调。此外，LAB接种还导致了氢化肉桂酸等有机酸的大量积累。

综上所述，鼠李糖乳杆菌和布氏乳杆菌以及两者组合处理在高水分青贮饲料中富集了不同的代谢通路，有不同的差异代谢产物，而高水分青贮环境也导致了不同的代谢途径；LAB接种富集了不同的代谢通路积累了有机酸。

6.2.1.4 小结

LAB接种处理显著降低细菌多样性，而高水分、底物充足、酸性环境可能给某些耐酸兼性厌氧微生物提供有利的环境。青贮3d后，各组间细菌群落未见明显差异；7d以后，HE和M细菌群落聚类与其他各组差异显著，不同时间段各组间细菌群落差异也显著。

青贮后，门水平细菌由变形菌门向厚壁菌门转变，7d前，泛菌属等不利于发酵的细菌占主要地位，之后乳杆菌属主导了发酵，且LAB处理组比CK组增加更快、丰度更高。

经60d发酵后，各青贮料的真菌丰富度显著降低，多样性显著增加。青贮导致主要真菌门子囊菌门向担子菌门转变；属水平真菌比较丰富，LAB接种处理组节枝孢属有降低趋势，汉纳酵母有增加趋势，而两种菌丰度占比都不超过20%。

LAB接种处理组富集了不同的代谢通路，影响代谢物组成。各组青贮3d的代谢组差异不大，60d各组间代谢物差异显著，3d与60d的代谢物也差异显著。混合离子模式下共检测到2999种代谢物，有1015种被注释。高水分环境下LAB选择了不同的代谢路径，诸如富马酸、香草醛、柠檬酸和阿魏酸等之前报道的代谢物在本研究中下调，而苯甲酸、*N*-乙酰基-L-苯丙氨酸和氢化肉桂酸等有机酸大量积累。

6.2.2 有氧暴露期黑麦草青贮饲料微生物演替及代谢产物动态变化

6.2.2.1 材料和方法

（1）试验设计

同6.1.1（1）～（3）。

（2）有氧稳定性监测及取样

为模拟现实的饲喂环境，将60d开袋的青贮料放入塑料桶（约45升），用带有高精度探头的多通道数据记录仪（型号：TP9000；探头：B型高精度；生产厂商：深圳市拓普瑞电子有限公司）插入桶的几何中心以测定青贮料温度，另有3颗以上的探头暴露在空气中以测定环境温度。根据Wang等和Bai等的描述，每个处理3个重复，每个桶内均匀插入3颗探头；设置数据记录仪每隔30min记录一次数据；为防止污染和水分蒸发，每个桶都被双层奶酪布覆盖。当桶内探头温度超过环境中探头温度2℃时即认为有氧腐败，记录为某一处理的有氧稳定性。在有氧暴露第2d和各处理有氧腐败天取桶几何中心样品10g，16S和ITS每个处理3个重复，相同位置样品混合后取6个重复测定代谢组。

（3）微生物群落分析

测定了有氧暴露第2d、6d和各处理腐败天细菌群落、真菌群落，以及第2d和各处理腐败天代谢组，分析方法分别同6.2.1.1。

6.2.2.2 结果

（1）黑麦草青贮饲料的有氧稳定性

黑麦草青贮饲料在有氧暴露20d内的温度动态变化如图6-9所示。经过9d的有氧暴露后，CK和HO处理青贮饲料中的温度超过了环境温度2℃。HO处理组与环境温差甚至在12～15d之间达到10℃以上（13d达最高10.96℃）。HE在第20d的时候温度才超过环境温度2℃，展现了超长的有氧稳定期。而到第20d，仍未见M处理组温度有明显的变化。

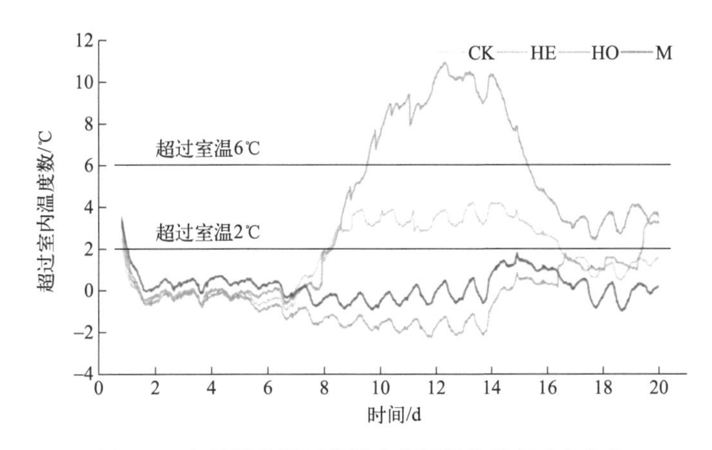

图6-9 有氧暴露期黑麦草青贮饲料的温度动态变化

黑麦草青贮饲料在有氧暴露20d内的pH值动态变化如图6-10所示。有氧暴露9d以内所有处理pH值基本保持不变，且HO处理组保持最低的pH值（4.0左右）。从有氧暴露9d开始，CK和HO处理组pH值有明显上升的趋势，到20d分别达到7.9和8.5。HE组直到有氧暴露16d开始pH值才明显上升，到20d达到5.2。M组在有氧暴露20d内pH值未见明显变化。

（2）有氧暴露后黑麦草青贮饲料细菌群落

有氧暴露期黑麦草青贮料细菌α多样性见表6-9。发酵期所有处理组细菌16S测序Coverage都超过了0.99。总体上看，有氧暴露时间对细菌多样性有显著的影响（香农和辛普森指数：$P<0.05$），而LAB接种处理对细菌多样性和丰富性均有显著影响（$P<0.05$）。横向看（同一时间不同处理），Sobs指数在A6中LAB处理组显著低于CK组，在A9中HO组显著高于HE组。有氧暴露期α多样性指数香农和辛普森指数变化明显，同一时间LAB处理组香农和辛普森指数显著低于CK组。CK和HE处理随着有氧暴露时间延长，香农和辛普森指数增加，其中CK显著增加，HE在有氧暴露期未观察到显著性，而HO和M处理未见有显著性变化。

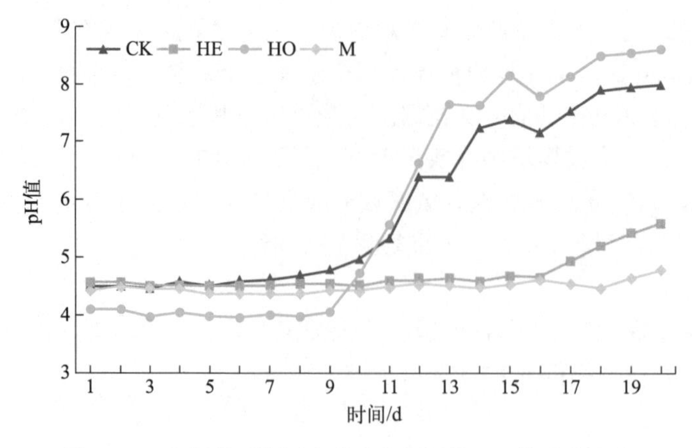

图 6-10　有氧暴露期黑麦草青贮饲料的 pH 值动态变化

表 6-9　发酵 60 d 和有氧暴露期青贮料细菌 α 多样性

项目	时间	处理				平均数	标准误	*P* 值		
		CK	HO	HE	M			D	T	D×T
Sobs	60	198.3	194.3	164.7	190.3	186.9	14.631	0.545	0.008	0.733
	A2	224.7	243.3	191.0	168.0	206.8				
	A6	238.3a	192.3b	179.0b	187.3b	199.2				
	A9	226.7ab	230.3a	174.3b	185.3ab	204.2				
	平均数	222.0a	215.1a	177.3b	182.8b					
香农指数	60	3.16Ba	1.82b	0.86Bc	0.92c	1.69B	0.123	0.013	< 0.001	0.208
	A2	3.21Ba	1.90b	1.07ABc	0.79c	1.74B				
	A6	3.04Ba	1.48b	1.07ABc	0.83c	1.60B				
	A9	3.7Aa	1.72b	1.74Ab	0.94c	2.03A				
	平均数	3.28a	1.73b	1.19c	0.87d					
辛普森指数	60	0.79Ba	0.52b	0.20Bc	0.19c	0.43B	0.031	0.007	< 0.001	0.217
	A2	0.76Ba	0.57b	0.26ABc	0.19d	0.44B				
	A6	0.76Ba	0.50b	0.25Bc	0.18c	0.42B				
	A9	0.87Aa	0.56b	0.46Ab	0.21c	0.52A				
	平均数	0.79a	0.54b	0.29c	0.19d					
Chao1	60	233.6	237.3	205.2	250.1	231.6	16.404	0.255	0.024	0.760
	A2	260.9	297.2	237.0	226.7	255.5				
	A6	283.0	263.1	234.4	257.5	259.5				
	A9	272.1ab	296.3a	213.4b	263.7ab	261.4				
	平均数	262.4a	273.5a	222.5b	249.5ab					
ACE	60	229.7	246.0	213.6	262.9	238.1	17.064	0.220	0.048	0.636
	A2	259.2	307.3	249.4	237.9	263.4				
	A6	303.3	270.3	241.5	262.7	269.4				
	A9	277.7	305.4	227.6	268.5	269.8				
	平均数	267.5ab	282.3a	233.0b	258.0ab					

续表

项目	时间	处理				平均数	标准误	P 值		
		CK	HO	HE	M			D	T	D×T
发育树	60	30.06B	29.73	25.99	29.83	28.90	2.323	0.266	0.048	0.517
	A2	34.06AB	37.53	33.37	27.02	32.99				
	A6	39.19Aa	30.62ab	32.81ab	28.52b	32.78				
	A9	34.77AB	33.55	25.85	28.64	30.70				
	平均数	34.52a	32.85ab	29.51b	28.50b					
覆盖度	60	0.9996	0.9995	0.9996	0.9994	0.9995	—	—	—	—
	A2	0.9996	0.9994	0.9995	0.9995	0.9995				
	A6	0.9994	0.9994	0.9995	0.9994	0.9994				
	A9	0.9994	0.9993	0.9995	0.9994	0.9994				
	平均数	0.9995	0.9994	0.9995	0.9994					

注：同行不同小写字母表示同一天不同处理之间的差异显著，同列不同大写字母表示同一处理不同天数之间的差异显著。60 表示青贮第 60d；A2 表示有氧暴露第 2d；A6 表示有氧暴露第 6d；A9 表示有氧暴露第 9d；D 表示有氧暴露时间；T 表示不同处理。

主成分分析进一步揭示了青贮 60d 及有氧暴露期不同时间段不同处理之间的细菌群落差异性（图 6-11）。在有氧暴露第 2d 开始，CK 和 HO 与其他两组明显分离，而 HE 和 M 整个有氧暴露期都聚集在一起。同一处理不同时间段 PCA 分析显示，随着有氧暴露时间延长，细菌群落没有发现明显的差异。

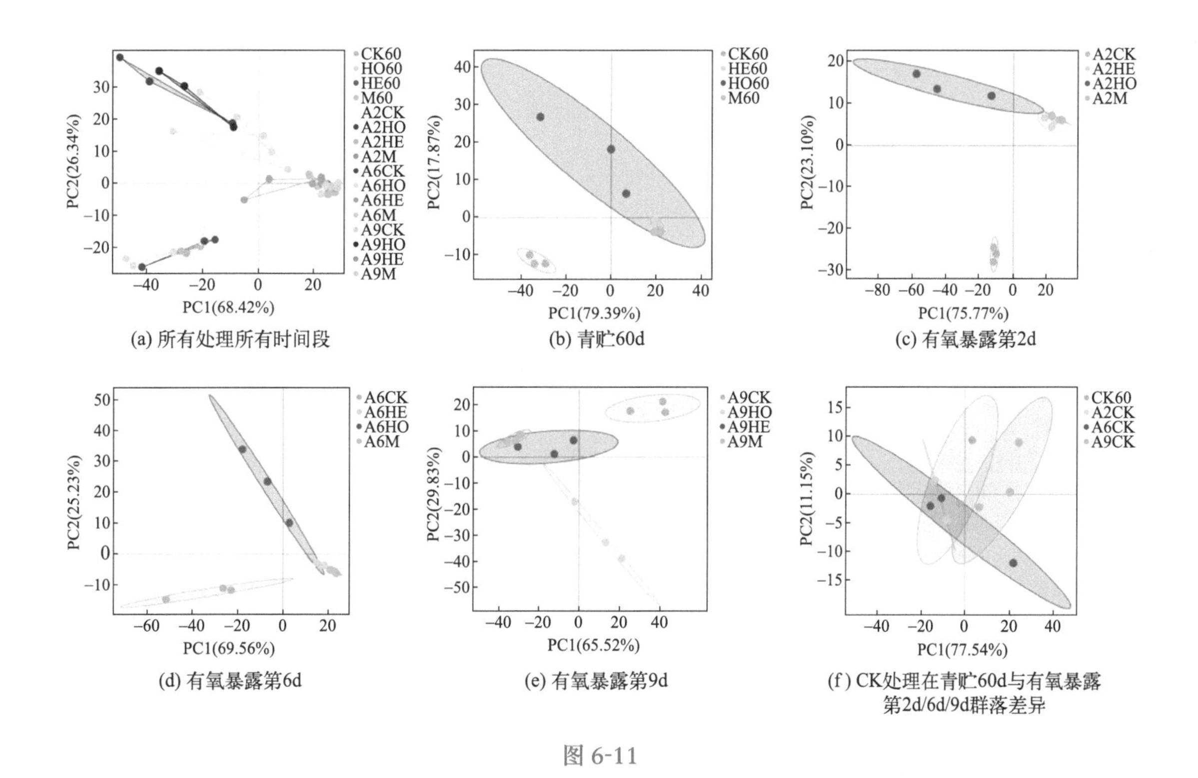

(a) 所有处理所有时间段　(b) 青贮60d　(c) 有氧暴露第2d

(d) 有氧暴露第6d　(e) 有氧暴露第9d　(f) CK处理在青贮60d与有氧暴露第2d/6d/9d群落差异

图 6-11

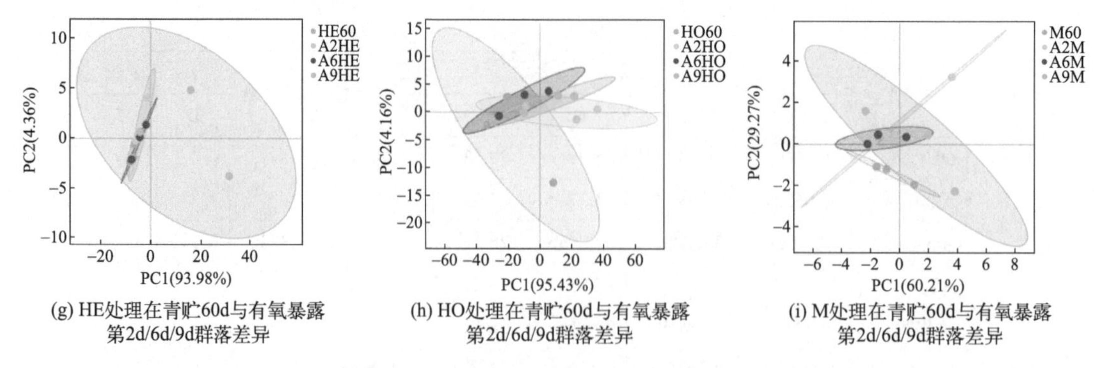

(g) HE处理在青贮60d与有氧暴露第2d/6d/9d群落差异　(h) HO处理在青贮60d与有氧暴露第2d/6d/9d群落差异　(i) M处理在青贮60d与有氧暴露第2d/6d/9d群落差异

图 6-11　主成分分析青贮 60d 及有氧暴露期不同时间段不同处理之间的细菌群落差异性（OTU 水平）

门水平和属水平青贮 60d 及有氧暴露期不同时间段青贮饲料细菌相对丰度如图 6-12。在所有处理中，接触空气后厚壁菌门仍为优势细菌门，在 HE 处理中最高达 98.06%，变形菌门在 CK 处理中相对丰度有所增加，有氧暴露 2d、6d、9d 分别增加到 15.41%、32.16%、49.98%。而在属水平，乳杆菌属仍然是所有处理中主要的细菌。CK 处理中很多细菌相对丰度有所增加，包括肠球菌属、*Clostridium sensu stricto 12*、假单胞菌属、窄食单胞菌属、*Allorhizobium-Neorhizobium-Pararhizobium-Rhizobium*，此外，在有氧暴露 2d、6d、9d 未被分类的细菌分别增加到 11.60%、26.49%、44.00%。

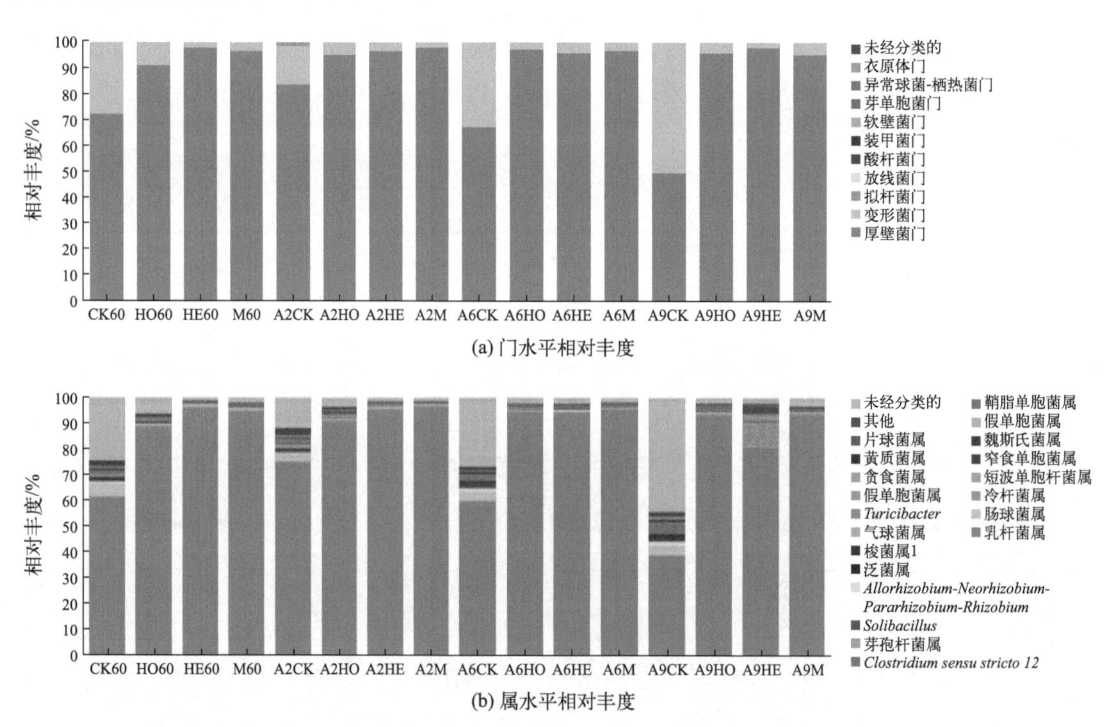

(a) 门水平相对丰度

(b) 属水平相对丰度

图 6-12　青贮 60d 及有氧暴露期不同时间段青贮饲料细菌群落

（3）有氧暴露后黑麦草青贮饲料真菌群落

有氧暴露期黑麦草青贮料真菌 α 多样性见表 6-10。有氧暴露期所有处理组真菌 ITS 测序覆盖度都超过了 0.99。有氧暴露时间对真菌 Sobs、香农指数、辛普森指数有显著性影响（P<0.05），LAB 处理对所有真菌 α 多样性指标都有显著性影响（P<0.001）。与 CK 相比，

LAB 接种处理真菌丰富度和多样性（除发育树外）均显著性增加（P<0.05）。除 M 处理和 HE 组 Chao1 指数外，随着有氧暴露时间的延长，所有处理真菌丰富度和多样性均有显著性变化（P<0.05）。

表 6-10　发酵 60d 和有氧暴露期青贮料真菌 α 多样性

项目	时间	处理				平均数	标准误	*P* 值		
		CK	HO	HE	M			D	T	D×T
Sobs	60	74.67ABc	197.0Aa	133.33ABb	205.67a	152.67A	16.465	0.0114	< 0.001	0.005
	AS2	88.67Ab	127.67Bab	169.67Aab	181.67a	141.92AB				
	AS6	25.00Cc	111.67BCb	141.00ABb	272.33a	137.50AB				
	AS9	58.00Bb	66.33Cb	81.67Bb	243.67a	112.42B				
	平均数	61.58c	125.67b	131.42b	225.83a					
香农指数	60	4.48Ab	5.47Aa	5.14Aa	5.23a	5.08A	0.256	< 0.001	< 0.001	< 0.001
	AS2	4.09Ab	3.46Cb	4.56Aab	5.90a	4.50B				
	AS6	0.25Bb	4.86Ba	4.86Aa	5.42a	3.85C				
	AS9	1.44Bb	0.16Db	0.30Bb	5.06a	1.74D				
	平均数	2.57c	3.49b	3.72b	5.40a					
辛普森指数	60	0.92Ab	0.96Aa	0.94Aa	0.95a	0.94A	0.04	< 0.001	< 0.001	< 0.001
	AS2	0.83Aab	0.73Bb	0.90Aab	0.97a	0.86B				
	AS6	0.05Bb	0.93Aa	0.92Aa	0.96a	0.72C				
	AS9	0.38Bb	0.03Cc	0.07Bbc	0.92a	0.35D				
	平均数	0.54c	0.66b	0.71b	0.95a					
Chao1	60	87.60ABc	206.70Aab	154.92b	222.60a	167.95	16.94	0.191	< 0.001	0.011
	AS2	102.91Ab	139.53Bab	183.00ab	196.39a	155.46				
	AS6	26.14Cc	133.83Bb	156.75b	281.23a	149.49				
	AS9	78.61Bb	84.55Bb	105.09b	254.48a	130.68				
	平均数	73.82c	141.15b	149.94b	238.68a					
ACE	60	97.14Ac	207.93Aa	150.32ABb	224.56a	169.98A	15.71	0.141	< 0.001	0.004
	AS2	100.31Ab	140.37Bab	188.52Aa	194.25a	155.86AB				
	AS6	28.30Bc	131.11BCb	155.27ABb	279.72a	148.60AB				
	AS9	84.59Ab	83.45Cb	108.69Bb	254.00a	132.68B				
	平均数	77.59c	140.71b	150.7b	238.13a					
发育树	60	36.52Ab	59.02Aa	55.67Aa	59.23a	52.61A	3.76	0.085	< 0.001	0.001
	AS2	37.19Ab	41.05ABb	57.33Aa	57.89a	48.36AB				
	AS6	16.21Bc	42.36ABb	50.88ABb	76.17a	46.41AB				
	AS9	31.77A	31.43B	33.85B	73.68	42.68B				
	平均数	30.42b	43.47b	49.43b	66.74a					

续表

项目	时间	处理				平均数	标准误	P 值		
		CK	HO	HE	M			D	T	D×T
覆盖度	60	0.9999	0.9999	0.9999	0.9999	0.9999	—	—	—	—
	AS2	0.9999	0.9999	0.9999	0.9999	0.9999				
	AS6	1	0.9999	0.9999	0.9999	0.9999				
	AS9	0.9999	0.9999	0.9998	0.9999	0.9999				
	平均数	0.9999	0.9999	0.9999	0.9999					

注：AS2 表示有氧暴露第 2d；AS6 表示有氧暴露第 6d；AS9 表示有氧暴露第 9d。

PCA 主成分分析显示（图 6-13），青贮 60 d 及有氧暴露期不同时间段不同处理之间的真菌群落分 3 块聚集。其中，A9HE 与其他处理其他时间段分离最明显，而 A2CK、A6CK、A9CK 聚集在一起与其他处理相互分离。

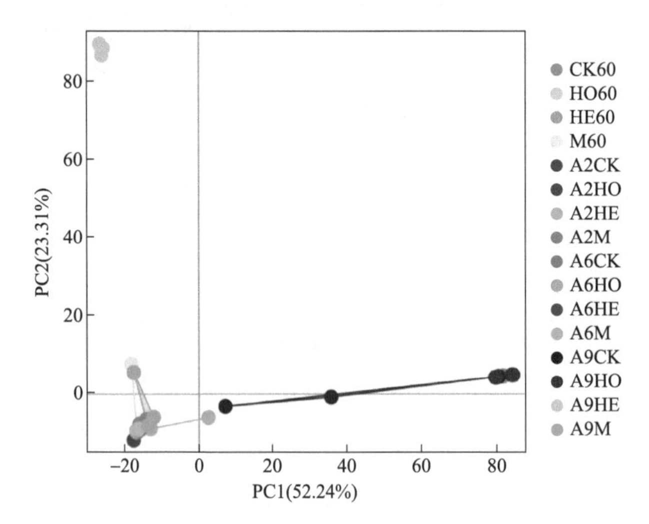

图 6-13　主成分分析青贮 60d 及有氧暴露期不同时间段不同处理之间的真菌群落差异性（OTU 水平）

黑麦草 60d 青贮饲料及有氧暴露期不同时间段门水平和属水平真菌相对丰度见图 6-14。在门水平，子囊菌门和担子菌门在青贮 60d 的青贮饲料中占据主要的丰度，并且在各处理间未见有明显的差异。有氧暴露后，CK 青贮饲料中担子菌门由 44.40% 降低至 0.84%，而子囊菌门由 46.50% 升高至 99.0%，担子菌门逐渐被子囊菌门替代。HO 和 HE 处理青贮饲料中子囊菌门在有氧暴露后有下降的趋势，在青贮 60d 及有氧暴露第 2d、第 6d 分别为 45.35%、15.60%、35.97% 和 56.63%、47.83%、37.29%，相应地，担子菌门分别为 40.93%、77.76%、56.69% 和 32.58%、38.34%、52.65%；有氧腐败后子囊菌门又替代担子菌门占据主要的丰度，分别为 98.75% 和 99.57%。在青贮 60d 与整个有氧暴露期，M 处理中两种真菌未见有明显的变化 [图 6-14(a)]。

在属水平，相对丰度普遍大于 1% 的序列来自以下真菌：青霉菌属、汉纳酵母属、*Articulospora*、*Apiotrichum*、担孢酵母属（*Erythrobasidium*）、枝孢霉菌属（*Cladosporium*）、掷孢酵母属（*Sporobolomyces*）、*Mrakiella*、附球菌属（*Epicoccum*）、*Papiliotrema*、伊萨酵母属、*Plectosphaerella* 和拟棘壳孢属（*Pyrenochaetopsis*）。HO 青贮饲料中 *Apiotrichum* 在有

氧暴露第2d（37.82%）明显增多，汉纳酵母属在有氧暴露第6d（23.13%）明显增多，而在有氧腐败后（第9d），青霉菌属（98.34%）明显增多，占据绝大部分丰度。同样地，CK处理在有氧暴露第6d也观察到高丰度的青霉菌属（98.74%），而有氧腐败后（第9d），主要的真菌是青霉菌（58.31%）和伊萨酵母（28.95%）。另外，HE处理有氧暴露9d后，大部分真菌在此次测序中未被分类注释，达96.73%[图6-14(b)]。

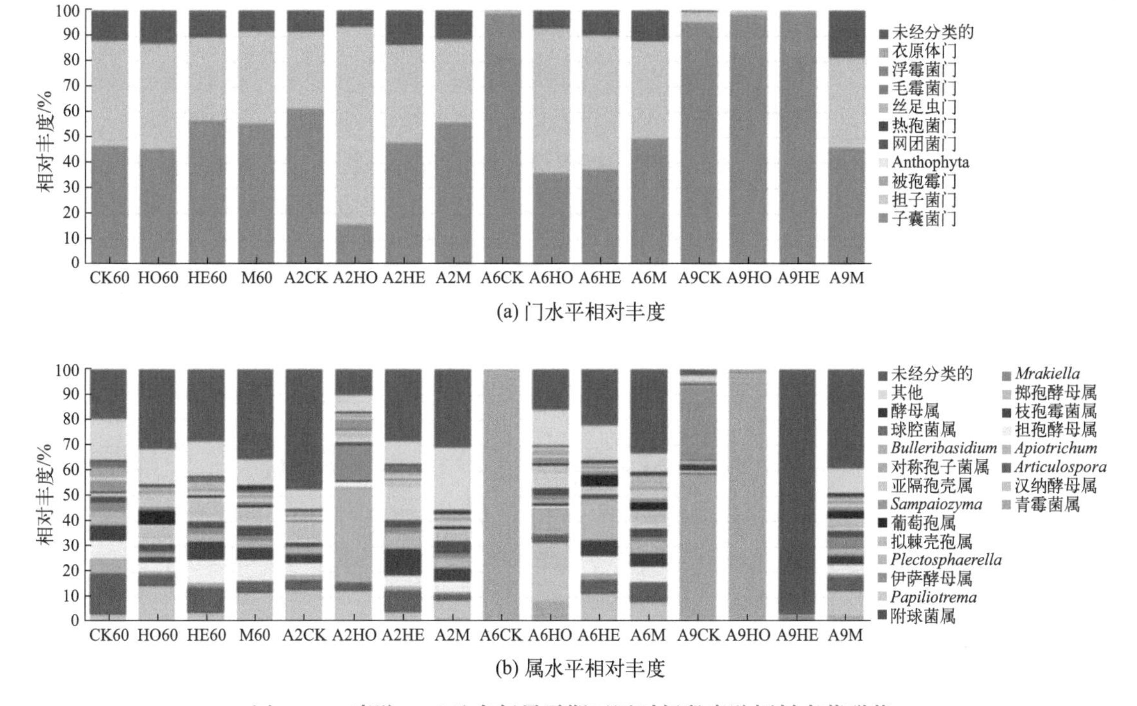

图6-14 青贮60d及有氧暴露期不同时间段青贮饲料真菌群落

（4）有氧暴露期黑麦草青贮代谢产物分析

有氧暴露期第2d和有氧腐败天代谢物的主成分分析如图6-15所示。A2HE、A2M、A9HE与A9M之间相互分离，与其他处理也明显分离。

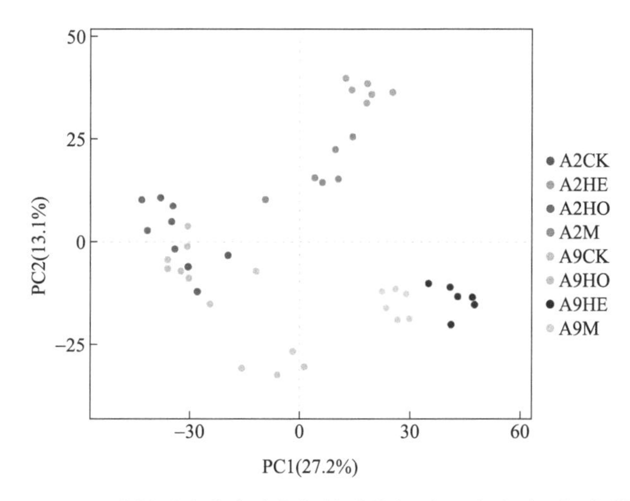

图6-15 PCA分析黑麦草青贮有氧暴露阶段（2d和腐败天）代谢产物

有氧暴露期第2d和有氧腐败天不同处理以及同一处理不同时间差异代谢物统计分析如图6-16所示。有氧暴露期2d后，总离子模式下共检测到差异代谢物272种，与CK相比，A2HO差异代谢物146种，特有代谢物77种，其中80种上调66种下调；A2HE差异代谢物157种，特有代谢物37种，其中73种上调84种下调；A2M差异代谢物155种，特有代谢物24种，其中75种上调80种下调。有氧暴露9 d后（CK和HO有氧暴露第9d腐败，HE第20 d腐败），与A9CK相比，A9HO差异代谢物190种，特有代谢物92种，其中106种上调84种下调；A9HE差异代谢物154种，特有代谢物28种，其中70种上调84种下调；A9M差异代谢物153种，特有代谢物19种，其中81种上调72种下调。同处理不同有氧暴露期相比，A9CK差异代谢物155种，特有代谢物88种，其中100种上调55种下调；A9HO差异代谢物95种，特有代谢物36种，其中70种上调25种下调；A9HE差异代谢物151种，特有代谢物34种，其中90种上调61种下调；A9M差异代谢物119种，特有代谢物17种，其中71种上调48种下调。

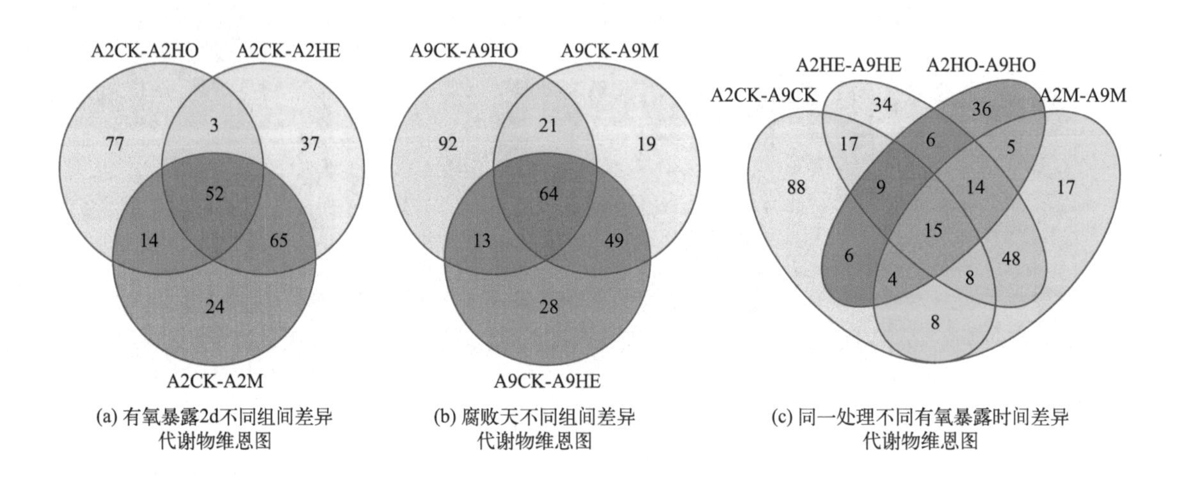

(a) 有氧暴露2d不同组间差异代谢物维恩图

(b) 腐败天不同组间差异代谢物维恩图

(c) 同一处理不同有氧暴露时间差异代谢物维恩图

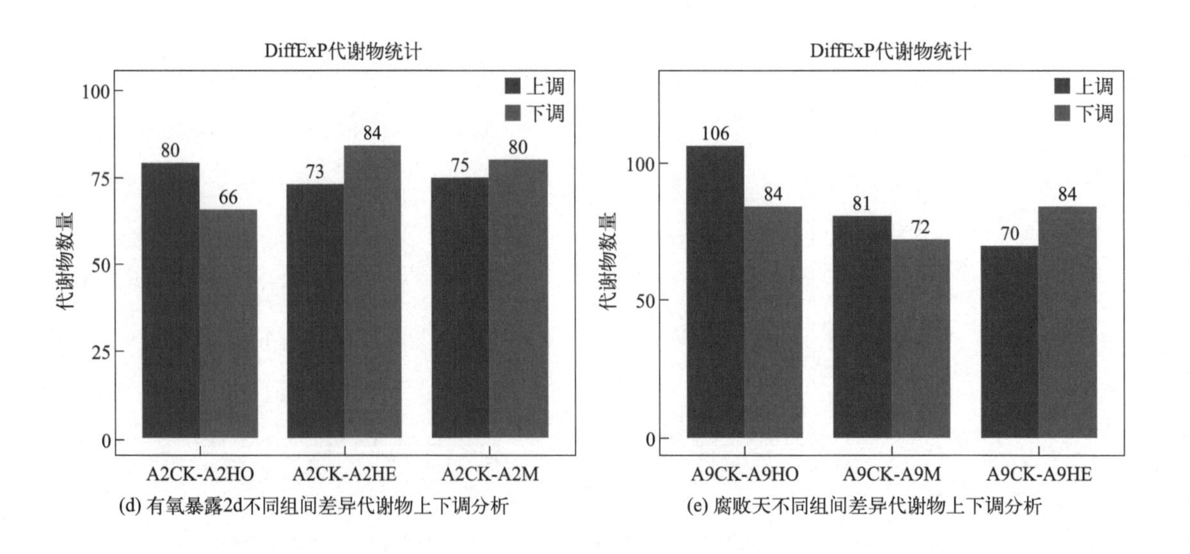

(d) 有氧暴露2d不同组间差异代谢物上下调分析

(e) 腐败天不同组间差异代谢物上下调分析

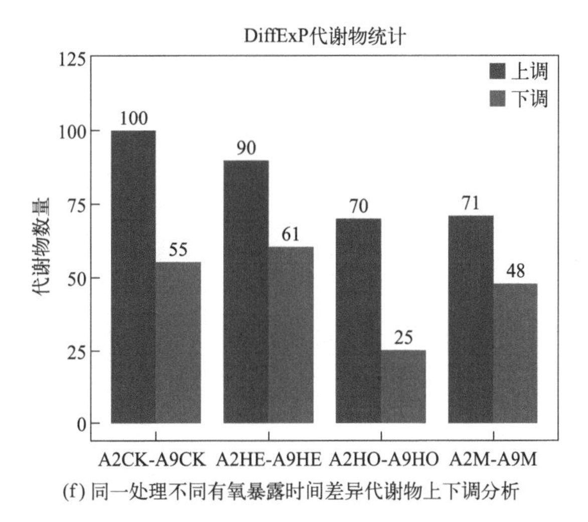

(f) 同一处理不同有氧暴露时间差异代谢物上下调分析

图 6-16　不同有氧暴露阶段（2d 和腐败天）代谢产物统计分析

有氧暴露期 KEGG 代谢途径富集差异如图 6-17 所示，显著性差异（$P<0.05$ 且 VIP > 1）代谢物如表 6-11 所列。与 A2CK 相比，A2HE 中不同环境中的微生物代谢等 5 个通路显著富集，*N*- 乙酰 -L- 苯丙氨酸等 13 种代谢物上调，抗坏血酸和阿魏酸等 10 种代谢物下调；A2HO 中苯丙氨酸、酪氨酸和色氨酸的生物合成等 12 个通路显著富集，没食子酸等 11 种代谢物上调，苯乙酮和乙酰胆碱等 14 种代谢物下调；A2M 中酪氨酸代谢等 8 个通路显著富集，3,4- 二羟基苯基丙酸和 5- 氨基戊酸酯等 16 种代谢物上调，紫草素和阿魏酸等 11 种代谢物下调。

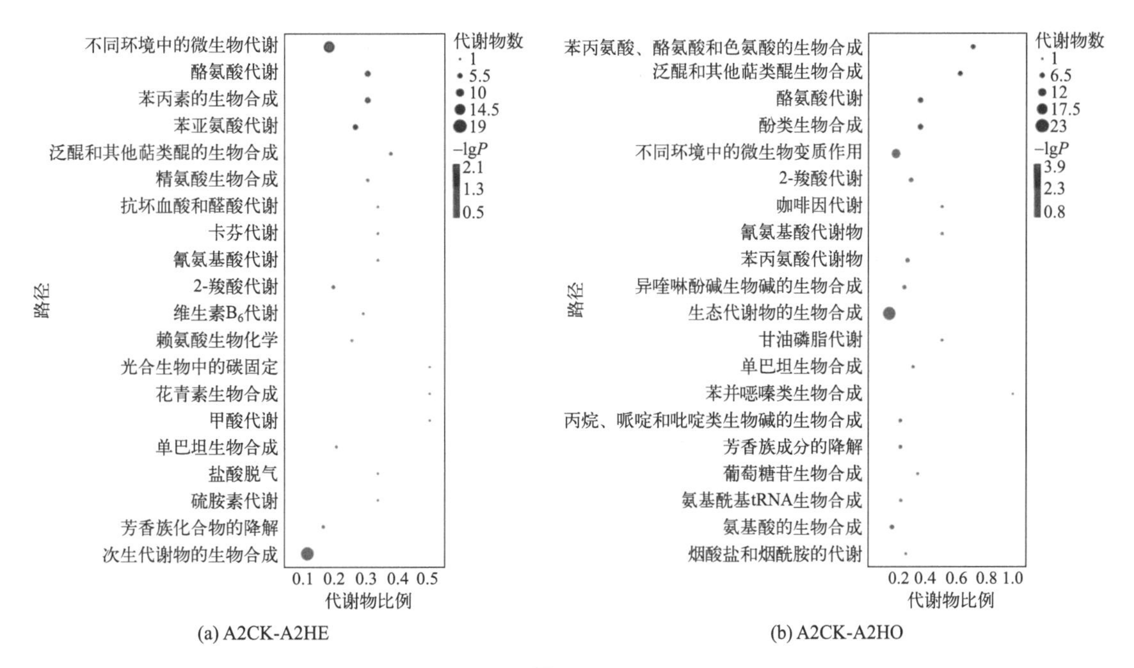

(a) A2CK-A2HE

(b) A2CK-A2HO

图 6-17

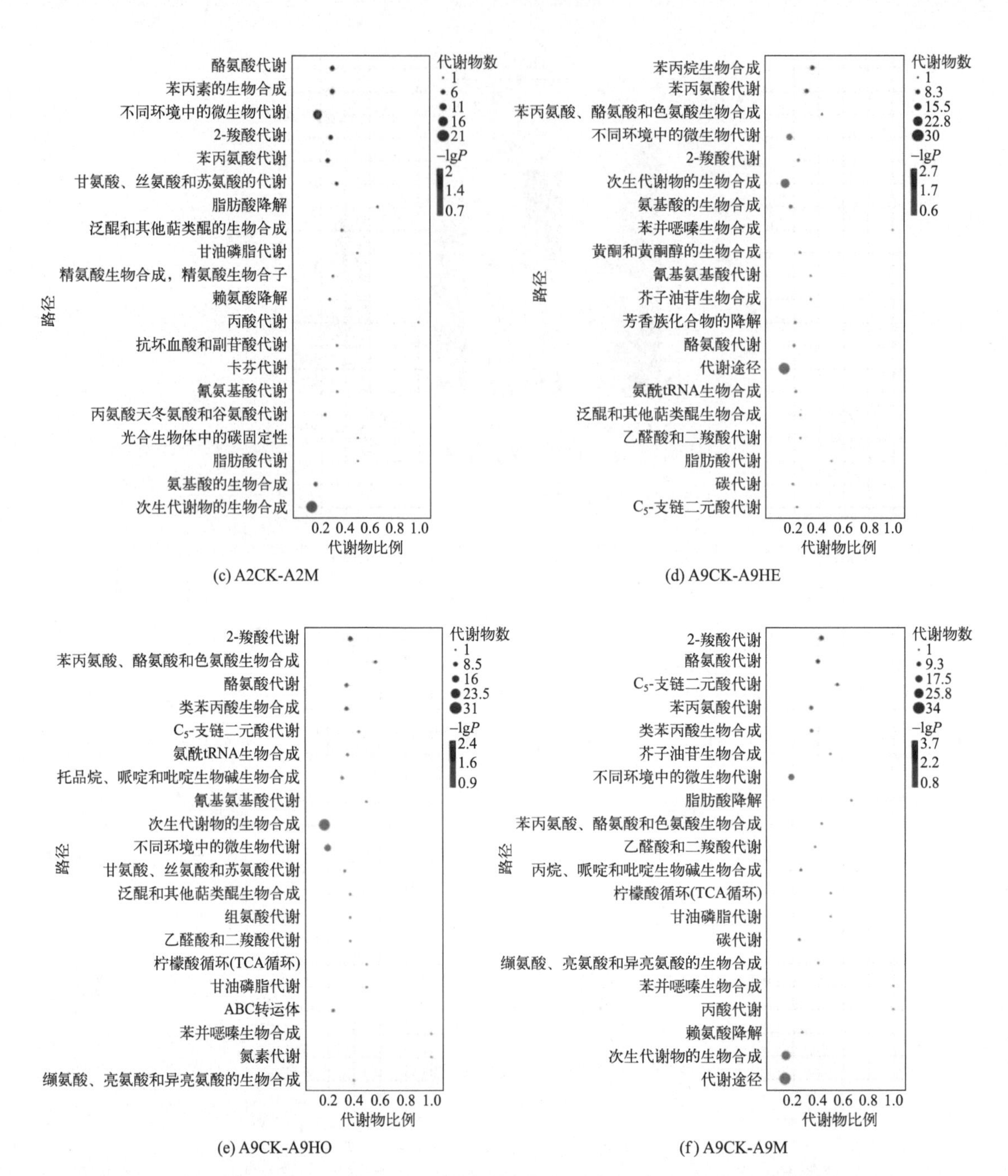

图 6-17　有氧暴露同一天不同处理 KEGG 代谢途径富集差异分析 [纵坐标为代谢通路或途径，横坐标为富集因子（该通路中差异代谢物数量除以该通路中所有数量），球形大小表示代谢物数量多少，颜色越红 P 值越小]

与 A9CK 相比，A9HE 中苯丙烷生物合成等 4 个通路显著富集，*N*- 乙酰 -L- 苯丙氨酸等 11 种代谢物上调，尸胺等 10 种代谢物下调；A9HO 中 2- 羧酸代谢等 10 个通路显著富集，胡椒碱、香豆素等 21 种代谢物上调，酪胺和苯乙酮等 19 种代谢物下调；A9M 中 2- 羧酸代谢等 9 个通路显著富集，香豆素等 20 种代谢物上调，酪胺等 12 种代谢物下调。

与有氧暴露第 2d 相比（图 6-18），A9CK 中莨菪碱、哌啶和吡啶生物碱的生物合成等 5 个通路显著富集，组胺和尸胺等 12 种代谢物上调，抗坏血酸等 10 种代谢物下调；A9HE 中酪氨酸代谢等 13 个通路显著富集，鹰嘴豆素 A 和苯甲酸等 16 种代谢物上调，芥子醇和 3,4-二羟基苯基丙酸等 17 种代谢物下调；A9HO 中不同环境中的微生物代谢通路显著富集，苯甲酸等 7 种代谢物上调，香草醛和焦性没食子酸等 5 种代谢物下调；A9M 中不同环境中的微生物代谢等 12 个通路显著富集，苯甲酸和鹰嘴豆素 A 等 17 种代谢物上调，抗坏血酸和芥子醇等 15 种代谢物下调。

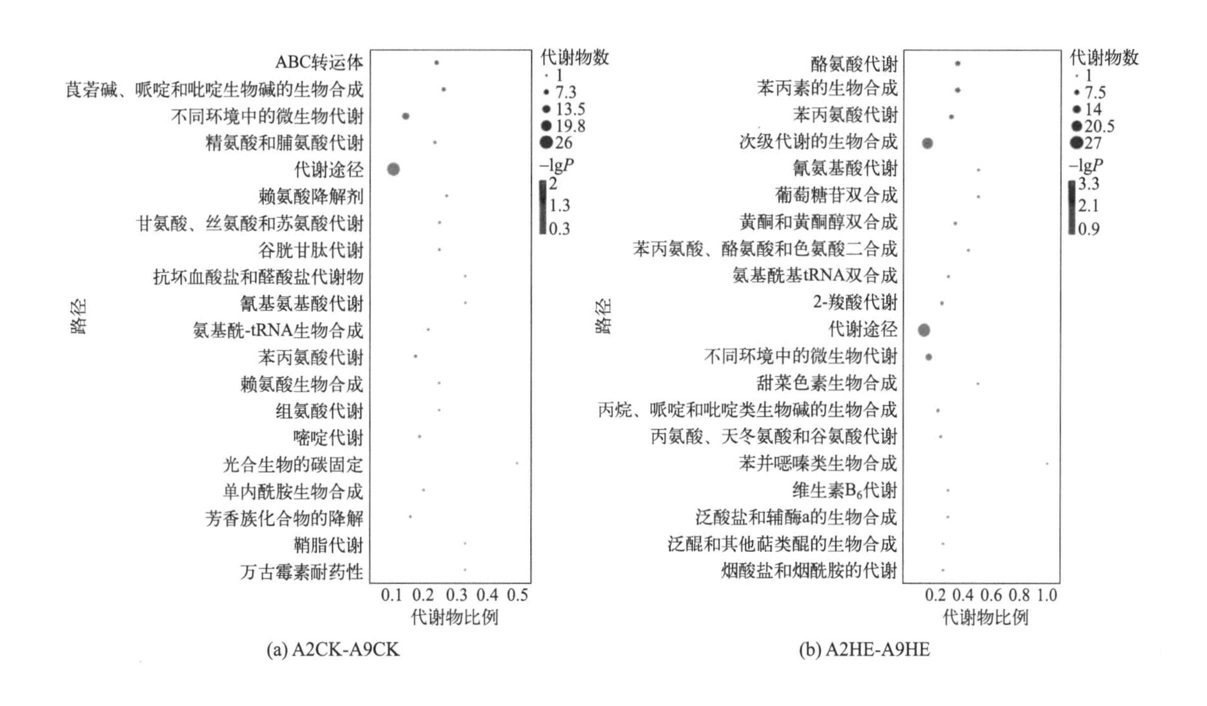

(a) A2CK-A9CK

(b) A2HE-A9HE

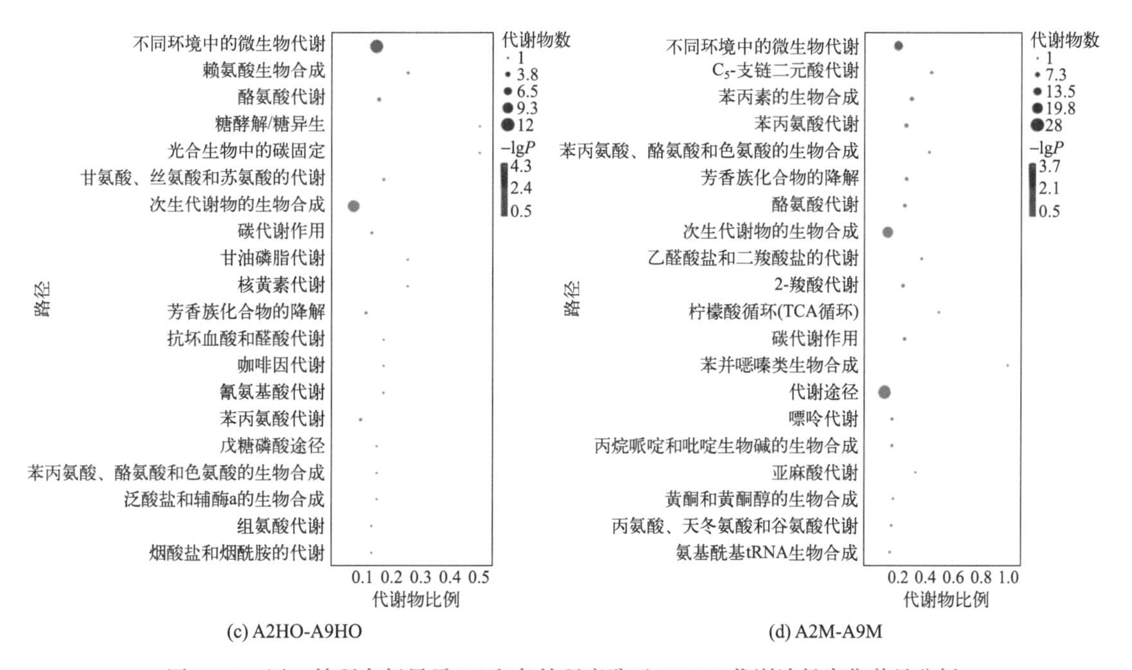

(c) A2HO-A9HO

(d) A2M-A9M

图 6-18　同一处理有氧暴露 2d 和各处理腐败天 KEGG 代谢途径富集差异分析

表 6-11　有氧暴露期不同组间候选差异代谢产物相对浓度折叠倍数变化（$P<0.05$，VIP>1）

化合物	差异倍数	差异性	VIP 值
A2 对照 -A2 布氏乳杆菌			
苯乙酮	−1.926	0	15.99
吡哆醇	−1.82	0.002	1.945
二氨基庚二酸	−1.89	0.012	1.674
2- 羟基肉桂酸	1.403	0.007	4.867
黄嘌呤	−0.565	0.004	2.987
己内酰胺	2.441	0	2.512
4- 吡啶氧酸	−0.484	0	1.108
氢化肉桂酸	2.445	0	2.663
香草醇	−3.047	0	3.123
抗坏血酸	−4.117	0	2.365
苯乙醛	0.725	0.011	2.381
丁香酸	0.967	0	1.69
5- 氨基戊酸酯	3.665	0	1.289
酪胺	−1.809	0.001	5.489
L- 酪氨酸	1.274	0.005	9.078
3-(3, 4- 二羟基苯基) 丙酸	1.944	0	1.691
3，4- 二羟基苯基丙酸	3.438	0	9.633
4- 香豆酸	1.22	0.024	1.521
香豆素	1.118	0.02	1.566
阿魏酸	−4.16	0	4.425
芥子醇	4.511	0	1.917
N- 乙酰 -L- 苯丙氨酸	4.936	0	5.438
紫草素	−5.192	0.01	1.625
A2 对照 -A2 鼠李糖乳杆菌			
3-(3, 4- 二羟基苯基) 丙酸	1.32	0	1.397
对羟苯基乙醇	1.627	0.002	2.085
苯乙酮	−4.078	0	21.386
没食子酸	3.37	0.013	1.208
香草醇	−1.221	0.01	2.608
1, 3, 7- 三甲尿酸	−0.332	0.021	5.083
苯乙醛	0.876	0.006	3.094
酪胺	−3.954	0	7.504
L- 酪氨酸	1.618	0	12.924
2- 羟基肉桂酸	1.479	0.002	6.018
香豆素	1.171	0.019	1.769
黄嘌呤	−0.513	0.01	3.223
阿魏酸	−1.209	0.007	3.545
L- 苯丙氨酸	−0.313	0.006	11.724
托品碱	0.717	0.002	2.937
吲哚	−0.569	0.001	5.827
紫草素	−3.059	0.017	1.726
胆色素原	−0.456	0.007	1.252
3- 苯基乳酸	0.867	0.006	3.072
抗坏血酸	−1.911	0	2.303
原儿茶酸	−1.378	0.011	1.968
4- 香豆酸	1.673	0.003	2.404
L- 天冬氨酸	−0.442	0.005	2.467
乙酰胆碱	−5.724	0	12
胆碱	0.391	0.008	4.385
A2 对照 -A2 混合菌			
酪胺	−3.331	0	6.944
3-(3, 4- 二羟基苯基) 丙酸	2.101	0	1.985
3, 4- 二羟基苯基丙酸	2.986	0	8.582
对羟苯基乙醇	1.137	0.022	1.334
香豆素	1.505	0.001	2.298
阿魏酸	−3.954	0	4.819
芥子醇	3.911	0	1.661
苯乙酮	−3.421	0	19.834
吡哆醇	−1.389	0.007	1.873
黄嘌呤	−0.647	0.002	3.482
己内酰胺	2.63	0	2.857
香草醇	−2.093	0	3.146
抗坏血酸	−2.378	0	2.367
苯乙醛	0.701	0.002	2.776
5- 氨基戊酸酯	3.515	0	1.347
N- 乙酰鸟氨酸	−0.885	0.022	1.61
N- 乙酰 -DL- 谷氨酸	2.397	0.004	1.537
2- 羟基肉桂酸	1.888	0	7.312
氢化肉桂酸	1.946	0	2.312
甜菜碱	0.303	0.032	3.539
胆碱	0.35	0.031	3.81

续表

化合物	差异倍数	差异性	VIP 值
L- 天冬氨酸	−0.987	0	3.5
2- 氧代丁酸	1.016	0.02	1.045
戊二酸	−0.763	0.005	1.257
L- 酪氨酸	1.535	0.001	11.862
紫草素	−4.252	0.011	1.749
4- 香豆酸	1.505	0.006	2.006
A9 对照 -A9 布氏乳杆菌			
香豆素	1.629	0	1.493
阿魏酸	−2.014	0	2.724
N- 乙酰 -L- 苯丙氨酸	4.509	0	4.67
4- 香豆酸	1.734	0.003	1.409
L- 酪氨酸	1.604	0	7.42
L- 苯丙氨酸	−0.59	0	12.376
吲哚	−2.225	0	6.546
苯乙酮	−1.656	0	13.964
吡哆醇	−1.144	0.004	1.096
二氨基庚二酸	−1.504	0.013	1.067
2- 羟基肉桂酸	1.093	0	3.49
尸胺	−4.457	0	1.033
己内酰胺	2.415	0	2.267
氢化肉桂酸	1.441	0	1.733
葡萄糖酸	−0.687	0.011	1.754
柠檬酸	2.933	0.001	4.161
香草醇	−3.657	0	3.062
苯甲酸	3.424	0.017	2.351
5- 氨基戊酸酯	2.315	0	1.081
1, 3, 7- 三甲尿酸	−0.464	0.025	3.772
甲基富马酸	2.537	0.005	1.212
A9 对照 -A9 鼠李糖乳杆菌			
肾上腺素	−0.622	0.002	1.445
3-(3, 4- 二羟基苯基) 丙酸	1.024	0	1.121
对羟苯基乙醇	1.087	0.001	1.78
柠康酸	0.965	0	1.073
胡椒碱	2.602	0	1.025
酪胺	−4.029	0	7.104
哌啶酸	1.608	0	1.445
L- 酪氨酸	2.029	0.014	9.831
香豆素	2.318	0	2.615
泛酸	−0.705	0.004	1.165
组胺	−3.927	0.006	1.092
N- 乙酰鸟氨酸	−0.833	0.001	1.857
阿魏酸	−0.571	0.001	2.057
L- 苯丙氨酸	−0.333	0	12.03
托品碱	0.763	0	3.044
巴马亭	2.35	0	1.177
吲哚	−0.519	0.001	4.949
紫草素	−2.108	0.015	1.004
3- 苯基乳酸	−1.113	0.024	4.239
杨梅素	1.399	0.007	2.733
4- 香豆酸	2.441	0	2.684
堪非醇	0.483	0.002	5.17
5- 甲氧补骨脂素	1.364	0.002	3.651
苯乙酮	−4.109	0	20.841
吡哆醇	0.796	0.001	1.624
二氨基庚二酸	1.136	0	1.928
L- 谷氨酸	0.962	0	2.946
2- 羟基肉桂酸	1.615	0	6.066
尸胺	−2.139	0	1.153
4- 吡啶氧酸	0.445	0.028	1.205
2, 5- 二羟基苯甲醛	−0.476	0.001	1.148
柠檬酸	2.6	0.013	4.2
香草醇	−2.053	0	3.476
苯乙醛	−1.111	0.024	4.237
原儿茶酸	−1.637	0	3.322
顺乌头酸	0.736	0.001	1.303
苏氨酸	−0.534	0.006	1.019
L- 天冬氨酸	1.187	0.003	3.163
7- 甲基黄嘌呤	−0.818	0.003	1.53
戊二酸	−0.553	0.027	1.03
A9 对照 -A9 混合菌			
N- 乙酰鸟氨酸	−0.571	0.011	1.274
N- 乙酰 -DL- 谷氨酸	1.854	0	1.293

续表

化合物	差异倍数	差异性	VIP 值	化合物	差异倍数	差异性	VIP 值
酪胺	−4.828	0	6.248	尸胺	2.988	0	1.668
肾上腺素	−1.088	0	1.613	3- 苯基乳酸	2.054	0.036	7.615
3, 4- 二羟基苯基丙酸	1.055	0.012	2.113	胆色素原	−0.573	0.019	1.917
对羟苯基乙醇	0.791	0.006	1.108	2, 5- 二羟基苯甲醛	0.511	0.015	1.563
柠康酸	1.365	0	1.228	抗坏血酸	−3.086	0	3.45
2- 氧代丁酸	1.693	0.001	1.136	苯乙醛	2.052	0.036	7.62
N- 乙酰 -L- 苯丙氨酸	3.869	0	3.963	原儿茶酸	1.323	0.011	4.295
香豆素	2.377	0	2.313	*N*- 乙酰腐胺	2.314	0.014	1.277
阿魏酸	−1.951	0	2.937	哌啶酸	−1.923	0	2.408
4- 香豆酸	2.216	0	2.08	甜菜碱	0.312	0.037	4.976
L- 甲硫氨酸	−1.145	0.019	5.402	胞嘧啶	−2.858	0.002	2.003
苯乙酮	−4.884	0	18.249	肾上腺素	0.611	0.018	1.917
2- 羟基肉桂酸	1.334	0.009	3.919	胸腺嘧啶	0.541	0.012	3.175
黄嘌呤	0.586	0.024	2.578	组胺	4.349	0.043	1.479
尸胺	−2.76	0	1.042	维生素 a 酸	0.815	0	1.645
己内酰胺	2.451	0	2.44	柠康酸	−0.968	0.007	1.594
氢化肉桂酸	1.511	0	2.061	芹菜素	0.955	0.024	7.497
葡萄糖酸	−0.927	0	2.265	**A2 布氏乳杆菌 -A9 布氏乳杆菌**			
2, 5- 二羟基苯甲醛	0.411	0.006	1.012	3-(3, 4- 二羟基苯基) 丙酸	−1.914	0	1.891
柠檬酸	2.618	0.001	3.826	3, 4- 二羟基苯基丙酸	−3.683	0	10.949
香草醇	−3.464	0	3.256	鹰嘴豆素 A	4.169	0.002	1.274
苯乙醛	0.646	0.025	3.79	3- 苯基乳酸	1.742	0	7.187
顺乌头酸	1.241	0	1.644	反式肉桂酸	1.13	0	1.614
苯甲酸	3.369	0	2.807	杨梅素	−0.845	0.011	1.625
琥珀酸半醛	1.606	0.001	1.267	苯甲酸	3.716	0.016	3
甲基富马酸	2.209	0	1.228	芹菜素	0.593	0.039	3.86
戊二酸	−0.649	0.01	1.023	L- 天冬氨酸	−0.832	0.001	2.989
L- 酪氨酸	2.431	0	12.187	堪非醇	−1.443	0	10.082
L- 苯丙氨酸	−0.424	0	11.716	芥子醇	−7.04	0	2.205
吲哚	−1.683	0	6.519	L- 酪氨酸	−0.475	0.018	6.045
A2 对照 -A9 对照				L- 苯丙氨酸	−0.273	0.003	9.262
章鱼碱	−2.031	0.004	1.275	L- 甲硫氨酸	−0.693	0.001	6.575
L- 天冬氨酸	−1.305	0.013	4.801	毛地黄黄酮	−0.762	0	3.474
D- 棉子糖	−0.88	0.009	1.458	吲哚	−2.382	0	9.005
L- 丝氨酸	−0.907	0.005	1.211	*N*- 乙酰鸟氨酸	0.411	0.001	1.032
L- 赖氨酸	−2.347	0	1.163	多巴胺	4.206	0.003	1.163

续表

化合物	差异倍数	差异性	VIP 值	化合物	差异倍数	差异性	VIP 值
哌啶酸	−0.73	0.003	1.221	黄嘌呤	0.792	0	4.546
肾上腺素	−0.679	0	1.292	氢化肉桂酸	0.272	0.005	1.22
泛酸	0.597	0.046	1.15	葡萄糖酸	−0.456	0.008	1.692
阿魏酸	1.462	0.002	1.468	2, 5- 二羟基苯甲醛	0.925	0	1.974
托品碱	0.211	0.021	1.503	柠檬酸	1.291	0.008	3.831
胆色素原	−0.409	0.01	1.196	香草醇	−1.143	0.006	1.287
2, 5- 二羟基苯甲醛	0.781	0	1.504	抗坏血酸	−3.617	0.003	1.12
苯乙醛	1.774	0	7.232	苯乙醛	1.997	0	8.87
鸟嘌呤	2.31	0	1.052	原儿茶酸	1.643	0	3.684
琥珀酸半醛	1.662	0	1.367	顺乌头酸	0.558	0.026	1.271
甲基富马酸	1.161	0.044	1.112	反式肉桂酸	1.129	0.009	1.437
N- 乙酰天冬氨酸	0.666	0.049	1.006	苯甲酸	3.826	0	3.668
2- 羟基肉桂酸	−0.381	0.047	2.68	丁香酸	−1.775	0	1.887
氢化肉桂酸	−0.297	0.05	1.154	琥珀酸半醛	1.868	0	1.795
丁香酸	−2.876	0	2.582	甲基富马酸	1.436	0	1.39
A2 鼠李糖乳杆菌 -A9 鼠李糖乳杆菌				柠康酸	0.781	0.001	1.289
香草醛	−0.36	0.01	1.009	阿魏酸	1.319	0	1.652
葡萄糖酸	0.446	0.011	4.864	L- 苯丙氨酸	−0.181	0.046	7.304
焦性没食子酸	−1.646	0	1.391	芥子醇	−4.52	0	1.897
2, 5- 二羟基苯甲醛	0.713	0.004	2.663	吲哚	−1.835	0	9.088
没食子酸	−2.233	0.002	2.778	酪胺	−1.491	0.031	1.69
抗坏血酸	−0.974	0.038	1.777	3-(3, 4- 二羟基苯基) 丙酸	−1.25	0	1.921
原儿茶酸	1.064	0.001	3.958	3, 4- 二羟基苯基丙酸	−2.442	0	9.422
苯甲酸	2.12	0.003	3.039	L- 组氨酸	−1.21	0	1.953
丁香酸	−1.067	0.003	2.729	*N*- 乙酰鸟氨酸	0.714	0.002	1.63
1, 3, 7- 三甲尿酸	0.162	0.027	7.448	毛地黄黄酮	−0.608	0.035	3.6
二氨基庚二酸	0.146	0.043	1.799	鹰嘴豆素 A	2.542	0	1.421
L- 天冬氨酸	0.323	0.014	4.615	托品碱	0.202	0.02	1.751
A2 混合菌 -A9 混合菌				3- 苯基乳酸	1.96	0	8.757
苯乙酮	−1.393	0.033	4.542	堪非醇	−1.381	0	9.445
2- 羟基肉桂酸	−0.624	0.019	4.931				

6.2.2.3 讨论

（1）高水分黑麦草青贮料有氧稳定性分析

开袋（窖）饲喂是青贮制作不可避免的一个环节，青贮料暴露在空气中容易变质，因为细菌、酵母和霉菌可以活化和氧化不同的基质，从而影响青贮质量。因此，青贮饲料的有氧稳定性是确保青贮饲料为动物提供含有最低水平的孢子和毒素并保存良好营养物质的一个关键因素。将密封储存的青贮饲料开袋后，环境迅速从厌氧转变为有氧，酵母在有氧环境中迅速复活消耗乳酸，导致 pH 值和温度上升。一般认为，暴露在空气中的青贮饲料伴随着 pH 值和温度上升 , 当高于环境温度 2℃时即认为腐败变质。本研究中，在有氧暴露第 9d 观察到 CK 和 HO 处理 pH 值上升和温度上升超过 2℃，认定为腐败变质。尽管作为同型发酵乳杆菌，也有研究表明，从高温地区和高湿润地区分离和筛选出的鼠李糖乳杆菌（LR753）可以显著提高玉米青贮在高温环境下的有氧稳定性。但在本研究中，鼠李糖乳杆菌处理组与对照组有氧稳定性相当，甚至在有氧暴露期最高 pH 值和温差分别达到了 8.5 和 10.96℃，这无疑加速了营养流失。布氏乳杆菌是典型的异型发酵乳杆菌，常用来作接种剂，在发酵后期（大约 30 ～ 60d）将乳酸转化为乙酸和 1,2- 丙二醇，后者又转化为丙酸以增强青贮料有氧稳定性。但最近的研究也显示，丙酸降低而不是改善了有氧稳定性。可见，布氏乳杆菌之所以能增强有氧稳定性是因为将乳酸转化成乙酸，乙酸的抗菌性间接增强了有氧稳定性。本研究中布氏乳杆菌处理达到 20d 超长有氧稳定期，组合处理组（M）更是在 20d 有氧暴露后仍未见明显的 pH 值和温度变化。这也表明了鼠李糖乳杆菌和布氏乳杆菌组合处理可能会有协同作用。在本研究中观察到 HE 组在 LAB 接种处理中有更高的 AA 含量，然而，相对含量也很低，可能是高水分青贮环境改变了布氏乳杆菌代谢途径所致。此外，在所有处理中都检测到少量 BA 存在（表 6-4），Danner 等和 Zhang 等观察到丁酸的应用提高了青贮饲料的好氧稳定性，Li 等也在秸秆青贮饲料中报道了类似的结果；有研究还表明，高水分青贮饲料含更多的饱和脂肪酸、必需脂肪酸、必需氨基酸和非必需氨基酸可以增强有氧稳定性。以上研究结果可能是本研究青贮饲料拥有超长稳定性的原因。

（2）有氧暴露期黑麦草青贮饲料细菌群落多样分析

发酵期乳杆菌的绝对丰度值表明鼠李糖乳杆菌和布氏乳杆菌的接种促进了理想细菌乳杆菌的生长，间接证明了两种菌具有一定的抗菌性，影响了不同细菌之间的竞争。有氧暴露后，所有处理细菌 α 多样性都增加，但 CK 组增加更明显，进一步证明了其抗菌性。Duniere 等将对照组青贮饲料中细菌多样性更低的原因归咎于较高 pH 值为腐败微生物的增殖提供了条件；而 Liu 等的研究表明，随着有氧暴露时间的延长，LAB 处理青贮料的细菌群落丰富度和多样性与 CK 处理青贮料相当，可能是 LAB 处理和未处理的青贮在第 7d 暴露于空气时发生有氧恶化所致。因此，受青贮饲料有氧暴露的影响，耐酸性较差的腐败微生物大量繁殖，当优势细菌变得丰富时，微生物群落的多样性才会减少。

（3）有氧暴露期黑麦草青贮饲料细菌群落组成分析

厚壁菌门仍是所有处理的优势门，变形菌门在 CK 处理中丰度有所增加，这与之前的一些报道相似。乳杆菌仍然是所有处理中主要的细菌属，这与青贮饲料中持续较低的 pH 值是一致的。有氧暴露后，肠球菌、*Clostridium sensu stricto 12*、假单胞菌属、窄食单胞菌、*Allorhizobium-Neorhizobium-Pararhizobium-Rhizobium* 等可能引起腐败的细菌首先在 CK 组中出现。肠球菌是一种兼性厌氧 LAB，球形，在发酵早期与 pH 值降低呈正相关，被认为是发酵启动剂。但 Hu 等的研究表明，含有大量 *Enterococcus* 的青贮饲料有较差的发酵品质；*Clostridium sensu stricto 12* 属于梭状芽孢杆菌纲的梭状芽孢杆菌目，虽然梭状芽孢杆菌是严格厌氧的，但也有研究表明，梭状芽孢杆菌的生长可以在有氧暴露过程中发生。*Clostridium sensu stricto 12* 在有氧暴露过程中生长的一种可能解释是，青贮饲料中好氧和厌氧细菌共存，而梭状芽孢杆菌从前期由需氧生物提供的酸的氧化中获益。*Allorhizobium-neorhizobium-pararhizobium-rhizobium* 是一种根瘤菌，可能在刈割过程中随根部一起进入青贮。Sun 等报道其存在于全株玉米青贮初始有氧阶段中，以上细菌都有可能引起 CK 组青贮料的腐败。

（4）有氧暴露期黑麦草青贮饲料真菌群落多样分析

目前，通过高通量测序揭示青贮饲料有氧暴露阶段微生物多样性的信息还很有限，尤其是真菌。与 CK 相比，LAB 接种处理真菌丰富度和多样性均显著增加，这与 Guan 等的将鼠李糖乳杆菌和布氏乳杆菌接种到纳皮尔草中的研究结果不一致，他们发现有氧暴露 2 ～ 4d 接种处理的青贮饲料真菌多样性较低；而 Drouin 等和 Wang 等的研究结果表明，高真菌多样性可以提高全株玉米青贮的有氧稳定性。一般情况下，青贮饲料暴露在空气中后，首先是耐酸好氧酵母菌利用乳酸滋生逐渐主导微生物群落，引起真菌多样性上升。本研究中的青贮料有氧暴露后，在接种处理中观察到真菌多样性显著增高，但未见温度和 pH 值变化，可能由于该研究中好氧微生物首先利用的是黑麦草过剩的可溶性碳水化合物而并非乳酸。Bai 等报道将布氏乳杆菌和枯草芽孢杆菌处理的苜蓿青贮饲料有氧暴露 3d 和 9d，与 CK 组相比，处理组的真菌香农指数增加，Chao1 指数降低，但他们没有观察到显著性。

（5）有氧暴露期黑麦草青贮饲料真菌群落组成分析

子囊菌门和担子菌门是青贮饲料中最主要的两个真菌门，对照组与 LAB 接种处理组之间也没有观察到显著的差异，有氧暴露后两个真菌门交替占有主要丰度。在紫花苜蓿和甘蔗等青贮饲料的真菌群落研究中，Zhang 等和 Bai 等也得出同样的结论，在发酵过程中，接种剂对门水平上的真菌组成影响较小。May 等和 Romero 等分别用 DGGE 法和 NGS 法也得出类似的结果。有氧腐败后，子囊菌门是青贮饲料中唯一主要的门，这与 Liu 等的研究结果一致。Wang 等也报道，从非发酵的全作物玉米和预混合饲料、筒仓开口处和有氧暴露的青贮料中分离出 16 种酵母，大部分属于子囊菌门，并非担子菌门。

引发有氧腐败的真菌菌种似乎不太一样。Bai 等研究结果表明，将自然发酵的苜蓿青贮饲料暴露在氧气中 9d 后，引起腐败变质的真菌主要是假丝酵母属和毕赤酵母属；He 等和 Jia 等在稻草青贮中添加丙酸的研究表明，红曲霉菌的生长可能会引起好氧腐败，他们认为丙酸浓度的增加与红曲霉菌的丰度正相关，而红曲霉菌的丰度与青贮饲料有氧稳定性负相关。本研究中，CK 处理的青贮饲料在有氧暴露第 6d 青霉菌（98.74%）丰度急剧上升，但并未观察到温度和 pH 值上升，而在第 9d 有氧腐败后，观察到温度和 pH 值上升，主要的真菌是青霉菌（58.31%）和伊萨酵母（28.95%）。以前的研究表明，青霉菌主要存在于谷物和奶酪中，它的真菌种 *Penicillium* spp. 是在青贮饲料中经常出现的能产生毒素的霉菌。根据 Liu 等的研究结果，大麦青贮饲料暴露在空气中后，伊萨酵母种群迅速增加，LAB 处理大麦青贮的伊萨酵母丰度从 21.7% 增加到 98.4%，致使大麦青贮饲料腐败，表明在大麦青贮饲料中添加 LAB 接种剂并不能改善腐败真菌增殖引起的需氧恶化。根据以上研究结果，可能就是青霉菌和伊萨酵母共同作用导致 CK 处理有氧腐败。*Apiotrichum* 和汉纳酵母在 HO 处理有氧暴露 2d 后丰度上升。*Apiotrichum* 是一种在欧洲发现的与土壤相关的酵母菌，很少在青贮饲料中报道。汉纳酵母是一种担子菌酵母属，银耳目，担子菌门，广泛分布于植物表面，被认为在促进植物生长和生物防治方面起重要作用。Drouinet 等和 Wali 等报道了汉纳酵母普遍存在于全株玉米和豆渣青贮饲料中，但未发现青贮饲料的品质因此受损。本研究中并未发现 *Apiotrichum* 和汉纳酵母致使 HO 处理腐败，因为 HO 有氧腐败时（第 9d）最主要的真菌是青霉菌。异发酵型 LAB 在有氧暴露的早期阶段可以成功抑制酵母菌类的生长。本研究中布氏乳杆菌处理（HE）达到了 20d 超长的有氧稳定性。然而，在 HE 处理有氧暴露 20d 腐败时，其中大部分真菌未被注释到，或许其中有其他目前未知的真菌辅助延长了高水分黑麦草青贮饲料有氧稳定性，这需要更进一步的研究。此外，在暴露空气20d后，M处理真菌群落仍未见明显变化，也没有发现温度和pH值明显上升的迹象，表现出超强的有氧稳定性。

（6）有氧暴露期黑麦草青贮饲料代谢组分析

代谢组学分析表明，HO、HE以及M处理黑麦草青贮对有氧暴露后代谢物组成模式的调节作用不同。总体来看，有氧暴露期代谢通路明显增加，而有氧腐败天总代谢物比有氧暴露2d少。这可能是接触空气后，青贮料中好氧微生物被激活，导致更复杂的竞争机制，代谢通路明显增加，有更多代谢物被还原，而还原代谢物时就可能导致有氧暴露青贮温度升高。Bai等的研究也表明，有氧暴露5d后，高水分（68%）的苜蓿青贮饲料中含有更多的总代谢物，包括饱和脂肪酸（棕榈酸和硬脂酸）、必需脂肪酸（亚油酸）、必需氨基酸（苯丙氨酸），和非必需氨基酸（丙氨酸、β-丙氨酸和天冬酰胺），而与有氧暴露2 d相比，这些代谢物则降低。

与之前研究不同的是，有氧暴露2d后，与CK相比，本研究布氏乳杆菌接种处理抗坏血酸和阿魏酸持续下调，不利于抗坏血酸和阿魏酸等抗氧化合物的积累，但同时持续积累抗氧化剂*N*-乙酰-L-苯丙氨酸和3,4-二羟基苯基丙酸。有氧暴露后期，HE和M处理鹰嘴豆素A和苯甲酸显著积累。鹰嘴豆素A是由红三叶草产生的一种异黄酮，可缓解体内淀粉发酵的相关变化，具有与雌激素相似的作用。此外，其能抑制胆固醇的升高，还具有抗真菌和抗肿瘤作用，可能是一种有效的替代抗生素来缓解牛因饲用低pH值青贮料导致的酸中毒的方法。而苯甲酸是典型的防腐剂。这些都可能是布氏乳杆菌和组合接种处理组有良好有氧稳定性的原因。以上分析结果表明，HE和M处理有氧暴露前期抗氧化代谢物主要为*N*-乙酰-L-苯丙氨酸和3,4-二羟基苯基丙酸，而后期则可能是鹰嘴豆素A和苯甲酸。

Guo等和Li等分别对苜蓿青贮和柱花草青贮的研究表明，诸如核酸代谢通路的富集表示代谢物的还原加速，导致组胺和尸胺的积累，可作为青贮发酵质量差的生物标志物。本研究CK组中组胺和尸胺等代谢物积累，抗坏血酸等代谢物下调，有可能是CK组较早腐败并伴随较差发酵品质的原因。

Wu等的研究表明，经香草醛处理后的高水分玉米粒青贮料，蛋白降解率低和非蛋白氮的产量少，有效降低营养损失；He等的研究表明，在高水分桑叶和柱花草青贮中添加焦性没食子酸后，包括干物质损失、pH值、丁酸、氨氮含量、大肠菌群数量减少，乳酸和乙酸含量增加，表明焦性没食子酸可改善发酵质量并利于蛋白质保存。然而，本研究中，在有氧暴露期观察到香草醛和焦性没食子酸在HO处理中持续下调，表明鼠李糖乳杆菌单独处理时有更多的营养损失。但同时，多种具有功能性或风味特征的代谢物在鼠李糖乳杆菌接种处理中普遍检出。如胡椒碱（可抗惊厥，抗蝇类的毒性）、香豆素（羟基肉桂酸的内酯）、多巴胺（儿茶酚胺类神经递质）等。

6.2.2.4 小结

CK和HO组有氧暴露9d后，第2、6d和各处理腐败天上升，温度超过环境温度2℃，判定为腐败；HE组直到有氧暴露20d后，pH值和温度才明显变化，而M组pH值和温度一直保持稳定，有超长稳定性。超长的有氧稳定期保证了高水分黑麦草青贮饲料暴露在空气中的饲喂价值。

有氧暴露期细菌多样性分析表明，LAB处理组相较CK组有更低的细菌多样性，而随着有氧暴露时间的延长，细菌多样性增加；HE和M组细菌群落相似，并与其他组差异显著。

厚壁菌门仍然是有氧暴露期最丰富的细菌门，乳杆菌仍然是所有处理中主要的细菌属；CK 组中有 *Clostridium sensu stricto 12*、假单胞菌属、窄食单胞菌、*Allorhizobium-neorhizobium-pararhizobium-rhizobium* 等不良细菌滋生。

与 CK 组相比，LAB 接种处理真菌丰富度和多样性均显著性增加，除 M 处理外，随着有氧暴露时间的延长，所有处理真菌丰富度和多样性显著降低。CK 组真菌群落与其他组差异显著。有氧暴露后，真菌门水平的担子菌门逐渐被子囊菌门替代；属水平真菌青霉菌和伊萨酵母共同作用导致 CK 组有氧腐败；青霉菌导致 HO 组有氧腐败；导致 HE 组有氧腐败的真菌大部分未被注释。

不同 LAB 处理黑麦草青贮对有氧暴露后代谢物组成模式的调节作用不同。代表较差发酵品质的组胺和尸胺在 CK 组中大量积累；香草醛和焦性没食子酸在 HO 组中持续下调，表明有氧暴露期鼠李糖乳杆菌单独处理时有更多的营养损失；布氏乳杆菌接种处理不利于抗坏血酸和阿魏酸等抗氧化合物的积累，但有氧暴露前期积累抗氧化剂 *N*- 乙酰 -L- 苯丙氨酸和 3,4- 二羟基苯基丙酸，而后期积累鹰嘴豆素 A 和苯甲酸。

主要参考文献

[1] 胡宗福 . 菌酶对苜蓿青贮品质调控的微生物学及代谢组学研究 [D]. 哈尔滨 : 东北农业大学 , 2021.

[2] 柯文灿 . 不同调控措施影响苜蓿青贮发酵品质的作用机制研究 [D]. 兰州 : 兰州大学，2021.

[3] 吴长荣 , 代胜 , 梁龙飞 , 等 . 不同添加剂对构树青贮饲料发酵品质和蛋白质降解的影响 [J]. 草业学报 , 2021, 30(10): 169-179.

[4] 许冬梅 . 不同气候区及乳酸菌影响玉米青贮发酵的微生物组与代谢组学机制研究 [D]. 兰州 : 兰州大学 , 2021.

[5] Agarussi M C N, Pereira O G, Silva V P D, et al. Fermentative profile and lactic acid bacterial dynamics in non-wiltedand wilted alfalfa silage in tropical conditions[J]. Molecular Biology Reports, 2019, 46: 451-460.

[6] Alonso V A, Pereyra C M, Keller L A, et al. Fungi and mycotoxins in silage: An overview[J]. Journal of Applied Microbiology, 2013, 115(3): 637-643.

[7] AOAC. Official Methods of Analysis[M]. Arlington: Association of Official Analytical Chemists, 1990.

[8] Arriola K G, Queiroz O C, Romero J J, et al. Effect of microbial inoculants on the quality and aerobic stability of bermudagrass round-bale haylage[J]. Journal of Dairy Science, 2015, 98(1): 478-485.

[9] Azi F, Tu C, Meng L, et al. Metabolite dynamics and phytochemistry of a soy whey-based beverage bio-transformed by water kefir consortium[J]. Food Chemistry, 2021, 342: 128225.

[10] Bai C, Wang C, Sun L, et al. Dynamics of bacterial and fungal communities and metabolites during aerobic exposure in whole-plant corn silages with two different moisture levels[J]. Frontiers in Microbioogy, 2021, 12: 663895.

[11] Bai J, Xu D, Xie D, et al. Effects of antibacterial peptide-producing *Bacillus subtilis* and *Lactobacillus buchneri* on fermentation, aerobic stability, and microbial community of alfalfa silage[J]. Bioresours Technology, 2020, 315: 123881.

[12] Bernardes T F, Daniel J L P, Adesogan A T, et al. Silage review: Unique challenges of silages made in hot and cold regions[J]. Journal of Dairy Science, 2018, 101: 4001-4019.

[13] Bonaldi D S, Carvalho B F, Ávila C, et al. Effects of *Bacillus subtilis* and its metabolites on corn silage quality[J]. Letters in Applied Microbiology, 2021, 73(1): 46-53.

[14] Carvalho B F, Sales G, Schwan R F, et al. Criteria for lactic acid bacteria screening to enhance silage quality[J]. Journal of Applied Microbiology, 2021, 130(2): 341-355.

[15] Carvalho-Estrada P A, Fernandes J, da Silva É B, et al. Effects of hybrid, kernel maturity, and storage period on the bacterial community in high-moisture and rehydrated corn grain silages[J]. Syst. Appl. Microbiol., 2020, 43(5): 126131.

[16] Chen D, Zheng M, Guo X, et al. Altering bacterial community: A possible way of lactic acid bacteria inoculants reducing CO_2 production and nutrient loss during fermentation[J]. Bioresours Technology, 2021, 329: 124915.

[17] Chen J, Huang G, Xiong H, et al. Effects of mixing garlic skin on fermentation quality, microbial community of high-moisture *Pennisetum hydridum* Silage[J]. Frontiers in Microbioogy, 2021, 12: 770591.

[18] Chen L, Dong Z, Li J, et al. Ensiling characteristics, in vitro rumen fermentation, microbial communities and aerobic stability of low-dry matter silages produced with sweet sorghum and alfalfa mixtures[J]. Journal of the Science of Food and Agriculture, 2019, 99(5): 2140-2151.

[19] Chen S, Zhao J, Dong D, et al. Effect of citric acid residue and short-chain fatty acids on fermentation quality and aerobic stability of lucerne ensiled with lactic acid bacteria inoculants[J]. Journal of Applied Microbiology, 2022, 132(1): 189-198.

[20] Costa D M, Carvalho B F, Bernardes T F, et al. New epiphytic strains of lactic acid bacteria improve the conservation of corn silage harvested at late maturity[J]. Animal Feed Science and Technology, 2021, 274(1): 114852.

[21] da Silva E B, Smith M L, Savage R M, et al. Effects of *Lactobacillus hilgardii* 4785 and *Lactobacillus buchneri* 40788 on the bacterial community, fermentation and aerobic stability of high-moisture corn silage[J]. Journal of Applied Microbiology, 2021, 130(5): 1481-1493.

[22] Dong L, Zhang H, Gao Y, et al. Dynamic profiles of fermentation characteristics and bacterial community composition of *Broussonetia papyrifera* ensiled with perennial ryegrass[J]. Bioresours Technology, 2020, 310: 123396.

[23] Driehuis F, Wilkinson J, Jiang Y, et al. Silage review: Animal and human health risks from silage[J]. Journal of Dairy Science, 2018, 101: 4093-4110.

[24] Gharechahi J, Kharazian Z A, Sarikhan S, et al. The dynamics of the bacterial communities developed in maize silage[J]. Microbial. Biotechnology, 2017, 10: 1663-1676.

[25] He Q, Zhou W, Chen X, et al. Chemical and bacterial composition of *Broussonetia papyrifera* leaves ensiled at two ensiling densities with or without *Lactobacillus plantarum* [J]. Journal of Cleaner Production, 2021, 329, 129792.

[26] Jung J S, Ravindran B, Soundharrajan I, et al. Improved performance and microbial community dynamics in anaerobic fermentation of triticale silages at different stages[J]. Bioresours Technology, 2022, 345: 126485.

[27] Ke W C, Ding W R, Xu D M, et al. Effects of addition of malic or citric acids on fermentation quality and chemical characteristics of alfalfa silage[J]. Journal of Dairy Science, 2017, 100(11): 8958-8966.

[28] Keshri J, Chen Y, Pinto R, et al. Microbiome dynamics during ensiling of corn with and without *Lactobacillus plantarum* inoculant[J]. Applied Microbiology & Biotechnology, 2018, 102: 4025-4037.

[29] Li S, Jin Z, Hu D, et al. Effect of solid-state fermentation with *Lactobacillus casei* on the nutritional value, isoflavones, phenolic acids and antioxidant activity of whole soybean flour[J]. LWT-Food Science & Technology, 2020, 125: 109264.

[30] Li X X, Xu W B, Yang J S, et al. Effect of different levels of corn steep liquor addition on fermentation characteristics and aerobic stability of fresh rice straw silage[J]. Animal Nutrition, 2016, 2: 345-350.

[31] Muck R E, Nadeau E M G, McAllister T A, et al. Silage review: Recent advances and future uses of silage additives[J]. Journal of Dairy Science, 2018, 101: 3980-4000.

[32] Peng K, Jin L, Niu Y D, et al. Condensed tannins affect bacterial and fungal microbiomes and mycotoxin production during ensiling and upon aerobic exposure[J]. Applied & Environmental Microbiology, 2018, 84(5): e02274-17.

[33] Wang C, He L, Xing Y, et al. Effects of mixing *Neolamarckia cadamba* leaves on fermentation quality, microbial community of high moisture alfalfa and stylo silage[J]. Microbial. Miotechnology, 2019, 12(5): 869-878.

[34] Wilkinson J M, Muck R E. Ensiling in 2050: Some challenges and opportunities[J]. Grass and Forage Science, 2019, 74: 178-187.

[35] Xu D, Wang N, Rinne M, et al. The bacterial community and metabolome dynamics and their interactions modulate fermentation process of whole crop corn silage prepared with or without inoculants[J]. Microbial Biotechnology, 2021, 14(2): 561-576.

[36] Yang J, Tan H, Cai Y. Characteristics of lactic acid bacteria isolates and their effect on silage fermentation of fruit residues[J]. Journal of Dairy Science, 2016, 99(7): 5325-5334.

[37] Yuan X, Li J, Dong Z, et al. The reconstitution mechanism of napier grass microiota during the ensiling of alfalfa and their contributions to fermentation quality of silage[J]. Bioresours Technology, 2020, 297: 122391.

[38] Zhang Y, Liu Y, Meng Q, et al. A mixture of potassium sorbate and sodium benzoate improved fermentation quality of whole-plant corn silage by shifting bacterial communities[J]. Journal of Applied Microbiology, 2020, 128: 1312-1323.

[39] Romero J J, Zhao Y, Balseca-Paredes M A, et al. Laboratory silo type and inoculation effects on nutritional composition, fermentation, and bacterial and fungal communities of oat silage [J]. J. Dairy Sci., 2017,100:1812-1828.

[40] Yan Y, Li X, Guan H, et al. Microbial community and fermentation characteristic of Italian ryegrass silage prepared with corn stover and lactic acid bacteria[J]. Bioresour. Technol., 2019, 279: 166-173.

[41] Dong L, Zhang H, Gao Y, et al. Dynamic profiles of fermentation characteristics and bacterial community composition of *Broussonetia papyrifera* ensiled with perennial ryegrass[J]. Bioresour. Technol., 2020, 310: 123396.

[42] Guan H, Yan Y, Li X, et al. Microbial communities and natural fermentation of corn silages prepared with farm bunker-silo in Southwest China[J]. Bioresour. Technol., 2018, 265: 282-290.

[43] Desta S T, Yuan X, Li J, et al. Ensiling characteristics, structural and nonstructural carbohydrate composition and enzymatic digestibility of Napier grass ensiled with additives[J]. Bioresour. Technol., 2016, 221: 447-454.

[44] Li Y, Nishino N. Bacterial and fungal communities of wilted Italian ryegrass silage inoculated with and without *Lactobacillus rhamnosus* or *Lactobacillus buchneri* [J]. Lett. Appl. Microbiol., 2011, 52(4): 314-321.

[45] Ren F, He R, Zhou X, et al. Dynamic changes in fermentation profiles and bacterial community composition during sugarcane top silage fermentation: A preliminary study[J]. Bioresour. Technol., 2019, 285: 121315.

[46] Mu L, Xie Z, Hu L, et al. Cellulase interacts with *Lactobacillus plantarum* to affect chemical composition, bacterial communities, and aerobic stability in mixed silage of high-moisture amaranth and rice straw[J]. Bioresour. Technol., 2020,315: 123772.

[47] Ni K, Wang F, Zhu B, et al. Effects of lactic acid bacteria and molasses additives on the microbial community and fermentation quality of soybean silage[J]. Bioresour. Technol., 2017 ,238, 706-715.

[48] Jia T, Yun Y, Yu Z.Propionic acid and sodium benzoate affected biogenic amine formation, microbial community, and quality of oat silage[J]. Front. Microbiol., 2021,12: 750920.

[49] Duniere L, Xu S, Long J, et al. Bacterial and fungal core microbiomes associated with small grain silages during ensiling and aerobic spoilage[J]. BMC Microbiol., 2017,17(1):50.

[50] Pahlow G, Muck R E, Driehuis F, et al. Microbiology of ensiling[M]// Buxton D R, Muck R E, Harrison J H. Silage Science and Technology. Madison: American Society of Agronomy, 2003: 31-93.

[51] May L A, Smiley B, Schmidt M G. Comparative denaturing gradient gel electrophoresis analysis of fungal communities associated with whole plant corn silage[J]. Can J Microbiol, 2001, 47(9):829-841.

[52] Drouin P, Tremblay J, Chaucheyras-Durand F.Dynamic succession of microbiota during ensiling of whole plant corn following inoculation with *Lactobacillus buchneri* and *Lactobacillus hilgardii* alone or in combination[J]. Microorganisms., 2019,7(12): 595.

[53] Wali A, Nishino N.Bacterial and fungal microbiota associated with the ensiling of wet soybean curd residue under prompt and delayed sealing conditions[J]. Microorganisms., 2020,8(9): 1334.

[54] Wu Z, Luo Y, Bao J, et al. Additives affect the distribution of metabolic profile, microbial communities and antibiotic resistance genes in high-moisture sweet corn kernel silage[J]. Bioresour. Technol., 2020, 315: 123821.

[55] Guan H, Shuai Y ,Ran Q, et al.The microbiome and metabolome of Napier grass silages prepared with screened lactic acid bacteria during ensiling and aerobic exposure[J].Animal Feed Science and Technology,2020,269:114673.

第7章 展望

本书针对贵州喀斯特区域饲草青贮进行了初步的研究、总结和探讨，但仍存在不足，后期有望从以下几个方面展开深入研究。

① 本书探索了环境因子对牧草叶际微生物的影响及本土优异乳酸菌筛选利用。利用第二代高通量测序技术对来源于贵州不同区域、不同季节的紫花苜蓿和鸭茅表面细菌结构进行了研究。通过研究，对贵州地区紫花苜蓿和鸭茅表面细菌群落多样性的变化有了一定了解，这为我们今后在贵州地区进行牧草青贮、干草调制、防治和种植等提供了一定的参考依据。抗生素抗性基因是广泛存在于环境中的一类新污染物，由于其潜在的暴露危害，这种污染物近年来受到全世界的大量关注。目前，针对喀斯特山区牧草抗生素抗性基因的研究鲜有报道，未来我们应检测喀斯特山区牧草抗生素抗性基因的种类及数量的分布特征，期望明确它们进入环境中，迁移、转化、降解和消散等过程，从而减少对生态系统和人类健康的威胁。

在今后筛选喀斯特山区优良乳酸菌的研究中，可以将收集到的乳酸菌为基础，进一步筛选具有特定生物学功能的菌株，比如具较强抗氧化特性的乳酸菌，能够产细菌素的菌株来抑制青贮中腐败细菌的生长，具有益生作用的菌株来提高动物生产性能。目前我们仅筛选了两株喀斯特山区优良乳酸菌，未来我们将持续大力筛选更多的优势菌株，期望对喀斯特山区牧草发酵品质起到改善作用。

② 随着畜牧业的不断发展、食品安全和营养健康要求的不断提高，青贮全株玉米的发展前景十分广阔。本书探讨了不同添加剂对青贮玉米发酵品质及其有氧稳定性的影响；贵州不同区域全株玉米青贮过程中的菌群动态变化研究；以及青贮方式对全株玉米饲料品质及霉菌毒素的影响。但不足的是在生产中，生产者主要是基于经济效益来选择饲料。即使饲料饲喂效果好，生产性能高，但如果成本过高，也难以推广使用。生产管理不在本书讨论范围之内，而玉米青贮饲料的成本主要取决于两大部分：一是青贮玉米原料成本，二是所使用的添加剂成本。未来应从喀斯特山区青贮饲料的成本、效益角度出发，综合考虑。

贵州不同区域全株玉米青贮过程中真菌群落的动态变化还未知。未来可以从细菌与真菌的协同作用以及微生物与代谢组联合分析等方面进行研究，通过研究发酵过程微生物与代谢产物的整体动态变化，有目的地调控发酵终产物，从而提高青贮饲料的价值。此外，贵州喀斯特地貌分布广泛，三个区域代表性不够强，未来可增加研究区域，从而对喀斯特山区全株玉米青贮过程中的菌群动态变化特征有更全面的了解。

全株青贮玉米的安全是影响畜牧业安全生产的主要因素之一，未来可尝试结合原料以及青贮期间多时间段检测不同青贮方式饲料的发酵情况以及质量状况。霉菌毒素是饲草料中较易检测到的有害物质，了解霉菌毒素的水平在整个青贮过程中的变化情况，今后应通过代谢物分析或吸附试验，确定霉菌毒素的变化机制。从真菌毒素产生的情况来看，虽测定了相关霉菌毒素含量的变化情况，但对毒素产生的机理尚不明确，可从微生物代谢方面进行研究并增加所研究霉菌毒素的种类。在实际的生产生活中，养殖场可实现饲用草产品真菌毒素的科学监管，促进喀斯特山区畜牧业的健康发展。

③ 喀斯特山区具有较丰富的木本饲料资源。本书中探讨了不同水分条件下添加剂对构树青贮营养品质与有氧稳定性的影响，以及添加不同型乳酸菌对杂交构树与玉米粉混合青贮的影响。对其他木本饲料如桑、辣木、柠条等研究较少，未来可设计不同发酵时间以探索木本源饲料发酵特征，并确定喀斯特山区发酵效果较佳的木本源饲料。此外，木本源饲料具有丰富的单宁、生物碱、桑黄酮、多酚等多功能益生化合物。利用代谢组学揭示木本源饲料植物在青贮过程中产生的代谢产物对今后畜牧业的发展具有重要作用。

木本源植物饲料还具有蛋白含量高、生物量大的特点。在添加剂抑制蛋白降解方面，本书仅进行了四种添加剂对构树青贮蛋白降解情况的研究，其他一些添加剂的抑制效果有待研究。另外抑制青贮蛋白降解中的热处理方法也可进行研究，而研究的重点应集中在利用生物技术抑制蛋白降解方面。我们的研究得出戊糖乳杆菌在含有多种抗菌物质的构树中主导了微生物群落，证明木本源植物自身的乳酸菌可在较为恶劣的环境下进行良好繁殖，有较大的利用价值。因此，未来应该对木本源植物自身乳酸菌进行分离筛选，从而为青贮饲料提供优质菌种。遗憾的是，对构树接种鼠李糖乳杆菌青贮后仅在饲料层面做出相应评价，而未进行过饲喂试验，未来可以开展动物试验，以探索接种鼠李糖乳杆菌的青贮饲料对动物的保健功能。

④ 白三叶及紫花苜蓿是喀斯特地区分布较为广泛的主要豆科牧草，豆科牧草由于表面乳酸菌较少以及碳水化合物含量低，往往较难发酵成功。为了提高白三叶发酵品质，我们接种了两株本土筛选的优势乳酸菌。然而，本书没有考虑到乳酸菌添加量的多少对青贮发酵的影响，以及对反刍动物瘤胃发酵的影响，期望下一步试验能确定乳酸菌的最适添加量。此外，未来应尝试对筛选于喀斯特山区的优良乳酸菌与商业乳酸菌进行发酵对比，以明确喀斯特山区优良乳酸菌的独特优势。

为了提高紫花苜蓿青贮饲料饲喂价值，我们采取了与禾本科牧草混合制作发酵 TMR 的方式。然而，当下均以青贮饲料的评价体系进行 TMR 发酵饲料质量评价，尚缺 TMR 发酵饲料的评价体系，未来可从 TMR 青贮发酵研究中建立 TMR 发酵饲料评价体系，对 TMR 发酵饲料有较为全面的品质评定。此外，紫花苜蓿与禾本科牧草调制的 TMR 发酵饲料仅明确了特定生长育肥牛的 TMR 发酵饲料的发酵品质，未来可以从不同反刍动物，甚至同一反刍动物的不同品种的 TMR 需求进行发酵研究。期望未来研究不同豆科牧草与禾本科牧草调制的 TMR 青贮发酵饲料在实际饲养反刍动物中的研究，进一步明确豆科牧草 TMR 青贮发酵饲料的实际经济效益。

⑤ 禾本科牧草是目前草食动物中的重要草型，其具有生长速度快、适口性好、丰产性好、再生性好等多种特点。本书对禾本科青贮饲料的研究目前主要集中于全株玉米及黑麦草，对喀斯特山区其他具潜在研究价值的禾本科植物如甜高粱、皇竹草、象草等尚待进一步研究。期望未来对喀斯特地区常见禾本科牧草进行青贮，并综合对比不同禾本科牧草的发酵品质，确定喀斯特山区具较高发酵质量的禾本科牧草。此外，可尝试反刍动物饲喂试验，探索不同禾本科青贮牧草对动物消化性能、血液及奶样生化指标的影响。喀斯特山区禾本科牧草种类多，生物量大，未来应大力发展禾本科牧草青贮，可缓解喀斯特地区人畜争粮，以实现喀斯特山区畜牧业可持续发展。

⑥ 微生物群落的测序是探索青贮饲料发酵品质不可或缺的分析方法。本书对喀斯特山区青贮牧草微生物群落分析的研究方法主要采用二代测序技术。虽然二代测序技术日趋成熟稳定，可靠性高，但对微生物只能鉴定到属水平，局限了对微生物群落的认识。代谢组学可研究牧草青贮期间其代谢产物（内源性代谢物质）种类、数量及变化规律。本书对多花黑麦草开展了非靶向代谢组学的研究，但对喀斯特山区其他牧草尚待研究。此外，目前包括非靶向代谢组学在内的检测平台对代谢物测序深度有效且注释率偏低，对代谢组的研究应集中在靶向检测，针对不同类型代谢物优化和个性化提取手段。多组学组合方法已经被验证为有效的研究青贮料中微生物互作机制的可行性思路，今后将考虑利用宏基因组甚至宏转录组进行微生物互作机制的研究。